教育部高等学校电子信息类专业教学指导委员会规划教材

高等学校电子信息类专业系列教材·新形态教材

光纤光学

（第4版）

廖延彪　黎敏　夏历　编著

清华大学出版社

北京

内 容 简 介

本书从光的电磁理论出发,全面论述光在光纤中传输和传感的基本特性及其应用。全书共 8 章,分为光纤理论和特性、光纤技术和器件、光纤的应用三部分,具体内容包括:均匀折射率和非均匀折射率光纤的传输理论(光线理论、波动理论、耦合模理论及非线性理论);光纤的数值分析方法;光纤的损耗、色散、偏振以及非线性特性;光纤设计、光纤的连接和处理以及参数测量的基本方法;光纤有源和无源器件;各类特种光纤;光纤在传输数据、能量、图像及传感方面的应用等。

本书可作为普通高校光电信息科学与工程、电子信息工程、电子科学与技术、应用物理等相关专业的本科生及研究生的教材,也可作为从事光电科研工作的工程技术人员的参考书。

图书在版编目(CIP)数据

光纤光学 / 廖延彪,黎敏,夏历编著. -- 4 版. -- 北京:清华大学出版社,2024.12.
(高等学校电子信息类专业系列教材). -- ISBN 978-7-302-67775-8

Ⅰ. TN25

中国国家版本馆 CIP 数据核字第 20242G7M66 号

责任编辑:盛东亮 曾 珊
封面设计:李召霞
责任校对:申晓焕
责任印制:沈 露

出版发行:清华大学出版社
　　　　网　　　址:https://www.tup.com.cn,https://www.wqxuetang.com
　　　　地　　　址:北京清华大学学研大厦 A 座　　　邮　　编:100084
　　　　社 总 机:010-83470000　　　　　　　　　　邮　　购:010-62786544
　　　　投稿与读者服务:010-62776969,c-service@tup.tsinghua.edu.cn
　　　　质量反馈:010-62772015,zhiliang@tup.tsinghua.edu.cn
　　　　课件下载:https://www.tup.com.cn,010-83470236
印 装 者:三河市铭诚印务有限公司
经　　销:全国新华书店
开　　本:185mm×260mm　　印　张:23.25　　　　　　字　　数:566 千字
版　　次:2000 年 3 月第 1 版　2024 年 12 月第 4 版　　印　　次:2024 年 12 月第 1 次印刷
印　　数:1~1500
定　　价:69.00 元

产品编号:107625-01

第4版前言

PREFACE

本书第 3 版于 2021 年出版,在这期间,光纤理论、应用与产业都保持着极高的发展和推陈出新的速度,为了能够适应光纤技术的发展,需要对《光纤光学》(第 3 版)做相应的修订。

近年来,光纤理论和光纤结构有重要进展。光子晶体光纤的出现为光纤传输理论翻开了新的一页:光波在光纤中传输时有禁带和导带之分;在很宽的波段实现单模传输;高非线性、强双折射等许多新特性出现。在光纤结构的进展方面,出现了构成光子晶体光纤的多孔/多层结构、用于光纤激光器的双包层光纤、用于能量传输的反谐振光纤和纳米光纤等,突破了折射率为阶跃或渐变的纤芯-包层常规结构。这些变化使弱导近似不再适用,同时伴随着计算能力的不断提升,引入数值计算方法成为必然的趋势。在光纤传感应用的广度和深度均持续进展,分布式传感技术逐步成为工程应用的主力类型,尤其是分布式声传感技术,已实现了跨洋海缆的验证;而光子晶体光纤、纳米光纤、保圆光纤等新型光纤的新传感应用问世,这些进展在本书修订后均有所反映,尤其是对于光纤理论分析与设计的数值计算方法做了全面的充实,并配套了视频讲解。

本书第 4 版仍然继承了第 3 版的主要特色:在选材上注重突出基本概念,理论与实际并重,力求反映最新成果,注重系统性与完整性。本书对公式的数学推导过程从略,以突出对物理意义的阐述。在传输特性方面,着重讨论光纤的偏振特性,以及光纤传感机理;为适应光纤理论的发展,完善了光纤设计理论体系中相关数值计算方法的补充,在第 3 版光纤传输基本理论篇中增加数值分析方法基础上,补充了光子晶体光纤、微纳光纤和相关特种传感器的数值计算和设计案例。本书较全面地介绍各类特种光纤和光纤的测试方法、光纤器件,有助于读者正确地选用光纤以满足工作的需要。

第 4 版的修订内容主要包括:

(1)编排次序调整。第 8 章整合了第 3 版中分类属性相同的 8.2 节和 8.3 节,以及 8.6 节和 8.7 节,进一步理顺光纤传感器的铺陈主线。

(2)内容增删。在第 2、4、8 章分别增加了"非线性散射""高圆双折射光纤""多模干涉型光纤传感器""反射型电流传感器",补充了 8.10 节,删减了 8.9 节(聚合物光纤传感器)。

廖延彪教授指导本书第 4 版的修订,黎敏和夏历教授负责本书第 4 版的具体修订工作,并提供主要增补内容。吕海飞教授和邓硕博士参与了新形态教材配套视频和课件的录制。

在本书的修订过程中,不少老师和研究生提出了许多宝贵的意见,对此深表感谢。还应该感谢清华大学出版社的盛东亮编辑,他多年来一直为本书的出版和不断更新做了具体指导和细致的编辑工作。

由于作者水平有限,书中难免存在缺点,欢迎读者批评指正。

作者寄语

作　者

2024 年 9 月 1 日

第3版前言

PREFACE

本书第 2 版自 2013 年问世至今已有近 8 年的时间,并已多次重印。在这期间,光纤理论、技术和应用均已取得长足的进步。为此,需要对《光纤光学》(第 2 版)做相应的修订。

近年来,光纤领域有两个方面的重要进展:光纤理论和光纤结构。由于光子晶体光纤的出现,光纤传输理论翻开了新的一页:光波在光纤中传输时有禁带和导带之分;在很宽的波段实现单模传输;高非线性、强双折射等许多新的特性呈现出来。在光纤结构的进展方面,出现了构成光子晶体光纤的多孔/多层结构、用于光纤激光器的双包层光纤、用于能量传输的反谐振光纤和纳米光纤等,突破了折射率为阶跃或渐变的纤芯-包层常规结构。此外,分布式光纤传感器是传感器领域的一个全新的类型。对于这些进展,本书修订后均有所反映,尤其对于光子晶体光纤相关的理论分析和设计的数值计算方法,做了必要的充实。在光纤传感领域,无论其应用的广度和深度均有很大进展,尤其如光子晶体光纤、纳米光纤传感器等新型光纤的应用。光纤传感也是光网络应用不可或缺的基础之一,如大规模分布式传感的工程化。这些新进展在第 3 版中也有相应的扩充。

本书第 3 版仍然保留了第 2 版的主要特色:在选材上注重突出基本概念,理论与实际并重,力求反映最新成果,注重系统性与完整性。本书对公式的数学推导过程从略,以突出对物理意义的阐述。此外,除对偏振特性和光纤传感的原理部分讨论较详细外,为适应光纤理论的发展,对光纤设计相关的数值计算方法做了必要的补充,将第 1 章光纤传输的基本理论分为三部分——光线理论、波动理论和数值分析方法,补充内容完整勾勒出光纤数值分析方法的概貌。较全面地介绍各类特种光纤和光纤的测试方法。其中,对于变折射率光纤作为成像元件在光纤系统中的应用进行了较详细的论述,有助于读者正确地选用光纤以满足工作的需要。较全面地介绍了由光纤构成的各种有源和无源器件,各种光纤传感器和传感系统。

第 3 版的修订内容主要包括:

(1) 编排次序有变。第 3 版仍分为三部分,分别是光纤理论和特性(第 1 章光纤传输的基本理论,第 2 章光纤的特性,第 3 章光纤系统的损耗与光纤处理工艺);光纤技术和器件(第 4 章特种光纤;第 5 章光纤特征参数的测量,第 6 章光纤无源及有源器件);光纤的应用(第 7 章光纤传输数据和图像,第 8 章光纤传感器)。

(2) 内容有增删。第 1 章增加了"1.4 光纤的数值分析方法";第 2 章增加了"2.2.3 弯曲损耗";第 3 章增加了"3.2.3 大功率 LD 阵列耦合技术";第 4 章增加了"4.2.3 少模光纤""4.4.5 反谐振光纤";第 5 章增加了"5.6.5 光纤三维折射率测量";第 6 章增加了"6.4.3 光纤旋转连接器产品与工业应用""6.9.4 工业光纤激光器与新型光纤激光器""6.10.2 光纤 Brillouin 激光器与放大器";第 8 章增加了"8.10.4 光子晶体光纤 SPR 传感器""8.10.5 光子晶体光纤 SERS"。

黎敏教授负责本书第 3 版的全部修订工作,夏历教授参与了本书第 3 版的修订,并撰写了第 1 章的"1.4 光纤的数值分析方法";第 4 章的"4.2.3 少模光纤"和"4.4.5 反谐振光纤";第 8 章"8.10.4 光子晶体光纤 SPR 传感器"和"8.10.5 光子晶体光纤 SERS"。

在本书的修订过程中,不少教师和研究生提出了许多宝贵的意见,对此深表感谢。最后,还要感谢清华大学出版社的盛东亮编辑为本书的出版所做的具体指导和细致的编辑工作。

由于作者水平有限,书中难免存在缺点,欢迎读者批评指正。

廖延彪

2021 年 4 月于清华园

第2版前言
PREFACE

本书第 1 版自 2000 年问世至今已有十余年的时间,已经重印 8 次。在这期间,光纤理论和技术(包括光纤传输和传感)均已取得长足的进步。为此有必要对第 1 版做必要的修订。

十余年来,光纤领域的重要进展有两方面:光纤理论和光纤结构。由于光子晶体光纤的出现,使光纤传输理论翻开了新的一页:光波在光纤中传输时存在禁带和导带;在较宽的波段可实现单模传输,并具有其他许多新的特性。至于光纤结构的进展,则是出现了构成光子晶体光纤的多孔/多层结构和用于光纤激光器的双包层光纤,它突破了仅由纤芯和包层、折射率为突变或渐变的常规结构。此外,分布式光纤传感器的出现,则是传感器领域的一个全新的传感器品种。对于这些进展,本版均有所反映,但对于光子晶体光纤的传输理论,由于内容太多、太深,已超出教学大纲要求,本版未涉及,读者可参考有关文献。

本版仍然保留第 1 版的主要特色:在选材上注重突出基本概念,理论与实际并重,力求反映最新成果,注重系统性与完整性。本书对公式的数学过程叙述从略,以突出对物理意义的阐述。对偏振特性和光纤传感的原理阐述较为详细;全面地介绍了各类特种光纤和光纤的测试方法,对于变折射率光纤作为成像元件在光纤系统中的应用进行了系统的论述,有助于读者在工作实践中正确地选用光纤。此外,书中也详尽地介绍了由光纤构成的各种有源和无源器件,以及各种光纤传感器。

本版修订部分主要包括:

(1) 编排次序有变。第 2 版仍为三部分,分别是光纤理论和特性(第 1 章光纤传输的基本理论,第 2 章光纤的特性,第 3 章光纤系统的损耗与光纤处理工艺);光纤技术和器件(第 4 章特种光纤,第 5 章光纤特征参数的测量,第 6 章光纤无源及有源器件);光纤应用(第 7 章光纤传输数据和图像,第 8 章光纤传感器)。

(2) 内容有增删。第 2 章改写了"2.4 光纤的设计"。第 3 章增加了"3.4 侧边抛磨光纤,3.5 光纤的腐蚀,3.6 光纤的改性"。第 4 章增加了"4.4 红外光纤和紫外光纤,4.5 荧光光纤,4.6 聚合物光纤,4.7 光子晶体光纤,4.8 侧边抛磨光纤与金属化光纤,4.9 单晶光纤,4.11 双包层光纤,4.12 多芯光纤,4.13 微纳光纤"。第 5 章增加了"5.5.5 偏振模式色散及其测量"。第 6 章增加了"6.4 光纤旋转连接器,6.5 光衰减器,6.6 光缓存器,6.9.3 大功率双包层光纤激光器,6.10 光纤 Raman 激光器与光纤 Brillouin 激光器"。第 8 章增加了"8.7 光纤荧光温度传感器,8.8 分布式光纤传感器,8.9 聚合物光纤传感器,8.10 光子晶体光纤及其在传感器中的应用,8.12 光纤传感网络",并改写了"8.13 光纤传感技术的发展趋势及课题"。

黎敏教授参与了本书第 2 版的全部修订工作。

在本书的修订过程中,不少教师和研究生提出了许多宝贵的意见,对此深表感谢。最后,还要感谢清华大学出版社的盛东亮编辑为本书的出版所做的悉心工作。

由于光纤光学技术发展迅猛,作者水平有限,书中难免存在疏漏,欢迎读者批评指正。

廖延彪

2013 年 7 月于清华园

第1版前言

PREFACE

随着激光的问世，古老的光学已裂变出众多的分支，"光纤光学"是其中之一。它是研究光导纤维的光学特性及其应用的一门学科。"光纤光学"这一名称出现于20世纪50年代，但随着光纤技术的迅速发展，尤其是光纤通信的广泛应用，使这一新分支的内容愈来愈丰富。光纤光学的研究对象——光导纤维的特点是它的有界性，即光波在光纤中横向受边界限制，纵向可无限延伸，因而其光学特性和大块媒质的光学特性有很大差别，其中很多特性还正在研究之中。目前，虽已有光纤光学方面的专著问世，但由于出版较早，未能包括近十年来的成果，且对光纤光学介绍不够全面。笔者撰写本书的目的就是要对光纤光学的原理及其应用作较全面的介绍。

全书共有8章，可分为三部分：光纤中光传输和传感的基本理论、各类光纤和光纤参数的测试方法、光纤的应用——光纤器件和传感。第一部分主要讨论光纤传输的模式理论和模耦合理论，光纤的非线性理论，光纤的损耗、色散和偏振特性，着重讨论光纤的偏振特性，对光纤传感的原理进行了较详细的论述。由于光纤的模式理论和模耦合理论与大块媒质中的光波传输理论有很大差别，其计算过程又很繁杂；为使读者对其物理图像有一较清楚的了解，而又不必花过多精力于数学推导过程，因此，本书对公式的数学过程从略，以突出对物理意义的阐述。此外，对偏振特性和光纤传感的原理部分则讨论较详细，这是其他专著所欠缺的，也是读者所需要的。第二部分较全面地介绍各类特种光纤和光纤的测试方法，其中对于变折射率光纤作为成像元件在光纤系统中的应用和高双折射光纤拍长的测量方法进行了较详细的论述。它有助于读者正确地选用光纤以满足工作的需要。第三部分较全面地介绍由光纤构成的各种有源和无源器件，各种光纤传感器及技术，其中较详细地介绍光纤光栅，光纤传感的补偿技术，光纤白光干涉技术，光纤光栅传感技术以及光纤传感在智能材料和结构中的应用。这部分的重点放在以后的应用中需要掌握的一些基本特性上，而不详述目前的实验系统。

本书在选材上注重突出基本概念，理论与实际并重，力求反映最新成果，注重系统性与完整性。

在此说明一点，本书所讨论的模式理论和模耦合理论只是对光波导问题做了现象性的描述，它只需经典场论知识。虽然模式理论推动了当今光纤技术和集成光学技术的发展，但是这一理论未涉及导波光的物理本质。导波光的许多更深入的问题，用模式理论无法解释。例如，在光纤这样一个很有限的空间内，导波光遵守光线光学规律（甚至比普通光波遵守得更好），在光纤中传输很长距离而衍射损耗很小；导波光量子的寿命和稳定性问题等。这些关于光导波本质性问题的探讨，必须采用量子理论。这已超出本书范围，而且这方面的研究成果尚不多见。

　　在本书的编写过程中,不少教师和研究生提出了许多宝贵的意见,并对教材的出版给予了大力协助,对此深表感谢。其中特别要感谢高以智教授等的支持和鼓励,还有赖淑蓉老师和宋清霞同学的支持和帮助,她们两位为原稿的打印付出了大量辛勤的劳动。最后,还要感谢清华大学出版社的王仁康、孙礼等同志为本书的出版所做的具体指导和细致的编辑工作。

　　由于作者水平有限,书中难免存在错误和缺点,欢迎读者批评指正。

廖延彪

1999 年 11 月于清华园

目 录
CONTENTS

第二部分　光纤技术和器件

第三部分　光纤的应用

视频目录
VIDEO CONTENTS

视 频 名 称	时长/min	位　　置
1.2.1 均匀折射率光纤的光线理论	6	1.2.1 节
1.3 光纤的波动理论	5	1.3 节
1.3.1 光纤中的模式	8	1.3.1 节
1.3.2 均匀折射率光纤的波动理论	8	1.3.2 节
1.3.3 变折射率光纤的波动理论	8	1.3.3 节
1.4.1 传输矩阵法	9	1.4.1 节
1.4.2 多极展开法	10	1.4.2 节
1.4.3 有限元法 FEM	11	1.4.3 节
1.4.4 平面波展开法（PWM）	12	1.4.4 节
1.4.5 有限差分法（FDTD）	12	1.4.5 节
2.2 光纤的损耗	8	2.2 节
2.3 光纤的色散	7.5	2.3 节
4.2.1 变折射率光纤	8	4.2.1 节
4.2.2 偏振保持光纤	3	4.2.2 节
4.2.3 少模和荧光光纤	5	4.2.3 节
4.2.6 高圆双折射光纤	11	4.2.6 节
4.4.1 光子晶体光纤	7	4.4.1 节
4.4.3 双包层光纤	3	4.4.3 节
4.4.6a 微纳光纤的布里渊散射传感	7	4.4.6 节
4.4.6b 微纳光纤的光传输	8	4.4.6 节
5.1.1 光纤测试的内容、特点与方法	9	5.1.1 节
5.2.1 光纤衰减的测量	7	5.2.1 节
6.2 光纤耦合器、环形器与 WDM	8	6.2 节
6.7 光纤偏振器件	8	6.7 节
6.9 光纤激光器	10	6.9 节
8.2 强度调制型光纤传感器	4	8.2 节
8.2.3 半导体吸收型温度传感器	6	8.2.3 节
8.2.4 振幅调制型光纤传感器的补偿技术	8	8.2.4 节
8.3 相位调制型光纤传感器	4	8.3 节
8.3.7 光纤中的应力应变效应	5	8.3.7 节
8.3.9 多模干涉型光纤传感器	7	8.3.9 节
8.4 偏振态调制型光纤传感器	3	8.4 节
8.4.2 光纤磁场传感器	9.5	8.4.2 节
8.4.3 反射式光纤电流传感器	8	8.4.3 节

视 频 名 称	时长/min	位　　置
8.5 波长调制型光纤传感器	7	8.5 节
8.5.2 光纤光栅的传感模型	8	8.5.2 节
8.5.3 光纤光栅的解调技术	6	8.5.3 节
8.6.1 OTDR 技术	7	8.6.1 节
8.6.2a 基于瑞利散射的分布式声传感	10	8.6.2 节
8.6.2b 分布式光纤温度传感系统	12	8.6.2 节
8.6.3 光纤布里渊型分布式传感	8	8.6.3 节
8.7 光子晶体光纤传感器	8	8.7 节

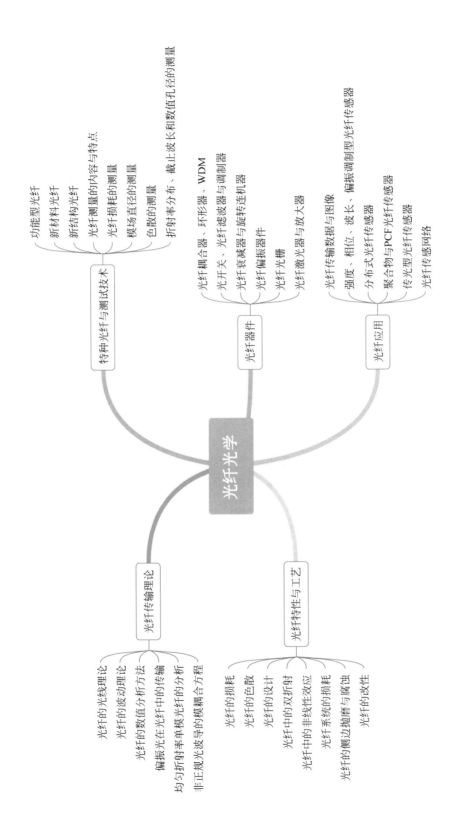

光纤光学

特种光纤与测试技术
- 功能型光纤
- 新材料光纤
- 新结构光纤
- 光纤测量的内容与特点
- 光纤损耗的测量
- 模场直径的测量
- 色散的测量
- 折射率分布、截止波长和数值孔径的测量

光纤器件
- 光纤耦合器、环形器、WDM
- 光开关、光纤滤波器与调制器
- 光纤衰减器与旋转连接机器
- 光纤偏振器件
- 光纤光栅
- 光纤激光器与放大器

光纤应用
- 光纤传输数据与图像
- 强度、相位、波长、偏振调制型光纤传感器
- 分布式光纤传感器
- 聚合物与PCF光纤传感器
- 传光型光纤传感器
- 光纤传感网络

光纤传输理论
- 光纤的光线理论
- 光纤的波动理论
- 光纤的数值分析方法
- 偏振光在光纤中的传输
- 均匀折射率单模光纤的分析
- 非正规光波导的模耦合方程

光纤特性与工艺
- 光纤的损耗
- 光纤的色散
- 光纤的设计
- 光纤中的双折射
- 光纤中的非线性效应
- 光纤系统的损耗
- 光纤的侧边抛磨与腐蚀
- 光纤的玻性

第一部分

光纤理论和特性

第 1 章

光纤传输的基本理论

1.1 引言

光纤是光导纤维的简称。它是工作在光波波段的一种介质波导,通常是圆柱形。它把以光的形式出现的电磁波能量利用全反射的原理约束在其界面内,并引导光波沿着光纤轴线的方向前进。光纤的传输特性由其结构和材料决定。

光纤的基本结构是两层圆柱状介质,内层为纤芯,外层为包层;纤芯的折射率 n_1 比包层的折射率 n_2 稍大。当满足一定的入射条件时,光波就能沿着纤芯向前传播。图 1.1.1 是单根光纤结构图。实际的光纤在包层外面还有一层保护层,其用途是保护光纤免受环境污染和机械损伤。有的光纤还有更复杂的结构,以满足使用中不同的要求。

光波在光纤中传输时,由于纤芯边界的限制,其电磁场解不连续。这种不连续的场解称为模式。光纤分类的方法有多种。按传输的模式数量可分为单模光纤和多模光纤:只能传输一种模式的光纤称为单模光纤,能同时传输多种模式的光纤称为多模光纤。单模光纤

图 1.1.1 单根光纤结构简图

和多模光纤的主要差别是纤芯的尺寸和纤芯-包层的折射率差值。多模光纤的纤芯直径大 $(2a = 50 \sim 500\,\mu m)$,纤芯-包层折射率差大 $(\Delta = (n_1 - n_2)/n_1 = 0.01 \sim 0.02)$;单模光纤纤芯直径小 $(2a = 2 \sim 12\,\mu m)$,纤芯-包层折射率差也小 $(\Delta = 0.005 \sim 0.01)$。

按纤芯折射率分布的方式可分为阶跃折射率光纤和梯度折射率光纤。前者纤芯折射率均匀,在纤芯和包层的分界面处,折射率发生突变(或阶跃);后者折射率是按一定的函数关系随光纤中心径向距离而变化。图 1.1.2 给出了这两类光纤的示意图和典型尺寸,图 1.1.2(a)是单模阶跃折射率光纤,图 1.1.2(b)和图 1.1.2(c)分别是多模阶跃折射率光纤和梯度折射率光纤。

按传输的偏振态,单模光纤又可进一步分为非偏振保持光纤(简称非保偏光纤)和偏振保持光纤(简称保偏光纤)。其差别是前者不能传输偏振光,而后者可以。保偏光纤又可再分为单偏振光纤、高双折射光纤、低双折射光纤和圆保偏光纤 4 种。只能传输一种偏振模式的光纤称为单偏振光纤;只能传输两正交线偏振模式且其传播速度相差很大者为高双折射光纤;而其传播速度近于相等者为低双折射光纤;能传输圆偏振光的则称为圆双折射光纤。

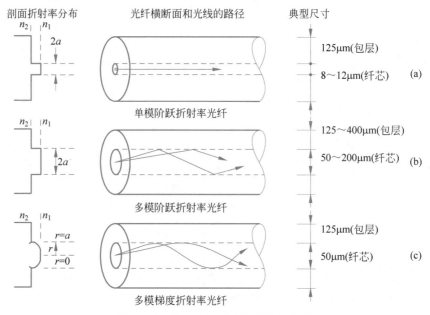

图 1.1.2　单模和多模光纤结构示意图

按制造光纤的材料可分为：①高纯度熔石英光纤，其特点是材料的光传输损耗低，1550nm 附近可低到 0.2dB/km，一般均小于 1dB/km；②多组分玻璃纤维，其特点是纤芯-包层折射率可在较大范围内变化，因而有利于制造大数值孔径的光纤，但材料损耗大，在可见光波段一般为 1dB/m，比石英光纤要大几百倍；③塑料光纤，其特点是成本低，折射率可变范围大，易于掺杂，以满足不同使用要求，缺点是传输损耗大，温度性能较差；④红外光纤，其特点是可透过近红外(1～5μm)或中红外(2.5～10μm)的光波，缺点是传输损耗大；⑤液芯光纤，特点是纤芯为液体，因而可满足特殊需要；⑥晶体光纤，特点是纤芯为单晶，可用于制造各种有源和无源光纤器件；⑦光子晶体光纤，这是一个突破全反射导光机制的光纤的新品种。它具有许多特殊的光传输特性。

分析光波在光纤中传输特性有两种基本方法：光线光学的方法和波动光学的方法，在此基础之上，随着计算能力的大幅提升，数值分析方法也大量应用于光纤，本章将分别加以介绍。

1.2　光纤的光线理论

1.2.1　均匀折射率光纤的光线理论

微课视频

下面用几何光学的方法(即光线理论)来处理光波在阶跃折射率光纤中的传输特性。分别讨论子午光线和斜光线的传播，并分析光纤端面倾斜、光纤弯曲、光纤为圆锥形情况下光线传播的特性。

1. 子午光线的传播

通过光纤中心轴的任何平面都称为子午面，位于子午面内的光线则称为子午光线。显然，子午面有无数个。根据光的反射定律：入射光线、反射光线和分界面的法线均在同一平面，光线在光纤的纤芯-包层分界面反射时，其分界面法线就是纤芯的半径。因此，子午光线的入射光线、反射光线和分界面的法线三者均在子午面内,如图 1.2.1 所示,这是子午光线传播的特点。

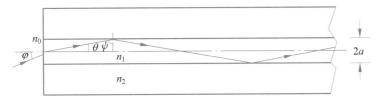

图 1.2.1　子午光线的全反射

由图 1.2.1 可求出子午光线在光纤内全反射所应满足的条件。图中 n_1、n_2 分别为纤芯和包层的折射率,n_0 为光纤周围介质的折射率。要使光能完全限制在光纤内传输,则应使光线在纤芯-包层分界面上的入射角 ψ 大于(至少等于)临界角 ψ_0,即

$$\sin\psi_0 = \frac{n_2}{n_1}, \quad \psi \geqslant \psi_0 = \arcsin\left(\frac{n_2}{n_1}\right) \quad \text{或} \quad \sin\theta_0 = \sqrt{1 - \left(\frac{n_2}{n_1}\right)^2}$$

式中,$\theta_0 = 90° - \psi_0$。再利用 $n_0 \sin\varphi = n_1 \sin\theta$,可得

$$n_0 \sin\varphi_0 = n_1 \sin\theta_0 = \sqrt{n_1^2 - n_2^2}$$

由此可见,相应于临界角 ψ_0 的入射角 φ_0,反映了光纤集光能力的大小,通称为孔径角。与此类似,$n_0\sin\varphi_0$ 则定义为光纤的数值孔径,一般用 NA 表示,即

$$\text{NA}_{子} = n_0 \sin\varphi_0 = \sqrt{n_1^2 - n_2^2} \tag{1.2.1}$$

下标"子"表示是子午面内的数值孔径。由于子午光线在光纤内的传播路径是折线,所以光线在光纤中的路径长度一般都大于光纤的长度。由图 1.2.1 中的几何关系,可得长度为 L 的光纤中,其总光路的长度 S' 和总反射次数 η' 分别为

$$S' = LS = \frac{L}{\cos\theta} \tag{1.2.2}$$

$$\eta' = L\eta = \frac{L\tan\theta}{2a} \tag{1.2.3}$$

式(1.2.2)和式(1.2.3)中,S 和 η 分别为单位长度内的光路长和全反射次数;a 为纤芯半径,其表达式分别为

$$S = \frac{1}{\cos\theta} = \frac{1}{\sin\psi} \tag{1.2.4}$$

$$\eta = \frac{\tan\theta}{2a} = \frac{1}{2a\tan\psi} \tag{1.2.5}$$

以上关系式说明,光线在光纤中传播的光路长度只取决于入射角 φ 和相对折射率 n_0/n_1,而与光纤直径无关;全反射次数则与纤芯直径 $2a$ 成反比。显而易见,反射次数愈多,光能损失愈大。

2. 斜光线的传播

光纤中不在子午面内的光线都是斜光线。它和光纤的轴线既不平行也不相交,其光路轨迹是空间螺旋折线。此折线可为左旋,也可为右旋,但它和光纤的中心轴是等距的。由图 1.2.2 中的几何关系可求

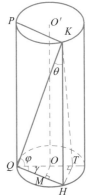

图 1.2.2　斜光线的全反射光路

出斜光线的全反射条件。图中 QK 为入射在光纤中的斜光线,它与光纤轴 OO' 不共面;H 为 K 在光纤截面上的投影,$HT\perp QT,OM\perp QH$。由图中几何关系得斜光线的全反射条件为

$$\cos\gamma\sin\theta=\sqrt{1-\left(\frac{n_2}{n_1}\right)^2}$$

再利用折射定律 $n_0\sin\varphi=n_1\sin\theta$,可得在光纤中传播的斜光线应满足

$$\sin\varphi\cos\gamma\leqslant\frac{\sqrt{n_1^2-n_2^2}}{n_0}$$

斜光线的数值孔径则为

$$\mathrm{NA}_{斜}=n_0\sin\varphi_a=\frac{\sqrt{n_1^2-n_2^2}}{\cos\gamma} \tag{1.2.6}$$

由于 $\cos\gamma\leqslant1$,因而斜光线的数值孔径比子午光线的要大。

由图 1.2.2 还可求出单位长度光纤中斜光线的光路长度 $S_{斜}$ 和全反射次数 $\eta_{斜}$ 为

$$S_{斜}=\frac{1}{\cos\theta}=S_{子} \tag{1.2.7}$$

$$\eta_{斜}=\frac{\tan\theta}{2a\cos\gamma}=\frac{\eta_{子}}{\cos\gamma} \tag{1.2.8}$$

3. 光纤的弯曲

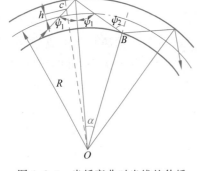

实际使用中,光纤经常处于弯曲状态。这时其光路长度、数值孔径等诸参数都会发生变化。图 1.2.3 为光纤弯曲时子午光线传播的情况。设光纤在 P 处发生弯曲。光线在离中心轴 h 处的 c 点进入弯曲区域,两次全反射点之间的距离为 AB。利用图中的几何关系可得

$$S_0=\frac{\sin\alpha}{\alpha}\left(1-\frac{a}{R}\right)S_{子} \tag{1.2.9}$$

图 1.2.3　光纤弯曲时光线的传播

式中,a 为纤芯半径;R 为光纤弯曲半径。S_0 是光纤弯曲时,单位光纤长度上子午光线的光路长度。

由于 $(\sin\alpha/\alpha)<1,(a/R)<1$,因而有 $S_0<S_{子}$。这说明光纤弯曲时子午光线的光路长度减小了。与此相应,其单位长度的反射次数也变少了,即 $\eta_0<\eta_{子}$。η_0 的具体表达式为

$$\eta_0=\frac{1}{\dfrac{1}{\eta_{子}}+\alpha a} \tag{1.2.10}$$

利用图 1.2.3 的几何关系,还可求出光纤弯曲时孔径角 φ_0 的表达式为

$$\sin\varphi_0=\frac{1}{n_0}\left[n_1^2-n_2^2\left(\frac{R+a}{R+h}\right)^2\right]^{\frac{1}{2}} \tag{1.2.11}$$

由此可见,光纤弯曲时其入射端面上各点的孔径角不相同,是沿光纤弯曲方向由大变小。

由上述分析可知,光纤弯曲时,由于全反射条件不满足,其透光量会下降。这时既要计算子午光线的全反射条件,又要推导斜光线的全反射条件,才能求出光纤弯曲时透光量和弯曲半径之间的关系。实验结果表明,当 $R/2a<50$ 时,透光量已开始下降;$R/2a\approx20$ 时,透

光量明显下降,说明大量光能量已从光纤包层逸出。图 1.2.4 是光纤透光率随弯曲半径变化的一个典型的测量结果。

由于光纤制作工艺较复杂,不同批次的产品,其性能也不尽相同。故光纤弯曲的实际损耗,难以准确计算。一般均以实验测量值为准。已有弯曲不敏感光纤产品的弯曲半径小到 1cm 时,仍无明显的弯曲损耗。可满足特殊情况下的实际使用要求。光纤弯曲引起的折射率的各向异性,也是使用光纤时应注意的一个重要问题。详情可参看有关光纤偏振特性的资料(如本书第 2 章 2.6.3 节)。

4. 光纤端面的倾斜效应

光纤端面与光纤轴不垂直时,将使光纤中光传播方向发生偏折,这是工作中应注意的一个实际问题。图 1.2.5 是入射端面倾斜的情况,α 是端面的倾斜角,γ 和 γ' 是端面倾斜时光线的入射角和折射角。由图中几何关系可得

$$\sin\alpha = \left[1 - \left(\frac{n_0\sin\gamma}{n_1}\right)^2\right]^{\frac{1}{2}}\left[1 - \left(\frac{n_2}{n_1}\right)^2\right]^{\frac{1}{2}} - \frac{n_0 n_2}{n_1^2}\sin\gamma \tag{1.2.12}$$

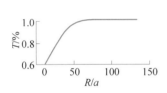

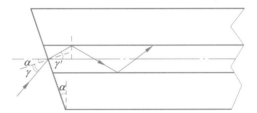

图 1.2.4 光纤透过率与弯曲半径的关系
曲线(实验曲线)

图 1.2.5 入射端面倾斜时光纤中的光路

式(1.2.12)说明:当 n_1、n_2、n_0 不变时,倾斜角 α 越大,接收角 γ 就越小。所以光纤入射端面倾斜后,要接收入射角为 γ 的光线,其值要大于正常端面的孔径角。反之,若光线入射方向和倾斜端面的法线方向分别在光纤中心轴的两侧,则其接收光的范围就增大了 α 角。

同样,光纤出射端面的倾斜会引起出射光线的角度发生变化。若 β 是出射端面的倾斜角,当 $\beta\neq 0$ 时,出射光线对光纤轴要发生偏折,其偏向角 γ' 为

$$\gamma' = \arcsin\left(\frac{n_1}{n_0}\sin\beta\right) - \arcsin\beta \tag{1.2.13}$$

5. 圆锥形光纤

圆锥形光纤是指其直径随光纤长度呈线性变化的光纤。锥形光纤由于具有一系列特殊性能,因而可制成许多光纤器件。在光纤与光纤、光纤与光源、光纤与光学元件的耦合中应用日益广泛。图 1.2.6 是子午光线通过锥形光纤的光路。设 δ 为锥形光纤的锥角。由图 1.2.6 可知,在锥形光纤中,光线在纤芯-包层分界面上反射角 ψ 随反射次数增加而逐渐

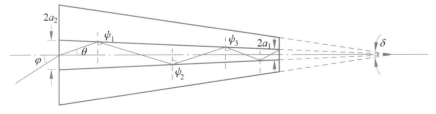

图 1.2.6 锥形光纤中的子午光线

减小。由图 1.2.6 中几何关系以及折射定律可得

$$\psi_n = 90° - \frac{n_0}{n_1}\arcsin\varphi - (2m-1)\frac{\delta}{2} \tag{1.2.14}$$

式中，m 是反射次数。式(1.2.14)说明，当光线从锥形光纤的大端入射时，由于反射角 ψ_n 随反射次数的增加而不断减小，因而全反射条件易被破坏。可能会出现全反射条件不满足的情况。根据全反射条件，要使入射光线都能从光纤另一端出射，则应满足

$$\sin\left(\theta_0 + \frac{\delta}{2}\right) \leqslant \frac{a_1}{a_2}\left[1 - \left(\frac{n_2}{n_1}\right)^2\right]^{\frac{1}{2}}$$

式中，a_1 和 a_2 分别是光纤出射端(小端)和入射端(大端)的半径。若 $\cos(\delta/2) \approx 1$，则由上式可得

$$\sin\left(\frac{\delta}{2}\right) \leqslant \frac{\dfrac{a_1}{a_2}\left[1 - \left(\dfrac{n_2}{n_1}\right)^2\right]^{\frac{1}{2}} - \sin\theta}{\cos\theta} \tag{1.2.15}$$

这是一般情况下锥形光纤聚光的条件。再利用

$$\sin\left(\frac{\delta}{2}\right) = \frac{a_2 - a_1}{l}$$

式中，l 是光纤长度，可得

$$l \geqslant \frac{1}{2}\frac{2(a_2 - a_1)\cos\theta}{\dfrac{a_1}{a_2}\left[1 - \left(\dfrac{n_2}{n_1}\right)^2\right]^{\frac{1}{2}} - \sin\theta} \tag{1.2.16}$$

式(1.2.16)说明，为使锥形光纤聚光，光纤有个最小长度 l_0。

另外，锥形光纤两端孔径角不一样，大端孔径角小，小端孔径角大，两者满足下列关系：

$$a_2\sin\varphi_0 = a_1\sin\varphi_0' \tag{1.2.17}$$

式中

$$\sin\varphi_0' = \frac{1}{n_0}(n_1^2 - n_2^2)^{\frac{1}{2}}$$

$$\sin\varphi_0 = \frac{a_1}{a_2}\frac{1}{n_0}(n_1^2 - n_2^2)^{\frac{1}{2}}$$

由此可见，锥形光纤可改变孔径角，因此可用于耦合。

1.2.2　变折射率光纤的光线理论

前面讨论了纤芯折射率分布为常数时光的传输理论。对于实际的光纤，由于制造工艺问题，在光纤的纤芯-包层分界面上和纤芯中心部分，其折射率总存在有梯度变化，当这种折射率的梯度变化区小于入射光波长时，折射率分布可视为阶跃型，否则，就要用变折射率光纤的模型来分析其传输模式。另外，为使光纤有聚光作用或为减小阶跃型折射率分布所引起的色散，也需用变折射率光纤。一般地，其折射率分布为二次曲线，子午光线的轨迹为正弦曲线。讨论这种光纤中光的传输问题一般用波动理论，其特点是计算复杂，结果较准确。但也可用光线理论来处理，其特点是物理图像清楚，但结果不够准确。

1. 程函方程

程函(eikona)方程是描述光线相位特性的方程，即描述光程的方程。利用光线描述

波印亭矢量或光能流方向的方法是几何光学的方法,它是波长极短而趋于零时,光的波动理论的极限情况。下面给出这种情况下电磁场的近似规律,主要讨论光线相位的变化情况。

设正向传播的光波表达式为

$$\begin{cases} \boldsymbol{E}(\boldsymbol{r}) = \boldsymbol{E}_0(\boldsymbol{r})\exp[-\mathrm{i}k_0\varphi(\boldsymbol{r})] \\ \boldsymbol{H}(\boldsymbol{r}) = \boldsymbol{H}_0(\boldsymbol{r})\exp[-\mathrm{i}k_0\varphi(\boldsymbol{r})] \end{cases} \tag{1.2.18}$$

式中,略去了随时间变化的 $\exp(\mathrm{i}\omega t)$ 项,振幅 $\boldsymbol{E}_0(\boldsymbol{r})$ 和 $\boldsymbol{H}_0(\boldsymbol{r})$ 均为 $\boldsymbol{r}$ 的函数,$-k_0\varphi(\boldsymbol{r})$ 代表相位延迟,$k_0 = 2\pi/\lambda_0$,$\varphi(\boldsymbol{r})$ 为光程,有

$$r = l_x x + l_y y + l_z z$$

在各向同性介质中有

$$\varphi(\boldsymbol{r}) = \int n(\boldsymbol{r})\mathrm{d}s$$

光波所处的介质为一般介质,既可以是各向异性,又可以是不均匀。式(1.2.18)是光波的普遍表达式。由它可得

$$\begin{aligned} \nabla \times \boldsymbol{E}(\boldsymbol{r}) &= \nabla \times \{\boldsymbol{E}_0(\boldsymbol{r})\exp[-\mathrm{i}k_0\varphi(\boldsymbol{r})]\} \\ &= \nabla \times \{\exp[-\mathrm{i}k_0\varphi(\boldsymbol{r})]\} \times \boldsymbol{E}_0(\boldsymbol{r}) + [\nabla \times \boldsymbol{E}_0(\boldsymbol{r})]\exp[-\mathrm{i}k_0\varphi(\boldsymbol{r})] \\ &= [-\mathrm{i}k_0\nabla\varphi(\boldsymbol{r}) \times \boldsymbol{E}_0(\boldsymbol{r})]\exp[-\mathrm{i}k_0\nabla\varphi(\boldsymbol{r})] + [\nabla \times \boldsymbol{E}_0(\boldsymbol{r})]\exp[-\mathrm{i}k_0\varphi(\boldsymbol{r})] \end{aligned}$$

当 $\lambda_0 \to 0$ 时,单位长度上的相移 $k_0\nabla\varphi(\boldsymbol{r})$ 数值很大,上式右方的两项相比较,第二项可略去,这是几何光学的近似。这时上式成为

$$\nabla \times \boldsymbol{E}(\boldsymbol{r}) \approx [-\mathrm{i}k_0\nabla\varphi(\boldsymbol{r}) \times \boldsymbol{E}_0(\boldsymbol{r})]\exp[-\mathrm{i}k_0\nabla\varphi(\boldsymbol{r})]$$

上式代入 Maxwell 方程组

$$\begin{cases} \nabla \times \boldsymbol{H} = \boldsymbol{j} + \dfrac{\partial \boldsymbol{D}}{\partial t} \\[2mm] \nabla \times \boldsymbol{E} = -\dfrac{\partial \boldsymbol{B}}{\partial t} \\[2mm] \nabla \cdot \boldsymbol{B} = 0 \\[2mm] \nabla \cdot \boldsymbol{D} = \rho \end{cases} \tag{1.2.19}$$

并考虑到 $\dfrac{\partial}{\partial t} = \mathrm{i}\omega$,则有

$$k_0\nabla\varphi(\boldsymbol{r}) \times \boldsymbol{E}_0(\boldsymbol{r}) = +\omega\mu\boldsymbol{H}_0(\boldsymbol{r}) \tag{1.2.20}$$

同理可得

$$k_0\nabla\varphi(\boldsymbol{r}) \times \boldsymbol{H}_0(\boldsymbol{r}) = -\omega\varepsilon\boldsymbol{E}_0(\boldsymbol{r}) \tag{1.2.21}$$

对于均匀介质中的平面波,有

$$\boldsymbol{E}(\boldsymbol{r}) = \boldsymbol{E}_0\exp(-\mathrm{i}\boldsymbol{k} \cdot \boldsymbol{r})$$

$$\boldsymbol{H}(\boldsymbol{r}) = \boldsymbol{H}_0\exp(-\mathrm{i}\boldsymbol{k} \cdot \boldsymbol{r})$$

$$\boldsymbol{k} \times \boldsymbol{E}_0(\boldsymbol{r}) = \omega\mu\boldsymbol{H}_0(\boldsymbol{r})$$

$$\boldsymbol{k} \times \boldsymbol{H}_0(\boldsymbol{r}) = -\omega\varepsilon\boldsymbol{E}_0(\boldsymbol{r})$$

由此可得

$$k_0\nabla\varphi(\boldsymbol{r}) = \boldsymbol{k}(\boldsymbol{r})$$

或

$$\nabla [k_0 \varphi(\boldsymbol{r})] = \boldsymbol{k}(\boldsymbol{r}) \qquad\qquad (1.2.22)$$

因此式(1.2.18)表示的波是一个近似的本地平面波,因为 $\boldsymbol{E}_0(\boldsymbol{r})$、$\boldsymbol{H}_0(\boldsymbol{r})$ 是随地而异,仅局限于一个点上才是常数;而且式(1.2.20)和式(1.2.21)是近似的,即式(1.2.22)是近似的。另外,从式(1.2.22)还有

$$\nabla \times \boldsymbol{k}(\boldsymbol{r}) = 0$$

这说明:本地平面波与一般平面波一样,传输时是无旋的。要使式(1.2.20)和式(1.2.21)得到非零解,则电场和磁场的系数所构成的行列式应为零,即

$$\begin{vmatrix} \nabla [k_0 \varphi(\boldsymbol{r})] & -\omega\mu \\ \omega\varepsilon & \nabla [k_0 \varphi(\boldsymbol{r})] \end{vmatrix} \qquad (1.2.23)$$

这是光在各向异性不均匀介质中的程函方程,在光纤理论中亦称为色散方程,是几何光学中的基本方程。

对于各向同性介质,ε、μ 分别变为标量 $\varepsilon(\boldsymbol{r})$、$\mu(\boldsymbol{r})$。这时式(1.2.23)简化为

$$\left[\frac{\partial(k_0 \varphi(\boldsymbol{r}))}{\partial x}\right]^2 + \left[\frac{\partial(k_0 \varphi(\boldsymbol{r}))}{\partial y}\right]^2 + \left[\frac{\partial(k_0 \varphi(\boldsymbol{r}))}{\partial z}\right]^2 = \omega^2 \mu(\boldsymbol{r})\varepsilon(\boldsymbol{r})$$

或

$$\left| \nabla [k_0 \varphi(\boldsymbol{r})] \right|^2 = k^2(\boldsymbol{r})$$

即

$$\left| \nabla \varphi(\boldsymbol{r}) \right| = n(\boldsymbol{r}) \qquad\qquad (1.2.24)$$

此处利用了关系式 $k_0^2 = \omega^2 \mu_0 \varepsilon_0$，$k^2(\boldsymbol{r}) = \omega^2 \mu(\boldsymbol{r})\varepsilon(\boldsymbol{r}) = k_0^2 n^2(\boldsymbol{r})$。式(1.2.24)是各向同性介质中的程函方程。它是本地平面波传输时相位变化的偏微分方程。它说明:在介质中的每一点,本地平面波的最大相位变化与该点的折射率成正比。

2. 光线方程

为求光波在光纤中传播的路径,需利用程函方程推导光线的微分方程,即光线方程。设光波在各向同性介质中传播,光线形状如图1.2.7所示。$\boldsymbol{r}$ 代表光线上某一点的坐标,$\boldsymbol{s}$(波印亭矢量)和 $\boldsymbol{k}$ 同方向,$\mathrm{d}s$ 为光线上的一微分段,$\boldsymbol{l}_s$ 为光线方向的单位矢量,且有 $\boldsymbol{l}_s = \mathrm{d}\boldsymbol{r}/\mathrm{d}s$,$\boldsymbol{l}_s$ 与 $\boldsymbol{E}$ 和 $\boldsymbol{H}$ 正交,即与波前正交。这时式(1.2.24)可写成

$$\nabla \varphi(\boldsymbol{r}) = \boldsymbol{l}_s n(\boldsymbol{r}) \qquad\qquad (1.2.25)$$

因此

$$\frac{\mathrm{d}\varphi(\boldsymbol{r})}{\mathrm{d}\boldsymbol{r}} = n(\boldsymbol{r}) \qquad\qquad (1.2.26)$$

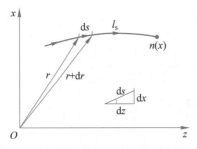

图 1.2.7　各向同性介质中的光线轨迹

把式(1.2.25)对 s 求导,并利用

$$\frac{\mathrm{d}}{\mathrm{d}s}[\nabla \varphi(\boldsymbol{r})] = \nabla\left[\frac{\mathrm{d}\varphi(\boldsymbol{r})}{\mathrm{d}s}\right] = \nabla n(\boldsymbol{r})$$

$$\frac{\mathrm{d}}{\mathrm{d}s}[\boldsymbol{l}_s n(\boldsymbol{r})] = \frac{\mathrm{d}}{\mathrm{d}s}\left[n(\boldsymbol{r})\frac{\mathrm{d}\boldsymbol{r}}{\mathrm{d}s}\right]$$

则有

$$\frac{\mathrm{d}}{\mathrm{d}s}\left[n(\boldsymbol{r})\frac{\mathrm{d}\boldsymbol{r}}{\mathrm{d}s}\right]=\nabla n(\boldsymbol{r}) \tag{1.2.27}$$

式(1.2.27)一般称为光线方程,它是 $\boldsymbol{r}$ 的二阶微分方程。在已知 $n(\boldsymbol{r})$ 的分布及给定坐标系后,由初始条件及上式就可求出光线的轨迹。

【例 1.2.1】　设介质是各向同性且均匀,则 n 是一个常数,即 $\nabla n=0$,所以由式(1.2.26)可得

$$n\frac{\mathrm{d}\boldsymbol{r}}{\mathrm{d}s}=\mathrm{const}$$

所以

$$\boldsymbol{r}=\boldsymbol{a}S+\boldsymbol{b}$$

式中,$\boldsymbol{a}$、$\boldsymbol{b}$ 为常量。上式表明:$\boldsymbol{r}$ 顶端构成的轨迹(即光线的路径)是一直线。

【例 1.2.2】　设介质为各向同性,但 n 为球对称分布,求光线的轨迹。

解:显然这时光线的轨迹是曲线。由于

$$\frac{\mathrm{d}}{\mathrm{d}s}(\boldsymbol{r}\times\boldsymbol{l}_s n)=\frac{\mathrm{d}\boldsymbol{r}}{\mathrm{d}s}\times\boldsymbol{l}_s n+\boldsymbol{r}\times\frac{\mathrm{d}(\boldsymbol{l}_s n)}{\mathrm{d}s}=\boldsymbol{l}_s\times\boldsymbol{l}_s n+\boldsymbol{r}\times\frac{\boldsymbol{r}}{r}\frac{\mathrm{d}n(r)}{\mathrm{d}r}\equiv 0$$

即 $\boldsymbol{r}\times\boldsymbol{l}_s n=$ 常数。这说明光线的轨迹是一平面曲线。上式推导过程中利用了 $\nabla n=\dfrac{\boldsymbol{r}}{r}\dfrac{\mathrm{d}n}{\mathrm{d}r}$。

再利用光线方程式(1.2.27)可得

$$\frac{\mathrm{d}\boldsymbol{l}_s}{\mathrm{d}s}=\frac{1}{n}\left[\nabla n(\boldsymbol{r})-\boldsymbol{l}_s\frac{\mathrm{d}n(r)}{\mathrm{d}s}\right]$$

式中,$\left|\dfrac{\mathrm{d}\boldsymbol{l}_s}{\mathrm{d}s}\right|=\dfrac{1}{R}$,$R$ 是光线的曲率半径,上式两边用 $\left|\dfrac{\mathrm{d}\boldsymbol{l}_s}{\mathrm{d}s}\right|$ 点乘,则可得

$$\frac{1}{R}=\frac{1}{n}\nabla n\cdot\boldsymbol{r}$$

由此可见,因为曲率半径总是正数,所以 $\nabla n\cdot\boldsymbol{r}>0$,即 ∇n 和 $\boldsymbol{r}$ 之间的夹角小于 $90°$。R 愈小,夹角愈小,所以光线总是向折射率大的方向偏折,与折射定律的结果一致。

3. 变折射率光纤中的光线分析

在变折射率光纤中,折射率随离轴距离的增加而不断改变,其一般形式是

$$n^2(r)=n^2(0)\left[1-2\Delta\left(\frac{r}{a}\right)^\alpha\right] \tag{1.2.28}$$

式中

$$\Delta=\frac{n^2(0)-n^2(r)}{2n^2(0)} \tag{1.2.29}$$

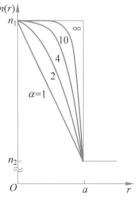

a 是纤芯半径;$n(0)$ 是光纤轴上的折射率;$n(r)$ 为离轴距离 r 处的折射率。图 1.2.8 给出了 $n(r)$ 和 r 的关系曲线。从图 1.2.8 可知,当 $\alpha\to\infty$ 时,折射率分布变成普通的阶跃型;当 $\alpha=2$ 时,就是聚焦光纤;当 $\alpha=1$ 时,纤芯中的折射率随 r 增大而线性减小。

在理想情况下,变折射率光纤中的折射率分布为轴对称。为此用柱坐标 (r,φ,z),取光纤轴为 z 轴。这时光线方程

图 1.2.8　α 不同时,$n(r)$ 和 r 的关系曲线

式(1.2.27)径向分量可写成

$$\frac{\mathrm{d}}{\mathrm{d}s}\left(n\,\frac{\mathrm{d}r}{\mathrm{d}s}\right)-nr\left(\frac{\mathrm{d}\varphi}{\mathrm{d}s}\right)^{2}=\frac{\mathrm{d}n}{\mathrm{d}s} \tag{1.2.30}$$

轴向分量和圆周分量分别是

$$n\,\frac{\mathrm{d}r}{\mathrm{d}s}\,\frac{\mathrm{d}\varphi}{\mathrm{d}s}+\frac{\mathrm{d}}{\mathrm{d}s}\left(nr\,\frac{\mathrm{d}\varphi}{\mathrm{d}s}\right)=0 \tag{1.2.31}$$

$$\frac{\mathrm{d}}{\mathrm{d}s}\left(n\,\frac{\mathrm{d}z}{\mathrm{d}s}\right)=0 \tag{1.2.32}$$

式中,r 为径向坐标; s 是光线的几何路径。

为求解上述光线方程,首先应确定初始条件。如图 1.2.9 所示,一条光线从折射率为 n_0 的自由空间入射到光纤的端面($z=0$)$r=r_0$ 和 $\varphi=0$ 处,入射角为 θ_0,入射平面和光纤的夹角是 $\varphi=\varphi_0$,折射角为 θ_n,由折射定律有

$$n(r_0)\sin\theta_n=n_0\sin\theta_0=\sin\theta_0$$

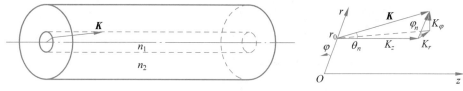

图 1.2.9　光纤端面处光的波矢量及其分量

由图 1.2.9 可见,光纤入射端处折射光线波矢量 $\boldsymbol{K}$ 的圆柱分量为

$$K_r=n(r_0)K\sin\theta_n\cos\varphi_0 \tag{1.2.33}$$

$$K_\varphi=n(r_0)K\sin\theta_n\sin\varphi_0 \tag{1.2.34}$$

$$K_z=n(r_0)K\cos\theta_n \tag{1.2.35}$$

初始条件是

$$\varphi\,|_{r=r_0}=z\,|_{r=r_0}=0 \tag{1.2.36}$$

$$\frac{\mathrm{d}r}{\mathrm{d}s}\bigg|_{r=r_0}=\sin\theta_n\cos\varphi_0 \tag{1.2.37}$$

$$r\,\frac{\mathrm{d}\varphi}{\mathrm{d}s}\bigg|_{r=r_0}=\sin\theta_n\sin\varphi_0 \tag{1.2.38}$$

$$\frac{\mathrm{d}z}{\mathrm{d}s}\bigg|_{r=r_0}=\cos\theta_n \tag{1.2.39}$$

在这些条件下,方程式(1.2.32)可直接积分,得

$$n(r)\,\frac{\mathrm{d}z}{\mathrm{d}s}=n(r_0)\cos\theta_n \tag{1.2.40}$$

在传播过程中,波矢量 $n(r)\boldsymbol{K}$ 沿光线路径的轴向分量可写成

$$K_z=n(r_0)K\,\frac{\mathrm{d}z}{\mathrm{d}s}$$

把初始条件式(1.2.39)代入上式,可得

$$K_z=n(r_0)K\cos\theta_n$$

把上式和式(1.2.35)比较,可知波矢量的轴向分量在传播过程中始终不变,为求解式(1.2.31),

将它乘以 r，再对 s 从 r_0 到 r 积分，得到

$$n(r)r^2\frac{\mathrm{d}\varphi}{\mathrm{d}s}=n(r_0)r_0\sin\theta_n\sin\varphi_0 \tag{1.2.41}$$

但在传播过程中，波矢量 $n(r)\boldsymbol{K}$ 沿光线路径的圆周分量是

$$K_\varphi=n(r)Kr\frac{\mathrm{d}\varphi}{\mathrm{d}s}$$

由式(1.2.41)可得

$$K_\varphi=\frac{r_0}{r}n(r_0)K\sin\theta_n\sin\varphi_0$$

比较上式和式(1.2.34)可知，波矢量的圆周分量在传输过程中要变化，其变化系数为 r_0/r。

下面求波矢量的径向分量。由式(1.2.30)可得

$$n^2(r_0)\cos^2\theta_n\left[\frac{\mathrm{d}^2 r}{\mathrm{d}z^2}-r\left(\frac{\mathrm{d}\varphi}{\mathrm{d}z}\right)^2\right]=\frac{1}{2}\frac{\mathrm{d}}{\mathrm{d}r}\left[n^2(r)\right]$$

由式(1.2.40)和式(1.2.41)可得

$$\frac{\mathrm{d}\varphi}{\mathrm{d}z}=\frac{r_0}{r^2}\tan\theta_n\sin\varphi_0$$

将上两式合并，再乘以 $z\,\mathrm{d}r/\mathrm{d}z$，并对 z 积分，最后可得

$$\frac{\mathrm{d}r}{\mathrm{d}z}=\left[\frac{n^2(r)}{n^2(r_0)\cos^2\theta_n}-1-\tan^2\theta_n\sin^2\varphi_0\left(\frac{r_0}{r}\right)^2\right]^{\frac{1}{2}} \tag{1.2.42}$$

或

$$z=\int_{r_0}^r\frac{\mathrm{d}r}{\left[\dfrac{n^2(r)}{n^2(r_0)\cos^2\theta_n}-1-\tan^2\theta_n\sin^2\varphi_0\left(\dfrac{r_0}{r}\right)^2\right]^{\frac{1}{2}}} \tag{1.2.43}$$

由式(1.2.43)可知，只要知道折射率分布 $n(r)$、输入点坐标 r_0、折射角 θ_0、入射平面和轴的夹角 ϕ_0，就可求出 r 与 z 的关系，即光线在梯度折射率光纤中传输的轨迹和特性。

1.3 光纤的波动理论

1.3.1 光波导的一般理论——正规光波导

1. Maxwell 方程组

光是电磁波，它具有电磁波的通性。与无线电波相比，只不过光波的频率要高很多。因此，光波在光纤中传输的一些基本性质都可以从电磁场的基本方程推导出来，这些方程就是 Maxwell 方程组。

真空中的电磁场由电场强度 $\boldsymbol{E}$ 和磁感强度 $\boldsymbol{B}$ 两矢量描述。而为描述场对物质的作用，例如光波在透明介质中的传播情况，需再引进电感强度 $\boldsymbol{D}$ 和磁场强度 $\boldsymbol{H}$ 以及电流密度 $\boldsymbol{j}$ 3 个矢量。在场中每一点，这 5 个矢量随时间和空间的变化关系由下述 Maxwell 方程组给出：

$$\nabla\times\boldsymbol{H}=\boldsymbol{j}+\frac{\partial\boldsymbol{D}}{\partial t} \tag{1.3.1}$$

微课视频

微课视频

$$\nabla \times \boldsymbol{E} = -\frac{\partial \boldsymbol{B}}{\partial t} \tag{1.3.2}$$

$$\nabla \cdot \boldsymbol{B} = 0 \tag{1.3.3}$$

$$\nabla \cdot \boldsymbol{D} = \rho \tag{1.3.4}$$

式中，ρ 为场中电荷密度；∇ 为哈密顿算符：

$$\nabla = l_x \frac{\partial}{\partial x} + l_y \frac{\partial}{\partial y} + l_z \frac{\partial}{\partial z}$$

l_x、l_y、l_z 为沿 x,y,z 的单位矢量。

　　由于利用式(1.3.1)和式(1.3.2)，以及电荷不灭定律：

$$\nabla \cdot \boldsymbol{j} = -\frac{\partial \rho}{\partial t}$$

可推导出式(1.3.3)和式(1.3.4)，所以式(1.3.1)和式(1.3.2)是最基本的方程。但是为了求解 $\boldsymbol{E}$、$\boldsymbol{D}$、$\boldsymbol{B}$、$\boldsymbol{H}$，除这两个基本方程之外，尚须联系它们的物质方程。物质方程随电磁场所在的介质而异。如果介质为各向异性，又不均匀，则有

$$\boldsymbol{D}(r) = \boldsymbol{\varepsilon}(r) \cdot \boldsymbol{E}(r) \tag{1.3.5}$$

$$\boldsymbol{B}(r) = \boldsymbol{\mu}(r) \cdot \boldsymbol{H}(r) \tag{1.3.6}$$

式中，$\boldsymbol{\varepsilon}(r)$、$\boldsymbol{\mu}(r)$ 分别为介质的张量介电系数和张量磁导率，代表物质的各向异性。例如，对于铁氧体有

$$\boldsymbol{\mu} = \begin{bmatrix} \mu_0 \mu_r & -\mathrm{i}k\mu_0 & 0 \\ \mathrm{i}k\mu_0 & \mu_0 \mu_r & 0 \\ 0 & 0 & 1 \end{bmatrix}$$

对于双轴晶体有

$$\boldsymbol{\varepsilon} = \begin{bmatrix} \varepsilon_{11} & 0 & 0 \\ 0 & \varepsilon_{22} & 0 \\ 0 & 0 & \varepsilon_{33} \end{bmatrix}$$

式中，μ_0 是真空中的磁导率，且

$$\mu_r = 1 + \frac{\omega_0 \omega_M}{\omega_0^2 - \omega^2}, \quad k = \frac{\omega_0 - \omega_M}{\omega_0^2 - \omega^2}$$

ω 为工作频率；ω_0 为铁氧体运动频率；ω_M 为铁氧体本征频率。对于各向异性物质，一般而言，$\boldsymbol{E}$ 和 $\boldsymbol{D}$ 方向不同，$\boldsymbol{H}$ 和 $\boldsymbol{B}$ 方向不同。对于各向同性介质则有

$$\boldsymbol{D} = \varepsilon \boldsymbol{E} \tag{1.3.7}$$

$$\boldsymbol{B} = \mu \boldsymbol{H} \tag{1.3.8}$$

式中，$\varepsilon = \varepsilon(r)$，$\mu = \mu(r)$。这时 $\boldsymbol{D}$、$\boldsymbol{E}$ 同向，$\boldsymbol{H}$、$\boldsymbol{B}$ 同向。

2. 波动方程

　　Maxwell 方程只给出场和场源之间的关系，即 $\boldsymbol{E}$、$\boldsymbol{D}$、$\boldsymbol{B}$、$\boldsymbol{H}$ 之间的相互关系。为了求出光波在光纤中的传播规律，应进一步求出每个量随时间和空间的变化规律，也就是要从 Maxwell 方程组中求解 $\boldsymbol{E}$、$\boldsymbol{H}$ 各量随时、空的变化关系。

　　下面对于各向同性的介质进行推导。为此利用式(1.3.1)和式(1.3.2)可得

$$\nabla \times (\nabla \times \boldsymbol{E}) = -\nabla \times \frac{\partial \boldsymbol{B}}{\partial t} = -\frac{\partial (\nabla \times \mu \boldsymbol{H})}{\partial t} \tag{1.3.9}$$

$$\nabla \times (\nabla \times \boldsymbol{H}) = \frac{\partial (\nabla \times \varepsilon \boldsymbol{E})}{\partial t} + \nabla \times \boldsymbol{j} \tag{1.3.10}$$

而

$$\nabla \times \nabla \times \boldsymbol{E} = \nabla (\nabla \cdot \boldsymbol{E}) - \nabla^2 \boldsymbol{E}$$

因此式(1.3.9)成为

$$\nabla (\nabla \cdot \boldsymbol{E}) - \nabla^2 \boldsymbol{E} = -\frac{\partial (\mu \nabla \times \boldsymbol{H} + \nabla \mu \times \boldsymbol{H})}{\partial t} \tag{1.3.11}$$

由式(1.3.4)和式(1.3.7)及矢量恒等式,有

$$\nabla \cdot (\varepsilon \boldsymbol{E}) = \varepsilon \nabla \cdot \boldsymbol{E} + \boldsymbol{E} \cdot \nabla \varepsilon$$

可得

$$\nabla \cdot \boldsymbol{E} = \frac{\rho}{\varepsilon} - \frac{\boldsymbol{E} \cdot \nabla \varepsilon}{\varepsilon} \tag{1.3.12}$$

再由式(1.3.1)式(1.3.2)可得

$$\frac{\partial (\mu \nabla \times \boldsymbol{H})}{\partial t} = \mu \frac{\partial (\nabla \times \boldsymbol{H})}{\partial t} = \mu \varepsilon \frac{\partial^2 \boldsymbol{E}}{\partial t^2} + \mu \frac{\partial \boldsymbol{j}}{\partial t} \tag{1.3.13}$$

$$\frac{\partial (\nabla \mu \times \boldsymbol{H})}{\partial t} = \nabla \mu \times \frac{\partial \boldsymbol{H}}{\partial t} = -\nabla \mu \times \frac{\nabla \times \boldsymbol{E}}{\mu} \tag{1.3.14}$$

此处已设 μ 与时间无关。把式(1.3.12)~式(1.3.14)代入式(1.3.11),可得

$$\nabla^2 \boldsymbol{E} + \nabla \left(\boldsymbol{E} \cdot \frac{\nabla \varepsilon}{\varepsilon} \right) - \nabla \left(\frac{\rho}{\varepsilon} \right) + \frac{\nabla \mu}{\mu} \times \nabla \times \boldsymbol{E} = \mu \varepsilon \frac{\partial^2 \boldsymbol{E}}{\partial t^2} + \mu \frac{\partial \boldsymbol{j}}{\partial t} \tag{1.3.15}$$

同理,对矢量 $\boldsymbol{H}$ 有

$$\nabla^2 \boldsymbol{H} + \nabla \left(\frac{\nabla \mu}{\mu} \cdot \boldsymbol{H} \right) + \frac{\nabla \varepsilon}{\varepsilon} \times \nabla \times \boldsymbol{H} = \mu \varepsilon \frac{\partial^2 \boldsymbol{H}}{\partial t^2} + \frac{\nabla \varepsilon}{\varepsilon} \times \boldsymbol{j} - \nabla \times \boldsymbol{j} \tag{1.3.16}$$

式(1.3.15)和式(1.3.16)就是各向同性、非均匀介质中的波动方程,这是一个相当复杂的方程。

由于目前我们关心的是光波在透明介质(光纤)中的传输问题,因此有 $\mu = \mu_0$, $\rho = 0$,因而 $\nabla \cdot \boldsymbol{E} = 0$, $\boldsymbol{j} = 0$。于是上面的波动方程简化为

$$\nabla^2 \boldsymbol{E} + \nabla \left(\boldsymbol{E} \cdot \frac{\nabla \varepsilon}{\varepsilon} \right) = \mu_0 \varepsilon \frac{\partial^2 \boldsymbol{E}}{\partial t^2} \tag{1.3.17}$$

$$\nabla^2 \boldsymbol{H} + \frac{\nabla \varepsilon}{\varepsilon} \times \nabla \times \boldsymbol{H} = \mu_0 \varepsilon \frac{\partial^2 \boldsymbol{H}}{\partial t^2} \tag{1.3.18}$$

显见,这两式仍很复杂,求解困难。但是对于均匀光纤(ε 为常数和 $\nabla \varepsilon = 0$)或 ε 变化缓慢的光纤(ε 不为常数,但 $\nabla \varepsilon \approx 0$)的这两种情况下,上两式可进一步简化为

$$\nabla^2 \boldsymbol{E} = \mu_0 \varepsilon \frac{\partial^2 \boldsymbol{E}}{\partial t^2} \tag{1.3.19}$$

$$\nabla^2 \boldsymbol{H} = \mu_0 \varepsilon \frac{\partial^2 \boldsymbol{H}}{\partial t^2} \tag{1.3.20}$$

这就是最简单的波动方程。

对于单色光波有

$$\boldsymbol{E}(\boldsymbol{r}) = \boldsymbol{E}_0(\boldsymbol{r}) \exp\left[-\mathrm{i}k_0 \varphi(\boldsymbol{r})\right] \exp\left[\mathrm{i}\omega t\right]$$

$$\boldsymbol{H}(\boldsymbol{r}) = \boldsymbol{H}_0(\boldsymbol{r}) \exp\left[-\mathrm{i}k_0 \varphi(\boldsymbol{r})\right] \exp\left[\mathrm{i}\omega t\right]$$

即 $\dfrac{\partial}{\partial t} = \mathrm{i}\omega$, $\dfrac{\partial^2}{\partial t^2} = -\omega^2$, 则式(1.3.17)和式(1.3.18)变为

$$\nabla^2 \boldsymbol{E} + \nabla\left(\boldsymbol{E} \cdot \frac{\nabla\varepsilon}{\varepsilon}\right) = -k^2 \boldsymbol{E} \tag{1.3.21}$$

$$\nabla^2 \boldsymbol{H} + \frac{\nabla\varepsilon}{\varepsilon} \times \nabla \times \boldsymbol{H} = -k^2 \boldsymbol{H} \tag{1.3.22}$$

相应地,式(1.3.19)和式(1.3.20)变为

$$\nabla^2 \boldsymbol{E} + k^2 \boldsymbol{E} = 0 \tag{1.3.23}$$

$$\nabla^2 \boldsymbol{H} + k^2 \boldsymbol{H} = 0 \tag{1.3.24}$$

式中利用了 $\omega^2 \mu_0 \varepsilon = \omega^2 \mu_0 \varepsilon_0 \varepsilon_r = \varepsilon_r k_0^2 = n^2 k_0^2 = k^2$。其中,$\varepsilon_r$ 和 n 为光纤材料的相对介电系数和折射率;$k_0 = 2\pi/\lambda$ 是真空中的波数;λ 为真空中光波波长。上两式是矢量的 Helmholtz 方程。在直角坐标系中,$\boldsymbol{E}$、$\boldsymbol{H}$ 的 x、y、z 分量均满足标量 Helmholtz 方程:

$$\nabla^2 \psi + k^2 \psi = 0 \tag{1.3.25}$$

式中,ψ 代表 $\boldsymbol{E}$ 或 $\boldsymbol{H}$ 的各个分量。

3. 模式

由上面波动方程的推导可见,影响光波导传输特性的主要是折射率的空间分布。在上述讨论中已假定这种分布是线性(光纤中的非线性将在本书 2.7 节讨论)、时不变、各向同性,即 $n = n(x, y, z)$。为此可根据折射率的空间分布,将光波导分类如下:

$$\text{线性光波导} \begin{cases} \text{纵向均匀} \\ \text{(正规光波导)} \begin{cases} \text{横向分层均匀的光波导(均匀光波导)} \\ \text{横向非均匀的光波导(非均匀光波导)} \end{cases} \\ \text{纵向非均匀} \\ \text{(非正规光波导)} \begin{cases} \text{缓变光波导} \\ \text{迅变光波导} \\ \text{突变光波导} \end{cases} \end{cases}$$

这种分类方法便于理论分析:不同类型的光波导相应于求解不同类型的微分方程。至于实际的光纤,可根据需要划分为其中的某一类。

为求解波动方程,尚应注意光纤结构的特征:纵向(光纤的轴向,即光传输的方向)和横向的差别,这是光纤的基本特征。这个基本特征决定了光纤中纵向和横向场解的不同。对于正规光波导,它表现出明显的导光性质,而由正规光波导引出的模式的概念,则是光波导理论中最基本的概念。

如上所述,正规光波导是指其折射率分布沿纵向(z 向)不变的光波导,其数学描述为

$$n(x, y, z) = n(x, y)$$

可以证明,在正规光波导中,光场的横向和纵向分量可用分离的形式表示为

$$\begin{bmatrix} \boldsymbol{E} \\ \boldsymbol{H} \end{bmatrix}(x, y, z, t) = \begin{bmatrix} \boldsymbol{e} \\ \boldsymbol{h} \end{bmatrix}(x, y)\, \mathrm{e}^{\mathrm{i}(\omega t - \beta z)} \tag{1.3.26}$$

若不涉及光纤中的非线性问题,则光波在光纤中传输时 ω 保持不变。这种情况下,$\mathrm{e}^{\mathrm{i}\omega t}$ 项可略去,上式可简化成

$$\begin{bmatrix} \boldsymbol{E} \\ \boldsymbol{H} \end{bmatrix} (x,y,z) = \begin{bmatrix} \boldsymbol{e} \\ \boldsymbol{h} \end{bmatrix} (x,y) \, \mathrm{e}^{-\mathrm{i}\beta z} \qquad (1.3.27)$$

式中，β 为相移常数，或称传播常数；$\boldsymbol{e}(x,y)$ 和 $\boldsymbol{h}(x,y)$ 都是复矢量，即有幅度、相位和方向，它表示了 $\boldsymbol{E}$、$\boldsymbol{H}$ 沿光纤横截面的分布，称为模式场。

把式(1.3.27)代入 Helmholtz 方程式(1.3.21)和式(1.3.22)，并经过计算，可得一个只有 (x,y) 两个变量的偏微分方程：

$$\begin{cases} \left[\nabla_t^2 + (k^2 - \beta^2)\right] \boldsymbol{e} + \nabla_t \left(\boldsymbol{e} \cdot \dfrac{\nabla_t \varepsilon}{\varepsilon}\right) + \mathrm{i}\beta \boldsymbol{l}_z \left(\boldsymbol{e} \cdot \dfrac{\nabla_t \varepsilon}{\varepsilon}\right) = 0 \\[3mm] \left[\nabla_t^2 + (k^2 - \beta^2)\right] \boldsymbol{h} + \dfrac{\nabla_t \varepsilon}{\varepsilon} \times (\nabla_t \times \boldsymbol{h}) - \mathrm{i}\beta \boldsymbol{l}_z \left(\boldsymbol{h} \cdot \dfrac{\nabla_t \varepsilon}{\varepsilon}\right) = 0 \end{cases} \qquad (1.3.28)$$

式中，下标 t 表示为垂直于 z 方向的横向；$\boldsymbol{l}_z$ 为沿 z 方向的单位矢量。根据偏微分方程理论，对于给定的边界条件，上述方程有无穷个离散的特征解，并可进行排序。每个特征解为

$$\begin{bmatrix} \boldsymbol{e}_i \\ \boldsymbol{h}_i \end{bmatrix} (x,y) \, \mathrm{e}^{-\mathrm{i}\beta_i z}$$

于是称上述方程的一个特征解为一个模式，光纤中总的光场分布则是这些模式的线性组合：

$$\begin{bmatrix} \boldsymbol{E} \\ \boldsymbol{H} \end{bmatrix} = \sum_i \begin{bmatrix} a_i & \boldsymbol{e}_i \\ b_i & \boldsymbol{h}_i \end{bmatrix} (x,y) \, \mathrm{e}^{-\mathrm{i}\beta_i z}$$

式中，a_i、b_i 是分解系数，表示该模式的相对大小。一系列模式可以看成是一个光波导的场分布的空间谱。

模式是光波导中的一个基本概念，它具有以下特性：

(1) 稳定性。一个模式沿纵向传输时，其场分布形式不变，即沿 z 方向有稳定的分布。

(2) 有序性。模式是波动方程的一系列特征解，是离散的、可以排序的。排序方法有两种，一种是以传播常数 β 的大小排序，β 越大序号越小；另一种是以 (x,y) 两个自变量排序，所以有两列序号。

(3) 叠加性。光波导中总的场分布是这些模式的线性叠加。

(4) 正交性。一个正规光波导的不同模式之间满足正交关系。对于一个光波导，设 $(\boldsymbol{E},\boldsymbol{H})$ 是一个模式，$(\boldsymbol{E}',\boldsymbol{H}')$ 是另一个模式，它们分别满足

$$\begin{cases} \nabla \times \boldsymbol{E} = -\mathrm{i}\omega\mu_0 \boldsymbol{H} \\[2mm] \nabla \times \boldsymbol{H} = \mathrm{i}\omega\varepsilon \boldsymbol{E} \end{cases} \qquad \begin{cases} \nabla \times \boldsymbol{E}' = -\mathrm{i}\omega\mu_0 \boldsymbol{H}' \\[2mm] \nabla \times \boldsymbol{H}' = \mathrm{i}\omega\varepsilon \boldsymbol{E}' \end{cases}$$

设 $(\boldsymbol{E},\boldsymbol{H})$ 为第 i 次模，$(\boldsymbol{E}',\boldsymbol{H}')$ 为第 k 次模，即

$$\begin{bmatrix} \boldsymbol{E} \\ \boldsymbol{H} \end{bmatrix} = \begin{bmatrix} \boldsymbol{e}_i \\ \boldsymbol{h}_i \end{bmatrix} (x,y) \, \mathrm{e}^{-\mathrm{i}\beta_i z}, \quad \begin{bmatrix} \boldsymbol{E}' \\ \boldsymbol{H}' \end{bmatrix} = \begin{bmatrix} \boldsymbol{e}_k \\ \boldsymbol{h}_k \end{bmatrix} (x,y) \, \mathrm{e}^{-\mathrm{i}\beta_k z}$$

则可以证明下式成立

$$\int_{A \to \infty} (\boldsymbol{e}_i \times \boldsymbol{h}_k^*) \cdot \mathrm{d}\boldsymbol{A} = \int_{A \to \infty} (\boldsymbol{e}_k^* \times \boldsymbol{h}_i) \cdot \mathrm{d}\boldsymbol{A} = 0 \quad (i \neq k)$$

式中，A 为积分范围；角标 $*$ 表示取共轭。这就是模式正交性的数学表达式。

4. 模式场的纵、横向分量

由于光纤结构的纵向(z 方向)和横向差别极大，因此在求解光纤中的光场时可分解为

纵向分量和横向分量之和:

$$\boldsymbol{E}=\boldsymbol{E}_t+\boldsymbol{E}_z, \quad \boldsymbol{H}=\boldsymbol{H}_t+\boldsymbol{H}_z$$

下标 z 和 t 分别相应于纵向和横向。微分算符 ∇ 也可表示为纵向和横向的叠加,即

$$\nabla=\nabla_t+\boldsymbol{l}_z\frac{\partial}{\partial z}$$

式中,$\boldsymbol{l}_z$ 为 z 方向的单位矢量。代入各向同性的 Maxwell 方程组,并使等式两边纵向和横向分量各自相等,则可得

$$\nabla_t\times\boldsymbol{E}_t=-\mathrm{i}\omega\mu_0\boldsymbol{H}_z \tag{1.3.29}$$

$$\nabla_t\times\boldsymbol{H}_t=\mathrm{i}\omega\varepsilon\boldsymbol{E}_z \tag{1.3.30}$$

$$\nabla_t\times\boldsymbol{E}_z+\boldsymbol{l}_z\times\frac{\partial\boldsymbol{E}_t}{\partial z}=-\mathrm{i}\omega\mu_0\boldsymbol{H}_t \tag{1.3.31}$$

$$\nabla_t\times\boldsymbol{H}_z+\boldsymbol{l}_z\times\frac{\partial\boldsymbol{H}_t}{\partial z}=\mathrm{i}\omega\varepsilon\boldsymbol{E}_t \tag{1.3.32}$$

以上前两式表明电、磁场横向分量随横截面的分布永远是有旋的,并取决于对应的磁、电场的纵向分量;后两式则表明电、磁场的纵向分量随横截面的分布,其旋度不仅取决于对应磁、电场的横向分量,还取决于各自的横向分量。

显然,对于三维的模式场同样有

$$\boldsymbol{e}=\boldsymbol{e}_t+\boldsymbol{e}_z, \quad \boldsymbol{h}=\boldsymbol{h}_t+\boldsymbol{h}_z \tag{1.3.33}$$

于是

$$\begin{bmatrix}\boldsymbol{E}_t\\\boldsymbol{E}_z\\\boldsymbol{H}_t\\\boldsymbol{H}_z\end{bmatrix}=\begin{bmatrix}\boldsymbol{e}_t\\\boldsymbol{e}_z\\\boldsymbol{h}_t\\\boldsymbol{h}_z\end{bmatrix}\mathrm{e}^{-\mathrm{i}\beta z} \tag{1.3.34}$$

代入任意光波导的光场的纵向分量与横向分量的关系式(1.3.29)~式(1.3.32),可得

$$\nabla_t\times\boldsymbol{e}_t=-\mathrm{i}\omega\mu_0\boldsymbol{h}_z \tag{1.3.35}$$

$$\nabla_t\times\boldsymbol{h}_t=\mathrm{i}\omega\varepsilon\boldsymbol{e}_z \tag{1.3.36}$$

$$\nabla_t\times\boldsymbol{e}_z+\mathrm{i}\beta\boldsymbol{l}_z\times\boldsymbol{e}_t=-\mathrm{i}\omega\mu_0\boldsymbol{h}_t \tag{1.3.37}$$

$$\nabla_t\times\boldsymbol{h}_z+\mathrm{i}\beta\boldsymbol{l}_z\times\boldsymbol{h}_t=\mathrm{i}\omega\varepsilon\boldsymbol{e}_t \tag{1.3.38}$$

由上面的后两式,利用 $\nabla_t\times\boldsymbol{e}_z=-\boldsymbol{l}_z\times\nabla_t\boldsymbol{e}_z$ 和 $\nabla_t\times\boldsymbol{h}_z=-\boldsymbol{l}_z\times\nabla_t\boldsymbol{h}_z$ 可得

$$\mathrm{i}\beta\boldsymbol{l}_z\times\boldsymbol{e}_t+\mathrm{i}\omega\mu_0\boldsymbol{h}_t=\boldsymbol{l}_z\times\nabla_t\boldsymbol{e}_z$$

$$\mathrm{i}\beta\boldsymbol{l}_z\times\boldsymbol{h}_t-\mathrm{i}\omega\varepsilon\boldsymbol{e}_t=\boldsymbol{l}_z\times\nabla_t\boldsymbol{h}_z$$

再利用 $\boldsymbol{l}_z\times[\boldsymbol{l}_z\times\boldsymbol{e}_t]=-\boldsymbol{e}_t$,可得

$$\begin{cases}\boldsymbol{e}_t=\dfrac{\mathrm{i}}{\omega^2\mu_0\varepsilon-\beta^2}[\omega\mu_0\boldsymbol{l}_z\times\nabla_t h_z+\beta\nabla_t e_z]\\[3mm]\boldsymbol{h}_t=\dfrac{\mathrm{i}}{\omega^2\mu_0\varepsilon-\beta^2}[-\omega\varepsilon\boldsymbol{l}_z\times\nabla_t e_z+\beta\nabla_t h_z]\end{cases} \tag{1.3.39}$$

由上式可见,模式场的横向分量,可由纵向分量随横截面的分布唯一地确定。可以证明 e_z 和 h_z 在时间上是同相位。由上式还可得出:若 e_z、h_z 为实数,则 $\boldsymbol{e}_t$、$\boldsymbol{h}_t$ 必为纯虚数,即纵

向和横向分量之间有 90°的相位差。这种位相关系说明正规光波导有明显的导光性质。
因为

$$p = E \times H^* = (e_t + e_z) \times (h_t^* + h_z^*) = e_t \times h_t^* + e_z \times h_t^* + e_t \times h_z^* + 0$$

第一项为实数,代表沿 z 方向的传输功率;后两项为纯虚数,方向为横向,说明横向有功率
振荡,但不传输。

根据模式场在空间的方向特征,或包含纵向分量的情况,通常把模式分为三类:

（1）TEM 模。模式只有横向分量,而无纵向分量,即 $e_z = h_z = 0$。

（2）TE 模或 TM 模。模式只有一个纵向分量,即 TE 模: $e_z = 0$,但 $h_z \neq 0$;TM 模:
$h_z = 0$,但 $e_z \neq 0$。

对于 TE 模,由于 $e_z = 0$,由式(1.3.37)可得

$$e_t = \frac{\omega \mu_0}{\beta} l_z \times h_t \tag{1.3.40}$$

上式说明:电场和磁场的横向分量 e_t 和 h_t 相互垂直,相位相反(在 e_t、h_t、l_z 三者组成的右
手螺旋法则的规定下),幅度大小成比例,比例系数 $\dfrac{\omega \mu_0}{\beta}$ 具有阻抗的量纲,定义为 TE 模的波
阻抗。

对于 TM 模,由于 $h_z = 0$,由式(1.3.38)可得

$$e_t = \frac{\beta}{\omega \varepsilon} l_z \times h_t \tag{1.3.41}$$

上式说明:电场和磁场的横向分量 e_t 和 h_t 相互垂直,相位相同,幅度大小成比例,比例系
数 $\dfrac{\beta}{\omega \varepsilon}$ 是波阻抗,但由于 $\varepsilon = \varepsilon(x, y)$,所以波导中各点 TM 模的波阻抗不同,这是与 TE 模不
同之处。

（3）HE 模或 EH 模。模式的两个纵向分量都不为零,即 $h_z \neq 0$,$e_z \neq 0$。这时,由式(1.3.39)
可得

$$e_t \cdot h_t = \frac{1}{\omega^2 \mu_0 \varepsilon - \beta^2} (\nabla_t e_z) \cdot (\nabla_t h_z)$$

由于 e_z、h_z 都不为零,又不为常数,所以 $e_t \cdot h_t \neq 0$,即 e_t 与 h_t 互不垂直,亦无波阻抗
概念。

由此可见,光纤中的光场分布和自由空间中的光场分布有明显的差别:一是光纤中的
光波无横波;二是光纤中的场解是分离的。对于前者,可以证明,光波导中不可能存在
TEM 模。虽然如此,有时为了分析方便,在 $|e_z| \ll |e_t|$,$|h_z| \ll |h_t|$ 的情况下(很多情况
下是满足的),仍可把这些模式当 TEM 模处理。下面针对光纤的具体结构:折射率均匀分
布和非均匀分布;结构为单层和双层等不同情况分别讨论其场解的具体形式。

1.3.2　均匀折射率光纤的波动理论

均匀折射率光纤中模场的求解一般有两种方法:矢量法和标量法。矢量法是求解 E、
H 两个特征参量的三个分量,是一种精确的求解方法。标量法则是认为光纤中模场的横向
分量无取向性,即各方向机会均等。矢量法和标量法的求解过程不同,所得结果和模场的表

微课视频

示方法也有差别。查阅资料时应注意。

矢量法是先求纵向分量,再由已求得的纵向分量(z 分量)求横向分量(x、y 分量)。标量法则是先求横向分量,再由横向分量求纵向分量。下面对此分别说明。

1. 矢量模

均匀折射率光纤是圆均匀波导,它具有上述均匀波导的一般特征。

1) 存在传输模

均匀折射率光纤中必定存在传输模,即光纤中的场分布可分离成随横截面二维分布的模式场和纵向的波动项 $e^{-i\beta z}$,其数学表达式为

$$\begin{bmatrix} E \\ H \end{bmatrix} = \begin{bmatrix} e \\ h \end{bmatrix}(x,y)e^{-i\beta z}$$

$$\begin{cases} e = e_t + e_z \\ h = h_t + h_z \end{cases}$$

对于光纤,(e_t、h_t)可选用两种坐标系,而不同的坐标系则相应于不同的方程,从而得到不同的模式序列。如选用圆柱坐标系,即

$$\begin{cases} e_t = e_r + e_\varphi \\ h_t = h_r + h_\varphi \end{cases} \tag{1.3.42}$$

这套坐标系下得到的模式,可与光纤边界形状(圆)一致,一般称为矢量模,如选用直角坐标系,即有

$$\begin{cases} e_t = e_x + e_y \\ h_t = h_x + h_y \end{cases} \tag{1.3.43}$$

这套坐标系下得到的模式,各分量具有固定的偏振(极化)方向,称为线偏振模(极化模),简称 LP 模(linear polarization mode)。显然,由于光纤的空间对称性,无论是矢量模(e_r,e_φ,e_z;h_r,h_φ,h_z)或是标量模(e_x,e_y,e_z;h_x,h_y,h_z)均应取圆对称的分布形式,即

$$\begin{bmatrix} e \\ h \end{bmatrix}(r,\varphi) = \begin{bmatrix} e \\ h \end{bmatrix}(r)e^{-im\varphi} \quad (m=0,\pm 1,\pm 2,\cdots)$$

2) 模式场满足齐次波动方程

均匀折射率光纤中的模式场满足以下波动方程

$$[\nabla_t^2 + (k_0^2 n^2 - \beta^2)]\begin{bmatrix} e \\ h \end{bmatrix} = 0$$

上式可按纵向、横向分量分解为

$$[\nabla_t^2 + (k_0^2 n^2 - \beta^2)]e_z = 0 \tag{1.3.44}$$

$$[\nabla_t^2 + (k_0^2 n^2 - \beta^2)]h_z = 0 \tag{1.3.45}$$

$$[\nabla_t^2 + (k_0^2 n^2 - \beta^2)]e_t = 0 \tag{1.3.46}$$

$$[\nabla_t^2 + (k_0^2 n^2 - \beta^2)]h_t = 0 \tag{1.3.47}$$

上式前两个为标量方程,后两个为矢量方程。由于这两个矢量方程无法分解成柱坐标系下单一分量(e_r,e_φ,h_r,h_φ)的标量方程,因此这 4 个分量的求解过程只能是:先从前两个标量方程中求出 e_z,h_z(纵向分量),再从下面纵向、横向分量的关系求出这 4 个分量(横向分

量），故称"矢量法"。

3）模式场的纵向分量与横向分量的关系

在圆柱坐标系下，对于矢量模有

$$\nabla_t \psi = \frac{\partial \psi}{\partial r} r + \frac{1}{r} \frac{\partial \psi}{\partial \varphi} \varphi \tag{1.3.48}$$

所以

$$e_r = \frac{-i}{\omega^2 \mu_0 \varepsilon - \beta^2} \left[\beta \frac{\partial e_z}{\partial r} + \frac{\omega \mu_0}{r} \frac{\partial h_z}{\partial \varphi} \right] \tag{1.3.49}$$

$$e_\varphi = \frac{-i}{\omega^2 \mu_0 \varepsilon - \beta^2} \left[\frac{\beta}{r} \frac{\partial e_z}{\partial r} - \omega \mu_0 \frac{\partial h_z}{\partial \varphi} \right] \tag{1.3.50}$$

$$h_r = \frac{-i}{\omega^2 \mu_0 \varepsilon - \beta^2} \left[\beta \frac{\partial h_z}{\partial \varphi} - \frac{\omega \varepsilon}{r} \frac{\partial e_z}{\partial r} \right] \tag{1.3.51}$$

$$h_\varphi = \frac{-i}{\omega^2 \mu_0 \varepsilon - \beta^2} \left[\frac{\beta}{r} \frac{\partial h_z}{\partial \varphi} + \omega \varepsilon \frac{\partial e_z}{\partial r} \right] \tag{1.3.52}$$

再考虑到模式场的圆对称性：

$$\left. \begin{array}{l} e_r(r,\varphi) = e_r(r) e^{-im\varphi} \\ e_\varphi(r,\varphi) = e_\varphi(r) e^{-im\varphi} \\ h_r(r,\varphi) = h_r(r) e^{-im\varphi} \\ h_\varphi(r,\varphi) = h_\varphi(r) e^{-im\varphi} \end{array} \right\} \quad (m = 0, \pm 1, \pm 2, \cdots) \tag{1.3.53}$$

可得

$$\begin{cases} e_r(r) = \dfrac{-i}{\omega^2 \mu_0 \varepsilon - \beta^2} \left[\beta \dfrac{de_z(r)}{dr} - \dfrac{im\omega\mu_0}{r} h_z(r) \right] \\[3mm] e_\varphi(r) = \dfrac{i}{\omega^2 \mu_0 \varepsilon - \beta^2} \left[\dfrac{im\beta}{r} e_z(r) + \omega\mu_0 \dfrac{dh_z(r)}{dr} \right] \\[3mm] h_r(r) = \dfrac{-i}{\omega^2 \mu_0 \varepsilon - \beta^2} \left[\beta \dfrac{dh_z(r)}{dr} + \dfrac{im\omega\varepsilon}{r} e_z(r) \right] \\[3mm] h_\varphi(r) = \dfrac{i}{\omega^2 \mu_0 \varepsilon - \beta^2} \left[\dfrac{im\beta}{r} h_z(r) - \omega\varepsilon \dfrac{de_z(r)}{dr} \right] \end{cases} \tag{1.3.54}$$

这是模式场的矢量模纵向分量和横向分量间的一般关系，也是求解场分布的基本公式。下面具体讨论可能存在的矢量模。

4）可能存在的矢量模

（1）横模。

$m = 0$ 时为光纤中的 TE 模和 TM 模。这时由式（1.3.54）可得

TE 模（$e_z = 0$）：

$$\begin{cases} e_\varphi = \dfrac{i}{\omega^2 \mu_0 \varepsilon - \beta^2} \omega\mu_0 h'_z(r) \\[3mm] h_r = -\dfrac{i}{\omega^2 \mu_0 \varepsilon - \beta^2} \beta h'_z(r) \end{cases} \tag{1.3.55}$$

而 $e_r = h_\varphi = 0$；这时 $e_t = e_\varphi$，$h_t = h_r$，二者相互垂直，且有 $e_\varphi = (\omega\mu_0/\beta)h_r$。

TM 模$(h_z = 0)$：

$$\begin{cases} h_\varphi = -\dfrac{i\omega\varepsilon}{\omega^2\mu_0\varepsilon - \beta^2}e'_z(r) \\[3mm] e_r = \dfrac{\beta}{\omega\varepsilon}h_\varphi \end{cases} \tag{1.3.56}$$

而 $e_\varphi = h_r = 0$；这时 $e_t = e_r$，$h_t = h_\varphi$，二者相互垂直。

（2）混合模式。

这时 e_z，h_z 都不为零，其值由下式求出：

$$\begin{cases} e''_z + \dfrac{1}{r}e'_z + \left[k_0^2 n^2 - \beta^2 - \dfrac{m^2}{r^2}\right]e_z = 0 \\[3mm] h''_z + \dfrac{1}{r}h'_z + \left[k_0^2 n^2 - \beta^2 - \dfrac{m^2}{r^2}\right]h_z = 0 \end{cases} \quad (m = 0, \pm1, \pm2, \cdots) \tag{1.3.57}$$

上式的解为 4 个 Bessel 函数的不同组合：

$$\begin{bmatrix} e_z \\ h_z \end{bmatrix}(r) = \begin{bmatrix} A & B \\ C & D \end{bmatrix} \begin{bmatrix} J_m\left(\sqrt{k_0^2 n^2 - \beta^2}\,r\right) \\ N_m\left(\sqrt{k_0^2 n^2 - \beta^2}\,r\right) \end{bmatrix} \quad (nk > \beta) \tag{1.3.58}$$

或

$$\begin{bmatrix} e_z \\ h_z \end{bmatrix}(r) = \begin{bmatrix} A & B \\ C & D \end{bmatrix} \begin{bmatrix} I_m\left(\sqrt{\beta^2 - k_0^2 n^2}\,r\right) \\ K_m\left(\sqrt{\beta^2 - k_0^2 n^2}\,r\right) \end{bmatrix} \quad (\beta > nk) \tag{1.3.59}$$

2. 线偏振模与标量法

由上述讨论可见，光纤中的模式场分布极其复杂。为了简化运算，Gloge 等提出了标量近似法，此法的基础是线偏振模。如前所述，线偏振模是把模式场在直角坐标系下分解，各分量就有固定的线偏振方向，这些模式可分为 $[0, e_y, e_z, h_x, h_y, h_z]$ 和 $[e_x, 0, e_z, h_x, h_y, h_z]$ 两组。由于在直角坐标系下有

$$\begin{cases} \dfrac{\partial e_y}{\partial x} - \dfrac{\partial e_x}{\partial y} = -i\omega\mu_0 h_z \\[3mm] \dfrac{\partial h_y}{\partial x} - \dfrac{\partial h_x}{\partial y} = i\omega\varepsilon e_z \\[3mm] \dfrac{\partial h_z}{\partial y} + i\beta h_y = i\omega\varepsilon e_x \\[3mm] i\beta h_x + \dfrac{\partial h_z}{\partial x} = -i\omega\varepsilon e_y \\[3mm] \dfrac{\partial e_x}{\partial y} + i\beta e_y = -i\omega\mu_0 h_x \\[3mm] i\beta e_x + \dfrac{\partial e_z}{\partial x} = i\omega\mu_0 h_y \end{cases} \tag{1.3.60}$$

这时若取第一组模式，即 $e_x = 0$，再设 e_y 为已知，则其余 4 个变量可由上述 6 个方程中的 4 个求出。例如从前 4 个方程解出

$$\begin{cases} h_z = \dfrac{1}{\mathrm{i}\omega\mu_0} \dfrac{\partial e_y}{\partial x} \\[3mm] h_y = -\dfrac{1}{\omega\beta\mu_0} \dfrac{\partial^2 e_y}{\partial x \partial y} \\[3mm] h_x = -\dfrac{1}{\omega\mu_0\beta} \dfrac{\partial^2 e_y}{\partial x^2} - \dfrac{\omega\varepsilon}{\beta} e_y \\[3mm] e_z = \dfrac{\mathrm{i}}{\beta} \dfrac{\partial e_y}{\partial y} \end{cases} \tag{1.3.61}$$

标量近似法是考虑到光纤中每层折射率变化不大,因而假设:在模式场的表达式中,折射率二阶以上的变化率均可忽略。这种 ε 变化很小的光纤称为弱导光纤,所以标量近似又可称为弱导近似。这时上式简化成

$$\begin{cases} h_z = \dfrac{1}{\mathrm{i}\omega\mu_0} \dfrac{\partial e_y}{\partial x} \\[3mm] h_y \approx 0 \\[3mm] h_x \approx \dfrac{-\omega\varepsilon}{\beta} e_y \\[3mm] e_z = \dfrac{\mathrm{i}}{\beta} \dfrac{\partial e_y}{\partial y} \end{cases} \tag{1.3.62}$$

所以在标量近似下,两组线偏振模的各分量为 $[0, e_y, e_z; h_x, 0, h_z]$ 和 $[e_x, 0, e_z; 0, h_y, h_z]$。这种线偏振模具有以下特征:横向分量互相垂直,幅度成比例,比例系数为波阻抗,因此很类似于矢量法中的 TE 模和 TM 模,但这时 e_z, h_z 均不为零。

在标量近似下的线偏振模仍具有圆对称性,即 $e_y(r,\varphi) = e_y(r)\mathrm{e}^{-\mathrm{i}m\varphi} (m=0,\pm 1,\cdots)$,但这时的 m 和矢量法中 m 的含义不同,这时的 $m=0$ 不再表示 TE 模、TM 模。

综上所述,光纤中的模式场 (e,h) 在不同的坐标系下有不同的分解方式,分别对应于矢量模和线偏振模的不同分类,即

$$\begin{bmatrix} \boldsymbol{e} \\ \boldsymbol{h} \end{bmatrix}(r) = \begin{bmatrix} \boldsymbol{e}_{\mathrm{t}} + \boldsymbol{e}_z \\ \boldsymbol{h}_{\mathrm{t}} + \boldsymbol{h}_z \end{bmatrix} = \begin{cases} \left. \begin{matrix} \begin{bmatrix} \boldsymbol{e}_y + \boldsymbol{e}_z \\ \boldsymbol{h}_x + \boldsymbol{h}_z \end{bmatrix} \\ \begin{bmatrix} \boldsymbol{e}_x + \boldsymbol{e}_z \\ \boldsymbol{h}_y + \boldsymbol{h}_z \end{bmatrix} \end{matrix} \right\} \rightarrow \text{标量线偏振模} \\[10mm] \begin{bmatrix} \boldsymbol{e}_r + \boldsymbol{e}_\varphi + \boldsymbol{e}_z \\ \boldsymbol{h}_r + \boldsymbol{h}_\varphi + \boldsymbol{h}_z \end{bmatrix} = \begin{cases} \begin{bmatrix} \boldsymbol{e}_\varphi \\ \boldsymbol{h}_r + \boldsymbol{h}_z \end{bmatrix} \rightarrow \text{TE 模} \\[5mm] \begin{bmatrix} \boldsymbol{e}_r + \boldsymbol{e}_z \\ \boldsymbol{h}_\varphi \end{bmatrix} \rightarrow \text{TM 模} \\[5mm] \begin{bmatrix} \boldsymbol{e}_r + \boldsymbol{e}_\varphi + \boldsymbol{e}_z \\ \boldsymbol{h}_r + \boldsymbol{h}_\varphi + \boldsymbol{h}_z \end{bmatrix} \rightarrow \text{HE,EH 模} \end{cases} \end{cases} \Bigg\} \text{矢量模}$$

矢量法要解两个方程

$$\left[\nabla_{\mathrm{t}}^2 + (k_0^2 n^2 - \beta^2) \right] \begin{bmatrix} \boldsymbol{e}_z \\ \boldsymbol{h}_z \end{bmatrix} = 0$$

其他分量由反映纵横关系的式(1.3.54)求出。标量法只需解一个方程

$$[\nabla_t^2 + (k_0^2 n^2 - \beta^2)]\boldsymbol{e}_y = 0$$

其他分量由反映纵横关系的式(1.3.61)求出。无论矢量法还是标量法,最后都归结于求解 Bessel 方程

$$\frac{\mathrm{d}^2\psi}{\mathrm{d}r^2} + \frac{1}{r}\frac{\mathrm{d}\psi}{\mathrm{d}r} + \left(k_0^2 n^2 - \beta^2 - \frac{m^2}{r^2}\right)\psi = 0 \tag{1.3.63}$$

3. 二层均匀光纤

二层均匀光纤(阶跃光纤),只有纤芯和一个包层,结构最简单,是光纤的最基本结构。其折射率分布为

$$n(r) = \begin{cases} n_1(常数), & r < a \\ n_2(常数), & r > a \end{cases}$$

且有 $n_1 > n_2$,a 为纤芯半径。

1) 矢量法

利用 1.3.1 节的讨论,由式(1.3.58)和式(1.3.59)可直接写出以下结果:

$$\boldsymbol{e}_z(r) = \begin{cases} AJ_m\left(\frac{U}{a}r\right), & r < a \\ BK_m\left(\frac{W}{a}r\right), & r > a \end{cases} \tag{1.3.64}$$

$$\boldsymbol{h}_z(r) = \begin{cases} CJ_m\left(\frac{U}{a}r\right), & r < a \\ DK_m\left(\frac{W}{a}r\right), & r > a \end{cases} \tag{1.3.65}$$

式中

$$U^2 = (k_0^2 n_1^2 - \beta^2)a^2 \tag{1.3.66}$$

$$W^2 = (\beta^2 - k_0^2 n_2^2)a^2 \tag{1.3.67}$$

且

$$V^2 = U^2 + W^2 \tag{1.3.68}$$

式(1.3.64)和式(1.3.65)是针对光纤的使用要求,从波动方程式(1.3.63)的普通解中,考虑光纤的结构和用途而选的特解。因为设计光纤的目的是希望光波的能量局限在纤芯中,并沿光纤轴(即 z 轴)向前传输;在包层中则无光波传输。当然这是理想情况。所以按此要求,对场解的选择原则是:纤芯中是振荡解 J_m,包层中是衰减解 K_m。

再利用纵横关系式(1.3.54)可求出其余各分量。在纤芯($r < a$)有

$$\begin{bmatrix} \boldsymbol{e}_r \\ \boldsymbol{e}_\varphi \\ \boldsymbol{h}_r \\ \boldsymbol{h}_\varphi \end{bmatrix}\left(\frac{r}{a}\right) = \frac{\mathrm{i}a}{U^2}\begin{bmatrix} -\beta U J'_m\left(U\frac{r}{a}\right) & \mathrm{i}\frac{m\omega\mu_0}{r}aJ_m\left(U\frac{r}{a}\right) \\ \mathrm{i}\frac{m\beta a}{r}J_m\left(U\frac{r}{a}\right) & \omega\mu_0 U J'_m\left(U\frac{r}{a}\right) \\ -\frac{\mathrm{i}m\omega\varepsilon_1 a}{r}J_m\left(U\frac{r}{a}\right) & -\beta U J'_m\left(U\frac{r}{a}\right) \\ -\omega\varepsilon_1 U J'_m\left(U\frac{r}{a}\right) & \mathrm{i}\frac{m\beta a}{r}J_m\left(U\frac{r}{a}\right) \end{bmatrix}\begin{bmatrix} A \\ C \end{bmatrix} \tag{1.3.69}$$

在包层($r>a$)有

$$
\begin{bmatrix} e_r \\ e_\varphi \\ h_r \\ h_\varphi \end{bmatrix}\left(\frac{r}{a}\right)=\frac{\mathrm{i}a}{W^2}\begin{bmatrix} -\beta W K'_m\left(W\dfrac{r}{a}\right) & \mathrm{i}\dfrac{m\omega\mu_0 a}{r}K_m\left(W\dfrac{r}{a}\right) \\ \mathrm{i}\dfrac{m\beta a}{r}K_m\left(W\dfrac{r}{a}\right) & \omega\mu_0 W K'_m\left(W\dfrac{r}{a}\right) \\ -\dfrac{\mathrm{i}m\omega\varepsilon_2 a}{r}K_m\left(W\dfrac{r}{a}\right) & -\beta W K'_m\left(W\dfrac{r}{a}\right) \\ -\omega\varepsilon_2 W K'_m\left(W\dfrac{r}{a}\right) & \dfrac{\mathrm{i}m\beta a}{r}K_m\left(W\dfrac{r}{a}\right) \end{bmatrix}\begin{bmatrix} B \\ D \end{bmatrix} \tag{1.3.70}
$$

这就是二层均匀光纤模式场的解析式。由此解析式可给出模式场的场图。所谓场图是指用电力线和磁力线绘出的光纤横截面上电磁场的分布图,参看下面讲解的"电磁场分布图"的内容。

(1) 特征方程。

特征方程是利用场在边界上连续的条件,得出的求解 β 的方程。由于模式场的解析式中只有 4 个未知量(A,B,C,D),所以只需取 4 个连续的条件,即

$$
\begin{bmatrix} e_\varphi \\ h_\varphi \\ e_r \\ h_r \end{bmatrix}_{\substack{\text{纤芯}\\r=a}}=\begin{bmatrix} e_\varphi \\ h_\varphi \\ e_r \\ h_r \end{bmatrix}_{\substack{\text{包层}\\r=a}} \tag{1.3.71}
$$

在纤芯层

$$
\begin{bmatrix} e_\varphi \\ h_\varphi \\ e_z \\ h_z \end{bmatrix}_{r=a}=\begin{bmatrix} -\dfrac{m\beta a}{U^2}J_m & \mathrm{i}\dfrac{\omega\mu_0 a}{U}J'_m \\ -\mathrm{i}\dfrac{\omega\varepsilon_1 a}{U}J'_m & -\dfrac{m\beta a}{U^2}J_m \\ J_m & 0 \\ 0 & J_m \end{bmatrix}\begin{bmatrix} A \\ C \end{bmatrix}\equiv G(U)\begin{bmatrix} A \\ C \end{bmatrix}
$$

在包层

$$
\begin{bmatrix} e_\varphi \\ h_\varphi \\ e_z \\ h_z \end{bmatrix}_{r=a}=\begin{bmatrix} -\dfrac{m\beta a}{W^2}K_m & \mathrm{i}\dfrac{\omega\mu_0 a}{W}K'_m \\ -\mathrm{i}\dfrac{\omega\varepsilon_2 a}{W}K'_m & \dfrac{m\beta a}{W^2}K_m \\ K_m & 0 \\ 0 & K_m \end{bmatrix}\begin{bmatrix} B \\ D \end{bmatrix}\equiv H(W)\begin{bmatrix} B \\ D \end{bmatrix}
$$

二者相等

$$
G(U)\begin{bmatrix} A \\ C \end{bmatrix}-H(W)\begin{bmatrix} B \\ D \end{bmatrix}=0
$$

要使此齐次方程有非零解,其行列式必须为零:

$$\begin{vmatrix} -\dfrac{m\beta a}{U^2}J_m(U) & \mathrm{i}\dfrac{\omega\mu_0 a}{U}J'_m(U) & -\dfrac{am\beta}{W^2}K_m(W) & \mathrm{i}\dfrac{\omega\mu_0 a}{W}K'_m(W) \\[2mm] -\mathrm{i}\dfrac{\omega\varepsilon_1 a}{U}J'_m(U) & -\dfrac{m\beta a}{U^2}J_m(U) & -\mathrm{i}\dfrac{\omega\varepsilon_2 a}{W}K'_m(W) & \dfrac{am\beta}{W^2}K_m(W) \\[2mm] J_m(U) & 0 & K_m(W) & 0 \\[2mm] 0 & J_m(U) & 0 & K_m(W) \end{vmatrix}=0$$

化简后得

$$m^2\left[\frac{1}{U^2}+\frac{1}{W^2}\right]\left[\frac{n_1^2}{U^2}+\frac{n_2^2}{W^2}\right]=\left[\frac{1}{U}\frac{J'_m(U)}{J_m(U)}+\frac{1}{W}\frac{K'_m(W)}{K_m(W)}\right]\left[\frac{n_1^2 J'_m(U)}{UJ_m(U)}+\frac{n_2^2 K'_m(W)}{WK_m(W)}\right]$$

$$(1.3.72)$$

或

$$\beta^2 m^2\left[\frac{1}{U^2}+\frac{1}{W^2}\right]^2=\left[\frac{1}{U}\frac{J'_m(U)}{J_m(U)}+\frac{1}{W}\frac{K'_m(W)}{K_m(W)}\right]\left[\frac{k_0^2 n_1^2 J'_m(U)}{UJ_m(U)}+\frac{k_0^2 n_2^2 K'_m(W)}{WK_m(W)}\right]$$

$$(1.3.73)$$

这是矢量法得出的特征方程。

令

$$\Im=\frac{J'_m(U)}{UJ_m(U)},\quad \Re=\frac{K'_m(W)}{WK_m(W)}$$

代入式(1.3.72),并求解得

$$\Im=-\frac{1}{2}\left[1+\frac{n_2^2}{n_1^2}\right]\Re\pm\frac{1}{2}\sqrt{\left[1+\frac{n_2^2}{n_1^2}\right]^2\Re^2-4\left[\frac{n_2^2}{n_1^2}\Re^2-m^2\left(\frac{1}{U^2}+\frac{n_2^2}{n_1^2}\frac{1}{W^2}\right)\left(\frac{1}{U^2}+\frac{1}{W^2}\right)\right]}$$

$$(1.3.74)$$

上式右侧第二项取正号时,定义为 EH_{mn} 模;取负号时,则定义为 HE_{mn} 模。对于弱导光纤,有 $n_1\approx n_2$,则上式简化为

$$\Im=-\Re\pm m\left[\frac{1}{U^2}+\frac{1}{W^2}\right]$$

$$(1.3.75)$$

式(1.3.73)和式(1.3.74)是光纤中场解的一般结果,要由它求出光纤的具体解(即求 U 和 β 值)仍很困难。为此下面针对两种重要的特殊情况:截止和远离截止,分别讨论场解的具体求解方法。所谓截止是指光纤中传输的光波,处于纤芯和包层分界面全反射的临界点。不满足全反射的光波就不可能在光纤中沿光纤轴继续传播,而是泄漏到包层中去。所以截止的条件是 $W\to 0,U\to V$。而远离截止则是纤芯中光波沿近于光纤轴的方向传播,可始终满足全反射条件。所以远离截止的条件是:$V\to\infty,W\to\infty,U\to$ 有限值。下面对这两种情况分别讨论。这是处理光纤中场解的基本方法。

(2)截止条件。

截止条件是 $W\to 0,U\to V$ 时特征方程的特殊形式。

① $m=0$,对 TE 模,式(1.3.73)化简为

$$\frac{1}{U}\frac{J'_0}{J_0}+\frac{1}{W}\frac{K'_0}{K_0}=0$$

上式两边同时取极限,由于 $W \to 0$ 时,有

$$K_0(W) \to -\ln\left(\frac{W}{2}\right), \quad K_1(W) \to \frac{1}{W}$$

所以

$$\frac{WK_0(W)}{K_1(W)} \approx -W^2\ln\left(\frac{W}{2}\right) \to 0$$

因此有

$$\frac{UJ_0(U)}{J_1(U)} \to 0$$

这是 TE 模的截止条件。由于 $U = 0$ 时,上式$\to 1$,所以 $U = 0$ 不是它的根,故截止条件应为

$$J_0(U) = 0 \tag{1.3.76}$$

同理可证明,这也是 TM 模的截止条件。相应的根依次是

$$U_1 = 2.4048, \quad U_2 = 5.5201, \quad U_3 = 8.6537, \cdots$$

$$\downarrow \qquad\qquad\quad \downarrow \qquad\qquad\quad\quad \downarrow$$

$$\mathrm{TE}_{01}, \mathrm{TM}_{01} \qquad \mathrm{TE}_{02}, \mathrm{TM}_{02} \qquad \mathrm{TE}_{03}, \mathrm{TM}_{03}$$

所以 TE_{0n}、TM_{0n} 截止时的 U_{0n} 值和相应的 V 值是相等的,即在截止时,两种波型简并。但高于截止时,两者特征方程不同,所以其 U_{0n} 和 β_{0n} 也不同,彼此将分开。

② $m > 1$,HE_{mn} 波型。在式(1.3.74)的根号前取负号时定义为 HE_{mn} 模,为简单起见,采用弱导近似。为此从式(1.3.75)出发,分别利用变质 Bessel 函数和 Bessel 函数的关系式,可得

$$K'_m(W) = -K_{m-1}(W) - \frac{m}{W}K_m(W) = -K_{m+1}(W) + \frac{m}{W}K_m(W)$$

$$J'_m(U) = \frac{m}{U}J_m(U) + J_{m-1}(U) = -\frac{m}{U}J_m(U) - J_{m+1}(U)$$

所以有

$$\frac{-K'_m(W)}{WK_m(W)} = \frac{K_{m-1}(W) + \frac{m}{W}K_m(W)}{WK_m(W)} = \frac{K_{m-1}(W)}{WK_m(W)} + \frac{m}{W^2}$$

$$\frac{1J'_m(U)}{UJ_m(U)} = -\frac{m}{U^2} + \frac{J_{m-1}(U)}{UJ_m(U)}$$

把以上两式代入式(1.3.75),得

$$\frac{J_{m-1}(U)}{UJ_m(U)} = \frac{K_{m-1}(W)}{WK_m(W)}$$

再利用 $W \to 0$ 时 $K_{m-1}(W)$ 和 $K_m(W)$ 的近似式

$$K_m(x) \sim \frac{1}{2}\Gamma(m)\left(\frac{2}{x}\right)^m, \quad m > 0$$

化简,最后得截止条件

$$\frac{J_{m-1}(U)}{J_m(U)} = \frac{U}{2(m-1)}, \quad m > 0 \tag{1.3.77}$$

如果从严格公式(1.3.75)开始推导,则得

$$\frac{J_{m-1}(U)}{J_m(U)} = \frac{U}{m-1} \frac{n_2^2}{n_1^2 + n_2^2}, \quad m > 0 \tag{1.3.78}$$

利用上面两式就可计算 HE_{mn} 截止时的 U 值,即 U_{mn} 值。但它只适用于 $m > 1$ 的情况,即只适用于波型 HE_{2n},HE_{3n},…。

③ $m = 1$,主模 HE_{11} 和 HE_{1n} 波型。仍从弱导时的式(1.3.75)出发,这时 $m = 1$,再利用

$$J_1'(U) = -\frac{1}{U} J_1(U) + J_0(U)$$

$$K_1'(W) = -K_0(W) - \frac{1}{W} K_1(W)$$

和 $W \to 0$ 时,有

$$K_0(W) \approx -I_0(W) \ln\left(\frac{W}{2}\right)$$

$$K_1(W) \approx \frac{1}{2} \Gamma(1) \left(\frac{2}{W}\right)$$

而 $I_0(W) = 1$。于是式(1.3.75)成为

$$\frac{J_0(U)}{UJ_1(U)} = \frac{K_0(W)}{WK_1(W)} \approx \lim_{W \to 0} \ln\left(\frac{W}{2}\right) = \infty$$

所以

$$J_1(U) = 0 \tag{1.3.79}$$

上式就是包括主模 HE_{11} 在内 HE_{1n} 截止时的方程。相应的根依次是:

$$U_{11} = 0, \quad U_{12} = 3.831\,71, \quad U_{13} = 7.015\,59$$

$$\downarrow \qquad\qquad \downarrow \qquad\qquad \downarrow$$

$$HE_{11} \qquad\qquad HE_{12} \qquad\qquad HE_{13}$$

注意,这里包括零根。因为 $U_{11} = 0$,所以 $V = 0$,$\lambda \to \infty$,即截止波长为无穷,这说明它没有低频截止。由于 TE_{01}、TM_{01} 的截止值是 $U_{01} = 2.4048$,$V = U$,所以它们是第二个不容易截止的波型,只要 $V < 2.4048$,就能在光纤中得到单模 HE_{11} 的传输,所以对应于"0"根的 HE_{11} 波型称为主模。

④ $m > 0$,EH_{mn} 波型。为简单起见,仍用弱导近似式(1.3.75),由于

$$J_m'(U) = \frac{m}{U} J_m(U) - J_{m+1}(U)$$

$$K_m'(W) = -K_{m+1}(W) + \frac{m}{W} K_m(W)$$

所以式(1.3.75)成为

$$-\frac{J_{m+1}(U)}{UJ_m(U)} = \frac{K_{m+1}(W)}{WK_m(W)}$$

对于 $m \geqslant 1$,$W \to 0$,上式成为

$$\frac{-J_{m+1}(U)}{UJ_m(U)} = \frac{2m}{W^2} \to \infty$$

所以

$$J_m(U) = 0 \qquad (1.3.80)$$

这就是 EH_{mn} 波型截止时的方程。其每个根对应于一个 EH_{mn} 波型,但无零根。

（3）远离截止。

光波的传输方向近于光轴时,$V \to \infty$,$W \to \infty$,$U \to$ 有限值,这是远离截止时的情况。如前所述,在弱导近似时,HE_{mn}、EH_{mn} 波型的近似特征方程为

HE_{mn}:

$$\frac{J_{m-1}(U)}{UJ_{m-1}(U)} = \frac{K_{m-1}(W)}{WK_m(W)}$$

EH_{mn}:

$$\frac{-J_{m+1}(U)}{UJ_m(U)} = \frac{K_{m+1}(W)}{WK_m(W)}$$

再利用 $W \to \infty$ 时,有

$$K_m(x) \approx \left(\frac{\pi}{2x}\right)^{\frac{1}{2}} \exp(-x)$$

所以

$$\frac{K_{m-1}(W)}{WK_m(W)} = 0$$

而对于 HE_{mn}、EH_{mn} 各有

HE_{mn}:

$$J_{m-1}(U) = 0 \qquad (1.3.81)$$

EH_{mn}:

$$J_{m+1}(U) = 0 \qquad (1.3.82)$$

这就是两种波型远离截止时的方程。由此可得各模 U 值的范围。例如对于 HE_{11} 有 $J_0(U) = 0$,它的第一个根为 2.4048,所以 HE_{11} 的 U 值在 $0 \sim 2.4048$ 变化;对于 TE_{01}、TM_{01} 则有 $J_1(U) = 0$,它们的第一个根已知为 3.8317,所以它们的 U 值范围为 $2.4083 \sim 3.8317$。

2）标量法

利用上面"线偏振模与标量法"推导的结果及式(1.3.63),可解出 $e_y(r)$ 满足 Bessel 方程

$$\frac{d^2 e_y}{dr^2} + \frac{1}{r}\frac{de_y}{dr} + \left(k_0^2 n_i^2 - \beta^2 - \frac{m^2}{r^2}\right)e_y = 0$$

即得

$$e_y(r, \varphi) = \begin{cases} AJ_m\left(\dfrac{U}{a}r\right)e^{-im\varphi}, & r < a \\[2mm] BK_m\left(\dfrac{W}{a}r\right)e^{-im\varphi}, & r > a \end{cases}$$

两个积分常数中只有一个是独立的,再由

$$e_z = \frac{i}{\beta}\frac{\partial e_y}{\partial y} = \frac{i}{\beta}\left(\frac{\partial e_y}{\partial r}\frac{\partial r}{\partial y} + \frac{\partial e_y}{\partial \varphi}\frac{\partial \varphi}{\partial y}\right) = \frac{i}{\beta}\left(\sin\varphi\frac{\partial e_y}{\partial r} + \frac{\cos\varphi}{r}\frac{\partial e_y}{\partial \varphi}\right)$$

可得

$$e_z(r,\varphi) = \begin{cases} A\ \dfrac{i}{\beta}e^{im\varphi}\left[\dfrac{U\sin\varphi}{a}J'_m\left(\dfrac{U}{a}r\right)+i\ \dfrac{m\cos\varphi}{r}J_m\left(\dfrac{U}{a}r\right)\right], & r < a \\[4mm] B\ \dfrac{i}{\beta}e^{im\varphi}\left[\dfrac{W\sin\varphi}{a}K'_m\left(\dfrac{W}{a}r\right)+i\ \dfrac{m\cos\varphi}{r}K_m\left(\dfrac{W}{a}r\right)\right], & r > a \end{cases}$$

(1.3.83)

同理

$$h_z = \frac{1}{i\omega\mu_0}\frac{\partial e_y}{\partial x} = -\frac{i}{\omega\mu_0}\left(\cos\varphi\ \frac{\partial e_y}{\partial r}+\frac{\sin\varphi}{r}\ \frac{\partial e_y}{\partial \varphi}\right)$$

得

$$h_z(r,\varphi) = \begin{cases} A\ \dfrac{-i}{\omega\mu_0}e^{im\varphi}\left[\dfrac{U\cos\varphi}{a}J'_m\left(\dfrac{U}{a}r\right)-i\ \dfrac{m\sin\varphi}{r}J_m\left(\dfrac{U}{r}a\right)\right], & r < a \\[4mm] B\ \dfrac{-i}{\omega\mu_0}e^{im\varphi}\left[\dfrac{W\cos\varphi}{a}K'_m\left(\dfrac{W}{a}r\right)-i\ \dfrac{m\sin\varphi}{r}K_m\left(\dfrac{W}{r}a\right)\right], & r > a \end{cases}$$

(1.3.84)

(1) 特征方程。

利用 e_y 连续和 e_z 连续的边界条件,令 $r = a$,由上列诸式可得

$$\begin{cases} AJ_m(U) - BK_m(W) = 0 \\ A[U\sin\varphi_m J'_m(U)+im\cos\varphi J_m(U)] - B[W\sin\varphi K'_m(W)+im\cos\varphi K_m(W)] = 0 \end{cases}$$

由其系数行列式等于零,化简后可得特征方程

$$\frac{UJ'_m(U)}{J_m(U)} = \frac{WK'_m(W)}{K_m(W)}$$

利用

$$\begin{cases} K'_m(W) = \dfrac{m}{W}K_m(W) - K_{m+1}(W) \\[3mm] J'_m(U) = \dfrac{m}{U}K_m(U) - J_{m+1}(U) \end{cases}$$

或

$$\begin{cases} K'_m(W) = -\dfrac{m}{W}K_m(W) - K_{m-1}(W) \\[3mm] J'_m(U) = -\dfrac{m}{U}J_m(U) - J_{m-1}(U) \end{cases}$$

可得

$$\frac{UJ_{m+1}(U)}{J_m(U)} = \frac{WK_{m+1}(W)}{K_m(W)}$$

(1.3.85)

或

$$\frac{UJ_{m-1}(U)}{J_m(U)} = -\frac{WK_{m-1}(W)}{K_m(W)}$$

(1.3.86)

这就是常见的 LP 模式的特征方程,显见,它比矢量法的特征方程,式(1.3.73)要简洁得多。

(2) 截止条件。

利用截止条件 $W \to 0$,$U \to V$ 和式(1.3.86)可得以下结论。

① $m \neq 0$ 时,截止条件(不包括 $U = 0$)为

$$J_{m-1}(U) = 0 \tag{1.3.87}$$

② $m = 0$ 时，截止条件（包括 $U = 0$）为

$$J_1(U) = 0 \tag{1.3.88}$$

相应的根依次是：

$$m = 0 \quad J_1(U) = 0 \qquad 0 \qquad 3.83 \qquad 7.01 \qquad \cdots$$
$$(\text{LP}_{01}) \quad (\text{LP}_{02}) \quad (\text{LP}_{03})$$

$$m = 1 \quad J_0(U) = 0 \qquad 2.40 \qquad 5.32 \qquad \cdots$$
$$(\text{LP}_{11}) \quad (\text{LP}_{12})$$

$$m = 2 \quad J_1(U) = 0 \qquad 3.83 \qquad 7.01 \qquad \cdots$$
$$(\text{LP}_{21}) \quad (\text{LP}_{22})$$

从而 LP_{mn} 的顺序为：$\text{LP}_{01}, \text{LP}_{11}, \text{LP}_{02}, \text{LP}_{21}, \text{LP}_{12}, \cdots$。

（3）远离截止。

由远离截止的条件 $W \to \infty$，$V \to \infty$（$U \to$ 有限值），可得远离截止时，确定 U 值的方程为

$$J_m(U) = 0 \tag{1.3.89}$$

（4）线偏振模和矢量模之间的关系。

因为标量近似就是弱导近似，因此比较标量近似的特征方程和 $n_1 \approx n_2$ 时矢量模的特征方程，就可得两者之间的关系。当 $n_1 \sim n_2$ 时，矢量模的特征方程为

$$\frac{1}{U}\frac{J'_m(U)}{J_m(U)} + \frac{1}{W}\frac{K'_m(W)}{K_m(W)} = \pm m\left(\frac{1}{U^2} + \frac{1}{W^2}\right)$$

当 $m = 0$ 时，上式成为

$$\frac{1}{U}\frac{J_1(U)}{J_0(U)} + \frac{1}{W}\frac{K_1(W)}{K_0(W)} = 0$$

与标量（$m = 1$）时的方程一致，所以矢量 TE_{0n}、TM_{0n} 模和标量 LP_{11} 模有近似相同的 β。

当 $m \neq 0$ 时，对矢量 HE_{mn} 模，公式取"$-$"号，有

$$\frac{1}{U}\frac{J_{m-1}(U)}{J_m(U)} - \frac{1}{W}\frac{K_{m-1}(W)}{K_m(W)} = 0$$

它与 $\text{LP}_{m+1,n}$ 模式的特征方程相同。

对矢量 EH_{mn} 模，公式取"$+$"号，有

$$\frac{1}{U}\frac{J_{m+1}}{J_m} + \frac{1}{W}\frac{K_{m+1}}{K_m} = 0$$

它与 $\text{LP}_{m-1,n}$ 模式的特征方程相同。由此可见，LP 模是由一组传播常数 β 十分接近的矢量模简并而成。表 1.3.1 给出了较低阶的 LP 模和所对应的矢量模的名称、简并度、截止和远离截止时的 U 值：U_0 和 U_∞。图 1.3.1 给出了均匀光纤的 β/k_0 和 V 值的关系曲线，说明：V 值确定后（V 值由光纤结构确定），对每个具体的模式（场解），可由图 1.3.1 中曲线查出 β/k_0 值。此外，由图 1.3.1 可见，同一 V 值（即同一光纤），不同模式对应不同 β 值，即不同模式传输特性有差别。图 1.3.2 给出了均匀光纤的 U 和 V 值的关系曲线，说明：同一 V 值，不同模式的 U 值不同。从曲线可知，当 $V < 2.4048$ 时，只有一个基模 LP_{01}（HE_{11} 模）能在光纤中传导，其他模全被截止；当 $2.405 < V < 3.832$ 时，才能激发 LP_{11} 模（TE_{01}、TM_{01}

和 HE_{21} 模)。图 1.3.3 为低阶模的 U 值的变化范围和 Bessel 函数的关系。

表 1.3.1　较低阶的 LP 模和所对应的矢量模的名称、简并度、U 值

LP 模	矢量模的名称×个数	简并度	U_0	U_∞
LP_{01}	$HE_{11} \times 2$	2	0	2.404 83
LP_{11}	$HE_{21} \times 2, TE_{01}, TM_{01}$	4	2.404 83	3.831 71
LP_{21}	$EH_{11} \times 2, HE_{31} \times 2$	4	3.831 71	5.135 62
LP_{02}	$HE_{12} \times 2$	2	3.831 71	5.520 08
LP_{31}	$EH_{21} \times 2, HE_{41} \times 2$	4	5.135 62	6.380 16
LP_{12}	$HE_{22} \times 2, TE_{02}, TM_{02}$	4	5.520 08	7.015 59
LP_{41}	$EH_{31} \times 2, HE_{51} \times 2$	4	6.380 16	7.588 34
LP_{22}	$EH_{12} \times 2, HE_{32} \times 2$	4	7.015 59	8.417 24
LP_{03}	$HE_{13} \times 2$	2	7.015 59	8.653 73
LP_{51}	$EH_{41} \times 2, HE_{61} \times 2$	4	7.588 34	8.771 42

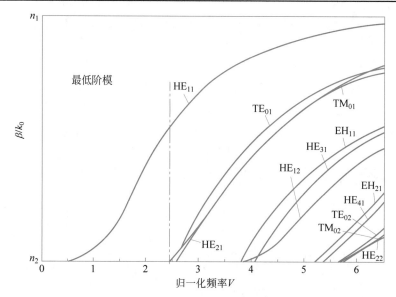

图 1.3.1　β/k_0 和 V 的关系曲线

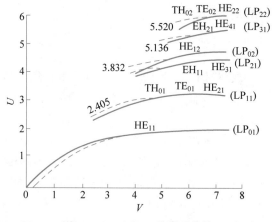

图 1.3.2　U 和 V 的关系曲线

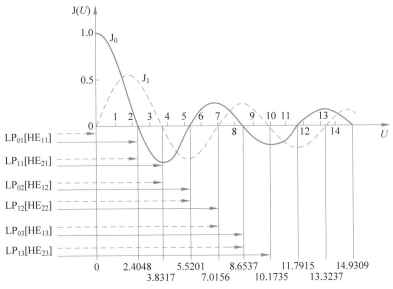

图 1.3.3 低阶模 U 值的变化范围和 Bessel 函数的关系

4. 电磁场分布图

下面分析光纤中各种模的电磁场分布图,即用电力线和磁力线绘出光纤横截面上电磁场分布。先讨论光纤横截面内的电力线方向。如图 1.3.4 所示,它由以下关系式确定:

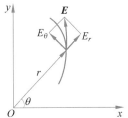

图 1.3.4 电力线的方向

$$\frac{r\,\mathrm{d}\theta}{\mathrm{d}r} = \frac{e_\varphi}{e_r} \qquad (1.3.90)$$

再利用式(1.3.54)求出的各模的电场,代入上式即得

$$\frac{r\,\mathrm{d}\theta}{\mathrm{d}r} = \begin{cases} \infty, & \mathrm{TE}_{01}\ \text{模} \\ 0, & \mathrm{TM}_{01}\ \text{模} \\ \tan(m\varphi + \theta_m), & \mathrm{EH}_{mn}\ \text{模} \\ -\tan(m\varphi + \theta_m), & \mathrm{HE}_{mn}\ \text{模} \end{cases} \qquad (1.3.91)$$

积分上式可求得如下电力线的表达式:

$$\begin{cases} r = \text{常数} & \mathrm{TE}_{0n}\ \text{模} \\ \varphi = \text{常数} & \mathrm{TM}_{0n}\ \text{模} \\ r = M\ |\sin(m\varphi + \theta_m)|^{1/m} & \mathrm{EH}_{mn}\ \text{模} \\ r = M\ |\sin(m\varphi + \theta_m)|^{-1/m} & \mathrm{HE}_{mn}\ \text{模} \end{cases} \qquad (1.3.92)$$

式中 m 为常数。同理可求得磁力线的表示式如下:

$$\begin{cases} r = \text{常数} & \mathrm{TM}_{0n}\ \text{模} \\ \varphi = \text{常数} & \mathrm{TE}_{0n}\ \text{模} \\ r = M\ |\cos(m\varphi + \theta_m)|^{1/m} & \mathrm{EH}_{mn}\ \text{模} \\ r = M\ |\cos(m\varphi + \theta_m)|^{-1/m} & \mathrm{HE}_{mn}\ \text{模} \end{cases} \qquad (1.3.93)$$

图 1.3.5 是 LP_{01} 模(HE_{11} 模),LP_{11} 模(TE_{01} 模、TM_{01} 模、HE_{21} 模),LP_{21} 模(EH_{11}

模、HE_{31} 模)的电力线和磁力线形状的计算结果。相应的光功率分布的计算结果则分别绘在图 1.3.6～图 1.3.8 中。图 1.3.5 给出的是远离截止时的电力线和磁力线分布；对于光功率分布,则分别给出了远离截止(光能集中在纤芯)和临近截止的情况,以资比较。

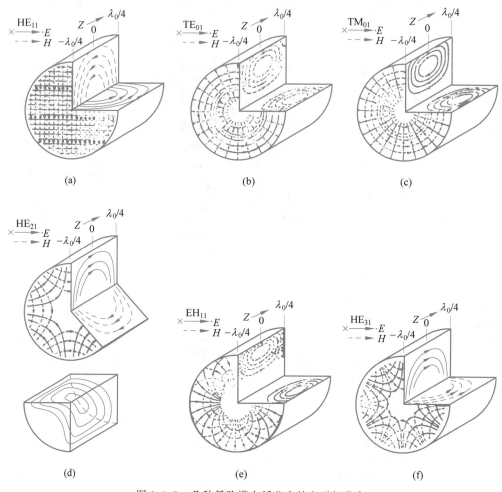

图 1.3.5　几种低阶模在纤芯内的电磁场分布

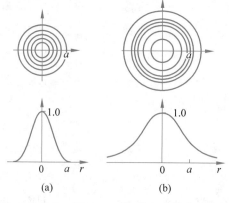

图 1.3.6　LP_{01} 模(HE_{11} 模)的归一化光功率分布

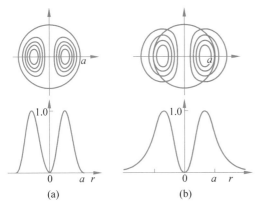

图 1.3.7 LP_{11} 模（TE_{01}、TM_{01}、HE_{21} 模）的对应于单一方向线偏振模分量的归一化光功率分布

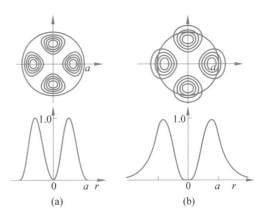

图 1.3.8 LP_{21} 模（EH_{11}、HE_{31} 模）的对应于单一方向线偏振模分量的归一化光功率分布

1.3.3 变折射率光纤的波动理论

1. 引言

这里讨论的变折射率光纤是指折射率的分布在纵向均匀，横向不均匀的光纤，即

$$\varepsilon(x, y, z) = \varepsilon(r) \tag{1.3.94}$$

由于 $\varepsilon(r)$ 的圆对称性，因而有

$$\nabla\varepsilon(r) = \frac{d\varepsilon}{dr}\boldsymbol{l}_r \tag{1.3.95}$$

式中 $\boldsymbol{l}_r$ 为 r 方向的单位矢量，代入式（1.4.28）可得（分为两个方程）

$$\begin{cases} \left[\nabla_t^2 + (k_0^2 n^2 - \beta^2)\right]\boldsymbol{e}_t + \nabla_t\left[\dfrac{1}{\varepsilon}\dfrac{d\varepsilon}{dr}\boldsymbol{e}_r\right] = 0 \\[3mm] \left[\nabla_t^2 + (k_0^2 n^2 - \beta^2)\right]\boldsymbol{e}_z + i\dfrac{\beta}{\varepsilon}\dfrac{d\varepsilon}{dr}\boldsymbol{e}_r = 0 \end{cases} \tag{1.3.96}$$

同理，对 $\boldsymbol{h}$ 也有

$$\begin{cases} \left[\nabla_t^2 + (k_0^2 h(r)^2 - \beta^2)\right]\boldsymbol{h}_t + \dfrac{1}{\varepsilon}\dfrac{d\varepsilon}{dr}\left[\dfrac{\partial\boldsymbol{h}_r}{\partial\varphi} - \dfrac{\partial r\boldsymbol{h}_\varphi}{\partial r}\right]\boldsymbol{l}_\varphi = 0 \\[3mm] \left[\nabla_t^2 + (k_0^2 h(r)^2 - \beta^2)\right]\boldsymbol{h}_z + \dfrac{1}{\varepsilon}\dfrac{d\varepsilon}{dr}\left[i\beta\boldsymbol{h}_r - r\dfrac{d\boldsymbol{h}_z}{dr}\right] = 0 \end{cases} \tag{1.3.97}$$

由此可见，在均匀芯光纤中关于 $\boldsymbol{e}_z$、$\boldsymbol{h}_z$ 的齐次方程，此时已变成非齐次方程，且非齐次项中包括横向分量；关于 $\boldsymbol{e}_t$、$\boldsymbol{h}_t$ 的齐次方程也变成非齐次方程，但非齐次项中不含纵向分量。这时由于波动方程都不是齐次方程，严格说来，不存在线偏振模，不可假定模场中（e_x，e_y，h_x，h_y）的任一个为零。

由于 $\boldsymbol{e}$、$\boldsymbol{h}$ 的任一分量都不能独立满足波动方程（同一方程中有两个以上分量），因此，为求解此方程须采用一些近似方法，其中最重要的近似方法就是标量法。标量法的思路是：先假定折射率沿横截面的变化很小，把非齐次方程变成齐次方程，再用各种近似法求解折射率是变数的齐次方程。假设 $\dfrac{1}{\varepsilon}\dfrac{d\varepsilon}{dr}\to 0$，则式（1.3.96）和式（1.3.97）变成

$$\begin{cases} \left[\nabla_t^2 + (k_0^2 n^2(\boldsymbol{r}) - \beta^2) \right] \begin{bmatrix} \boldsymbol{e}_t \\ \boldsymbol{h}_t \end{bmatrix} = 0 \\ \left[\nabla_t^2 + (k_0^2 n^2(\boldsymbol{r}) - \beta^2) \right] \begin{bmatrix} \boldsymbol{e}_z \\ \boldsymbol{h}_z \end{bmatrix} = 0 \end{cases} \tag{1.3.98}$$

注意,此处 $n(r)$ 是一个随 r 变化的函数。在 ε 变化小的近似条件下,可以得到满足齐次方程的线偏振模 $(0, e_y, e_z; h_x, h_y, h_z)$ 和 $(e_x, 0, e_z; h_x, h_y, h_z)$。如果再把场分量的二阶横向变化率略去,则两种 LP 模的场分量 $(0, e_y, e_z; h_z, 0, h_x)$ 和 $(e_x, 0, e_z; 0, h_y, h_z)$,它们分别满足齐次标量波动方程。

$$\begin{cases} \left[\nabla_t^2 + (k_0^2 n^2(\boldsymbol{r}) - \beta^2) \right] e_y = 0 \\ \left[\nabla_t^2 + (k_0^2 n^2(\boldsymbol{r}) - \beta^2) \right] e_x = 0 \end{cases} \tag{1.3.99}$$

考虑到折射率分布的圆对称性,可得 $e_y = e_y(r) \mathrm{e}^{-im\varphi}$。代入波动方程可得

$$\frac{\mathrm{d}^2 e_y}{\mathrm{d}r^2} + \frac{1}{r}\frac{\mathrm{d}e_y}{\mathrm{d}r} + \left[k_0^2 n^2(\boldsymbol{r}) - \beta^2 - \frac{m^2}{r^2} \right] e_y = 0 \tag{1.3.100}$$

由于 $n(r)$ 不是常数,所以这不是严格意义下的 Bessel 方程。以解上述方程为基础的方法都属于标量法。求解的方法有多种,下面简要介绍其中两例,其余可参看文献。

2. 平方律光纤的解析解

为获得上述标量方程的解析解,作如下假设:

(1) 纤芯为无穷大,或纤芯折射率分布用一种规律延伸到无穷远。

(2) 纤芯折射率分布是轴对称,且为平方律分布,即

$$n^2(\boldsymbol{r}) = n_1^2 \left[1 - 2\Delta \left(\frac{r}{a} \right)^2 \right] \tag{1.3.101}$$

式中,$n_1 = n(0)$,是光纤轴心处的折射率,且

$$\Delta = \frac{n^2(0) - n^2(a)}{2n^2(0)} \tag{1.3.102}$$

是相对折射率;a 是纤芯半径。

(3) 折射率 $n(r)$ 是缓变的。

这种光纤称为平方律光纤。在上述假设下,可以有解析解,解法有二:直角坐标系解法和柱坐标系解法,现介绍后者。为求解式(1.3.100)的变系数微分方程,需经过一系列变量代换,使它变成可求解的某个特殊函数的特殊方程。具体求解步骤简述如下。

第一步:代换未知函数,以消去一阶微分项,即令 $e_y(r) = \Phi(r) r^{1/2}$,得

$$\frac{\mathrm{d}^2 \Phi}{\mathrm{d}r^2} + \left[k_0^2 n^2(\boldsymbol{r}) - \beta^2 - \frac{m^2 - \frac{1}{4}}{r^2} \right] \Phi = 0 \tag{1.3.103}$$

第二步:代换自变量,设

$$\xi = tr$$

式中,ξ 为新的自变量;t 是常数。其表达式如下:

$$t^2 = \frac{2\Delta}{\chi a^2} = \frac{k_0^2 n^2(0) - k_0^2 n^2(a)}{\left[k_0^2 n^2(0) - \beta^2 \right] a^2} = \frac{V^2}{U^2 a^2}$$

$$h^2 = \frac{k_0^2 n^2(0) a^2 \chi^2}{2\Delta} = \frac{[k_0^2 n^2(0) - \beta^2]^2 a^2 a^2}{k_0^2 [n^2(0) - n^2(a)] a^2} = \frac{U^4}{V^2}$$

$$\chi = \frac{k_0^2 n^2(0) - \beta^2}{k_0^2 n^2(0)}$$

于是,式(1.3.103)成为

$$\frac{\mathrm{d}^2 \Phi}{\mathrm{d}\xi^2} + \left[h^2(1 - \xi^2) - \frac{m^2 - \frac{1}{4}}{\xi^2} \right] \Phi = 0 \tag{1.3.104}$$

第三步:再代换一次自变量,设

$$X = h\xi^2$$

$$\Psi = X^{\frac{1}{4}} \Phi$$

于是由式(1.3.104)得

$$\frac{\mathrm{d}^2 \Psi}{\mathrm{d}X^2} + \left[-\frac{1}{4} + \frac{h}{4X} - \frac{m^2 - 1}{4X^2} \right] \Psi = 0$$

这是已知的 Whittaker 方程。它的解为

$$\Psi(X) = \mathrm{e}^{-\frac{1}{2}X} X^{\frac{m+1}{2}} F_{m+1}\left[X, \frac{m+1}{2} - \frac{h}{4} \right] \tag{1.3.105}$$

式中,$F_m(X, a)$ 称为 m 阶的参变量为 a 的 Whittaker 函数,它由级数定义:

$$F_m(X, a) = 1 + \sum_{n=1}^{\infty} \frac{a(a+1)\cdots(a+n+1)}{n! m(m+1)\cdots(m+n+1)} X^n \tag{1.3.106}$$

而参变量 a 应满足一定条件,右边级数才会收敛。其条件是

$$\left| \frac{a(a+1)\cdots(a+n+1)}{m(m+1)\cdots(m+n+1)} \right| \leqslant 1$$

即 $|a| < |m|$。现在 a 的取值是

$$a = \frac{m+1}{2} - \frac{h}{4}$$

因此上述收敛条件满足,式(1.3.105)的解存在。其最终形式为

$$X = h\xi^2 = ht^2 r^2 \equiv \left(\frac{r}{s} \right)^2$$

$$e_y(r) = s^{-\frac{1}{2}} \left(\frac{r}{s} \right)^m \mathrm{e}^{-\frac{1}{2}\left(\frac{r}{s}\right)^2} F_{m+1}\left\{ \left(\frac{r}{s} \right)^2, \frac{m+1}{2} - \frac{h}{4} \right\} \tag{1.3.107}$$

式中

$$s = \frac{a}{\sqrt{V}} \tag{1.3.108}$$

称为模斑尺寸,它代表光能在纤芯的集中程度,是光纤(尤其是单模光纤)的一个重要参量。由上面的讨论可进一步求出其他参量,例如:

$$e_z = \frac{\mathrm{i}}{\beta} \left(\sin\varphi \frac{\partial e_y}{\partial r} - \frac{\mathrm{i}\cos\varphi}{r} e_y \right)$$

$$= \frac{i}{\beta} \left\{ \left(\frac{m}{r}\sin\varphi - \frac{r\sin\varphi}{s^2} - \frac{im\cos\varphi}{r} \right) e_y + s^{-\frac{1}{2}} \left(\frac{r}{s} \right)^m e^{-\frac{1}{2}\left(\frac{r}{s}\right)^2} \frac{s^2}{2r} F'_{m+1}\sin\varphi \right\} \quad (1.3.109)$$

式中

$$F'_{m+1} = \frac{dF_{m+1}(X,a)}{dX}$$

当远离截止时,$F_{m+1}(X,a)$取有限项,可转化为 Laguerye 多项式,即

$$L_n^m(X) = \frac{r(m+n+1)}{n! r(m+1)} F_{m+1}(X,-n)$$

且 $L_n^m(x)$可用微分法简单求出

$$L_n^m(X) = \left[e^x \frac{x^{-m}}{n!} \right] \frac{d^n}{dx^n}(e^{-x}X^{m+n}) \quad (1.3.110)$$

这时模场的表达式为

$$e_y(r) = s^{-\frac{1}{2}} \frac{m! n!}{(m+n)!} \left(\frac{r}{s} \right)^m e^{-\frac{1}{2}\left(\frac{r}{s}\right)^2} L_n^m \left[\left(\frac{r}{s} \right)^2 \right] \quad (1.3.111)$$

3. 级数近似解

上述解析解只适用于平方律折射率分布的光纤。下面再介绍一种适用范围更广的、比较简单的级数近似解法。此法的主要步骤是:先把纤芯的折射率分布用级数表示,再把横向场沿半径分布的标量 Helmholtz 方程中的系数也用级数表示,最后求出用级数表示的场解,把它代入边界条件后求解特征方程、场形分布和传播常数。具体解法叙述如下。

设纤芯的折射率分布 $n^2(r)$ 为

$$n^2(r) = n_1^2 \left[1 - 2\Delta f\left(\frac{r}{a} \right) \right] \quad (1.3.112)$$

式中

$$f\left(\frac{r}{a} \right) = f(\rho) = g_2\rho^2 + g_4\rho^4 + \cdots + g_N\rho^N \quad (1.3.113)$$

$\rho = r/a$; $g_2, g_4, \cdots, g_N$ 为常系数,在纤芯和包层交界处,应满足 $\sum\limits_N g_N = 1$。

考虑到纤芯和包层交界处有扩散的情况,$f(\rho)$ 的展开式中只取偶数项。把 $f(\rho)$ 的级数展开式代入标量 Helmholtz 方程

$$\frac{d^2 e_y}{dr^2} + \frac{1}{r} \frac{de_y}{dy} + \left[k_0^2 n^2(r) - \beta^2 - \frac{m^2}{r^2} \right] e_y = 0$$

并考虑到

$$U^2 = a^2(k_0^2 n_1^2 - \beta^2)$$

$$V^2 = k_0^2 n_1^2 a^2(2\Delta) = k_0^2 a^2(n_1^2 - n_2^2)$$

上式成为

$$\frac{d^2 e_y}{d\rho^2} + \frac{1}{\rho} \frac{de_y}{d\rho} + \left[U^2 - V^2 f(\rho) - \left(\frac{m^2}{\rho} \right)^2 \right] e_y = 0$$

为求级数的解,把上式改写为

$$\rho^2 \frac{d^2 e_y}{d\rho^2} + \rho \frac{de_y}{d\rho} + Q(\rho)e_y = 0 \quad (1.3.114)$$

式中

$$Q(\rho) = \sum_{n=0}^{\frac{N}{2}+1} q_{2n}\rho^{2n}$$

$$q_0 = -m^2; \quad q_2 = U^2; \quad q_4 = -V^2 g_2; \quad q_{2N} = -V^2 g_{2(n-1)}$$

上述方程的解具有形式

$$e_y(\rho) = \rho^s \sum_{k=0} C_k \rho^k \tag{1.3.115}$$

把上式代入式(1.3.114),并对比各相同阶数的 ρ,可以得出偶阶项系数 C_{2n} 的递推公式如下:

$$\begin{cases} C_0(s^2 + q_0) = 0 \\ C_2[(s+2)^2 + q_0]C_0 q_2 = 0 \\ \quad\vdots \\ C_{2n}[(s+2n)^2 + q_0^2] + C_{2(n-1)}q_2 + \cdots + C_0 q_{2n} = 0 \end{cases} \tag{1.3.116}$$

所有奇阶项的系数 $C_{2n+1} = 0$,因为 $n(r)$ 的级数展开式中只有偶阶项。从上式第一式中可知,若 $C_0 \neq 0$,则有

$$s^2 + q_0 = 0$$

即

$$s = \pm m$$

此处只能取 $s = +m$。再应用其余递推公式可得

$$C_{2n} = \frac{-1}{4n(n+m)}[C_{2(n-1)}U^2 - C_{2(n-2)}V^2 q_2 - C_{2(n-N+1)}V^2 q_n] \tag{1.3.117}$$

由此可得一标量 Helmholtz 方程式(1.3.114)的解为

$$e_y(\rho) = \rho^m \sum_{n=0}^{\infty} C_{2n}\rho^{2n}$$

由此可进一步求出其余分量和 β 的表达式。

4. 变折射率单模光纤的分析

实际单模光纤的折射率,由于工艺等原因,不会是理想的阶梯分布,而是渐变的。对于这种光纤,可等效为平方律折射率分布的光纤或阶梯折射率分布的光纤进行分析。等效的方法适用于纤芯折射率分布为渐变而边界处突变的光纤,而且对于光纤轴心处折射率下陷不大,或是边界处折射率稍有缓变的光纤也可适用。可用等效办法处理的原因是:单模光纤中 LP_{01} 模的场分布对光纤折射率分布不敏感,即无论纤芯中折射率如何分布,其场沿 r 分布都接近于 Bessel 函数;而 Bessel 函数又与高斯分布相差不大,因此实际的单模光纤可用 $\alpha = 2$ 或者更精密一些用 $\alpha = \infty$ 的光纤等效。这一点和多模光纤不同,多模光纤的场分布对折射率分布很敏感。下面以等效平方律折射率光纤法为例,介绍单模光纤的分析方法。

设单模光纤芯的折射率分布为

$$n^2(r) = n_2^2 + f\left(\frac{r^2}{a^2}\right)\Delta' \tag{1.3.118}$$

$$\Delta'^2 = n_0^2 - n_2^2 \tag{1.3.119}$$

式中,n_0 是纤芯轴上点折射率;n_2 是包层的折射率;$f(r^2/a^2)$ 为 $(r/a)^2$ 的函数,$f(r^2/a^2)=1$ 时,$n^2(r)$ 最大,$f(r^2/a^2)=0$ 时,$n^2(r)$ 最小。

再设光纤中基模横向电场为高斯分布,即

$$e_t = \exp\left[-\frac{1}{2}\left(\frac{r}{s_0}\right)^2\right] \tag{1.3.120}$$

现在的问题是:折射率分布为式(1.3.118)的实际光纤,等效为 $\alpha=2$ 的平方律折射率光纤时,其等效光纤的参量 s_0(模斑半径)和 β(传播常数)各等于多少。方法是把高斯场式(1.3.120)作为试探函数,通过变分法求较为精确的 β 和 s_0 值。下面给出具体步骤。

(1) 求变分形式的 β 表达式。

因为 LP_{01} 模的横向电场满足 Helmholtz 方程

$$\frac{\mathrm{d}^2 e_y}{\mathrm{d}r^2} + \frac{1}{r}\frac{\mathrm{d}e_y}{\mathrm{d}r} + [k_0^2 n^2(r) - \beta^2]e_y = 0$$

上式左右两边乘 $re_y(r)$,并利用关系式:$\dfrac{\mathrm{d}^2 e_y}{\mathrm{d}r^2} + \dfrac{1}{r}\dfrac{\mathrm{d}e_y}{\mathrm{d}r} = \dfrac{1}{r}\dfrac{\mathrm{d}}{\mathrm{d}r}\left(r\dfrac{\mathrm{d}e_y}{\mathrm{d}r}\right)$,有

$$e_y \frac{\mathrm{d}}{\mathrm{d}r}\left(r\frac{\mathrm{d}e_y}{\mathrm{d}r}\right) + [k_0^2 n^2(r) - \beta^2]re_y^2 = 0$$

在 $0\sim\infty$ 间积分,并代入原方程得

$$\beta^2 = \frac{\displaystyle\int_0^\infty k_0^2 n^2(r)e_y^2 r\mathrm{d}r - \int_0^\infty \left(\frac{\mathrm{d}e_y}{\mathrm{d}r}\right)^2 r\mathrm{d}r}{\displaystyle\int_0^\infty e_y^2 r\mathrm{d}r} \tag{1.3.121}$$

是变分形式的 β^2 表示式。

(2) 高斯场近似和 β 求解。

用高斯场式(1.3.120)作为试探函数,即令 $e_y = e_t$ 代入式(1.3.121),再令 $\dfrac{\partial(\beta^2)}{\partial s_0}=0$,求 s_0;再将求出的 s_0 值代入式(1.3.121)即可求出 β 值。

等效阶跃折射率光纤法就是把一根实际的单模光纤等效为一根适当参数的单模阶梯光纤。目的是求等效光纤的纤芯半径 $\bar{a}$(加一横以区别于真实光纤的芯半径 a,以下诸变量同)归一化频率 $\bar{V}$ 和传播常数 $\bar{\beta}$。方法仍然是把 Bessel 函数(因为是等效阶跃光纤)作为试探函数,通过变分法,求出比较精确的 $\bar{a}$,$\bar{V}$ 和 $\bar{\beta}$。

1.4 光纤的数值分析方法

电磁问题可分为定解问题和本征值问题两大类。在定解问题中,人们感兴趣的是电磁场随时间或空间的演化。在这类问题中总是存在一个源(或初始条件)。从数学上讲,这类问题是由"非齐次微分方程或非齐次边界条件或两者皆有"产生的。特征值问题是无源问题,也就是说,不存在任何电荷或磁性电荷。在数学上,这类问题是由"齐次控制微分方程和齐次边界条件"产生的。光腔内的模态共振和光波导中传播的模态共振通常作为本征值问

题求解。值得注意的是,大多数本征值问题也可以作为一个定解问题来解决,然后通过傅里叶分析来确定其共振态(模式)。但是这样的做法通常是很费时的,其结果的质量很大程度上取决于源的位置选择。

在微结构光纤(microstructure optical fiber,MOF)出现之前,传统的阶跃折射率光纤(SIF)和平板波导通常具有简单的几何形状,它们的模场可以用已知的函数表示,如三角函数和 Bessel 函数等。因而可以分析推导出这种波导的模态。此外,由于这些波导大部分是由折射率相近的材料构成的,所以可以使用弱导(或标量)近似,这使得推导过程进一步简化。然而,分析计算微结构光纤并不具有与传统波导相同的优点。首先,由于 MOF 是由高折射率对比材料(通常是空气和硅)组成的,因此对 MOF 的分析需要全矢量公式。其次,MOF 的横截面复杂,没有单一的解析表达式可以表示其模场,因而不得不求助于数值方法。最后,MOF 中的所有模态都是泄漏的,所以需要处理辐射波。换句话说,必须使用一定的边界条件以避免光在问题域的边界处反射。

在 MOF 出现之后,的确看到了光波导模式求解方法的一场革命。在几年的时间里,无论是新制定的还是改编自一些现有方法的各种数值方法都被用到 MOF 的数值分析上来。这些方法有专门针对 MOF 求解的方法,如多极展开法(MEM)和局部函数法(LFM),或者是调整一般性方法以解决 MOF 问题的方法,如有限元法(FEM)、光束传播法(BPM)、边界元法(BEM)、有限差分法(FDM)、平面波方法,以及一种径向采用有限差分离散、角向采用 Fourier 分解离散(FDM^2-ABC)的混合有限差分法等。需要注意的是,出于对电磁波的矢量性质的充分考虑,所有的方法都是从 Maxwell 方程组出发。因此,对于相同的波导问题,上述方法在数值分辨率(光谱分辨率和空间分辨率)足够高的情况下收敛于相同的解。

本节将简单介绍几种通用的光纤数值分析方法,即传输矩阵法(TMM)、多级展开法(MEM)、有限元法(FEM)、平面波法(PWM)和有限时域差分法(FDTD)。TMM 是一种近似解析的方法,尤其适合于分析包层交界面为同心圆形的规则 Bragg 光纤模场特性。它在 CPU 和内存使用方面都非常高效。MEM 是一种精度很高的半解析方法。FEM 是一种处理复杂曲面界面线结构的有效方法,在现代自适应网格划分算法的帮助下,FEM 可以大大减少未知量。PWM 是一种有效的周期结构分析方法,它将问题域简化为单个单元。FDTD 是求解 Maxwell 方程组最直接的方法,它的实现较为简单。

1.4.1　传输矩阵法(TMM)

Bragg 光纤的概念最早由 Yeh 等在 1978 年提出。Bragg 光纤横截面如图 1.4.1 所示。Bragg 光纤的包层通常由两种交替分布的不同电介质材料层组成。通常来说,在 Bragg 光纤中的光线限制作用是由同心电介质界面之间构建的反射来实现的。依赖于构成材料和结构设计的不同,这种光纤可以展现出高功率传输、低弯曲损耗和优秀的色散调控能力等优点。

在图 1.4.1 中,纤芯(白色区域)折射率为 n_0,浅灰色区域折射率为 n_1,深灰色区域折射率为 n_2,n_1 可以等于 n_0。最外层延伸到无限远,折射率为 n_1 或者 n_2。

纵向电场 $\boldsymbol{E}_z$ 和纵向磁场 $\boldsymbol{H}_z$ 在每个同质材料区域中满足标量 Helmholtz 方程。即在

微课视频

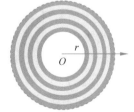

图 1.4.1　Bragg 光纤横截面示意图

第 i 个电介质层，E_z 场满足：

$$\left[\nabla_t^2 + k_{t,i}^2\right]E_z = 0 \tag{1.4.1}$$

$k_{t,i} = \sqrt{k^2 n_i^2 - \beta^2}$ 是第 i 层的横向传播常数，n_i 是第 i 层的折射率。$k = 2\pi/\lambda$ 是真空中的传播常数，$\beta = k n_{\text{eff}}$，n_{eff} 为纤芯的等效折射率。H_z 满足完全一样的等式。在柱坐标系中，式(1.4.1)可以被改写为

$$\frac{\partial^2 E_z}{\partial r^2} + \frac{1}{r}\frac{\partial E_z}{\partial r} + \frac{1}{r^2}\frac{\partial^2 E_z}{\partial \theta^2} + k_{t,i}^2 E_z = 0 \tag{1.4.2}$$

如果包层是同心圆，波导具有连续旋转对称性。这意味着 E_z 场可以被化为

$$E_z = R_z(r)\Theta_z(\theta) \tag{1.4.3}$$

其中，$R_z(r)$ 只与 r 有关，而 $\Theta_z(\theta)$ 只与 θ 有关。将式(1.4.3)替代式(1.4.2)，可以看到波动方程可以被分解成两个独立的等式：

$$\frac{\partial^2 \Theta_z}{\partial \theta^2} + m^2 \Theta_z = 0 \tag{1.4.4}$$

$$\frac{\partial^2 R_z}{\partial r^2} + \frac{1}{r}\frac{\partial R_z}{\partial r} + \left(k_{t,i}^2 - \frac{m^2}{r^2}\right)R_z = 0 \tag{1.4.5}$$

从式(1.4.4)可以得到如下结论，第 i 层的本地模场应该存在一个 $\cos(m\theta)$ 或者 $\sin(m\theta)$ 方位角依赖，其中 m 是方位角量子数。场的连续性要求 m 必须为一个整数。式(1.4.5)是众所周知的 Bessel 差分方程，它的广义解可以用一套超越方程来表示(Bessel 方程)。由于变量分离，在 $R_z(r)$ 求导之前可以将 m 视为定值。如果想要研究第 $i+1$ 层，可以得到类似于式(1.4.4)和(1.4.5)的等式。要使得 E_z 场在交界面连续，只需要让第 $i+1$ 层中 m 的值与第 i 层的 m 值相同。这个分析结果表明在所有电介质层中的本地模场共享相同的方位角量子数 m。

第 i 层同质介质的 E_z 场的广义解可以表示为

$$E_z = \left[A_m^{Ei} J_m(k_{t,i}r) + B_m^{Ei} H_m(k_{t,i}r)\right]\exp(im\theta) \tag{1.4.6}$$

类似地可以写出纵向磁场的表达式：

$$K_z = \left[A_m^{Ki} J_m(k_{t,i}r) + B_m^{Ki} H_m(k_{t,i}t)\right]\exp(im\theta) \tag{1.4.7}$$

注意到在式(1.4.7)中，使用了归一化磁场 $K_z = \Im H_z$，其中 $\Im = \sqrt{\mu_0/\varepsilon_0}$ 是自由空间阻抗。

通过这种方法，可以使磁场和电场的幅度近似相等。在式(1.4.6)和式(1.4.7)中，J_m（m 阶第一类 Bessel 函数）表示一个来自考虑区域外的一个光源（电介质界面）的驻波；H_m（$H_m^{(1)}$ 的缩写，m 阶第一类 Hankel 函数）表示一个来自包含在考虑范围内的一个光源（电介质界面）的向外传播的柱状波。对于 Bragg 光纤来说，最外层延伸到无限远处，即没有超出那个区域的交界面。因此 J_m 不会在那里出现。另外，在最内层也不存在任何电介质界面，因此 H_m 也不会在那里出现。正如接下来的部分所示，这两个边界条件会被用于建立一个用于求解模式的特征矩阵等式。式(1.4.6)和式(1.4.7)中的系数 A_m^{Ei}、B_m^{Ei}、A_m^{Ki} 和 B_m^{Ki}，和包含在 $k_{t,i}$ 中的 β 一样，是待求的未知量，受制于输入波长 λ，折射率分布和角模式数 m。注意，这里的 β 通常是一个复数。

通过 E_z 和 K_z 可以很容易求出：

$$E_\theta = \frac{\mathrm{i}}{k_{t,i}^2}\left(\frac{\beta}{r}\frac{\partial E_z}{\partial \theta} - k\frac{K_z}{\partial r}\right) \tag{1.4.8}$$

$$K_\theta = \frac{\mathrm{i}}{k_{t,i}^2}\left(\frac{\beta}{r}\frac{\partial K_z}{\partial \theta} + kn_i^2\frac{E_z}{\partial r}\right) \tag{1.4.9}$$

图 1.4.2 展示了一个位于两个电介质层之间的一般界面。在这个边界上,可以得到如下四个场连续性等式:

$$K_z^1 = K_z^2 \tag{1.4.10}$$

$$E_\theta^1 = E_\theta^2 \tag{1.4.11}$$

$$E_z^1 = E_z^2 \tag{1.4.12}$$

$$K_\theta^1 = K_\theta^2 \tag{1.4.13}$$

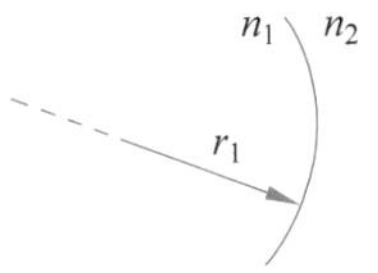

图 1.4.2　一个在层 1 和层 2 之间的一般界面 r_1

式(1.4.10)~式(1.4.13)中的上标代表层数。

通过式(1.4.10)~式(1.4.13)得到矩阵等式:

$$\boldsymbol{M}_1\begin{bmatrix} A_m^{E1} \\ B_m^{E1} \\ A_m^{K1} \\ B_m^{K1} \end{bmatrix} = \boldsymbol{M}_2\begin{bmatrix} A_m^{E2} \\ B_m^{E2} \\ A_m^{K2} \\ B_m^{K2} \end{bmatrix} \tag{1.4.14}$$

其中

$$\boldsymbol{M}_1 = \begin{bmatrix} 0 & 0 & J_m^1 & H_m^1 \\ -\dfrac{m\beta}{k_{t,1}^2 r}J_m^1 & -\dfrac{m\beta}{k_{t,1}^2 r}H_m^1 & -\dfrac{\mathrm{i}k}{k_{t,1}}J_m'^1 & -\dfrac{\mathrm{i}k}{k_{t,1}}H_m'^1 \\ J_m^1 & H_m^1 & 0 & 0 \\ \dfrac{\mathrm{i}kn_1^2}{k_{t,1}}J_m'^1 & \dfrac{\mathrm{i}kn_1^2}{k_{t,1}}H_m'^1 & -\dfrac{m\beta}{k_{t,1}^2 r}J_m^1 & -\dfrac{m\beta}{k_{t,1}^2 r}H_m^1 \end{bmatrix} \tag{1.4.15}$$

在式(1.4.15)中,J_m^1 是 $J_m(k_{t,i}r)$ 的简写。其他类似的表达式同理可知。$\boldsymbol{M}_2$ 中拥有和 $\boldsymbol{M}_1$ 一样的元素,除了 n_1 和 $k_{t,1}$ 和上标 1 都要改成 n_2 和 $k_{t,2}$ 和 2。注意,当 $m=0$,即当模场中不存在方位角依赖,式(1.4.14)可以被拆分为两个矩阵等式:一个和 $[A_m^K, B_m^K]^\mathrm{T}$ 场分量(TE 场)有关,而另一个和 $[A_m^E, B_m^E]^\mathrm{T}$ 场分量(TM 场)有关。

通过式(1.4.14),层 1 中的场能够与层 2 中的场联系起来,通过交界面 r_1,可使用

$$\begin{bmatrix} A_m^{E1} \\ A_m^{K1} \\ B_m^{E1} \\ B_m^{K1} \end{bmatrix} = \boldsymbol{M}_{r1}\begin{bmatrix} A_m^{E2} \\ A_m^{K2} \\ B_m^{E2} \\ B_m^{K2} \end{bmatrix} \tag{1.4.16}$$

其中,$\boldsymbol{M}_{r1} = \boldsymbol{M}_1^{-1}\boldsymbol{M}_2$ 是传输矩阵。

现在考虑 n 层 Bragg 光纤。假设光纤各层被依次从最内层到最外层编号为 $1, 2, \cdots, N$,交界面由里向外依次为 $r_1, r_2, \cdots, r_{(N-1)}$。根据式(1.4.16)给出的关系式,可以迭代得到所有界面的情况:

$$\begin{bmatrix} A_m^{E1} \\ A_m^{K1} \\ B_m^{E1} \\ B_m^{K1} \end{bmatrix} = \boldsymbol{M}_{r1}\boldsymbol{M}_{r2}\cdots\boldsymbol{M}_{r(N-1)} \begin{bmatrix} A_m^{E2} \\ A_m^{K2} \\ B_m^{E2} \\ B_m^{K2} \end{bmatrix} \tag{1.4.17}$$

用 $\boldsymbol{M} = \boldsymbol{M}_{r1}\boldsymbol{M}_{r2}\cdots\boldsymbol{M}_{r(N-1)}$，并假设 $\boldsymbol{M}$ 包含如下元素：

$$\boldsymbol{M} = \begin{bmatrix} m_{11} & m_{12} & m_{13} & m_{14} \\ m_{21} & m_{22} & m_{23} & m_{24} \\ m_{31} & m_{32} & m_{33} & m_{34} \\ m_{41} & m_{42} & m_{43} & m_{44} \end{bmatrix} \tag{1.4.18}$$

由于在最内电介质层中不存在向外传播的波，因此 B_m^{E1} 和 B_m^{K1} 为 0。另外，由于在最外层电介质层中不存在驻波，因此 A_m^{EN} 和 A_m^{KN} 为 0。考虑到这些边界条件，式(1.4.17)可以简化为

$$\boldsymbol{M}_0 \begin{bmatrix} B_m^{EN} \\ B_m^{KN} \end{bmatrix} = 0 \tag{1.4.19}$$

其中

$$\boldsymbol{M}_0 = \begin{bmatrix} m_{22} & m_{24} \\ m_{42} & m_{44} \end{bmatrix} \tag{1.4.20}$$

注意到 $\boldsymbol{M}_0$ 中的矩阵元素（$\boldsymbol{M}$ 同理）是 β 的函数。由于式(1.4.19)只有在 $\boldsymbol{M}_0$ 的行列式等于 0 的时候才有非零解，β 的解可以通过寻找方程 $\Re(\beta) = \det(\boldsymbol{M}_0)$ 的根得到。在得到 β 值之后，可以把它代回到式(1.4.19)中求出最外层的场的值。最内层的场可以通过式(1.4.16)的迭代得到。

1.4.2　多极展开法(MEM)

微课视频

1892 年，Lord Rayleigh 在一篇文献中描述了一种解决包括球格或圆柱阵列静电问题的方法。其思想实质是将任何散射体附近的规则场与由散射体和外部源辐射的场联系起来。其后，陆续报道的研究包括：在单芯波导中，用圆谐波表示任意截面波导中的光场；两平行圆形介质棒的导波模式研究；嵌入多个圆柱体波导的波导效应等。这些研究的共同点是圆柱体的折射率均高于背景材料的折射率。在微结构光纤(MOF)发明后，Rayleigh 的方法很快被引入这类波导的研究，并获得了高精度的模式有效折射率和损耗等参数，进而计算出光纤的模场分布及色散曲线。

多极展开法(MEM)与 Rayleigh 的方法以及其他展开法类似，只是使用了更多的扩展项，每一项基于结构中的每个具有独特折射率的圆柱，将每个元素的扩展结合起来得到各种模式，从而具有非常高的精度并且能够快速收敛。

为了找到一组平行圆柱所支持的传播模式(如图 1.4.3 所示)，从 Maxwell 方程出发，对于纵向 z 不变波导问题，纵向电场 $\boldsymbol{E}$ 和磁场 $\boldsymbol{H}$ 在均匀材料区满足 Helmholtz 方程。在基底材料中（通常光纤中是二氧化硅），可知

$$\left| \nabla^2 + (k_t^e)^2 \right| F = 0 \tag{1.4.21}$$

其中 $F = E_z$ 或者 K_z，$k_t^e = \sqrt{k^2 n_e^2 - \beta^2}$。这里和前面 TMM 方法中一样使用了归一化磁场 $K_z = \Im H_z$，其中 $\Im = \sqrt{\mu_0/\varepsilon_0}$ 是自由空间阻抗。n_e 是基底材料的折射率。$K = 2\pi/\lambda$ 是自由空间中的波数。$b = k n_{\text{eff}}$ 是传播常数。

参见图 1.4.3，第 l 个圆柱附近的 E_z 和 K_z 可以用 Fourier-Bessel 级数展开，例如：

$$E_z = \sum_m [A_m^{E_l} J_m(k_t^e r_l) + B_m^{E_l} H_m(k_t^e r_l)] \exp(im\theta_l)$$

$$(1.4.22)$$

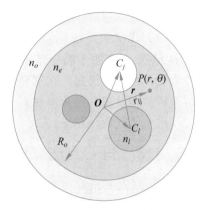

图 1.4.3　分段均匀微结构光纤的示意图

在图 1.4.3 中，外圆表示导管架边界。超出该区域的护套材料的折射率为 n_0。内圆表示圆柱形内含物。任何内含物都可以采用不同的折射率 n_l，其折射率可以高于或低于其基底材料 n_e。

$$K_z = \sum_m [A_m^{K_l} J_m(k_t^e r_l) + B_m^{K_l} H_m(k_t^e r_l)] \exp(im\theta_l) \qquad (1.4.23)$$

在方程（1.4.22）和（1.4.23）中，J_m 是 m 阶的 Bessel 函数，H_m 是第一类 m 阶的 Hankel 函数，每个 J_m 项表示源在考虑区域之外的入射场（或规则场）。在这种情况下，源位于所有除 l^{th} 圆柱体的圆柱体边界（包括护套）。每个 H_m 表示源位于 l^{th} 圆柱体边界上的输出场。这种场扩展被称为局部扩展，因为它仅在 l^{th} 圆柱体附近有效。请注意，扩展发生在 l^{th} 圆柱体自身的极坐标中（其原点位于圆柱体的中心）。

基底材料中的场的全局扩展可以表示为（在 E_z 的情况下）：

$$E_z = \sum_{l=1}^{N_c} \sum_m B_m^{E_l} H_m(k_t^e |r_l|) \exp[im\arg(r_l)] + \sum_m A_m^{E_0} J_m(k_t^e r) \exp(im\theta)$$

$$(1.4.24)$$

它表明在基底材料区的场是由所有嵌入基底材料的圆柱体产生的输出场的叠加，再加上由包裹基底区域的护套而产生的规则场。这种场扩展最初是由 Wijngaard 提出的，后来被 Green 函数严格证明。注意，每个圆柱体的输出场用圆柱体的局部极坐标表示（其原点位于圆柱体的中心）。

在圆柱孔的界面上利用电磁场的边界条件，可以得到关于求解传输常数的寻根方程：$F(\beta) = \det(\boldsymbol{M})$。其中矩阵 $\boldsymbol{M}$ 的规模由圆柱孔的数目以及展开项的数目共同决定。例如圆柱孔数目为 N_c，每个圆柱孔展开项为 $2m+1$，那么矩阵 $\boldsymbol{M}$ 的规模为 $N \times N$，其中 $N = (2m+1) \times 2 \times N_c$。不同于普通阶跃折射率分布的单模光纤，在计算微结构光纤时，由于其模式多为泄漏模，所以在求解时需要在复数域内进行寻根。

HEM 是一种在物理和数学上都很完美的方法。它的精确性已通过全矢量光束传播方法得到证实。由于材料界面均为圆形，需要少量的展开项才能获得可接受的收敛性。在考虑对称条件的情况下，效率有可能得到显著提高，在这种情况下，只需有一个圆柱孔参与推导具有 C_e 对称性的 MOF 的最终矩阵方程。在一般推导中，每个圆柱体内含物使用了相同数量的展开项。事实上，正如 White 等所指出的，可以为每个内含的圆柱孔分配优先级。对于远离芯区的圆柱孔，由于它们与限制在芯区内的传播模式几乎没有相互作用，因此使用的扩展项较少。这样,问题的计算复杂度可以进一步减小。

　　然而,MEM 也有缺点。首先,它只能处理圆柱形气孔。这大大限制了其适用性,因为制造的 MOF 只有很小的一部分具有圆柱孔。其次,当内含的圆柱彼此接近时,MEM 的收敛性会受到很大的挑战。在这种情况下,需要以更多扩展项得到准确的解决方案。MEM 最近被扩展到处理具有非圆柱形气孔的 MOF。在新提出的方法中,对每个内含的孔的反射矩阵进行了数值计算。

1.4.3　有限元法(FEM)

微课视频

　　图 1.4.4 是一般常规介质光波导的横截面示意图,具有分段均匀的折射率分布。严格地说,由这种全介质波导或开放波导支持的模式应该通过考虑无限大的横截面域求解。然

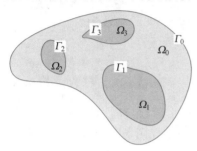

图 1.4.4　一般常规介质光波导的
横截面示意图

而,为了数值推导出模式,必须将无限域划分为有限域,其边界由图 1.4.4 中的 Γ_0 表示。有限元方法(FEM)将该有限域离散划分成由三角形或/和四边形(元素)形成的网格。然后分别在网格的每个元素上求解波动方程,且在元素顶点或边缘定义离散未知数。最后的模式可以通过所有元素的集体贡献来求解。

　　采用 FEM 方法的波导模式求解器可以追溯到 20 世纪 70 年代早期。然而,当人们试图将他们现有的 FEM 代码应用于微结构光纤(MOF)时会出现困难。困难主要在于边界条件(图 1.4.4 中的 Γ_0)。在传统的 FEM 公式中,计算域可以使用理想电导体(PEC)、理想磁导体(PMC)或简单的零边界条件终止。这些边界条件足以导出束缚模式,如在传统的阶跃折射率光纤(SIF)中传播的模式。但由于 MOF 中几乎所有的模式都是泄漏的,上述终止方法将导致边界反射从而引入错误。事实上,对于光子带隙(photonic band gap,PBG)导光的 MOF 而言,泄漏损失(或辐射损失)是一个关键特性。能够计算辐射损耗对于设计和表征 PBG 导光的 MOF 具有重要意义。近年来,人们已经提出了一些全矢量 FEM 模式求解器来准确地求解 MOF 中的泄漏损失。值得注意的是,由 Uranus 等提出的一种基于节点单元的 FEM,其中未知数是横向磁场 H_x 和 H_y。如果使用一阶形状函数,则未知数仅为 $2N_n$,其中 N_n 是所用到的节点数目。这种方法采用透明边界条件,并利用解析函数来近似计算域外的辐射场。辐射边界条件优于 PML 的优点在于它可以显著减少未知数。这是由于它的边界线不需要为矩形。虽然这种边界条件需要迭代过程来收敛其本征解,但通常在少于 5 次迭代中实现良好的收敛(良好的初始猜测通常会减少迭代次数到一个或两个)。与之前一些方法相比,这种方法将未知数减少了至少 1/3,因此它非常适合受硬件如 CPU 和 RAM 条件限制的用户。此外由于在推导最终矩阵方程时明确考虑了磁场发散条件 $\nabla \cdot H = 0$,因此该方法无虚假模式出现。

　　所有上述 FEM 都通过 Galerkin 方法或变分方法得到广义特征值方程,例如:

$$A\boldsymbol{\Phi} = \beta^2 B\boldsymbol{\Phi} \tag{1.4.25}$$

其中 $\boldsymbol{A}$ 和 $\boldsymbol{B}$ 是有限元矩阵,$\boldsymbol{\Phi}$(特征向量)是包含在三角形网格上定义的场未知数的向量,β^2(特征值)是要求解的传播常数。

　　用有限元建立模型计算特征值传播常数的计算过程可以简要归纳为以下几个步骤:

（1）确定实际问题所定义的区域，激励和边界条件，根据具体情况解决问题的描述方程，建立正确的模型；

（2）设定子区域，激励和边界条件；

（3）对整个计算区域离散化，即将区域用节点和有限元来表示；

（4）对方程进行求解；

（5）进行求解后的处理。

FEM 适用于截面是任何不规则形状，空气孔任意排布，材料折射率任意组合的情况。

【例 1.4.1】 采用 FEM 计算分析一种利用氧化铟锡（ITO）的凹形 PCF-SPR 表面等离子体共振传感器。

在 Z. Yang 等报道的文献中，基于 FEM 的商用化软件 COMSOL 被用来研究众多模式特征并求解导模和等离子体模式的色散曲线。PCF-SPR 传感器结构如图 1.4.5(a)所示。通过 FEM 进行 PCF 结构的多参数优化，FEM 网格化示意图见图 1.4.5(b)。图 1.4.6 描述了 x 和 y 偏振基模与等离子体模之间的色散关系。当波长从 1200nm 增加到 1450nm 时，等离子体模和 y 偏振基模两条曲线同时下降，然后在共振点处发生交叉，最后相互分离。

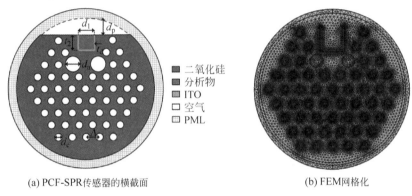

(a) PCF-SPR传感器的横截面　　　　　　　　(b) FEM网格化

图 1.4.5　PCF-SPR 传感器结构和 FEM 网格化

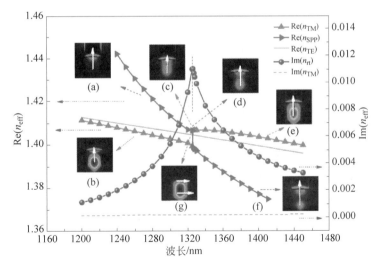

图 1.4.6　y 偏振基模（红、黑）、x 偏振基模（绿）和等离子体模（蓝）的色散关系

小插图显示特定模式的电场强度分布（箭头表示电场方向）。在 1280nm 处：(a) y 偏振基模；(b) 等离子体模。在 1326 nm 处：(c) y 偏振基模；(d) 等离子体模；(g) x 偏振基模。在 1400nm 处：(e) y 偏振基模；(f) 等离子体模。

图 1.4.6(a)~1.4.6(f)揭示了等离子体模和基本模式之间的耦合过程,表明这两种模式在共振点处能量耦合最强烈。因此可见,利用 FEM 可非常方便地研究基模和等离子体模式的有效折射率,并对所提出的 PCF 进行模式分析和参数优化。

1.4.4 平面波法(PWM)

微课视频

PWM 最初被提出用来计算光子晶体(photonic crystal,PC)支持的模式。利用该方法,当光波被认为在周期性平面(或平面内)中传播时,可以容易地计算 2D PC 的频带以及带隙。

假定所研究的光子晶体光纤(photonic crystal fiber,PCF)无源结构,且介质为非磁性材料,将 Maxwell 方程组经过适当变换可得到频率为 ω 的单色光波磁场 $\boldsymbol{H}(r)$ 所满足的方程:

$$\nabla \times \left[\frac{1}{\varepsilon(r)} \nabla \times \boldsymbol{H}(r) \right] = \frac{\omega^2}{c^2} \boldsymbol{H}(r) \tag{1.4.26}$$

这是一个标准的特征值问题,从上式可以看出,$\varepsilon(r)$ 与 ω 呈线性关系,一旦计算出磁场 $\boldsymbol{H}$,可通过上式得到电场 $\boldsymbol{E}$ 的分布。

在无限周期性结构问题中

$$\boldsymbol{E}(r) = \frac{1}{\mathrm{i}\omega\varepsilon_0 \varepsilon(r)} \nabla \times \boldsymbol{H}(r) \tag{1.4.27}$$

$$\boldsymbol{H}(r) = e_k \mathrm{e}^{\mathrm{i}kr} \sum_G h(G) \mathrm{e}^{\mathrm{i}Gr} = \sum_G h(G,k) \mathrm{e}^{\mathrm{i}(k+G)r} e_{k+G} \tag{1.4.28}$$

$$\frac{1}{\varepsilon(r)} = \sum_G \varepsilon^{-1}(G) \mathrm{e}^{\mathrm{i}Gr} \tag{1.4.29}$$

$$\boldsymbol{H}(r) = \sum_{G,\lambda} h(G,\lambda) \mathrm{e}^{\mathrm{i}(K+G)r} e_{\lambda,k+G} \tag{1.4.30}$$

将式(1.4.29)和式(1.4.30)代入式(1.4.28):

$$\sum_{G'} |k+G||k+G'| \varepsilon^{-1}(G-G') \begin{bmatrix} e_2 e'_2 & -e_2 e_1 \\ -e_1 e_2 & e_1 e'_1 \end{bmatrix} \begin{bmatrix} h_1 \\ h_2 \end{bmatrix} = \frac{\omega^2}{c^2} \begin{bmatrix} h_1 \\ h_2 \end{bmatrix} \tag{1.4.31}$$

这就是矢量平面波展开方法的基本方程形式,对各个维度的光子晶体都适用。

PWM 方法求解 PCF 模式也还存在一些缺点。首先,它采用了周期性边界条件。这导致了 PWM 由于两个相邻计算单元之间的耦合而无法精确计算泄漏模。其次,该方法除了需要使用大量的平面波外,模式折叠效应极大地增加了用于导出高阶 PCF 模式的计算时间。最后,PWM 由于其周期性边界条件而无法计算辐射损耗。然而,PWM 仍然是预测带隙型光纤性能的有效方法,因为它可以快速得到包层光子晶体的带隙区域。这些间隙区域提供了有关光纤带隙传导能力的充分信息。并且当所研究的 PCF 具有较小的泄漏损耗时,它与其他方法的一致性是可以接受的。即使对于只具有少量包层的气导光子带隙光纤也是如此。M. Yan 在文献报道中比较了利用 PWM 和 FEM 得到的空芯光子带隙光纤模式。

1.4.5 时域有限差分法(FDTD)

微课视频

FDTD 法是直接时域计算的方法。FDTD 法直接把含有时间变量的 Maxwell 方程在 Yee 网格空间转换为差分方程。在 Yee 网格点上的电场(磁场)分量仅与它相邻的磁场(电场)分量及上一时间步该点的场值有关。给出初值后在每个时间步都计算所有点的电磁场值,随着时间推移就直接模拟出了电磁波在介质中的传播。由此,FDTD 法给出了丰富的电磁场问题的时域信息,需要频域信息时只需做 Fourier 变换即可。

FDTD 法有着广泛的适用性。FDTD 法的中的参量是按空间网格给出的,因此只需设定相应空间点以及适当的参数,就可以模拟各种复杂的电磁结构。媒质的非均匀性、各向异性、色散特性和非线性等都可以很容易的进行模拟。由于在网格空间电场和磁场分量是交叉放置的,在计算中又用差分代替了微商,使得介质交界面上的边界条件自然得到满足。无论是稳态问题还是瞬态问题都能很好地做出解答。

Yee 网格是 K. S. Yee 提出的一种用于离散连续电磁场变量的空间网格结构,如图 1.4.7 所示。它的核心在于在四维空间(空间坐标 x、y、z 以及时间坐标 t)中离散了六个电磁场分量(E_x、E_y、E_z、H_x、H_y 和 H_z),正是这点才使 FDTD 法得以进行。Yee 也是由此于 1966 年创立了计算电磁场的 FDTD 法。

在 Yee 网格体系中,电场和磁场各分量在空间的取值点被交叉的放置,使得每个坐标平面上每个电场分量的周围由磁场分量环绕,同时每个磁场分量的周围由电场分量环绕。这样的电磁场空间配置符合电磁场的基本定律——法拉第电磁感应定律和安培环路定律,也就是 Maxwell 方程的基本要求。电磁场的计算与空间媒质的电磁性质有重要关系,因此在网格空间中除了规定电磁场的离散取值外,还要给出相应媒质的电磁参量。包括有电场的网格点处的介电常数和电导率,有磁场的网格点处的磁导率和等效磁阻率。图 1.4.7 所示的是 Yee 网格体系的一个网格单元,每个坐标方向上场分量间相距是半个单元长度,因而同一种场分量之间相隔正好为一个单元长度。

一般说来,在笛卡儿坐标系下的某个格子里的点的坐标可以表示为

$$(i,j,k)=(i\Delta x,j\Delta y,k\Delta z) \qquad (1.4.32)$$

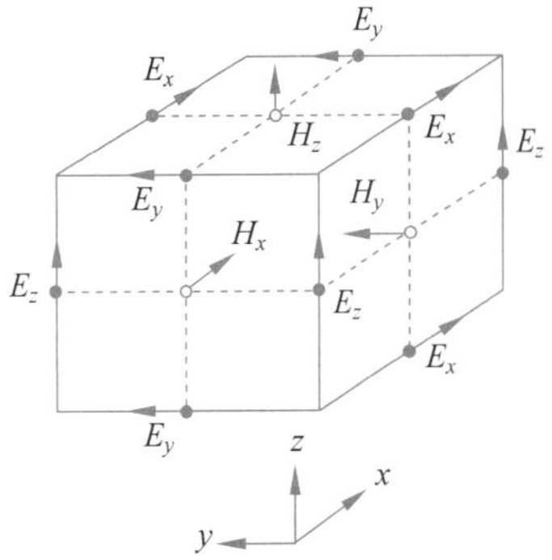

图 1.4.7 Yee 网格单元

其中 Δx、Δy、Δz 是空间的步长。依照这种表示方法,所有基于空间与时间的函数 $u(x,y,z,t)$ 都可以表示成

$$u(x,y,z,t)=u(i\Delta x,j\Delta y,k\Delta z,n\Delta t)=u_{i,j,k}^n$$

$$(1.4.33)$$

其中,Δt 是每个单位间隔时间的增量。按照上式所述的表示法,函数 $u(x,y,z,t)$ 对 x 分量的偏微分可以表示成

$$\frac{\partial u(x,y,z,t)}{\Delta x}=\frac{\partial}{\partial x}u(i\Delta x,j\Delta y,k\Delta z,n\Delta t)$$

$$=\frac{u_{i+1/2,j,k}^n-u_{i-1/2,j,k}^n}{\Delta x}+O[(\Delta x)]^2 \qquad (1.4.34)$$

对 t 的偏微分可以表示成

$$\frac{\partial u(x,y,z,t)}{\Delta t}=\frac{\partial}{\partial t}u(i\Delta x,j\Delta y,k\Delta z,n\Delta t)=\frac{u_{i,j,k}^{n+1/2}-u_{i,j,k}^{n-1/2}}{\Delta t}+O[(\Delta x)]^2$$

$$(1.4.35)$$

FDTD 法的计算是建立在 Yee 网格基础上的,而实际的开放系统是无限大的,也就需要无限多的 Yee 网格。任何计算机的存储空间都是有限的,能够接受的计算时间也是有限

的,因此不可能在无限大的空间进行。也就是必须给出一个有限的空间,这样一来,在边界处就会出现电磁波的反射,影响仿真的结果。另外,计算每个变量时都需要用到周围场量的值,因此在计算边界上的变量时,要用到边界以外的场量,这也是无法得到的。

基于以上原因,对于一个有限的空间,要给出适当的边界条件,边界上的场量也需要单独计算。比较常用的边界条件有 Mur 提出的吸收边界条件(Mur's absorbing boundary condition),简写作 Mur's ABC,和 J. P. Berenber 提出的完美匹配层条件(perfectly matched layer),简写作 PML。PML 方法在抑制边界上的反射方面比 Mur' ABC 做得要好,但也复杂得多。正是因为 PML 完美匹配边界条件的出现,使利用 FDTD 法进行精确的计算成为可能。

【例 1.4.2】 采用 FEM 方法和 FDTD 方法计算单模光纤有效折射率及模场分布。

光纤型号是 SMF28,也叫作 G.652 光纤。该光纤可以工作在 1310nm 和 1550nm 两个通信窗口内,且在 1310nm 处色散为零,适合中距离信号传输。

仿真的单模光纤参数具体如下:纤芯半径为 4.1μm,包层半径为 50μm;纤芯折射率为 1.4400,包层折射率为 1.4348;工作波长为 1550nm。其折射率分布示意图如图 1.4.8 所示。

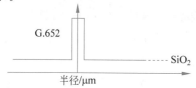

图 1.4.8　单模光纤横截面折射率分布图

利用上述参数,利用 FEM 及 FDTD 分别进行建模。绘制的二维结构如图 1.4.9 和图 1.4.10 所示。

利用 FEM 的 SMF 结构在网格划分时,选择网格形状为三角形,网格序列类型为物理场控制网格,网格尺寸设置成较细化。最终由 2330 域单元和 116 边界单元组成的完整网格,如图 1.4.9 所示。整体自由度为 16487。边界条件设置为 0.7μm 厚的 PML 层。整个仿真求解运行时间为 14s,占用内存 7.38MB。基模电场矢量图如图 1.4.11 所示。

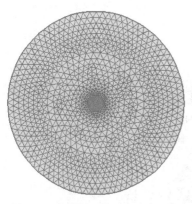

图 1.4.9　利用 FEM 绘制的 SMF

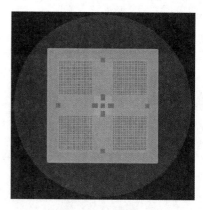

图 1.4.10　利用 FDTD 绘制的 SMF 结构模型

利用 FDTD 的 SMF 结构在网格划分时,选择网格形状为矩形,网格设置为 x、y 方向上分别设置 100 个网格单元,如图 1.4.12 所示。边界条件设置为 PML 层。整个仿真求解运行时间为 29s,占用内存 15.8MB。基模电场矢量图如图 1.4.11 所示。

最后将这两个算法得到的有效折射率、损耗等参数进行对比,如表 1.4.1 所示,发现差别非常小,十分吻合。

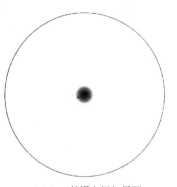

(a) SMF基模电场矢量图　　　　　　(b) SMF基模光场三维分布图

图 1.4.11　FEM 法仿真的 SMF 基模图

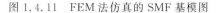

(a) SMF基模电场矢量图　　　　　　(b) SMF基模电场矢量

图 1.4.12　FDTD 法仿真的 SMF 基模图

表 1.4.1　SMF 仿真结果

参　　数	软　　件	
	COMSOL	MODE
有效折射率	1.437 019	1.437 017
损耗/(dB·cm^{-1})	1.220E-13	2.348E-9

【例 1.4.3】　采用 FEM 方法和 FDTD 方法计算多模光纤有效折射率及模场分布。

多模光纤(multimode fiber,MMF)选取的各向同性阶跃折射率光纤结构参数为:纤芯半径为 7.5μm,包层半径为 15μm,纤芯折射率为 1.47,包层折射率为 1.46。计算时工作波长为 1550nm。

FEM 建模的 MMF 结构如图 1.4.13 所示。在网格划分时,选择网格形状为三角形,网格序列类型为物理场控制网格,网格尺寸设置成细化。纤芯处进行网格加密,使得网格数是包层的 3 倍。最终由 3430 域单元和 152 边界单元组成的完整网格。整体自由度为 16 487。边界条件设置为 0.7μm 厚的 PML 层。整个仿真求解运行时间为 13s,占用内存 10.9MB。基模电场矢量图如图 1.4.15 所示。

FDTD 建模的 MMF 结构如图 1.4.14 所示。在网格划分时,选择网格形状为矩形,网格设置为 x、y 方向上分别设置 100 个网格单元,纤芯处进行网格加密,加密成包层网格的 3 倍。边界条件设置为 PML 层。整个仿真求解运行时间为 29s,占用内存 49.3MB。基模电场矢量图如图 1.4.16 所示。

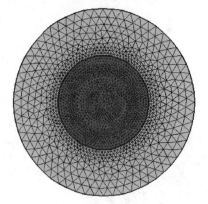

图 1.4.13　利用 FEM 绘制的 MMF

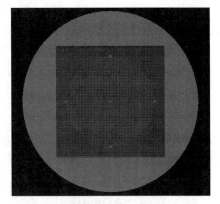

图 1.4.14　利用 FDTD 绘制的 MMF

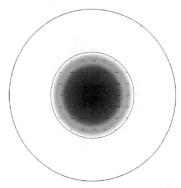

(a) MMF基模电场矢量图

(b) MMF基模光场三维分布图

图 1.4.15　FEM 仿真的 MMF 基模图

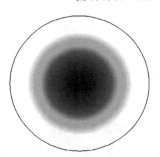

(a) MMF基模电场矢量图

(b) MMF基模电场矢量

图 1.4.16　FDTD 仿真的 MMF 基模图

　　针对 MMF 结构,FEM 和 FDTD 方法均仿真得到了光纤中多个传输模式,既有基模也有高阶模。该模型出现与 SMF 不同的模式,这正好与现实生活中单模光纤和多模光纤的区别相对应。单模光纤由于边界条件的限制,只能传输一个模式,那就是基模;而多模光纤的纤芯直径大于单模光纤,在其中可以传输多个模式。那么,在对比仿真结果时,除了选择基模的参数,还对比了 TE_{01}、HE_{21}、TM_{01}、EH_{11}、HE_{12}、EH_{21} 等高阶模的参数。各高阶模的电场矢量图如图 1.4.17 所示。由图 1.4.17 中各个高阶模电场矢量分布图可以发现,高阶模的光场能量并不是集中在纤芯的,有大部分能量都泄漏到包层中去了,留在纤芯中的能量分布也出现了节点。分别在 FEM 和 FDTD 方法的建模文件中，找到上述基模和高阶模，并记录各个模式下 MMF 的有效折射率实部，并与实际解析精确值进行对比，求出误差，具体对比数据见表 1.4.2。

表 1.4.2　仿真 MMF 各模式有效折射率实部的结果对比

模　　式	精确值	FEM 计算值	FEM 误差	FDTD 计算值	FDTD 误差
HE_{11}	1.468 511 98	1.4685	8.158E-6	1.468 514	1.376E-6
TE_{01}	1.466 279 34	1.4663	1.409E-5	1.466 129	1.025E-4
HE_{21}	1.466 270 71	1.4663	1.998E-5	1.466 420	1.018E-4
TM_{01}	1.466 268 14	1.4663	2.173E-5	1.466 418	1.022E-4
EH_{11}	1.463 432 74	1.4634	2.237E-5	1.463 584	1.034E-4
HE_{12}	1.462 585 82	1.4626	9.695E-6	1.462 288	2.036E-4
EH_{21}	1.460 177 95	1.4587	1.012E-3	1.455 397	3.274E-3

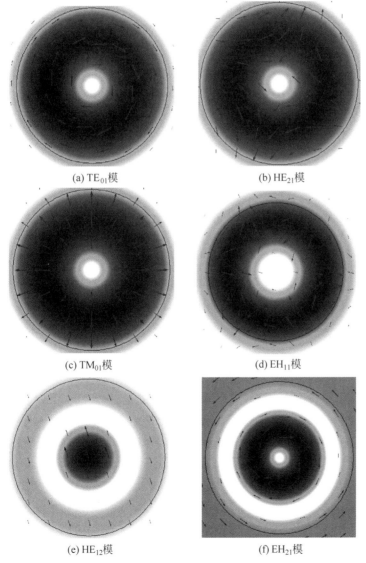

(a) TE_{01}模　　　　　　　　(b) HE_{21}模

(c) TM_{01}模　　　　　　　　(d) EH_{11}模

(e) HE_{12}模　　　　　　　　(f) EH_{21}模

图 1.4.17　MMF 中部分高阶模电场矢量图

从表 1.4.2 中计算的误差来看,FDTD 法计算的基模参数更加精确,但高阶模的误差略大于 FEM 法。而 FEM 法的仿真速度快,占用内存较小。

1.5 偏振光在光纤中的传输

目前讨论偏振光在光纤中的传输时,一般有 4 种方法:①解析法,直接解矢量电磁场解,并考虑到单模光纤的边界条件,此法的优点是严格,缺点是运算繁复;②Jones 矩阵法,此法的基础是矢量电磁场的场解;③Stokes 矢量(Muller 矩阵法),此法适用于非偏振光。目前,已有可通过直接测量 Stokes 4 个参量,再给出被测器件偏振性能的实用仪器或装置;④图示法,是用 Poincaré 球表示偏振光通过光纤时偏振态的变化,此法的优点是形象、直观,缺点是不严格。本节只介绍 Jones 矩阵法和图示法两种方法。

1.5.1 偏振光的矩阵表示法——Jones 矢量法

在各向均匀介质中,光波的电矢量 E 与波矢 K 垂直,如设平面波的法线方向 k 沿 z 轴,则

$$E_z = 0$$

$$E_t = E_x + E_y$$

一般情况下,电矢量的两个分量的位相因子 δ 并不相等,这时有

$$E_x = E_{0x} \exp[\mathrm{i}(\omega t - k_z + \delta_x)]$$

$$E_y = E_{0y} \exp[\mathrm{i}(\omega t - k_z + \delta_y)]$$

且有

$$\frac{E_x}{E_y} = \frac{E_{0x}}{E_{0y} \mathrm{e}^{\mathrm{i}\delta}}$$

式中

$$\delta = \delta_y - \delta_x$$

是两电矢量之间的相位差。由于偏振光的振幅比 (E_{0x}/E_{0y}) 和相位差 δ 值的不同,合成的电矢量 E 将有不同的偏振态。由此可见用两个参量可以完全描述光波的偏振态。Jones 矢量用下面的矩阵来表达光波的偏振态:

$$\begin{pmatrix} E_{0x} \\ E_{0y} \mathrm{e}^{\mathrm{i}\delta} \end{pmatrix} \tag{1.5.1}$$

把上式矩阵除以 $(E_{0x}^2/E_{0y}^2)^{1/2}$ 就得到常用的 Jones 矢量的归一化形式,表 1.5.1 列出了几种常用偏振态的归一化 Jones 矢量。

表 1.5.1 Jones 矢量

偏 振 态	归一化 Jones 矢量	偏 振 态	归一化 Jones 矢量
水平线偏振	$\begin{bmatrix} 1 \\ 0 \end{bmatrix}$	−45°线偏振	$\frac{1}{\sqrt{2}} \begin{bmatrix} 1 \\ -\mathrm{i} \end{bmatrix}$
垂直线偏振	$\begin{bmatrix} 0 \\ 1 \end{bmatrix}$	右旋圆偏振光	$\frac{1}{\sqrt{2}} \begin{bmatrix} 1 \\ -\mathrm{i} \end{bmatrix}$ 或 $\frac{1}{\sqrt{2}} \begin{bmatrix} \mathrm{i} \\ 1 \end{bmatrix}$

续表

偏 振 态	归一化 Jones 矢量	偏 振 态	归一化 Jones 矢量
45°线偏振	$\dfrac{1}{\sqrt{2}}\begin{bmatrix}1\\i\end{bmatrix}$	左旋圆偏振光	$\dfrac{1}{\sqrt{2}}\begin{bmatrix}1\\i\end{bmatrix}$ 或 $\dfrac{1}{\sqrt{2}}\begin{bmatrix}-i\\1\end{bmatrix}$

一种非归一化、但较为简便的 Jones 矢量的形式，是把公共因子提出后得到的。如左、右旋偏振光可分别由 $\begin{bmatrix}1\\i\end{bmatrix}$ 和 $\begin{bmatrix}1\\-i\end{bmatrix}$ 表示。

用 Jones 矢量表示全偏振光的偏振状态，其优点之一是在处理多个相干的偏振光叠加的问题时，只需把它们对应的 Jones 矢量相加。例如两振幅相等的左、右旋圆偏振光叠加，用 Jones 矢量计算可得

$$\begin{bmatrix}1\\i\end{bmatrix}+\begin{bmatrix}1\\-i\end{bmatrix}=2\begin{bmatrix}1\\0\end{bmatrix}$$

此结果表明：合成为 x 方向的线偏振光，其振幅是圆偏振光振幅的两倍。

其优点之二是计算偏振光通过线性光学元件后偏振态的变化，只需把两矩阵相乘即可。

【例 1.5.1】 若已知一光学元件的 Jones 矩阵为 $\begin{bmatrix}A & B\\C & D\end{bmatrix}$，则偏振态为 $\begin{bmatrix}E_x\\E_y\end{bmatrix}$ 的偏振光通过此光学元件后，其偏振态为

$$\begin{bmatrix}E_x\\E_y\end{bmatrix}_1=\begin{bmatrix}A & B\\C & D\end{bmatrix}\begin{bmatrix}E_x\\E_y\end{bmatrix}_0$$

【例 1.5.2】 若此偏振光连续通过 n 个不同的线性光学元件，则其出射光的偏振态为

$$\begin{bmatrix}E_x\\E_y\end{bmatrix}_n=\begin{bmatrix}A_n & B_n\\C_n & D_n\end{bmatrix}\cdots\begin{bmatrix}A_2 & B_2\\C_2 & D_2\end{bmatrix}\begin{bmatrix}A_1 & B_1\\C_1 & D_1\end{bmatrix}\begin{bmatrix}E_x\\E_y\end{bmatrix}_0$$

1.5.2 Jones 矩阵法在光纤中的应用

由 Jones 矢量的性质可知，在光纤中应用 Jones 矩阵法的关键是要知道光纤作为线性光学元件的 Jones 矩阵的表示法，其中有些可直接用已有计算结果（查有关手册和文献），有些则要用矢量电磁场方程求解。下面举例说明。

【例 1.5.3】 求处于磁场中的单模光纤的 Jones 矩阵表达式。设此光纤固有线双折射引起单位长度的相位差为 δ，外加磁场强度为 H，方向是沿光纤轴。

解 分两步进行：先从电磁场方程求旋光物质中的传播常数，再从光纤中场的传输关系求解 Jones 矩阵的表达式。

旋光物质在静磁场作用下产生的极化可等效为极化率张量的改变。通过求解同时存在静磁场和光场作用下束缚电子的运动方程，可得极化率张量与磁场的关系为

$$\chi=\begin{bmatrix}\chi_{11} & -i\chi_{12} & 0\\i\chi_{12} & \chi_{12} & 0\\0 & 0 & \chi_{33}\end{bmatrix} \tag{1.5.2}$$

式中

$$\chi_{12} = \frac{Ne^2}{m\varepsilon_0} \left[\frac{\omega\omega_0}{(\omega_0^2 - \omega^2)^2 - \omega^2\omega_0^2} \right]$$

ω_0 为介质的固有频率；$\omega_c = eB/m$ 为磁场的效应。因为 ω 为光频，所以有 $\omega \gg \omega_0$，$\omega \gg \omega_c$，$\chi_{12} \propto B$。把 χ 的表达式(1.5.2)代入适用于光纤(透明、非磁介质)的波动方程

$$\nabla \times \nabla \times \boldsymbol{E} + \frac{1}{c^2} \frac{\partial^2 \boldsymbol{E}}{\partial t^2} = -\mu_0 \varepsilon_0 [\boldsymbol{\chi}] \frac{\partial^2 \boldsymbol{E}}{\partial t^2} \tag{1.5.3}$$

即可求出传播常数 k 的表达式。

入射于光纤的平面波的表达式为 $E(x,y)\exp[\mathrm{i}(\omega t - kz)]$，代入波动方程式(1.5.3)可得

$$k^2 [E_{xx} + E_{yy}] \frac{\omega^2}{c^2} \boldsymbol{E} = \frac{\omega^2}{c^2} [\boldsymbol{\chi}] \boldsymbol{E} \tag{1.5.4}$$

在直角坐标系中，可得

$$\left[k^2 - \frac{\omega^2}{c^2}(1 + \chi_{11}) \right] E_x + \mathrm{i}\chi_{12} \frac{\omega^2}{c^2} E_y = 0 \tag{1.5.5a}$$

$$-\mathrm{i}\chi_{12} \frac{\omega^2}{c^2} E_x + \left[k^2 - \frac{\omega^2}{c^2}(1 + \chi_{22}) \right] E_y = 0 \tag{1.5.5b}$$

$$\frac{\omega^2}{c^2} E_z = \frac{\omega^2}{c^2} \chi_{33} E_z \tag{1.5.5c}$$

显然，$E_z = 0$，而 E_x、E_y 若要有非零解，则应有

$$\begin{vmatrix} k^2 - \dfrac{\omega^2}{c^2}(1 + \chi_{11}) & \mathrm{i}\chi_{12} \dfrac{\omega^2}{c^2} \\ -\mathrm{i}\chi_{12} \dfrac{\omega^2}{c^2} & k^2 - \dfrac{\omega^2}{c^2}(1 + \chi_{22}) \end{vmatrix} = 0$$

由此可得

$$k^2 = \frac{1}{2}\omega_0\mu_0 \left\{ (\varepsilon_{11} + \varepsilon_{22}) \pm \left[(\varepsilon_{22} - \varepsilon_{11})^2 + 4\gamma^2 \right]^{\frac{1}{2}} \right\} \tag{1.5.6}$$

式中

$$\gamma = \varepsilon_0 \chi_{12}$$

$$\varepsilon_{11} = \varepsilon_0(1 + \chi_{11}), \quad \varepsilon_{22} = \varepsilon_0(1 + \chi_{22})$$

把式(1.5.6)的 k 的两个解代入式(1.5.5a)和式(1.5.5b)可得 E_x、E_y 的表达式，它相应于左旋和右旋椭圆偏振光，其表达式为

$$\frac{E_y''}{E_x''} = -\mathrm{i} \frac{1}{\alpha} k_-，左旋椭圆偏振光 \tag{1.5.7}$$

$$\frac{E_y'}{E_x'} = \mathrm{i}\alpha k_+，右旋椭圆偏振光 \tag{1.5.8}$$

式中

$$\alpha = \frac{2\gamma}{(\varepsilon_{11} - \varepsilon_{22}) - \left[(\varepsilon_{11} - \varepsilon_{22})^2 + 4\gamma^2 \right]^{\frac{1}{2}}}$$

$$= -\frac{(\varepsilon_{11} - \varepsilon_{22}) + \left[(\varepsilon_{11} - \varepsilon_{22})^2 + 4\gamma^2\right]^{\frac{1}{2}}}{2\gamma} \tag{1.5.9}$$

对于没有线双折射的介质,有 $\varepsilon_{11} = \varepsilon_{12}$,这时相应的传播常数为

$$k_+ = \frac{\omega}{c}\sqrt{1 + \chi_{11} + \chi_{12}}$$

$$k_- = \frac{\omega}{c}\sqrt{1 + \chi_{11} - \chi_{12}}$$

通过长为 l 的介质后,电矢量的旋转角为

$$\theta = \frac{k_+ - k_-}{2}l \approx \frac{1}{2}\frac{\omega}{c}\frac{\chi_{12}}{\sqrt{1 + \chi_{11}}}l \tag{1.5.10}$$

由此可进一步求出 Jones 矩阵的表达式。

设在光纤的入射端面处,$z = 0$,入射光的电矢量为

$$\boldsymbol{E} = E_{x_0}\boldsymbol{i} + E_{y_0}\boldsymbol{j} \tag{1.5.11}$$

入射光被分成左旋和右旋圆偏振光,即入射光按光纤中传导的本征模展开

$$E_{x_0} = E'_{x_0} + E''_{x_0}$$

$$E_{y_0} = E'_{y_0} + E''_{y_0}$$

式中,E'_{x_0},E'_{y_0} 和 E''_{x_0},E''_{y_0} 分别相应于右旋和左旋圆偏振光,并满足式(1.5.7)和式(1.5.8),由此可得

$$E'_{x_0} = \frac{\mathrm{i}\dfrac{E_{x_0}}{\alpha} + E_{y_0}}{\mathrm{i}\left(\alpha + \dfrac{1}{\alpha}\right)}, \quad E'_{y_0} = \frac{-E_{x_0} + \mathrm{i}\alpha E_{y_0}}{\mathrm{i}\left(\alpha + \dfrac{1}{\alpha}\right)}$$

$$E''_{x_0} = \frac{\mathrm{i}\alpha E_{x_0} - E_{y_0}}{\mathrm{i}\left(\alpha + \dfrac{1}{\alpha}\right)}, \quad E''_{y_0} = \frac{E_{x_0} + \mathrm{i}\dfrac{E_{y_0}}{\alpha}}{\mathrm{i}\left(\alpha + \dfrac{1}{\alpha}\right)}$$

通过长为 l 的光纤后,电矢量的表达式为

$$\begin{aligned}
E_{yl} &= (E'_{y_0}\mathrm{e}^{-\mathrm{i}k_+ l} + E''_{y_0}\mathrm{e}^{-\mathrm{i}k_- l})\,\mathrm{e}^{\mathrm{i}\omega t} \\
&= \left[(-E_{x0} + \mathrm{i}\alpha E_{y0})\,\mathrm{e}^{-\mathrm{i}k_+ l} + \left(E_{x0} + \mathrm{i}\frac{E_{y0}}{\alpha}\mathrm{e}^{-\mathrm{i}k_- l}\right)\right]\frac{\mathrm{e}^{\mathrm{i}\omega t}}{\mathrm{i}\left(\alpha + \dfrac{1}{\alpha}\right)} \\
&= \mathrm{e}^{\mathrm{i}\omega t}\mathrm{e}^{-\mathrm{i}\frac{1}{2}\varphi}\left[BE_{x_0} + A^*E_{y_0}\right]
\end{aligned} \tag{1.5.12}$$

同理可得

$$E_{xl} = \mathrm{e}^{\mathrm{i}\omega t}\mathrm{e}^{-\mathrm{i}\frac{1}{2}\varphi}\left[AE_{x0} + BE_{y0}\right] \tag{1.5.13}$$

式中

$$A = \cos(\varphi/2) + \mathrm{i}\cos\chi\sin(\varphi/2) \tag{1.5.14}$$

$$B = \sin\chi\sin(\varphi/2) \tag{1.5.15}$$

$$\varphi = \left[\delta^2 + (2\theta)^2\right]^{\frac{1}{2}} = (k_+ - k_-)l \tag{1.5.16}$$

$$\delta = \omega \sqrt{\mu_0}(\sqrt{\varepsilon_{22}} - \sqrt{\varepsilon_{11}})l \tag{1.5.17}$$

$$\begin{cases} \cos\chi = \dfrac{1-\alpha^2}{1+\alpha^2} \approx \dfrac{\delta}{\varphi} \\[3mm] \sin\chi = \dfrac{2\alpha}{1+\alpha^2} \approx \dfrac{2\theta}{\varphi} \end{cases} \tag{1.5.18}$$

由式(1.5.12)和式(1.5.13)可得此时长为 l 的光纤的 Jones 矩阵为

$$\begin{bmatrix} A & B \\ B & A^* \end{bmatrix}$$

光波通过长为 l 的光纤后的 Jones 矩阵为

$$\begin{bmatrix} E_x \\ E_y \end{bmatrix}_l = \begin{bmatrix} A & B \\ B & A^* \end{bmatrix} \begin{bmatrix} E_x \\ E_y \end{bmatrix}_0 \tag{1.5.19}$$

【例 1.5.4】 求光纤 Jones 矩阵的表达式,设此光纤相继三段的线双折射不同,分别为 δ_1、δ_2 和 δ_3,并且在中间一段上沿光纤轴方向加有外磁场 **H**,如图 1.5.1 所示。输出光通过 Wollaston 棱镜进行检测。

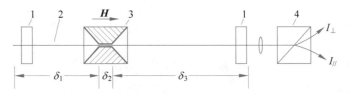

图 1.5.1　处于磁场中的高双折射光纤

1—光纤固定支架；2—待测光纤；3—电磁铁；4—Wollaston 棱镜

解　在忽略光纤中的光损耗时,光纤系统的传输矩阵可由下述矩阵乘积表示(注意,它和光纤中双折射分布无关):

$$\mathbf{M} = \begin{bmatrix} \cos\alpha & -\sin\alpha \\ \sin\alpha & \cos\alpha \end{bmatrix} \begin{bmatrix} \mathrm{e}^{\mathrm{i}\tau} & 0 \\ 0 & \mathrm{e}^{-\mathrm{i}\tau} \end{bmatrix} \begin{bmatrix} \cos\gamma & -\sin\gamma \\ \sin\gamma & \cos\gamma \end{bmatrix} \tag{1.5.20}$$

上式的物理意义是:一段非均匀双折射材料的传输特性总可由一个位相片加一个旋光片来表示,γ 是位相片相应于 x 轴的角度,2τ 是位相片的相移,α 是旋光片的旋转角。

把 **M** 写成 $\begin{bmatrix} A & B \\ C & D \end{bmatrix}$ 的形式,则有

$$\begin{cases} A = \cos\tau\cos(\alpha + \gamma) + \mathrm{i}\sin\tau\cos(\alpha - \gamma) \\ B = \cos\tau\sin(\alpha + \gamma) + \mathrm{i}\sin\tau\sin(\alpha - \gamma) \\ C = -B^* \\ D = A^* \end{cases} \tag{1.5.21}$$

把上述结果和式(1.5.14)和式(1.5.15)对比可见,均匀双折射和非均匀双折射材料的矩阵元的区别仅取决于 B 是实数还是虚数。当光纤双折射均匀且轴与 x 轴或 y 轴平行时,两种表达式描述同一状态。若 B 为实数,则有

$$\alpha = \gamma$$

这时

$$A = \cos\tau\cos2\alpha + i\sin\tau \tag{1.5.22}$$

$$B = \cos\tau\cos2\alpha \tag{1.5.23}$$

容易证明,式(1.5.22),式(1.5.23)分别和式(1.5.14),式(1.5.15)等价,即有

$$\begin{cases} \cos\tau\cos2\alpha = \cos(\varphi/2) \\ \sin\tau = \sin(\varphi/2)\cos\chi \\ \cos\tau\sin2\alpha = \sin(\varphi/2)\sin\chi \end{cases} \tag{1.5.24}$$

对于如图 1.5.1 所示光纤系统可得

$$
\begin{bmatrix} E_{/\!/} \\ E_{\perp} \end{bmatrix}_{\text{out}} = \begin{bmatrix} \cos45° & \sin45° \\ -\sin45° & \cos45° \end{bmatrix} \begin{bmatrix} \cos\beta & -\sin\beta \\ \sin\beta & \cos\beta \end{bmatrix} \begin{bmatrix} \cos(-\gamma_3) & -\sin(-\gamma_3) \\ \sin(-\gamma_3) & \cos(-\gamma_3) \end{bmatrix} \times
$$

$$
\begin{bmatrix} e^{i\tau_3} & 0 \\ 0 & e^{-i\tau_3} \end{bmatrix} \begin{bmatrix} \cos\gamma_3 & -\sin\gamma_3 \\ \sin\gamma_3 & \cos\gamma_3 \end{bmatrix} \begin{bmatrix} \cos(-\gamma_2) & -\sin(-\gamma_2) \\ \sin(-\gamma_2) & \cos(-\gamma_2) \end{bmatrix} \times
$$

$$
\begin{bmatrix} \cos\alpha_2 & -\sin\alpha_2 \\ \sin\alpha_2 & \cos\alpha_2 \end{bmatrix} \begin{bmatrix} e^{i\tau_2} & 0 \\ 0 & e^{i\tau_2} \end{bmatrix} \begin{bmatrix} \cos\alpha_2 & -\sin\alpha_2 \\ \sin\alpha_2 & \cos\alpha_2 \end{bmatrix} \times
$$

$$
\begin{bmatrix} \cos\gamma_2 & -\sin\gamma_2 \\ \sin\gamma_2 & \cos\gamma_2 \end{bmatrix} \begin{bmatrix} \cos(-\gamma_1) & -\sin(-\gamma_1) \\ \sin(-\gamma_1) & \cos(-\gamma_1) \end{bmatrix} \begin{bmatrix} e^{-i\tau_1} & 0 \\ 0 & e^{i\tau_1} \end{bmatrix} \times
$$

$$
\begin{bmatrix} \cos\gamma_1 & -\sin\gamma_1 \\ \sin\gamma_1 & \cos\gamma_1 \end{bmatrix} \begin{bmatrix} E_x \\ E_y \end{bmatrix}_{\text{in}} \tag{1.5.25}
$$

式中,$\gamma_i (i=1,2,3)$ 分别是该段光纤双折射轴相对于 x 轴的夹角(自 x 轴计起,顺时针为正),β 是 Wollaston 棱镜主轴相对于 x 轴夹角不为 $45°$ 时的偏差角。

定义

$$
I = [\beta][-\gamma_3][\tau_3][\gamma_3][-\gamma_2][\alpha_2][\tau_2][\alpha_2][\gamma_2][-\gamma_1][\tau_1][\gamma_1] = \begin{bmatrix} A_I & B_I \\ -B_I^* & A_I^* \end{bmatrix} \tag{1.5.26}
$$

为待求的光纤系统的传输矩阵,其中每个单元矩阵用该矩阵的参变量表征。

经过一定的运算后,可得如下结果

$$
\begin{aligned}
A_I = {} & \cos(\beta-\gamma_3)\cos\gamma_1\cos(2\alpha_2+\gamma_3-\gamma_1)e^{i(\tau_3+\tau_2+\tau_1)} - \\
& \cos(\beta-\gamma_3)\sin\gamma_1\sin(2\alpha_2+\gamma_3-\gamma_1)e^{i(\tau_3+\tau_2-\tau_1)} - \\
& \sin(\beta-\gamma_3)\cos\gamma_1\sin(2\alpha_2+\gamma_3-\gamma_1)e^{-i(\tau_3-\tau_2-\tau_1)} - \\
& \sin(\beta-\gamma_3)\cos\gamma_1\cos(2\alpha_2+\gamma_3-\gamma_1)e^{-i(\tau_3-\tau_2+\tau_1)}
\end{aligned} \tag{1.5.27}
$$

$$
\begin{aligned}
B_I = {} & -\cos(\beta-\gamma_3)\sin\gamma_1\cos(2\alpha_2+\gamma_3-\gamma_1)e^{i(\tau_3+\tau_2+\tau_1)} - \\
& \cos(\beta-\gamma_3)\cos\gamma_1\sin(2\alpha_2+\gamma_3-\gamma_1)e^{i(\tau_3+\tau_2-\tau_1)} + \\
& \sin(\beta-\gamma_3)\sin\gamma_1\sin(2\alpha_2+\gamma_3-\gamma_1)e^{-i(\tau_3-\tau_2-\tau_1)} -
\end{aligned}
$$

$$\sin(\beta - \gamma_3)\cos\gamma_1\cos(2\alpha_2 + \gamma_3 - \gamma_1)e^{-i(\tau_3 - \tau_2 + \tau_1)} \tag{1.5.28}$$

当输入光偏振方向平行于 x 轴时,由式(1.5.25)可得

$$\begin{bmatrix} E_\parallel \\ E_\perp \end{bmatrix}_{out} = \frac{1}{\sqrt{2}}\begin{bmatrix} 1 & 1 \\ -1 & 1 \end{bmatrix}\begin{bmatrix} A_I & B_I \\ -B_I^* & A_I \end{bmatrix}\begin{bmatrix} 1 \\ 0 \end{bmatrix} = \frac{1}{\sqrt{2}}\begin{bmatrix} A_I & -B_I^* \\ -A_I & -B_I^* \end{bmatrix} \tag{1.5.29}$$

所以 $D_\parallel, D_\perp$ 探测到的光强分别为

$$I_\parallel = E_\parallel E_\parallel^* = (A_I - B_I^*)(A_I^* - B_I)/2 = (A_I A_I^* + B_I B_I^* - A_I B_I - A_I^* B_I^*)/2$$

$$I_\perp = E_\perp E_\perp^* = (A_I + B_I^*)(A_I^* + B_I)/2 = (A_I A_I^* + B_I B_I^* + A_I B_I + A_I^* B_I^*)/2$$

所以

$$I_\parallel + I_\perp = A_I A_I^* + B_I B_I^*$$

$$I_\parallel - I_\perp = -(A_I B_I + A_I^* B_I^*) = -2\mathrm{Re}(A_I B_I)$$

又对于无损光纤系统,矩阵对应的行列式值为1,即

$$I_\parallel + I_\perp = A_I A_I^* + B_I B_I^* = 1$$

故输出信号应具有形式

$$T = \frac{I_\parallel - I_\perp}{I_\parallel + I_\perp} = -2\mathrm{Re}(A_I B_I) \tag{1.5.30}$$

经过一定的运算,最后得

$$\begin{aligned}
T = -&\big[\sin2(\beta - \varepsilon_3)\sin2\varepsilon_1\cos2\tau_2\cos2\tau_1 - \\
&\cos2(\beta - \varepsilon_3)\cos2\varepsilon_1\cos2\tau_3\cos2\tau_2 + \\
&\cos2\varepsilon_1\sin2\tau_3\sin2\tau_2\big]\sin(2\alpha_2 + \varepsilon_3 - \varepsilon_1) + \\
&\big[\sin2(\beta - \varepsilon_3)\cos2\varepsilon_1\cos2\tau_2 - \\
&\cos2(\beta - \varepsilon_3)\sin2\varepsilon_1\cos2\tau_3\cos2\tau_2\cos2\tau_1 - \\
&\sin2\varepsilon_1\sin2\tau_3\sin2\tau_2\cos2\tau_1\big]\cos2(2\alpha_2 + \varepsilon_3 - \varepsilon_1) - \\
&\big[\cos2(\beta - \varepsilon_3)\sin2\tau_3\cos2\tau_2 + \cos2\tau_3\sin2\tau_2\big]\sin2\varepsilon_1(\sin2\tau_1)
\end{aligned} \tag{1.5.31}$$

上式是最细致地反映光纤双折射对输出信号影响的表达式。

1.5.3　单模光纤在外力作用下引起双折射效应的 Jones 矩阵

一般而言,单模光纤上外力作用是不均匀的。这时可把光纤看成是由一系列子偏振系统组成,每个子系统均由一线偏振器和一旋光片构成。光纤上总的双折射效应可用 Jones 矩阵计算:

$$T = R_N T_N R_{N-1} T_{N-1} \cdots R_2 T_2 R_1 T_1 \tag{1.5.32}$$

式中,T_i 为 Δl_i 段光纤上引起的线双折射所对应的相位延迟的矩阵;R_i 为 Δl_i 段光纤上引起的圆双折射所对应的旋光元件的矩阵。其具体表达式如下:

$$T_i = e^{-i\delta_{il}}\begin{bmatrix} 1 & 0 \\ 0 & e^{-i\delta_i} \end{bmatrix} \tag{1.5.33}$$

$$R_i = e^{-i2\pi n\Delta l_i}\left(\frac{1}{\lambda}\right)\begin{bmatrix} \cos\left(\frac{1}{2}\alpha_i\Delta l_i\right) & \sin\left(\frac{1}{2}\alpha_i\Delta l_i\right) \\ \sin\left(\frac{1}{2}\alpha_i\Delta l_i\right) & \cos\left(\frac{1}{2}\alpha_i\Delta l_i\right) \end{bmatrix} \tag{1.5.34}$$

式中，$\delta_{il}=2\pi n_e \Delta l_i/\lambda$ 为沿 x 轴方向振动的偏振光的相位延迟；$\delta_i=2\pi n_e \Delta l_i(n_{oi}-n_{ei})/\lambda$ 为 x，y 两方向上偏振光的相位差；$\alpha_i=f(n_{ei},n_{oi})$ 为 Δl_i 光纤上单位长度的旋光角；n_{oi}、n_{ei} 为外力引起的折射率差。由此可写出不同情况下的 Jones 矩阵，下面举例说明。

1. 光纤受侧压力

1）各向均匀受压

这时 $\delta_i=0$，$\alpha_i=0$，$\Delta\beta=0$，所以

$$\boldsymbol{T}=\mathrm{e}^{-\mathrm{i}2\pi nl/\lambda}\begin{bmatrix}1 & 0\\ 0 & 1\end{bmatrix} \tag{1.5.35}$$

2）单方向受侧压力

这时 $\Delta\beta=8BF/(\lambda A)$，$F$ 为单位长光纤上的力，单位：N；A 为光纤外径；$B=(n^3/4E)(1+\nu)(p_{12}-p_{21})$。

$$\boldsymbol{T}=\mathrm{e}^{-\mathrm{i}2\pi n_x l/\lambda}\begin{bmatrix}1 & 0\\ 0 & \mathrm{e}^{-\mathrm{i}8BFl/(\lambda A)}\end{bmatrix} \tag{1.5.36}$$

3）3 个对称方向受压

这时

$$\Delta\beta=\frac{h}{2}\left(1-\frac{\cos 2\gamma}{\sin\gamma}\right)F$$

$$h=\frac{2kn^3}{\pi bE}(1+\nu)(p_{11}-p_{12})$$

$$\boldsymbol{T}=\mathrm{e}^{-\mathrm{i}2\pi n/l\lambda}\begin{bmatrix}1 & 0\\ 0 & \exp\left[-\mathrm{i}\dfrac{h}{2}\left(\dfrac{1-\cos 2\gamma}{\sin\gamma}\right)F\right]\end{bmatrix} \tag{1.5.37}$$

2. 弯曲

1）纯弯曲

这时 $\Delta\delta=\delta_y-\delta_x=A^2C/(R^2)$，所以

$$\boldsymbol{T}=\mathrm{e}^{-\mathrm{i}2\pi nl/\lambda}\begin{bmatrix}1 & 0\\ 0 & \exp[-\mathrm{i}CA^2/R^2]\end{bmatrix} \tag{1.5.38}$$

2）有张力的弯曲

$$\delta_i=-\frac{CA^2}{R^2}-\frac{DA}{R}$$

式中，C、D 为常数。

$$\boldsymbol{T}=\mathrm{e}^{-\mathrm{i}2\pi nl/\lambda}\begin{bmatrix}1 & 0\\ 0 & \exp[-\mathrm{i}\delta_i]\end{bmatrix} \tag{1.5.39}$$

3）扭转

这时

$$\alpha_i=g2\pi N$$

式中，N 为光纤单位长度扭转圈数，$g=-n_0^2 P_{44}$。

$$\boldsymbol{T}=\mathrm{e}^{-\mathrm{i}2\pi nl/\lambda}\begin{bmatrix}\cos(g2\pi N/2) & \sin(g2\pi N/2)\\ -\sin(g2\pi N/2) & \cos(g2\pi N/2)\end{bmatrix} \tag{1.5.40}$$

4）拉伸（不存在双折射）

这时 $\delta_z = F/A$，$\delta_x = \delta_y = 0$，A 为光纤截面积。

$$T = \mathrm{e}^{-\mathrm{i}2\pi nl/\lambda} \begin{bmatrix} 1 & 0 \\ 0 & 1 \end{bmatrix}$$

(1.5.41)

1.5.4　Poincaré 球图示法

1. 偏振光的 Poincaré 球图示法

Poincaré 球是表示任一偏振态的图示法，是 1892 年由 Henri Poincaré 提出的。这种方法用于讨论各向异性介质对于光波的偏振态的影响很有用，是一种很形象地表示偏振态连续变化的方法。其基本思路是：任一椭圆偏振光由两个方位角即可完全确定其偏振态，而用这两个方位角构成球面坐标，就可由球上一个点来代表一个偏振状态，球上全部点的组合则代表了所有可能的偏振态。具体表示方法叙述如下。

任一椭圆偏振光由两个方位角完全决定其偏振态，如图 1.5.2 所示：一个是半长轴 a 与坐标轴 x 的夹角 ψ；另一个是半长轴 a 与半短轴 b 之比的正切 χ，即 $\tan\chi = b/a$。显见，也可用另一对方位角来表示此椭圆偏振光的偏振态：一个是电矢量在两坐标轴上投影之比的正切 α，即 $\tan\alpha = E_{oy}/E_{ox}$；另一个是两电矢量分量之间的相位差 δ。Poincaré 球是一个半径为 1（对应于场振幅归一化）的球面，上述方位角和 Poincaré 球上坐标的关系如图 1.5.3 所示：ψ（椭圆半长轴和 x 轴夹角）为球上的经度；χ（椭圆长、短轴之比）为球上的纬度；球的上半部分各点代表左旋椭圆偏振光（b,a 同号），下半部分各点代表右旋椭圆偏振光；赤道上各点代表取向不同的线偏振光（$\chi = 0$），其中 o 点为沿 x 方向振动的线偏振光，o' 点为沿 y 方向偏振的线偏振光；两个极点代表圆偏振光（$2\chi = 90°$），北极点为左旋圆偏振光，南极点为右旋圆偏振光。任一直径与球面的两交点的 ψ 角差 $\pi/2$，而 χ 变号，说明这两点正好对应于一对正交的偏振态。

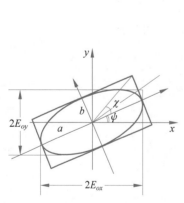

图 1.5.2　椭圆偏振光各参量之间关系

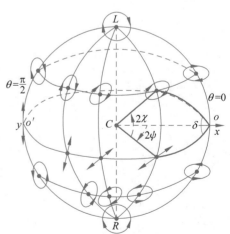

图 1.5.3　Poincaré 球示意图

由椭圆偏振光的基本方程或 Poincaré 球上球面三角的关系，不难证明椭圆偏振光的两对参量满足下面的变换关系：

正变换

$$\sin\chi = (\sin2\alpha)\sin\delta \qquad (1.5.42)$$

$$\tan2\psi = (\tan2\alpha)\cos\delta \qquad (1.5.43)$$

逆变换

$$\cos2\alpha = (\cos2\chi)\cos2\psi \qquad (1.5.44)$$

$$\tan\delta = \tan2\chi / \sin2\psi \qquad (1.5.45)$$

下面是几个典型例，以说明 Poincaré 球在分析偏振光传输时的用途。

【例 1.5.5】 用 Poincaré 球分析椭圆偏振光通过一旋光片后，其出射光的偏振态随旋光片厚度的变化关系。

解 偏振光通过旋光介质时，χ（$\tan\chi = b/a$）不变，只是 ψ 变（相应于介质厚度变化）。因此表征出射光偏振态的 M 点在 Poincaré 球上沿等纬度线移动，如图 1.5.4 上的 RMQ 圆。这时 α（$\tan\alpha = B/A$），δ 都会变，只是椭圆形状不变。

【例 1.5.6】 用 Poincaré 球分析椭圆偏振光通过一块双折射平板后，其出射光的偏振态随双折射平板厚度的变化关系。

解 设双折射平板的快轴方向与坐标 x 轴正方向重合，如图 1.5.5 所示，椭圆光经平板后，其振幅比 $\tan\alpha = B/A$ 保持不变，其余 3 个参量：δ（通过平板后的相位差），ψ（方位角），χ（椭偏率）都将随平板的厚度变。这时，Poincaré 球上表征出射光偏振态的坐标 M 点将沿图 1.5.6 上的小圆 NS 移动。

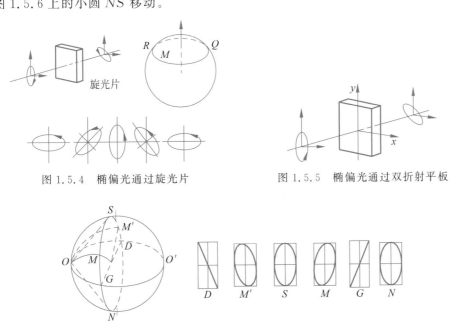

图 1.5.4 椭偏光通过旋光片　　　　图 1.5.5 椭偏光通过双折射平板

图 1.5.6 椭偏光通过双折射平板后 Poincaré 球上的示意图

【例 1.5.7】 用 Poincaré 球分析线偏振光通过一块双折射平板后，其出射光的偏振态随入射光振动方向的变化关系。

解 由于双折射平板厚度固定不变，因此线偏振光通过它以后的位相差 δ 保持不变，其余几个参量都要随入射光振动方向而变。这时，在 Poincaré 球上表征出射光偏振态的 M 点，将在一个和赤道交角为 δ 的大圆上移动，如图 1.5.7 所示。

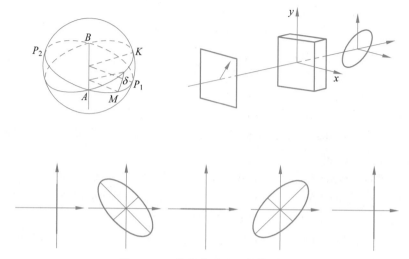

图 1.5.7　线偏光通过双折射平板

2. 双折射引起的偏振态演化在 Poincaré 球上的表示

利用 Poincaré 球可以方便地把任一偏振态分解成一对正交偏振态的叠加。从 Poincaré 球上可方便地求出此正交偏振态所具有的振幅比和位相差。至于分解为何种正交偏振态（线偏振态、圆偏振态或椭圆偏振态）则按实际需要而定。下面给出具体分解的方法。

1）任意椭圆偏振态分解为正交线偏振态的叠加

图 1.5.8 给出这种分解：把任一椭圆偏振态 P 分解为水平线偏振态 H 和垂直线偏振态 V。具体做法是：在图中作一个过 P、H、V 三点的大圆 C，P 在大圆直径 HOV 上的投影点 P_1 把直径分成两部分：P_1H 和 P_1V。由于

$$\frac{P_1H}{P_1V} = \frac{1-\cos(2\alpha)}{1+\cos(2\alpha)} = \tan^2\alpha$$

而

$$\frac{\cos\left(\frac{1}{2}\widehat{PV}\right)}{\cos\left(\frac{1}{2}\widehat{PH}\right)} = \frac{\cos\left[\frac{1}{2}(\pi-2\alpha)\right]}{\cos\left(\frac{1}{2}2\alpha\right)} = \tan\alpha$$

所以

$$\frac{E_y}{E_x} = \tan\alpha = \frac{\cos\left(\frac{1}{2}\widehat{PV}\right)}{\cos\left(\frac{1}{2}\widehat{PH}\right)} = \left(\frac{P_1H}{P_1V}\right)^{\frac{1}{2}} \tag{1.5.46}$$

因此，P_1 点所分成的两部分 P_1H 和 P_1V 之比的平方根就是两正交线偏振分量。

再过 P 点作一个垂直于 HOV 的平面，它与 Poincaré 球相交于 D 圆，设 D 圆与"赤道"相交于 B，F 两点，则可得两正交线偏振态之间的相位差为 $\delta = \widehat{BP}$。δ 是以零纬度线为起点。显然，C 圆上各点 δ 相同，但有不同的 α。而 D 圆上各点有相同的 α 或 E_y/E_x，但其偏振态将随 δ 而异（见图 1.5.8）。

2）任意椭圆偏振态分解为正交圆偏振态的叠加

图 1.5.9 中给出这种分解：过 P（任一椭圆偏振态）点作一垂直于直径 LOR 的截面。P_1 点是 P 在 LOR 上的投影。这时两正交圆偏振态的振幅比为

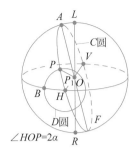

图 1.5.8 任意椭圆偏振态分解为正交线偏振态的叠加

$$\frac{E_L}{E_R} = \left(\frac{P_1 R}{P_1 L}\right) \qquad (1.5.47)$$

而左旋圆偏振态领先右旋圆偏振态的相位差为 $\delta = \widehat{FP}$，F 点是上述截面与零经度线的交点，H 是 δ 的起始点。

3）任意椭圆偏振态分解为正交椭圆偏振态的叠加

图 1.5.10 中给出了这种分解：过球心 O 作一直径交 Poincaré 球表面于 A、B 两点，A、B 即代表两正交椭圆偏振态。显然，A 代表左旋椭圆偏振态，B 代表右旋椭圆偏振态，两者振幅之比为

$$\frac{E_L}{E_R} = \left(\frac{P_1 B}{P_1 A}\right)^{\frac{1}{2}} \qquad (1.5.48)$$

式中，P_1 是 P 点在直径 AOB 上的投影。

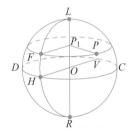

图 1.5.9　椭圆偏振态分解为正交圆偏振态的叠加

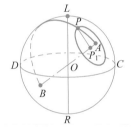

图 1.5.10　椭圆偏振态分解为正交椭圆偏振态的叠加

3. 光纤中偏振态的演化及其在 Poincaré 球上的表示

1）正交偏振分量轴的选取和双折射矢量

对于线双折射光纤，是在 Poincaré 球的赤道平面上选一直径，使其两端点的经度角正好相应于光纤快慢轴方位角的两倍；对圆双折射光纤则选通过 Poincaré 球上南北极的直径；至于椭圆双折射光纤则应在 Poincaré 球上选一直径，使其在球上的两端点正好对应于实际的一对正交椭圆偏振态。由此可定义相应的双折射矢量：其模等于光纤中这种正交双折射的位相差，方向则是沿该种正交偏振分量轴并指向快轴或左旋（圆或椭圆）偏振态，即

线双折射矢量：

$$\boldsymbol{\beta} = \Delta\beta_{\mathrm{L}} \boldsymbol{\beta}_0 \qquad (1.5.49a)$$

圆双折射矢量：

$$\boldsymbol{\alpha} = \Delta\beta_{\mathrm{c}} \boldsymbol{\alpha}_0 \qquad (1.5.49b)$$

椭圆双折射矢量：

$$\boldsymbol{\Omega} = \Delta\beta_{\mathrm{e}} \boldsymbol{\Omega}_0 \qquad (1.5.49c)$$

式中，$\Delta\beta_{\mathrm{L}}$、$\Delta\beta_{\mathrm{c}}$、$\Delta\beta_{\mathrm{e}}$ 分别为单模光纤的线双折射、圆双折射和椭圆双折射的位相差常数；$\boldsymbol{\beta}_0$、$\boldsymbol{\alpha}_0$ 和 $\boldsymbol{\Omega}_0$ 是相应的单位矢量，其方向是沿光纤中正交偏振分量轴的快轴或左旋偏

振态。

双折射矢量可以叠加。例如,一个同时具有线双折射矢量$\boldsymbol{\beta}$和圆双折射矢量$\boldsymbol{\alpha}$的单模光纤将具有椭圆双折射光纤的特性,其椭圆双折射矢量为

$$\boldsymbol{\Omega} = \boldsymbol{\alpha} + \boldsymbol{\beta}$$

如图 1.5.11 所示。

2) 光纤中偏振态的演化

已知 Poincaré 球上光纤的双折射矢量后,对输入光纤的任一偏振态 P_1,可立即从 Poincaré 球上求出从长为 L 的光纤输出的偏振态 P_2。方法如下:在 Poincaré 球上确定双折射矢量和点 P_1,点 P_1 绕双折射矢量按右手螺旋规则旋转 $|\boldsymbol{\beta}|l$(或 $|\boldsymbol{\alpha}|l$),或 $|\boldsymbol{\Omega}|l$ 角,终点就是输出偏振态 P_2。

【例 1.5.8】 具有线双折射的光纤。

光纤由于纤芯变形,或有外加横向场时,将在光纤中产生纯线双折射。当长为 l 的光纤,其线双折射为 β 时,对于输入为 P 的偏振光,从光纤输出光的偏振态为 P'。P' 是 P 按右手螺旋规则旋转 $|\boldsymbol{\beta}|l$ 角后的坐标,如图 1.5.12 所示。

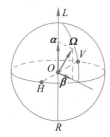

图 1.5.11 双折射矢量在 Poincaré 球上的表示

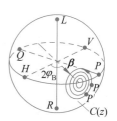

图 1.5.12 光纤中线双折射的演化

【例 1.5.9】 具有纯圆双折射的光纤。

对于单纯的扭光纤(twisted fiber),由应力引起的旋光性正比于扭曲,即

$$\alpha = g\tau = g2\pi N$$

式中,$g = -n_0^2 P_{44}$。如图 1.5.13 所示,偏振态为 P 的光输入长为 L 的这种光纤后,其输出偏振态为 P',P' 是 P 在 Poincaré 球上按右手螺旋规则旋转 $|\alpha|l$ 角后的坐标。

3) 耦合引起的偏振态演化及其在 Poincaré 球上的表示

实际的单模光纤中,总存在有几何尺寸和折射率的微小不均匀、应力等微小扰动,它们沿光纤长度的分布往往是随机的。在一个没有双折射的光纤中,周期性耦合会使两个传播常数相等的正交偏振态之间沿光纤轴发生周期性的能量转换,但总能量仍保持不变(忽略光纤中的衰减)。这种振幅的周期性变化也会引起偏振态变化,但它和光纤中双折射引起的偏振态变化不同。

在 Poincaré 球上也可清楚地描述耦合引起的偏振态的变化。例如正交线偏振态,由于耦合过程只是振幅周期性变化,而相位差 δ 不变,因此其演化应是在图 1.5.14 中的大圆 C 上进行。为此,可定义一个耦合矢量:

$$\boldsymbol{C} = \frac{2\pi}{L_C}\hat{\boldsymbol{C}}_0 \tag{1.5.50}$$

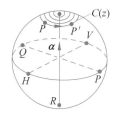

图 1.5.13 光纤中圆双折射的演化

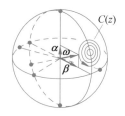

图 1.5.14 光纤中任意双折射的演化

式中，L_C 是振幅变化周期，L_C 越短耦合越强；C_0 为大圆 C 的法向单位矢量，一般情况下它与输入偏振态有关。$\hat{\boldsymbol{\alpha}}_0$、$\hat{\boldsymbol{\beta}}_0$、$\hat{\boldsymbol{\Omega}}_0$ 与输入偏振态无关，偏振态的演化方向和 $\hat{\boldsymbol{C}}_0$ 规定为右手螺旋的关系。

对于单模光纤，在一般情况下，可定义如下的偏振效应矢量：

$$\boldsymbol{A} = \boldsymbol{\Omega} + \boldsymbol{C}(P) \tag{1.5.51}$$

$$|\boldsymbol{A}| = \left[|\boldsymbol{\Omega}|^2 + |\boldsymbol{C}(P)|^2\right]^{\frac{1}{2}}$$

给定输入的偏振态 P，光纤长度 l，则从此单模光纤输出的偏振态可由 P 出发，绕 $\boldsymbol{A}$ 轴按右手螺旋规则转动 $|\boldsymbol{A}|l$ 角，即得输出偏振态 P'。

1.6 均匀折射率单模光纤的分析

1.6.1 引言

单模光纤是指在一定工作波长下，只传输基本模式 HE_{11} 或 LP_{01} 的光纤。与多模光纤相比，单模光纤的主要特点如下。

1. 芯径小，折射率差小

单模光纤的芯径和折射率差比多模纤要小。如前所述，这两个量应满足下列关系：

$$V = ak_0(n_1^2 - n_2^2)^{\frac{1}{2}} \leqslant 2.4083 \tag{1.6.1}$$

对于具体的光纤，V 值会有差别。对于可见光和近红外光，纤芯直径的范围一般是 $4\sim11\mu\mathrm{m}$（熔石英光纤）。

2. 色散小

由于单模光纤没有多模光纤所具有的模间色散（虽然单模光纤中的偏振色散实质上仍为模式间色散，但其值很小），因此单模光纤的色散比多模光纤要小。对于实际的单模光纤（熔石英光纤），其色散值比多模光纤要小 $1\sim2$ 个数量级，因而相应的传输带宽要大很多，可达几十 $\mathrm{GHz} \cdot \mathrm{km}$。这样，在相同损耗的情况下，就大大加长了中继距离，这对于长途通信，特别是海底光缆通信，具有重要的经济意义。

3. 双折射

双折射是单模光纤与多模光纤的最大区别。多模光纤传输的模式极多，多达几百甚至几千，因此不必考虑各模式的偏振问题。对于单模光纤，模式的偏振态在传输过程中的变化，则是一个极为重要的问题。光纤本身的固有双折射以及外界因素对光纤双折射的影响，是光纤的使用者和制造者都极为重视的问题，也是光纤光学中一个活跃的研究领域，并已形成一个新的分支——偏振光学。

单模光纤的结构一般是多层。其折射率剖面的种类很多,有一般阶梯形、W形、三角形等。纤芯外面是内敷层,直径约为几十微米,其作用在于:当归一化频率略低于次高阶模式 LP_{11}(或 TE_{01}、TM_{01}、HE_{21})的截止频率时,LP_{01} 模的电磁场将显著地扩大到纤芯以外,只有当归一化频率远大于截止频率时,电磁场才比较集中在纤芯中,但这时已是多模传输而非单模传输。用内敷层的目的是减小基模的能量损耗。另外,在制作过程中,内敷层还有阻止水蒸气进入纤芯的作用,故又称为阻挡层。内敷层的折射率与外敷层相比,可以稍低,可以相等,也可以稍高。详细情况在第2章单模光纤的结构设计中讨论。

1.6.2 基本性质

当折射率分布是理想阶梯形时,场方程有精确的矢量解。但在弱导情况下,用标量近似解更简单。其原因有两个:一是弱导情况下,纤芯中电磁波几乎是横波($e_z = h_z \approx 0$);二是弱导情况下,可不考虑介质分界面对电磁波偏振态的影响。

前已证明,只要光纤结构满足式(1.6.1),光纤中就只有 HE_{11} 模传输。若纤芯是理想的圆形,则这两个正交模式完全简并(传播常数相同),因此式(1.6.1)是单模的定义。其物理意义为:在此光纤中,由反射定律所得到的最大的入射角应小于衍射角 θ,$\theta \approx \lambda/a$。

图1.6.1是对不同波长的 $2a$ 和 Δn 的关系曲线,计算此曲线时利用了式

$$V = ak_0(n_1^2 - n_2^2)^{\frac{1}{2}} \approx ak_0(2n_2\Delta n)^{\frac{1}{2}}$$
$$\approx ak_0(2\Delta)^{\frac{1}{2}} \qquad (1.6.2)$$

并设 $n_2 = 1.46$(熔石英的折射率),利用式(1.6.2)可定义截止波长 λ_c。对于一给定的光纤,当波长大于此截止波长时,就成为单模传输

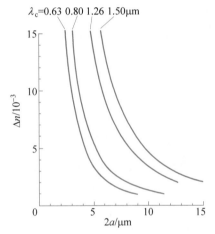

图1.6.1 对于不同截止波长 λ_c 的 $\Delta n - 2a$ 关系曲线

$$V = 2.405\frac{\lambda_c}{\lambda}, \quad \lambda_c = \frac{V\lambda}{2.405} \qquad (1.6.3)$$

在图1.6.1的曲线中,对于每一截止波长 λ_c 曲线下的范围都相应于单模传输(两个偏振态)。由式(1.6.2)和图1.6.1可见,光纤纤芯-包层的折射率差 Δn 和纤芯半径 a 的相互制约关系:a 增加,Δn 减小。a 大的优点是光的耦合效率高和对准误差要求较低;Δn 大,则可使 NA 增加,但制作工艺难度也增加,所以 Δn 和 a 取舍要综合考虑。

前已证明,HE_{11} 模的场分布为(e_x 或 e_y 两者之一可取为零):

$$e_{y,x} = \frac{1}{n_2}\left(\frac{\mu_0}{\varepsilon_0}\right)^{\frac{1}{2}} h_{x,y} = e_0 \begin{cases} \dfrac{J_0\left(U\dfrac{r}{a}\right)}{J_0(U)}, & 0 < r < a \\[4mm] \dfrac{K_0\left(W\dfrac{r}{a}\right)}{K_0(W)}, & r > a \end{cases} \qquad (1.6.4)$$

$$e_z = \mathrm{i}\,\frac{1}{k_0 a n_2}\binom{\sin\theta}{\cos\theta}\begin{cases}\dfrac{UJ_1\left(U\dfrac{r}{a}\right)}{J_0(U)}, & 0<r<a \\[4mm] \dfrac{WK_1\left(W\dfrac{r}{a}\right)}{K_0(W)}, & r>a\end{cases} \tag{1.6.5}$$

$$h_z = \mathrm{i}\,\frac{1}{k_0 a}\left(\frac{\varepsilon_0}{\mu_0}\right)^{\frac{1}{2}}\binom{\sin\theta}{\cos\theta}\begin{cases}\dfrac{UJ_1\left(U\dfrac{r}{a}\right)}{J_0(U)}, & 0<r<a \\[4mm] \dfrac{WK_1\left(W\dfrac{r}{a}\right)}{K_0(W)}, & r>a\end{cases} \tag{1.6.6}$$

上面诸式中的 U、W 应同时满足

$$U^2 + W^2 = V^2$$

$$U\,\frac{J_1(U)}{J_0(U)} = W\,\frac{K_1(W)}{K_0(W)}$$

这个模沿光纤所传输的总功率为

$$P_t = \frac{1}{2}\int_0^\infty\int_0^{2\pi}\mathrm{Re}(\boldsymbol{e}\times\boldsymbol{h}^*)\boldsymbol{l}_z r\,\mathrm{d}r\,\mathrm{d}\theta \tag{1.6.7}$$

式中，Re 是实部标记；* 是取共轭复数；$\boldsymbol{l}_z$ 是沿光纤轴方向的单位矢量。P_t 的归一化要求是

$$e_0 = \frac{U}{V}\frac{K_0(W)}{K_1(W)}\left(\frac{2\sqrt{\mu_0}}{\pi a^2 n_2\sqrt{\varepsilon_0}}\right)^{\frac{1}{2}} = \frac{W}{V}\frac{J_0(U)}{J_1(U)}\left(\frac{2\sqrt{\mu_0}}{\pi a^2 n_2\sqrt{\varepsilon_0}}\right)^{\frac{1}{2}} \tag{1.6.8}$$

式(1.6.5)和式(1.6.6)表明，场的纵向分量和横向分量之比约为 $\dfrac{U}{ak_0 n}$。由于 $\Delta < 1\%$，因此与横向分量相比，纵向分量可忽略，可以认为这种模是具有线偏振的横向偏振模，即 LP_{01} 模。

当光纤结构满足 $2.405 \leqslant V \leqslant 3.832$ 时，将有次高阶模 LP_{11}（或 TE_{01}、TM_{01}、HE_{21}）在光纤中传输。同样，对于弱导光纤，其纵向分量可忽略，其场分布为

$$e_{y,x} = e_1\binom{\cos\theta}{\sin\theta}\begin{cases}\dfrac{J_1\left(U_1\dfrac{r}{a}\right)}{J_1(U_1)}, & 0<r<a \\[4mm] \dfrac{K_1\left(W_1\dfrac{r}{a}\right)}{K_1(W_1)}, & r>a\end{cases}$$

式中，U_1、W_1 应满足

$$U_1^2 + W_1^2 = V^2$$

$$U_1\,\frac{J_2(U_1)}{J_1(U_1)} = W_1\,\frac{K_2(W_1)}{K_1(W_1)}$$

为使总功率归一，应有

$$e_1 = \left(\frac{2 \sqrt{\mu_0}}{\pi a^2 n_2 \sqrt{\varepsilon_0}} \right)^{\frac{1}{2}} \frac{U_1}{V} \frac{k_1(W_1)}{[K_0(W_1) K_2(W_1)]^{\frac{1}{2}}}$$

图 1.6.2 给出了 U-V 和 U_1-V 的关系曲线,此曲线按以下近似式求得

$$W \approx 1.428V - 0.9960 \approx 2.7484 \frac{\lambda_c}{\lambda} - 0.9960 \tag{1.6.9}$$

按上式计算的 U 值,$U^2 = V^2 - W^2$,和精确值相比,在 $1.5 \leqslant V \leqslant 2.5$ 的范围内,其相对误差小于 0.1%,而在 $1 \leqslant V \leqslant 3$ 的范围内,相对误差增至 1%。

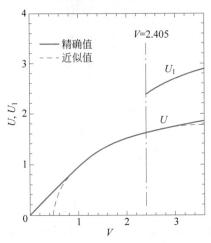

图 1.6.2　LP$_{01}$ 模和 LP$_{11}$ 模的 U-V 关系曲线

求出 U、W 值之后,即可由式(1.6.4)求出 LP$_{01}$ 模的场分布。当光波频率为零(波长 $\lambda \to \infty$)时,在光纤截面内场是均匀分布;当光波频率为无穷大(波长 $\lambda \to 0$)时,场全部集中在纤芯内,因为 $J_0(2.405) = 0$;其他情况下,光纤轴上场最强,随半径增加场逐渐减弱。图 1.6.3 给出了不同 V 值时导模的相对总功率 I。这时假设 LP$_{01}$ 模和 LP$_{11}$ 模传输同样的功率,并且是非相干照明(无干涉效应)。

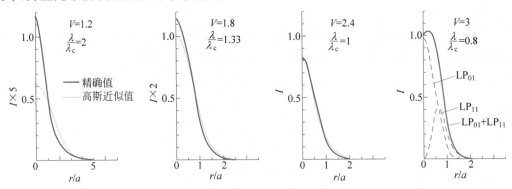

图 1.6.3　不同 V 值导模的功率

注:每个模传输的总功率是常数,各图坐标比例不同。

由图 1.6.3 可见,基模 LP$_{01}$ 的分布和高斯分布相似,因此可用高斯分布来近似表达精确的场分布。前者是 LP$_{01}$ 模在抛物线形折射率分布中精确的场形。为寻求对精确的 LP$_{01}$ 模的最佳的高斯近似,可用不同的判据。一般是使其对 LP$_{01}$ 模有最大耦合效率来选择高斯

分布。对 LP_{01} 模用式(1.6.4)和式(1.6.8),而高斯分布则为

$$e_y = \frac{2}{\sqrt{\pi} s} \exp\left[-\left(\frac{r}{s}\right)^2\right] \tag{1.6.10}$$

把高斯分布场传输的总功率归一化,可得功率的耦合效率为

$$\eta = \left(\frac{1}{2}\int_0^{2\pi}\int_0^{\infty} e_y h_x r \,\mathrm{d}r\,\mathrm{d}\varphi\right)^2 \tag{1.6.11}$$

改变参量 s,则可求出相应于 η 为最大值时的 s_0 值。图1.6.4给出了 s_0/a 随 λ/λ_c 和 V 的变化关系。由图1.6.4可见,在 λ/λ_c 的常用范围(0.8~1.8)内,$\eta > 96\%$,因此高斯近似可用。在 $0.8 \leqslant \lambda/\lambda_c \leqslant 2$ 的范围内,s_0/a 可用以下近似式表达

$$\frac{s_0}{a} = 0.85 + 0.434\left(\frac{\lambda}{\lambda_c}\right)^{\frac{3}{2}} + 0.0149\left(\frac{\lambda}{\lambda_c}\right)^6$$

$$= 0.65 + 1.619 V^{-\frac{3}{2}} + 2.879 V^{-6} \tag{1.6.12}$$

其不确定度小于1%。在图1.6.4中用虚线表示这一近似结果。用式(1.6.10)和式(1.6.12)计算出的高斯场分布用虚线画在图1.6.3的诸曲线上。由此可见,高斯分布的近似是可采用的。高斯近似的主要限制是计算远离芯包层分界面的消逝场。当 Wr/a 远大于2时,$K_0(Wr/a)$ 用下式近似,其不确定度小于5%:

$$K_0\left(W\frac{r}{a}\right) \approx \left(\frac{\pi}{2}\right)^{\frac{1}{2}}\left(\frac{a}{Wr}\right)^{\frac{1}{2}}\exp\left(-W\frac{r}{a}\right) \tag{1.6.13}$$

这说明,消逝场的衰减比高斯近似所估计的要快得多。因此一般把 s_0 称为模斑半径。

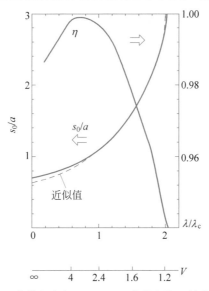

图1.6.4 归一化模斑半径 s_0/a-λ/λ_c 曲线和注入效率 η-λ/λ_c 曲线

1.6.3 功率分布

1. 纤芯中的功率

由式(1.6.7)可求出纤芯中的功率 P_c

$$\frac{P_c}{P_t} = \frac{\int_0^a \int_0^{2\pi} \mathrm{Re}(\boldsymbol{e}_y \times \boldsymbol{h}_x^*) \cdot \boldsymbol{l}_z r \mathrm{d}r \mathrm{d}z}{\int_0^{\infty} \int_0^{2\pi} \mathrm{Re}(\boldsymbol{e}_y \times \boldsymbol{h}_x^*) \cdot \boldsymbol{l}_z r \mathrm{d}r \mathrm{d}z} \tag{1.6.14}$$

式中 P_t 是总功率，$\boldsymbol{e}_y$、$\boldsymbol{h}_x$ 是由式(1.6.4)诸式中求出的 LP_{01} 模的场分量。利用 J_0、J_1、K_0 和 K_1 之间的关系，可得

$$\frac{P_c}{P_t} = 1 - \left(\frac{U}{V}\right)^2 \left[1 - \left(\frac{K_0(W)}{K_1(W)}\right)^2\right] \tag{1.6.15}$$

若用高斯近似式代替精确的场表达式，可得

$$\frac{P_c}{P_t} \approx 1 - \exp\left[-2\left(\frac{a}{s_0}\right)^2\right] \tag{1.6.16}$$

图 1.6.5(a)给出了 P_c/P_t-λ/λ_c 关系曲线。由图可见，高斯近似有较好的准确度，此曲线还给出了泄漏到包层的功率随波长而增加的情况。

2. 某一半径内的功率

用 r_0 代替 a，就可由式(1.6.14)求出半径为 r_0 的圆柱体的功率。在高斯近似的情况下有

$$\frac{P_c}{P_t} \approx 1 - \exp\left[-2\left(\frac{r_0}{s_0}\right)^2\right] \tag{1.6.17}$$

图 1.6.5(b)给出了 P_c/P_t-r_0/a 的曲线。

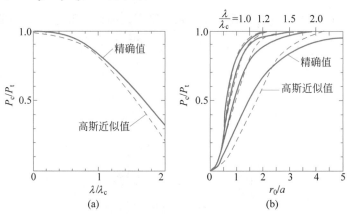

图 1.6.5　某一半径范围内 LP_{01} 模的功率

3. 某一半径外的功率

把式(1.6.14)中 r 的积分限由 $0 \rightarrow a$ 变成由 $r_1 \rightarrow \infty$，就可求出半径为 r_1 以外的光功率 P_1/P_t，这时其精确值应由式(1.6.4)出发进行数值计算，用高斯近似得不到正确的结果，但可用式(1.6.14)以及式(1.6.4)和式(1.6.8)求出

$$\frac{P_1}{P_t} \approx \frac{\pi}{2}\left[\frac{U}{VWK_1(W)}\right]^2 \exp\left[-2\left(W\frac{r_1}{a}\right)\right] \tag{1.6.18}$$

在 $W_1/a > 1.5$ 的范围内，上面近似公式给出的结果的误差小于 10%。图 1.6.6 给出了 P_1/P_t-r_1/a 曲线。

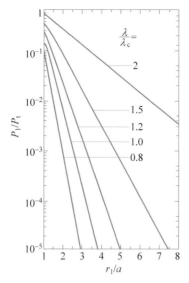

图 1.6.6 LP_{01} 模的 P_1/P_t-r_1/a 曲线

1.7 非正规光波导的模耦合方程

1.7.1 非正规光波导

前面几节介绍了均匀芯光纤和非均匀芯光纤的波动理论。这类光纤都属于正规光波导,或称规则光波导,其特点是:折射率分布沿纵向是均匀的;存在模式的概念,即存在一系列沿纵向稳定的各横截面分布都相同的场分布,它可表示为

$$\begin{bmatrix} \boldsymbol{E} \\ \boldsymbol{H} \end{bmatrix} = \begin{bmatrix} \boldsymbol{e}_i \\ \boldsymbol{h}_i \end{bmatrix} (x,y) f_i(z)$$

下标 i 为模式的序号。光纤中的光场是上述模式的线性叠加:

$$\begin{bmatrix} \boldsymbol{E} \\ \boldsymbol{H} \end{bmatrix} (x,y,z) = \sum_i \begin{bmatrix} a_i & \boldsymbol{e}_i \\ b_i & \boldsymbol{h}_i \end{bmatrix} (x,y) f_i(z)$$

式中,a_i,b_i 是相对的幅度,不是坐标 (x,y,z) 的函数,对于导模 $f_i(z) = e^{-i\beta z}$。

在实际应用中,光纤芯的折射率常与 z 有关,即这种波导存在纵向不均匀性,这种波导就称为非正规光波导。本节将讨论这种光波导产生的原因、处理的方法及其数学表达式。

引起纵向分布不均匀的原因有多种,主要如表 1.7.1 所示。

表 1.7.1 光纤折射率纵向分布不均匀的原因

	几 何 形 状	折射率分布
制造原因	① 纤芯包层分界面不平整,有随机起伏 ② 纤芯直径大小不一,呈锥形等	折射率分布随 z 变化
使用原因	① 光纤弯曲 ② 光纤被拉成锥形	① 折射率随温度、应力等外界因素随机变化 ② 折射率随 z 作周期分布,如光纤光栅

非正规光波导的主要特征是:由于存在纵向不均匀,不存在严格意义下的模式,即无

$e(x,y)e^{-i\beta z}$ 形式的场解,使它同时满足非正规光波导的 Maxwell 方程和边界条件。但是,在这种情况下我们却可以找到某一个正规光波导,使得非正规光波导内的场可以展开成这个正规波导的一系列模式之和,即

$$\mathbf{E}(x,y,z) = \sum_j a_j(z) \mathbf{e}_j(x,y) e^{-i\beta_j z} \tag{1.7.1}$$

这种分解不仅包括导模的离散和,还包括辐射模的连续和(求积分)。这时,光在光纤中传输的总功率不变,但各个模的功率 $a_j^2(z)$ 都在变,这可看成一些模的功率转换给另一些模式,这种转换称为模式耦合。模式耦合是非正规光波导的重要特征。

在正规光波导中,除导模外,还存在辐射模。在纤芯的外边,由于入射光和反射光的叠加而形成沿径向的驻波分布,它可以到达径向无限远处,这种模称为辐射模。产生辐射的原因有两个:一是外部入射到光纤的光波部分进入包层而形成辐射模;二是光纤有缺陷,此缺陷成为新的辐射源而使传导模变成辐射模,从而使传导模在传输过程中不断衰减。传导模和辐射模都能在纤芯中沿轴向传输,但前者能无损耗地传很远,后者由于衰减只能传很短距离。这两类模都是 Maxwell 方程的解,它们共同构成了特征方程的解。辐射模的另一特点是连续的(传导模是离散的);此外,不同辐射模之间是正交的,即

$$\iint_\infty \mathbf{e}_i \times \mathbf{h}_j^* \cdot \mathrm{d}\mathbf{S} = 0 \quad (i \neq j)$$

1.7.2 非正规光波导的模耦合方程(矢量模耦合方程)

前已推导出任意光波导中,场的纵向分量与横向分量满足下列关系:

$$\begin{cases} \nabla_t \times \mathbf{E}_t = i\omega\mu_0 \mathbf{H}_z & (1.7.2) \\ \nabla_t \times \mathbf{E}_t = -i\omega\varepsilon \mathbf{E}_z & (1.7.3) \end{cases}$$

$$\begin{cases} \nabla_t \times \mathbf{H}_z + \mathbf{l}_z \times \dfrac{\partial \mathbf{H}_t}{\partial z} = -i\omega\varepsilon \mathbf{E}_t & (1.7.4) \\ \nabla_t \times \mathbf{E}_z + \mathbf{l}_z \times \dfrac{\partial \mathbf{E}_t}{\partial z} = i\omega\mu_0 \mathbf{H}_t & (1.7.5) \end{cases}$$

将式(1.7.2)两边取旋度得

$$\nabla_t \times (\nabla_t \times \mathbf{E}_t) = i\omega\mu_0 \nabla_t \times \mathbf{H}_z$$

$$= i\omega\mu_0 \left[-i\omega\varepsilon \mathbf{E}_t - \mathbf{l}_z \times \dfrac{\partial \mathbf{H}_t}{\partial z} \right]$$

同理可得另一方程。所以有

$$\begin{cases} \nabla_t \times (\nabla_t \times \mathbf{E}_t) - k^2 n^2 \mathbf{E}_t = -i\omega\mu_0 \mathbf{l}_z \times \dfrac{\partial \mathbf{H}_t}{\partial z} \\ \nabla_t \times (\nabla_t \times \mathbf{H}_t) - k^2 n^2 \mathbf{H}_t = i\omega\varepsilon_0 \mathbf{l}_z \times \dfrac{\partial \mathbf{E}_t}{\partial z} \end{cases} \tag{1.7.6}$$

这是联系任意光波导的电场与磁场的横向分量的方程,式中 $\varepsilon = \varepsilon(x,y,z) = n^2(x,y,z)$,是非正规波导的折射率分布。这时我们再取一个正规光波导作为此待求非正规波导的近似,正规光波导的折射率分布为 $n_0(x,y)$,其模式场的横向分量可表示为

$$\begin{cases} \boldsymbol{E}_t = \boldsymbol{e}_t(x,y)\mathrm{e}^{-\mathrm{i}\beta z} \\ \boldsymbol{H}_t = \boldsymbol{h}_t(x,y)\mathrm{e}^{-\mathrm{i}\beta z} \end{cases} \tag{1.7.7}$$

它们显然满足一组对应的方程

$$\begin{cases} \nabla_t \times (\nabla_t \times \boldsymbol{e}_t) - k^2 n_0^2 \boldsymbol{e}_t = \beta\omega\mu_0 \boldsymbol{l}_z \times \boldsymbol{h}_t \\ \nabla_t \times (\nabla_t \times \boldsymbol{h}_t) - k^2 n_0^2 \boldsymbol{h}_t = -\beta\omega\varepsilon' \boldsymbol{l}_z \times \boldsymbol{e}_t \end{cases} \tag{1.7.8}$$

式中，$\varepsilon' = n_0^2(x,y)$。现在把非正规波导的 $\boldsymbol{E}_t, \boldsymbol{H}_t$ 展开成一系列的正规波导的模式场之和（包括传导模和辐射模）：

$$\begin{cases} \boldsymbol{E}_t = \sum_\mu c_\mu(z)(\boldsymbol{e}_{\mu t}\mathrm{e}^{-\mathrm{i}\beta_\mu z}) = \sum_\mu a_\mu(z)\boldsymbol{e}_{\mu t} \\ \boldsymbol{H}_t = \sum_\mu d_\mu(z)(\boldsymbol{h}_{\mu t}\mathrm{e}^{-\mathrm{i}\beta_\mu z}) = \sum_\mu b_\mu(z)\boldsymbol{h}_{\mu t} \end{cases} \tag{1.7.9}$$

式中

$$\begin{cases} a_\mu(z) = c_\mu(z)\mathrm{e}^{-\mathrm{i}\beta_\mu z} \\ b_\mu(z) = d_\mu(z)\mathrm{e}^{-\mathrm{i}\beta_\mu z} \end{cases} \tag{1.7.10}$$

将上述结果代入式(1.7.6)得

$$\sum_\mu \left[\nabla_t \times (\nabla_t \times \boldsymbol{e}_{\mu t}) a_\mu(z) - k^2 n^2 \boldsymbol{e}_{\mu t} a_\mu(z) \right] = -\mathrm{i}\omega\mu_0 \boldsymbol{l}_z \times \sum_\mu \frac{\mathrm{d}b_\mu}{\mathrm{d}z}\boldsymbol{h}_{\mu t}$$

再代入式(1.7.8)有

$$\sum_\mu \left[\left(\frac{\mathrm{d}b_\mu}{\mathrm{d}z} - \mathrm{i}\beta_\mu a_\mu \right)(\boldsymbol{l}_z \times \boldsymbol{h}_{\mu t}) - \frac{k^2(n^2 - n_0^2)}{\mathrm{i}\omega\mu_0} a_\mu(z)\boldsymbol{e}_{\mu t} \right] = 0$$

两端乘以 $\boldsymbol{e}_{\mu t}^*$，并在无穷平面上积分，最后利用正交性

$$\iint_\infty [\boldsymbol{e}_{\mu t} \times \boldsymbol{h}_{\mu t}^*] \cdot \mathrm{d}\boldsymbol{S} = 0 \quad \mu \neq \nu$$

可得

$$\frac{\mathrm{d}b_\mu}{\mathrm{d}z} - \mathrm{i}\beta_\mu a_\mu(z) = \sum_\nu k_{\nu\mu}^{(1)} a_\nu(z) \tag{1.7.11}$$

$$\frac{\mathrm{d}a_\mu}{\mathrm{d}z} - \mathrm{i}\beta_\mu b_\mu(z) = \sum_\nu k_{\nu\mu}^{(2)} b_\nu(z) \tag{1.7.12}$$

式中

$$k_{\nu\mu}^{(1)} = -\mathrm{i}\omega\varepsilon_0 \frac{\displaystyle\iint_\infty (n^2 - n_0^2)\boldsymbol{e}_{\mu t} \cdot \boldsymbol{e}_{\nu t}^* \,\mathrm{d}\boldsymbol{S}}{\displaystyle\iint_\infty (\boldsymbol{e}_{\mu t} \times \boldsymbol{h}_{\mu t}^*) \cdot \mathrm{d}\boldsymbol{S}} \tag{1.7.13}$$

$$k_{\nu\mu}^{(2)} = -\mathrm{i}\omega\varepsilon_0 \frac{\displaystyle\iint_\infty \frac{n_0^2}{n^2}(n^2 - n_0^2)\boldsymbol{e}_{\mu z} \cdot \boldsymbol{e}_{\mu z}^* \,\mathrm{d}\boldsymbol{S}}{\displaystyle\iint_\infty (\boldsymbol{e}_{\mu t} \times \boldsymbol{h}_{\mu t}^*) \cdot \mathrm{d}\boldsymbol{S}} \tag{1.7.14}$$

式(1.7.11)和式(1.7.12)是非正规光波导矢量法的模耦合方程组,$k_{\mu\nu}$ 是耦合系数。它给出了电场的 $a_\mu(z)$ 和磁场的 $b_\mu(z)$ 的相互关系。在实际使用时,可根据具体情况做一些近似,以简化计算。例如,对于单模光纤,由于估计到基模耦合出的高阶模不大,因而可在上述耦合模方程的右边只取一项,而且对高阶模反过来又向基模的耦合也可忽略。

在弱导光纤中,因为 e_z 很小,可忽略,因而假定 $k_{\nu\mu}^{(2)} \approx 0$。由此可得

$$b_\mu = \frac{1}{\mathrm{i}\beta_\mu} \frac{\mathrm{d}a_\mu}{\mathrm{d}z}$$

代入式(1.7.11),最后有

$$\frac{\mathrm{d}^2 a_\mu}{\mathrm{d}z^2} + \beta_\mu^2 a_\mu = \sum_\nu \left[\mathrm{i}\beta_\mu k_{\mu\nu}^{(1)}\right] a_\nu(z) \tag{1.7.15}$$

是弱导情况下的耦合波方程。

如果把 a_μ 和 b_μ 看作两个正、反向传输模式之和,从式(1.7.9)中 e_t 和 h_t 的线性可知,对于正向传输的模,若 e_t 的幅度系数为 c_μ^+,则 h_t 的幅度系数亦为 c_μ^+。对于反向传输的模,因为 $-\beta$ 改成了 $+\beta$,所以 e_t 的幅度系数 c_μ^- 与 h_t 的幅度数差一个负号,因而有

$$b_\mu^+ = a_\mu^+,\quad b_\mu^- = -a_\mu^- \tag{1.7.16}$$

由此可得

$$\begin{cases} \boldsymbol{E}_t = \sum_\mu \left[a_\mu^+(z) + a_\mu^-(z)\right] \boldsymbol{e}_{t\mu} \\ \boldsymbol{H}_t = \sum_\mu \left[a_\mu^+(z) - a_\mu^-(z)\right] \boldsymbol{h}_{t\mu} \end{cases} \tag{1.7.17}$$

令

$$a_m(z) = a_m^+(z) + a_m^-(z),\quad b_m(z) = a_m^+(z) - a_m^-(z)$$
$$m = \mu,\nu$$

重复以前的过程,得到

$$\frac{\mathrm{d}\left[a_\mu^+ + a_\mu^-\right]}{\mathrm{d}z} - \mathrm{i}\beta_\mu(a_\mu^+ - a_\mu^-) = \sum_\nu k_{\nu\mu}^{(2)}(a_\nu^+ - a_\nu^-)$$

$$\frac{\mathrm{d}\left[a_\mu^+ - a_\mu^-\right]}{\mathrm{d}z} - \mathrm{i}\beta_\mu(a_\mu^+ + a_\mu^-) = \sum_\nu k_{\nu\mu}^{(1)}(a_\nu^+ + a_\nu^-)$$

两式相加、减得

$$\frac{\mathrm{d}a_\mu^+}{\mathrm{d}z} - \mathrm{i}\beta_\mu a_\mu^+ = \frac{1}{2}\sum_\nu \left[(k_{\nu\mu}^{(1)} + k_{\nu\mu}^{(2)})a_\nu^+ + (k_{\nu\mu}^{(1)} - k_{\nu\mu}^{(2)})a_\nu^-\right]$$

$$\frac{\mathrm{d}a_\mu^-}{\mathrm{d}z} + \mathrm{i}\beta_\mu a_\mu^- = \frac{1}{2}\sum_\nu \left[-(k_{\nu\mu}^{(1)} - k_{\nu\mu}^{(2)})a_\nu^+ - (k_{\nu\mu}^{(1)} + k_{\nu\mu}^{(2)})a_\nu^-\right]$$

令

$$k_{\mu\nu}^+ = k_{\mu\nu}^{(1)} + k_{\mu\nu}^{(2)}$$
$$= \frac{-2\mathrm{i}\omega\varepsilon_0}{\displaystyle\iint_\infty (\boldsymbol{e}_{\mu t} \times \boldsymbol{h}_{\mu t}^*) \cdot \mathrm{d}\boldsymbol{S}} \left[\iint_\infty (n^2 - n_0^2)\boldsymbol{e}_{\mu t} \cdot \boldsymbol{e}_{\nu t}^* \mathrm{d}S + \iint_\infty \frac{n^2}{n_0^2}(n^2 - n_0^2)\boldsymbol{e}_{\mu t} \cdot \boldsymbol{e}_{\nu t}^* \mathrm{d}S\right]$$

$$\tag{1.7.18}$$

$$k_{\mu\nu}^{-} = k_{\mu\nu}^{(1)} - k_{\mu\nu}^{(2)}$$

$$= \frac{-2\mathrm{i}\omega\varepsilon_0}{\displaystyle\iint_{\infty}(\boldsymbol{e}_{\mu t} \times \boldsymbol{h}_{\mu t}^{*}) \cdot \mathrm{d}\boldsymbol{S}}\left[\iint_{\infty}(n^2 - n_0^2)\boldsymbol{e}_{\mu t} \cdot \boldsymbol{e}_{\nu t}^{*}\,\mathrm{d}S - \iint_{\infty}\frac{n^2}{n_0^2}(n^2 - n_0^2)\boldsymbol{e}_{\mu t} \cdot \boldsymbol{e}_{\nu t}^{*}\,\mathrm{d}S\right]$$

$$(1.7.19)$$

则

$$\frac{\mathrm{d}a_{\mu}^{+}}{\mathrm{d}z} - \mathrm{i}\beta_{\mu}a_{\mu}^{+} = \sum_{\nu}[k_{\nu\mu}^{+}a_{\nu}^{+} + k_{\nu\mu}^{-}a_{\nu}^{-}] \tag{1.7.20}$$

$$\frac{\mathrm{d}a_{\mu}^{*}}{\mathrm{d}z} + \mathrm{i}\beta_{\mu}a_{\mu}^{-} = \sum_{\nu}[-k_{\nu\mu}^{-}a_{\nu}^{+} - k_{\nu\mu}^{+}a_{\nu}^{-}] \tag{1.7.21}$$

于是二阶方程化简成一阶方程。

在 LP 模式近似条件下，有 $\boldsymbol{e}_z \approx 0$，$\boldsymbol{h}_z \approx 0$。于是可得

$$k_{\nu\mu}^{+} = k_{\nu\mu}^{-} \equiv k_{\nu\mu}$$

和

$$\frac{\mathrm{d}a_{\mu}^{+}}{\mathrm{d}z} - \mathrm{i}\beta_{\mu}a_{\mu}^{+} = \sum_{\nu}k_{\nu\mu}(a_{\nu}^{+} + a_{\nu}^{-}) \tag{1.7.22}$$

$$\frac{\mathrm{d}a_{\mu}^{-}}{\mathrm{d}z} + \mathrm{i}\beta_{\mu}a_{\mu}^{-} = \sum_{\nu}-k_{\nu\mu}(a_{\nu}^{+} + a_{\nu}^{-}) \tag{1.7.23}$$

$$k_{\nu\mu} = \frac{-2\mathrm{i}\omega\varepsilon_0\displaystyle\iint_{\infty}(n^2 - n_0^2)\boldsymbol{e}_{y\mu} \cdot \boldsymbol{e}_{y\nu}^{*}\,\mathrm{d}S}{\displaystyle\iint_{\infty}(\boldsymbol{e}_{y\mu} \times \boldsymbol{h}_{x\mu}^{*}) \cdot \mathrm{d}\boldsymbol{S}} \tag{1.7.24}$$

思考题与习题

1.1　给出数值孔径的定义，并详细分析影响数值孔径的诸因素，即比较不同情况下光纤数值孔径的差别。

1.2　由图 1.2.1 中的几何关系，推导式(1.2.4)。

1.3　由图 1.2.2 中的几何关系，推导式(1.2.6)。

1.4　由图 1.2.2 中的几何关系，推导式(1.2.8)。

1.5　由图 1.2.3 中的几何关系，推导式(1.2.11)。

1.6　推导式(1.2.13)。

1.7　由图 1.2.5 中的几何关系，证明：光纤端面倾斜时子午光线 NA 的表达式为

$$\mathrm{NA} = \frac{n_1^2\sin\alpha + n_0 n_2\sin\beta}{(n_1^2 - n_0^2\sin^2\beta)^{\frac{1}{2}}}$$

1.8　说明锥形光纤的传光特性及其可能的用途。

1.9　给出变折射率光纤的数值孔径的表达式。

1.10　由 Maxwell 方程推导程函方程式(1.2.24)。

1.11　由程函方程推导光线方程式(1.2.27)。

1.12　推导式(1.2.43)。

1.13　要使光纤对光线有聚焦作用,其折射率分布应满足何种规律?

1.14　试分析影响光纤中光场分布的诸因素。分别说明 $n = \mathrm{const}, n = n(r)$ 和 $n = n(x,y,z)$ 三种情况下,求光纤中场解的方法。

1.15　说明模式的含义及其特点,并比较光纤中的模式和自由空间的场解。

1.16　何谓截止和远离截止? 试说明这两种情况下光纤中光场分布和传输的情况。

1.17　试说明特征方程的物理意义,分析其重要性。

1.18　试比较多模光纤和单模光纤的结构和传输特性的差别。

1.19　试分析比较纤芯半径 a 和模场半径 s_0 的差别,以及定义两个参量的必要性。

1.20　试证明单模光纤中光线与轴的夹角小于衍射角。

1.21　试分析比较均匀芯光纤的标量场解和矢量场解之异同。

1.22　推导式(1.3.39)。

1.23　推导式(1.3.49)和式(1.3.50)。

1.24　推导式(1.3.60)。

1.25　推导特征方程式(1.3.73)。

1.26　推导式(1.3.121)。

1.27　推导式(1.7.11)和式(1.7.12)。

1.28　推导式(1.7.20)和式(1.7.21)。

第 2 章

CHAPTER 2

光纤的特性

2.1 引言

光纤的损耗、色散、偏振对于光纤通信、光纤传感、光纤非线性效应的应用和研究都是十分重要的特性参量。由于存在损耗,在光纤中信号的能量将不断衰减,为了实现长距离光通信和光传输,就需在一定距离建立中继站,把衰减了的信号反复增强。损耗决定了光信号在光纤中被增强之前可传输的最大距离。但是,两个中继站间可允许的距离不仅由光纤的损耗决定,而且还受色散的限制。在光纤中,脉冲色散越小,它所携带的信息容量就越大。例如,若脉冲的展宽由 1000ns 减小到 1ns,则所传输的信息容量将由 1Mb/s 增加到 1000Mb/s。因此,分析光纤的损耗特性和色散特性十分重要。另外,一般的单模光纤不能传输偏振光,为此需用保偏光纤。因此,对于光纤通信、光纤传感和光纤的非线性效应的研究都需要了解光纤的偏振特性,保偏、消偏和偏振控制的方法。此外,非线性效应也是光纤的重要特性,对光纤的传输特性的研究不可或缺。本章将对光纤的这些特性分别作简要介绍。

2.2 光纤的损耗

光纤中的损耗由两部分组成:固有损耗和使用损耗。前者由制作过程产生,后者由使用引起。这两类损耗的机理如图 2.2.1 所示。光纤的固有损耗由材料的吸收损耗、散射损耗以及生产工艺确定,使用者无法改变。本章只对此类损耗作简要介绍。光纤的使用损耗则是光纤使用者应重视的一个实际问题,将在第 3 章介绍。

微课视频

2.2.1 吸收损耗

在一般的光学玻璃中都含有一些附加元素,其中很多是杂质,它们多半具有较低激发能的电子态。同时还存在一些外来金属离子,其电子态比玻璃的本征态更易激发。它们的吸收带可以出现在光谱的可见和红外波段。

对于杂质含量很低的玻璃,其紫外吸收仅与 O^{2-} 离子的激发态有关。在熔融石英中,O^{2-} 离子束缚很紧,有很高的紫外透明性,其吸收边在短紫外波长区;但是,吸收边尾可延伸到长波区。另外,由于材料的随机分子结构而引起电场的局部变化,会感应引起能量接近或者稍低于带边的激子能级变宽,这些能级加宽所感应的场又可引起吸收边尾进入可见区

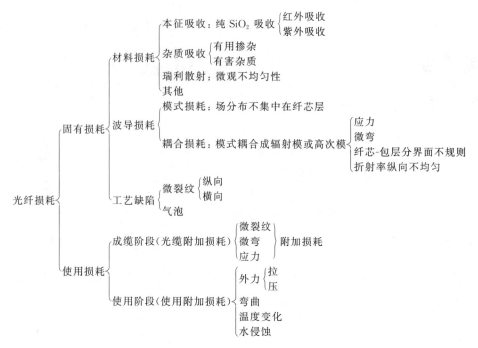

图 2.2.1 影响光纤损耗的因素

域。由于有显著的吸收,能量为 E 的光子的衰减将服从如下规律:

$$\alpha \sim \exp\left(\frac{E - E_k}{\Delta E}\right) \tag{2.2.1}$$

式中,E_k 是材料的有效能隙;ΔE 是表征该材料吸收特性的特征量。图 2.2.2 给出了熔融石英和高纯度碱钙硅酸盐玻璃的本征吸收损耗(通常用参数衰减表示,单位 dB/km)与入射光波长的关系曲线。从图 2.2.2 和式(2.2.1)可知,熔融石英曲线的斜率较大($\Delta E = 0.5$eV),而碱钙硅酸盐玻璃的 ΔE 值仅 0.3eV。熔融石英的能隙较大,一般是 $E_k = 13.4$eV,因此,它的本征吸收损耗较低,而且随频率的增加上升速率比其他玻璃缓慢。熔融石英能隙较大是由于 O^{2-} 离子处于紧束缚状态。另外,从图 2.2.2 可见,波长从 $1\mu m$ 变到 $0.4\mu m$ 时,熔融石英的损耗要增加一个数量级。

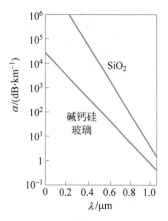

图 2.2.2 玻璃的本征吸收损耗与
波长的关系

对于高纯度、均匀的玻璃,在可见和红外区域的本征损耗很小。但一些外来元素会产生重要的杂质吸收,这些主要的杂质是 Cu^{2+}、V^{3+}、Cr^{3+}、Mn^{3+}、Fe^{3+}、Co^{3+} 和 Ni^{2+}。其电子跃迁能级位于材料的能隙中,可被可见光或近红外光激发。因此,在可见和近红外区域有很强的吸收损耗。对于低浓度杂质离子的玻璃材料,在给定的频率下,由吸收引起的衰减和杂质浓度成正比,这些杂质可以通过原材料的提纯和制作工艺的改进而除去。除金属杂质外,OH^- 离子是另一个极重要的杂质。为了降低 O-H 基的吸收损耗,原材料的脱水技术十分重要。近来,消除 OH^- 的方法已有显著成效,可以制出水的质量比小于几十个 ppb($1ppb=10^{-9}$)的高硅玻璃材料。即使这样,虽然在 $0.95\mu m$ 处的 OH^- 吸收峰基本上可以消除,但在 $1.37\mu m$ 处的 OH^- 吸收峰却很难避免。能够基本消除此吸收峰的光纤称为全波段光纤(all-wave fiber)。

实验证明,在纯熔融石英中,要想得到 $4dB/km$($\lambda=0.85\mu m$)的损耗,杂质的质量比应是:$OH^-<5\times10^{-6}$;$Fe^{2+}<0.05\times10^{-6}$;$Co^{2+}<0.01\times10^{-6}$;$Cr^{3+}<0.03\times10^{-6}$;$Mn^{2+}<0.002\times10^{-6}$;$Cu^{2+}<0.01\times10^{-6}$。要想得到 $0.5dB/km$ 以下的损耗,OH^- 的质量比要降低到几十个 ppb。由此可见,优质光纤对材料纯度要求之高。

2.2.2 散射损耗

如前所述,散射损耗主要来源于光纤的制作缺陷和本征散射,其中主要是折射率起伏。光纤材料中随机分子结构可以引起折射率发生微观的局部变化,缺陷和杂质原子也可引起折射率发生局部变化。对这两种折射率变化引起的光能损失可以和波导的结构无关地进行分析。瑞利(Rayleigh)散射是一种基本的、重要的散射,因为它是一切介质材料散射损耗的下限。其主要特点是弹性散射过程中光子的能量(频率)不变;散射光频率等于入射光频率;散射损耗与波长的四次方成反比。散射体的尺寸小于入射光波长时,瑞利散射总是存在。瑞利散射是一种重要的本征散射,它和本征吸收一起构成了光纤材料的本征损失,它们表示在完美条件下材料损耗的下限。图 2.2.3 给出了普通单模光纤的损耗曲线,图中给出了杂质金属吸收,石英的红外吸收、OH^- 吸收、瑞利散射和总吸收随波长的变化关系。

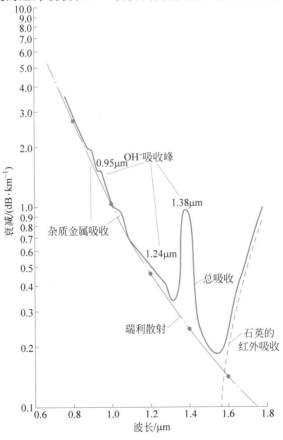

图 2.2.3 单模光纤的损耗曲线

非弹性散射光频率不同于入射光,根据散射机理光纤中的非弹性散射可分为布里渊(Brillouin)散射和拉曼(Raman)散射。而光纤中的背向散射光谱示意如图 2.2.4 所示。详细讨论可参见 2.7.1 节受激非弹性散射。

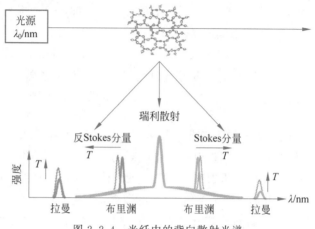

图 2.2.4　光纤中的背向散射光谱

光纤中的材料分子内部存在振动,这种振动使得材料的折射率和分子排列周期在空间上呈现波动,就会产生所谓的自发声场。相对于泵浦光,布里渊的频移量与声子性质密切相关,而声子特性则取决于光纤材料和结构参数,同时也受温度和应变的影响。基于布里渊散射的测量方案就是通过测量布里渊散射光的频移量实现分布式传感。但是由于布里渊散射光频率与瑞利散射光间隔相近(约 11GHz@1550nm),而且,无论应变或者温度所产生的布里渊频移都很小,大大增加了提取布里渊频率信号的工作难度,也限制了布里渊散射系统在测温领域的应用。

拉曼散射是由于光纤芯的折射率分布不均匀,光在传播过程中与光纤材料分子发生非弹性碰撞所造成的能量交换现象。光子的一部分能量传递给光纤材料分子,造成光子频率发生变化的同时,光子的运动方向也发生了改变。一般地,拉曼非弹性散射分为自发拉曼散射和受激拉曼散射两种。发生拉曼散射时,原谱线两边将对称地产生两条新的谱线,频率降低的谱线称为斯托克斯(Stokes)散射谱线,频率升高的谱线称为反斯托克斯(anti-Stokes)谱线。而其中一个非常重要的特性是频率变化与温度无关,仅由光纤材料中分子的性质所决定。由于拉曼散射光的频率远离瑞利散射频率(约 11THz@1550nm),因此很容易被提取并进行后续处理,也是基于拉曼散射的分布式测温系统最先获得应用的原因。在拉曼散射光中,反斯托克斯光对温度变化非常敏感,以反斯托克斯光的变化进行温度解调是拉曼测温系统中的基础理论之一。无论是在实验室还是在工程应用中,基于拉曼散射的分布式系统的测温精度和空间分辨率都较易满足要求,相比其他测温方案有较明显的优势。

对光纤的传输而言,散射将损失能量,是一种不利因素。但研究表明,散射光中也载有不少有用的信息,在有些情况下又是可以加以利用的有用的因素。例如:利用瑞利散射已构成可测量光纤传输损耗和断点等缺陷的光时域反射计,测量振动的分布式光纤传感器;利用喇曼散射和布里渊散射可构成测量温度和应力的分布式光纤传感器等。

2.2.3 弯曲损耗

1. 光纤的宏弯损耗

理论分析和实验研究均表明:光纤弯曲(宏弯)时,曲率半径在一个临界值 R_c 以前 $(R > R_c)$,因弯曲而引起的附加损耗很小,以致可以忽略不计;在临界值以后 $(R < R_c)$,附加损耗按指数规律迅速增加。因此,确定临界值 R_c 对于光纤的研究、设计和应用都很重要。

多模光纤弯曲损耗的计算公式为

$$\begin{cases} \alpha = \dfrac{T}{2\sqrt{R}}\exp\left(2Wa - \dfrac{2}{3}\dfrac{W^3}{\beta^2}R\right) \\ T = \dfrac{2ak^2}{e_v\sqrt{\pi WV^2}}, \quad (v=0 \text{ 时},e_v=2;\ v\neq 0 \text{ 时},e_v=1) \\ U^2 = n_1^2 k_0^2 - \beta^2 \\ W^2 = \beta^2 - n_2^2 k_0^2 \\ V^2 = a^2 k_0^2(n_1^2 - n_2^2) \end{cases} \quad (2.2.2)$$

式中,a 为纤芯半径;R 为光纤弯曲的曲率半径。由式(2.2.2)求 α 对 R 的变化关系,可得临界曲率半径 R_c 表达式:

$$R_c = \frac{3}{2}\frac{\beta^2}{W^3}(0.347 + 2Wa) \quad (2.2.3)$$

对于实际的多模光纤,曲率半径 $R \geqslant 1\text{cm}$ 时,附加损耗可以忽略不计。图 2.2.5 给出了多模光纤弯曲损耗 α 随曲率半径 R 的变化关系。

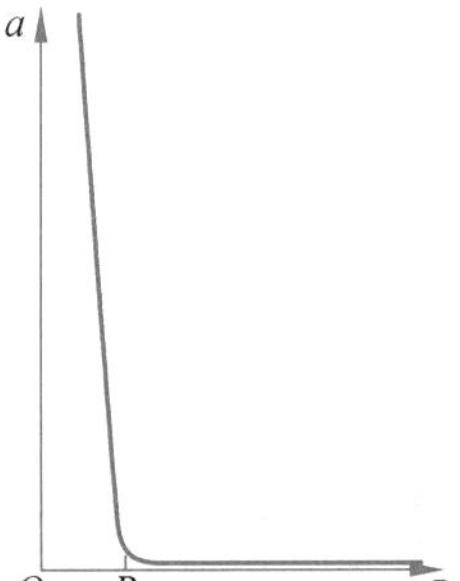

单模光纤弯曲损耗的计算公式为

$$\begin{cases} \alpha_c = A_c R^{-\frac{1}{2}}\exp(-UR) \\ A_c = \dfrac{1}{2}\left(\dfrac{\pi}{aW^3}\right)^{\frac{1}{2}}\left[\dfrac{U}{WK_1(W)}\right]^2 \\ U = \dfrac{4\delta n W^3}{3aV^2 n_2} \end{cases} \quad (2.2.4)$$

图 2.2.5 损耗 α 和曲率半径 R 的关系

实际工作中 A_c 和 U 可用以下近似公式计算:

$$U_c \approx 0.705\frac{(\delta n)^{\frac{3}{2}}}{\lambda}\left(2.748 - 0.996\frac{\lambda}{\lambda_c}\right)^3$$

式中,λ_c 为单模光纤截止波长。当 $0.8 \leqslant \dfrac{\lambda}{\lambda_c} \leqslant 2$ 时,误差小于 3%;有

$$A_c \approx 30(\delta n)^{\frac{1}{4}}\lambda^{-\frac{1}{2}}\left(\frac{\lambda_c}{\lambda}\right)^{\frac{3}{2}}$$

当 $1 \leqslant \dfrac{\lambda}{\lambda_c} \leqslant 2$ 时,误差小于 10%。

由此可得临界半径 R_c 的表达式,即

$$R_c \approx 20 \, \frac{\lambda}{(\delta n)^{\frac{3}{2}}} \Big(2.748 - 0.996 \, \frac{\lambda}{\lambda_c} \Big)^{-3} \tag{2.2.5}$$

图 2.2.6 给出了三种截止波长($0.7\mu m$,$1.18\mu m$,$1.4\mu m$)的光纤弯曲临界半径随 λ 的变化关系。

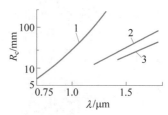

图 2.2.6　三种光纤的截止波长 R_c 随 λ 的变化关系

1—$0.7\mu m$; 2—$1.18\mu m$; 3—$1.4\mu m$

2. 微弯引起的光纤损耗

1) 多模光纤的微弯损耗

多模光纤中由于存在众多的模式,因此难于用统一的公式来表达微弯引起的损耗。理论分析表明,一般情况下,微弯只能使相邻模式之间产生耦合。相邻模式之间传播常数差 $\Delta\beta = \beta_{m+1,n} - \beta_{m,n}$ 值越大,耦合越强烈,微弯损耗也越大,而且它和光纤微弯形状密切相关。例如,当光纤为正弦状微弯时,即

$$f(z) = \begin{cases} A_d \sin(k'z), & 0 \leqslant z \leqslant L \\ 0, & z \text{ 为其他值} \end{cases}$$

式中,k' 为微弯空间频率;A_d 为微弯幅值;L 为微弯区长度。这时通过理论计算可得微弯损耗 α 的表达式为

$$\alpha \propto \frac{A_d L}{4} \left\{ \frac{\sin[(k'-k_c)L/2]}{(k'-k_c)L/2} + \frac{\sin[(k'+k_c)L/2]}{(k'+k_c)L/2} \right\} \tag{2.2.6}$$

式中,$k_c = \Delta\beta = \sqrt{2\Delta}/a$;$\Delta$ 是光纤的相对折射率差。由式(2.2.6)可得以下结论:

(1) 光纤的微弯空间频率 $k' = k_c$(微弯周期 $l = l_c$)时,光纤的微弯损耗最大。

(2) 光纤的损耗谱在 $l = l_c$ 处的主衰减峰的谱宽为 $2l_c^2/L$,主衰减峰两侧还有次极大出现。

(3) 光纤的微弯损耗与微弯振幅 A_d 成正比。这一点对微弯传感器的应用有利。

(4) 光纤的微弯损耗与微弯总长 L 成正比。

上述结论在一定条件下和实验结果相近,且仅适用于弱耦合情况。

2) 单模光纤的微弯损耗

计算单模光纤微弯损耗的公式不止一个,下面给出其中之一,供参考。

$$\alpha = \frac{A}{8}(k_0 n_1 s_0^2) \left[\frac{k_0 n_1 s^2(p)}{2} \right]^{2p} \tag{2.2.7}$$

$$s(p) \approx \frac{1}{2}(s_0 + s_\infty) \tag{2.2.8}$$

式中,$A = 9.6799 \times 10^{-19} \, dB/km$;$p = 3.2$;$n_1$ 为纤芯折射率;s_0 为模斑半径。s_0 和 s_∞ 由下式计算:

$$s_0^2 = \frac{2a^2 \int_0^\infty |\Psi|^2 R^3\,\mathrm{d}R}{\int_0^\infty |\Psi|^2 R\,\mathrm{d}R}$$

$$s_\infty^2 = \frac{4}{\beta^2 - k_0^2 n_2^2}$$

式中,$R = r/a$,为归一化径向变量;a 为纤芯半径;n_2 为包层折射率;Ψ 为标量场分布。由式(2.2.7)和式(2.2.8)显见 α 值和模斑半径密切相关,模斑半径越小,微弯损耗越小。

2.3　光纤的色散

2.3.1　概述

在光纤中传输的光脉冲,受到由光纤的折射率分布、光纤材料的色散特性、光纤中的模式分布以及光源的光谱宽度等因素决定的"延迟畸变",使该脉冲波形在通过光纤后发生展宽。这一效应称作"光纤的色散"。利用 $n_g = c/v_g$ 可以得到群折射率。图 2.3.1 给出了熔融石英折射率 n 和群折射率 n_g 随波长的变化。从物理图像上而言,光脉冲包络是以群速度移动,造成脉冲展开的原因实质上是和群折射率随波长的变化趋势密切相关。从图 2.3.1 中也可清晰看出,当波长位于 $1.27\mu m$ 处时,群折射率的变化率趋于零。此处即为材料色散=0 对应的光纤"零色散波长"。而该波长两边色散符号相反,一边为正常(normal)色散区,另一边为反常(anomalous)色散区。

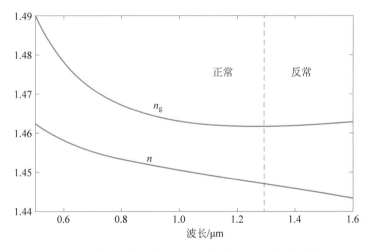

图 2.3.1　熔融石英折射率 n 和群折射率 n_g 随波长的变化

在光纤中一般把色散分成以下 4 种。

(1) 模式色散(modal dispersion or intermodal dispersion):这是仅仅发生于多模光纤中由于各模式之间群速度不同而产生的色散。由于各模式以不同时刻到达光纤出射端而使脉冲展宽。图 2.3.2 是说明多模光纤传播特性的 $k\text{-}\beta$ 曲线,在 $\beta = n_1 k$ 与 $\beta = n_2 k$ 之间并列着许多模的 $k\text{-}\beta$ 曲线,在各模的曲线与一定频率线(图中虚线)交点处的斜率 $\mathrm{d}\beta/\mathrm{d}\omega$,是因模而异产生的色散,$\mathrm{d}\beta/\mathrm{d}\omega$ 是群速度的倒数。

（2）波导色散（waveguide dispersion）：这是由于某一传播模的群速度对于光的频率（或波长）不是常数（图2.3.2中 k-β 曲线不是直线），同时光源的谱线又有一定宽度，因此产生波导色散。

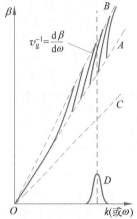

图 2.3.2　多模光纤 k-β 曲线
A—$\beta=n_2k$；B—$\beta=n_1k$；
C—$\beta=k$；D—光源的谱

（3）材料色散（chromatic dispersion）：由于光纤材料的折射率随射入光频率变化而产生的色散。

（4）偏振（模）色散（polarization dependent dispersion）：一般的单模光纤中都同时存在两个正交模式（HE_{11x} 模和 HE_{11y} 模）。若光纤的结构为完全的轴对称，则这两个正交偏振模在光纤中的传播速度相同，即有相同的群延迟，故无色散。实际的光纤必然会有一些轴的不对称性，因而两正交模有不同的群延迟，这种现象称之为偏振色散或偏振模色散。

在上述 4 种色散中，波导色散和材料色散都和光源的谱宽成正比，为此常把这两者总称为"波长色散"。群延时是指信号沿单位长光纤传播后产生的延迟时间 t。设群速度为 v_g，则在角频率 ω_g 附近 ω_g 的群延时可表示为

$$t=\frac{1}{v_g}=\frac{d\beta}{d\omega}=\frac{d\beta}{d\omega}\bigg|_{\omega=\omega_0}+(\omega-\omega_0)\left(\frac{d^2\beta}{d\omega^2}\right)_{\omega=\omega_0} \tag{2.3.1}$$

如光源发出的是严格的单色波，则式(2.3.1)只有第一项。第一项之值因模而异，故引起多模色散；第二项则产生波导色散和材料色散。

2.3.2　模式色散

对于均匀材料中的均匀平面波，式(2.3.1)的第一项可表示为

$$\frac{d\beta}{dk}=\frac{d(kn)}{dk}=n+k\frac{dn}{dk}\equiv N \tag{2.3.2}$$

由于 $N\equiv d\beta/dk=c/v_g$，故 N 称为群折射率。如果 $dn/dk=0$，则有 $n=N$，对于实际的玻璃材料，n 和 N 之差一般小于百分之几。

对于纤芯和包层折射率分别为 n_1 和 n_2 的均匀光纤，归一化传播常数 b 的定义式为

$$b\equiv\frac{\beta^2-n_2^2k^2}{n_1^2k^2-n_2^2k^2}\approx\frac{\beta-n_2k}{n_1k-n_2k} \tag{2.3.3}$$

且对于实际的玻璃材料，有

$$n_1-n_2\approx N_1-N_2$$

利用 $k\infty V$ 的关系，可得

$$\frac{d\beta}{dk}\approx N_2+(N_1-N_2)\frac{d(Vb)}{dV} \tag{2.3.4}$$

由式(2.3.4)可见，只要已知 N_1-N_2 以及 V-b 曲线，就可求出群时延。此外由光线理论也可推导出模式色散公式，其表达式为

$$\tau=t_{max}-t_0=t_0(\sec\theta_{max}-1)\approx\frac{1}{2}t_0\sin^2\theta_{max}=t_0\Delta \tag{2.3.5}$$

显然式(2.3.5)是近似的,由它可估算出色散大小。设纤芯的折射率 $n_1=1.5$,则有 $t_0=n_1/c=5\mu s/km$,若 $\Delta=1\%$,则可得 $\tau=50ns/km$,而在 $\Delta=0.3\%$ 时,可得 $\tau=15ns/km$。

2.3.3 波长色散

波长色散是波导色散和材料色散的叠加,令 τ 代表由波长色散产生的群时延展宽,即式(2.3.1)的第二项。为便于分析,再定义一个"归一化波长色散"σ 为

$$\sigma = \tau \Big/ \Big(\frac{\delta\omega}{\omega_0}\Big) \tag{2.3.6}$$

式中,$\delta\omega/\omega_0$ 为光源的相对谱宽。由式(2.3.6)和式(2.3.1)可得

$$\sigma = \omega_0 \frac{\mathrm{d}^2\beta}{\mathrm{d}\omega^2} = \frac{k}{c}\frac{\mathrm{d}^2\beta}{\mathrm{d}\omega^2} \tag{2.3.7}$$

把式(2.3.4)再微分一次,则有

$$\sigma = \frac{k}{c}\frac{\mathrm{d}N_2}{\mathrm{d}k} + \frac{k}{c}\frac{\mathrm{d}(N_1-N_2)}{\mathrm{d}V}\frac{\mathrm{d}(Vb)}{\mathrm{d}V} - \frac{N_1-N_2}{c}V\frac{\mathrm{d}^2(Vb)}{\mathrm{d}V^2} \tag{2.3.8}$$

利用 $\mathrm{d}(Vb)/\mathrm{d}V\approx1$ 的关系化简式(2.3.8),最后得

$$\sigma = \frac{k}{c}\frac{\mathrm{d}N_1}{\mathrm{d}k} - \frac{N_1-N_2}{c}V\frac{\mathrm{d}^2(Vb)}{\mathrm{d}V^2} \tag{2.3.9}$$

或

$$\sigma = \sigma_m + \sigma_w \tag{2.3.10}$$

式中,$\sigma_m = \frac{k}{c}\frac{\mathrm{d}N_1}{\mathrm{d}k}$ 为材料色散系数;$\sigma_w = \frac{N_1-N_2}{c}V\frac{\mathrm{d}^2(Vb)}{\mathrm{d}V^2}$ 为波导色散系数。单模和多模光纤的各种色散大小的比较列于表 2.3.1。

表 2.3.1 各种色散大小的比较

光 纤 类 型	模式色散	材料色散($c\sigma_m$)	波导色散($c\sigma_W=N_1\Delta$)	备　　注
均匀芯单模光纤	无	0.02@0.85μm	0.0045@($N_1=1.5,\Delta=0.3\%$)	$c\sigma_m>c\sigma_W$
均匀芯多模光纤	无论用何种单色光源,模式色散都大于波长色散			

2.4 光纤的设计

2.4.1 引言

光纤设计是根据光纤使用的要求,确定光纤的几何形状、尺寸以及折射率分布。其目的是满足不同的使用要求,其中包括色散的补偿(尽可能减小光纤中光波传输的总色散)、弯曲损耗的减小,以及满足传输光波的偏振要求和耦合效率的要求(例如提高光纤激光器泵浦光的耦合效率)等。

光纤设计的原则如下:

(1) 尽可能满足使用要求,例如色散小、耦合效率高、偏振稳定或弯曲损耗小等。

(2) 尽可能减小传输损耗,光纤的传输损耗除和光纤的结构设计、折射率分布有关外,还和掺杂剂、材料选择、制造工艺等因素密切相关。

（3）工艺标准化，尽可能采用标准化的光纤制作工艺。

本章只介绍基于融石英的普通光纤的设计和制作，不包括特种光纤的设计和制作。

2.4.2　多模光纤折射率分布的设计

一般的多模光纤主要用途是：信号的传输、信号的提取（传感）和能量的传输。用于信号传输的多模光纤，应尽可能减小光纤的传输色散。较好的解决办法是：纤芯用梯度折射率分布，以减小模间色散。用于信号提取（传感）和能量传输的多模光纤，则应根据需要，选用合适的纤芯直径和数值孔径，以利提高耦合效率和传感器性能。

多模光纤中，色散的主要原因是模式色散，降低模式色散的方法是控制其纤芯的折射率分布，即确定使模式色散最小的折射率分布。常用两种方法：一是用折射率分布为 g 次方分布（折射率变化量与半径 r 的 g 次方成比例分布），确定模式色散值最小化对最佳分布指数 $g_{最佳}$、光纤掺杂的种类（GeO_2，P_2O_5，B_2O_3 等）及入射光波长的依赖关系；二是把纤芯内的折射率分布表示成纤芯半径 r 的幂级数展开式，用变分法求出各传播模的群时延，再由此结果计算群时延的统计方差（即模式色散）；进而修正折射率分布，以使模式色散最小。

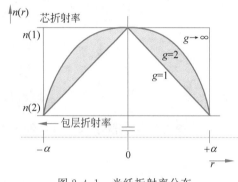

图 2.4.1　光纤折射率分布

光纤折射率径向分布决定了光纤的波导特性。在简单的阶跃折射率分布的单模光纤中，光纤芯区的折射率略高于包层的折射率。在复杂的折射率分布结构（如色散位移单模光纤）中，在芯区和多个包层之间，可以同时存在几个折射率低于或高于包层的部分。光纤折射分布的描述是从光纤芯至包层的折射率随半径的变化：$n = n(r)$。光纤中光波的传播和光纤折射率分布密切相关。如图 2.4.1 所示，在实际应用中光纤折射率分布曲线可用半径的折射率分布指数函数来描述，即

$$n^2(r) = n_1^2 \left[1 - 2\Delta \left(\frac{r}{a} \right)^g \right], \quad r < a \tag{2.4.1}$$

$$n^2(r) = n_2^2 = 常数, \quad r \geqslant a \tag{2.4.2}$$

式中：n_1 为光纤芯折射率；Δ 为纤芯-包层相对折射率差；r 为离开光纤芯轴的距离；a 为纤芯半径（μm）；g 为折射率分布指数；n_2 为包层折射率。

相对折射率差 Δ 与数值孔径 NA 或折射率 n_1 和 n_2 的关系为

$$\Delta = \frac{NA^2}{2n_1^2} = \frac{n_1^2 - n_2^2}{2n_1^2} \tag{2.4.3}$$

式（2.4.1）中，$g=1$ 为三角形分布；$g=2$ 为抛物线分布（梯度分布）；$g \to \infty$ 为阶跃分布。应注意这三种特殊情况。

归一化频率 V 值是描述光纤特性的一个重要参数。它与芯半径 a，纤芯的数值孔径 NA 和波长 λ 或光波数 k 有关。

$$V = 2\pi(a/\lambda)NA = ka NA \tag{2.4.4}$$

对于折射率分布指数为 g 的任意幂指数率的折射率分布，纤芯中传导的模数量 N 与 V

值有关,其关系可近似地表示为 $N \approx \dfrac{V^2}{2} \dfrac{g}{g+2}$。表 2.4.1 概括了三种典型光纤中传导模数量的近似计算式。

表 2.4.1 不同折射率分布光纤内传导模式数量的估算

光 纤 类 型	折射率分布指数 g	传导模式数量 N
阶跃折射率分布光纤	∞	$V^2/2$
梯度折射率分布光纤	2	$V^2/4$
三角折射率分布光纤	1	$V^2/6$

显见,当光纤的 V 值相同时,梯度折射率分布光纤芯中传导模数量只有阶跃折射率分布光纤的一半,三角折射率分布光纤芯中传导模数量只有阶跃折射率分布的三分之一。光纤芯中传导模数量越少,光纤的带宽就越宽。例如:一梯度折射率分布($g=2$)的光纤,芯径 $2a=50\mu m$,数值孔径 $NA=0.2$,波长 $\lambda=1\mu m$,其 $V=[2\pi(50/2)/1]\times 0.2=2\pi\times 5\approx 31.4$,则光纤芯中传导的模数量 $N=V^2/4\approx 31.4^2/4\approx 247$。

2.4.3 单模光纤的设计

单模光纤不存在多模光纤中特有的模式色散,因此它具有比多模光纤宽得多的传输频带。但是目前在光纤通信、光纤中的非线性效应及其应用的研究以及光纤传感的研究中,都需要频率更宽的单模光纤。这一节要介绍的是如何使原来已具有宽传输频带的单模光纤具有更宽的频带,且具有尽可能小的传输损耗。

如前所述,单模光纤的色散主要有 3 种:材料色散(σ_m)、波导色散(σ_w)和偏振色散。本节讨论的零色散光纤的设计不涉及偏振色散。对于石英系光纤,其材料色散随着波长的增加单调增大,由负值变为正值,在 $\lambda_0=1.3\mu m$ 附近为零;且此"零色散波长"与光纤掺杂的种类和浓度无关(对于实用的光纤),如图 2.4.2 所示。而波导色散 σ_w 始终为负值,因此利用这一特性可设计在某一特定波长色散为零的光纤(即"零色散位移光纤"),或某一特定波段色散近于零的光纤(即"非零色散平坦光纤")。

图 2.4.3 给出了 σ_w 随归一化频率 V 的变化关系曲线。由图可知,通过归一化频率 V 和相对折射率差 Δ 的适当选择,可以控制波导色散 σ_w 的大小,进而控制光纤的总色散。

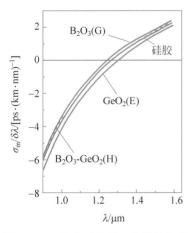

图 2.4.2 各种石英玻璃的材料色散

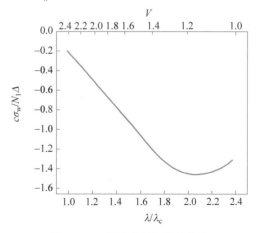

图 2.4.3 单模光纤的波导色散

图 2.4.4 和图 2.4.5 分别列出了 $\Delta=0.2\%$,$\lambda_c=1.0\mu m$ 的光纤和 $\Delta=0.7\%$,$\lambda_c=1.0\mu m$ 的光纤的材料色散、波导色散及总色散。图 2.4.2 中纵坐标是 $\sigma_m/\delta\lambda$,$\delta\lambda$ 是光源的光谱宽度。适当选取 Δ 和 λ_c 的值,可改变"零色散波长"的位置。

对于阶跃单模光纤,其包层的折射率是变化的,而非恒定值。这无论从光纤制造者的角度(解决工艺上的困难)或是使用者的角度(改善光纤的传输特性)看都是需要的。目前单模光纤包层折射率的分布有 3 种形式(如图 2.4.6 所示):①折射率增加的内包层;②折射率增加但有一缓冲层的内包层;③折射率减小的内包层。图中 Δn,$\Delta'n$ 之值由下式计算。

$$\Delta n = n_1 - n_2 \qquad \Delta = \Delta n/n_3 \ll 1$$
$$\Delta'n = n_2 - n_3 \qquad \Delta' = \Delta'n/n_3 \ll 1$$
$$\delta = \Delta'n/\Delta n > 1$$

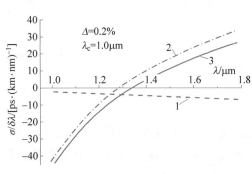

图 2.4.4　$\Delta=0.2\%$ 的光纤的色散
1—波导色散;2—材料色散;3—总色散

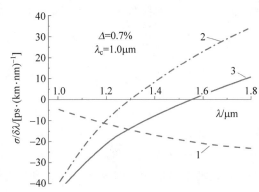

图 2.4.5　$\Delta=0.7\%$ 的光纤的色散
1—波导色散;2—材料色散;3—总色散

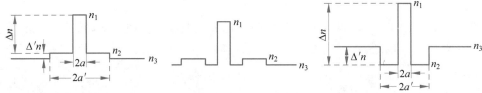

(a) 折射率增加的内包层　　(b) 折射率增加但有一缓冲层的内包层　　(c) 折射率减小的内包层

图 2.4.6　单模光纤包层折射率的典型分布

式中,n_1 是纤芯的折射率,其直径为 $2a$;n_2 是内包层的折射率,其直径为 $2a'$;n_3 是外包层的折射率,其直径延伸到无限远。这种光纤的归一化频率定义为

$$V_{12} = ak_0(n_1^2 - n_2^2)^{\frac{1}{2}} \approx ak_0 n_3(2\Delta)^{\frac{1}{2}} \qquad (2.4.5)$$

$$V_{13} = ak_0(n_1^2 - n_3^2)^{\frac{1}{2}} \approx V_{12}(1+\delta)^{\frac{1}{2}} \qquad (2.4.6)$$

由于内包层为折射率减小的单模光纤,其色散特性易于控制,变化幅度大,而又不影响其损耗特性,因此目前受到广泛注意。

1. 截止条件

在图 2.4.6 的情况下,按定义截止条件为

$$\beta_{\mathrm{mode}}(\lambda_{\mathrm{c}}) = kn_3 \tag{2.4.7}$$

λ_{c} 是相应模式的截止波长。显见,当 $a'/a=1$ 以及 $a'/a \to \infty$ 时,图 2.4.6 中所示光纤就变成简单的阶跃型。但由于无法制造 $a'/a \to \infty$ 的光纤,因此可不予考虑。

(1) **折射率增加的内包层**:考虑图 2.4.6(a) 的情况。显见,当增加 a'/a 和(或)δ 时,会引起所有模式传播常数都增加,这意味着相应的截止波长要增加或 $V_{13\mathrm{c}}$ 要减少。

(2) **折射率减小的内包层**:a'/a 或 $|\delta|$ 增加时,所有模式的传播常数减小,因而 $V_{13\mathrm{c}}$ 的值增加,这对 LP_{01} 模更明显(对阶跃光纤,其截止波长为零)。若内包层负到一定程度,就会出现 LP_{01} 模截止频率不为零的情况。由于这里讨论的截止定义仍为 $\beta_{\mathrm{mode}}(\lambda_{\mathrm{c}}) = kn_3$,因此当频率低于截止频率时,在外包层中模场是振荡的(与纤芯中的情况一样);虽然这时在内包层中仍为倏逝场(只要 $\mathrm{Re}(\beta) > kn_2$),这样就引起能量的损耗(通过内包层向外包层泄漏,类似于隧道效应)。显然,增加内包层的厚度可降低这种损耗。

虽然上述两类光纤和阶跃折射率光纤的截止特性相差很多,但在 $V_{13\mathrm{c}}$ 值的一定范围内,且 V_{13} 远大于 $V_{13\mathrm{c}}$ 时,对于 LP_{01} 模,仍可找到一等效的阶跃折射率光纤,其场分布与上述的实际光纤相同。其基本方法是:以纤芯的折射率 n_1 为参考,再求等效阶跃折射率光纤,其包层的折射率应为实际折射率 n_2 和 n_3 的某种平均值。现用公式表示如下:

$$n^2(r) = n_1^2\left[1 - 2\Delta q\left(\frac{r}{a}\right)\right] \tag{2.4.8}$$

$$n_{\mathrm{e}}^2(r) = n_1^2\left[1 - 2\Delta_{\mathrm{e}} q_{\mathrm{e}}\left(\frac{r}{a_{\mathrm{e}}}\right)\right] \tag{2.4.9}$$

式中

$$q(x) = \begin{cases} 0, & 0 \leqslant x < 1 \\ 1, & 1 \leqslant x \leqslant \dfrac{a'}{a} \\ 1+\delta, & \dfrac{a'}{a} \leqslant x \end{cases}$$

$$q_{\mathrm{e}}(x) = \begin{cases} 0, & 0 \leqslant x < 1 \\ 1, & 1 \leqslant x \end{cases}$$

式中,$n(r)$,$n_{\mathrm{e}}(r)$ 分别为实际的和等效的折射率分布。对于大多数实际的光纤,δ 的取值范围为 $-1 < \delta \leqslant 0.2$,由于不考虑 LP_{01} 模在截止附近的情况,对于 $r > a$ 的区域,其场分布应正比于 $K_0(W_{\mathrm{e}} r/a)$。

2. 色散特性

有内包层的光纤,由于其截止特性不同,因而其色散特性也不同。在这种光纤中,对于短波长(高 V 值)的光,就 LP_{01} 模而言可认为内包层延伸到无穷远(即无外包层)。当波长增加(V 值减小)时,折射率比内包层要高的外包层将迅速对 LP_{01} 模发生作用,致使其在

传输常数 $\beta = kn_3$ 时停止减小,而不是在 $\beta = kn_2$ 时停止减小。如图 2.4.7 所示,这将引起强烈的波导色散。这时 2.3 节给出的色散公式仍然成立,只是有些参量要作相应的改变。

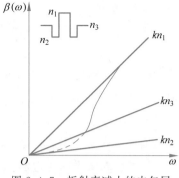

图 2.4.7　折射率减小的内包层光纤的 $\beta\text{-}\omega$ 关系曲线

折射率变小的内包层的光纤之特点为:①在单模传输区,会出现波导色散 $V[\mathrm{d}^2(Vb)/\mathrm{d}V^2]$ 为负的情况,可用于短波长补偿材料色散;②也会出现波导色散 $V[\mathrm{d}^2(Vb)/\mathrm{d}V^2]$ 为高正值的情况,它可用于长波长补偿材料色散。但这对光纤制造和波长要求较严。

下面的近似表达式可用于计算波导色散,误差为 10%。

(1) $2.8 \leqslant V_{12} \leqslant 6.0$ 时:

$$V_{12}(V_{12}b)'' \approx 0.080 + 0.549(2.834 - V_{12})^2 \tag{2.4.10}$$

(2) $1.3 \leqslant V_{12} \leqslant 2.8$ 时:

$$V_{12}(V_{12}b)'' \approx -0.14 + 0.29(V_{12} - 1.56)^{-2} \tag{2.4.11}$$

2.4.4　典型单模光纤的折射率分布

单模光纤设计的主要目的是满足色散特性或其他性能需要。常用方法是:通过控制光纤芯折射率的分布来控制光纤传输的色散特性。由于工艺原因,实际制造的光纤的折射率分布不可能是矩形,而是折射率沿径向有小的起伏;在纤芯和包层的分界处,折射率不是突变,而是有一个过渡。图 2.4.8 是典型的标准 G.652 单模光纤的折射率分布的实测值。图 2.4.9~图 2.4.14 分别是:色散平坦光纤,色散位移光纤 G.653,非零色散位移光纤 G.655,色散补偿单模光纤 G.656,抗弯曲单模光纤 G.657 折射率分布的实测值。要注意设计值与实际值之间存在差别。表 2.4.2 列举上述几种典型的单模光纤的折射率分布及其相应的色散特性。

表 2.4.2　典型光纤类型及其折射率分布与特性

光纤类型	特　　性	典型折射率分布
G.652 单模	非色散位移光纤	图 2.4.8　G.652 的实际折射率分布

续表

光纤类型	特　性	典型折射率分布
色散平坦光纤	内包层折射率凹陷 1400～1600nm 波导色散为负,抵消材料色散,获得色散平坦区域	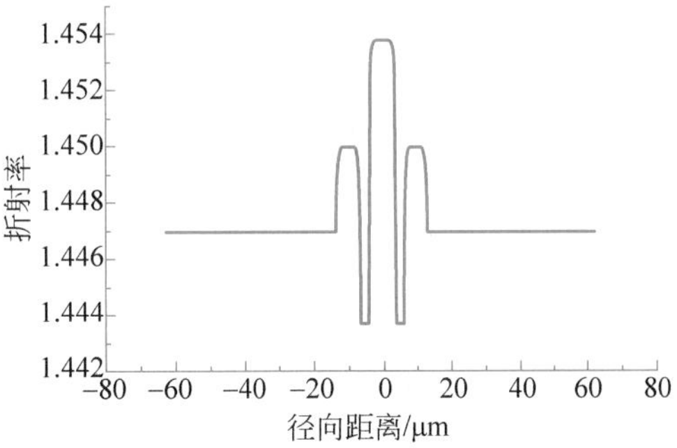 图 2.4.9　色散平坦光纤折射率分布
色散位移光纤 G.653	零色散波长 @1550 最小衰减和色散抗弯性能好,连接损耗低; 多芯结构,设计自由度多,波导色散 σ_W 易控	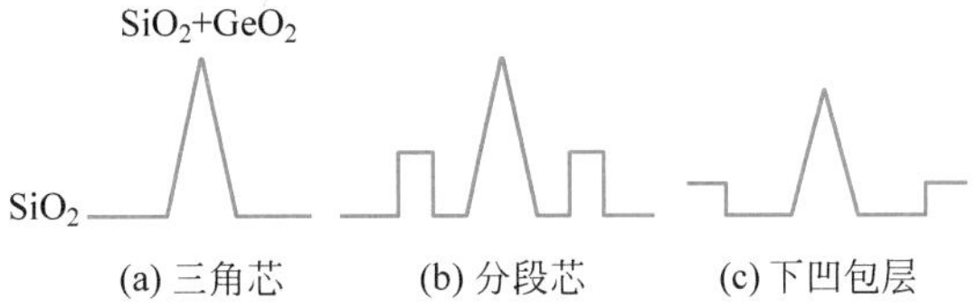 图 2.4.10　色散位移光纤 G.653 折射率分布
非零色散位移光纤 G.655	高速率、大容量和远距离的 DWDM 系统; 1550nm 保留微小色散,以抑制 DWDM 引起的非线性效应; 两种剖面结构以获得较大的场分布	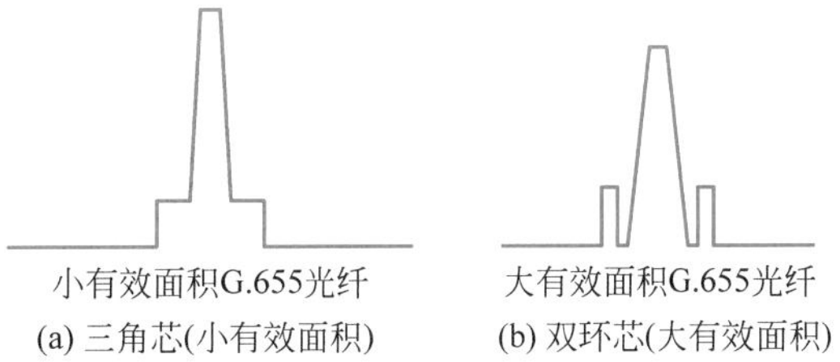 图 2.4.11　非零色散位移光纤 G.655 折射率分布 外环对实现大有效面积和微弯损耗作用关键;区别在于三角芯具有略低的衰减,双环芯则具有大有效面积
色散补偿光纤	负的波导色散为主,−150～−50ps/(nm·km); 多用带外环的 W 型折射率分布(弯曲损耗与色散的匹配); 包层直径 80μm	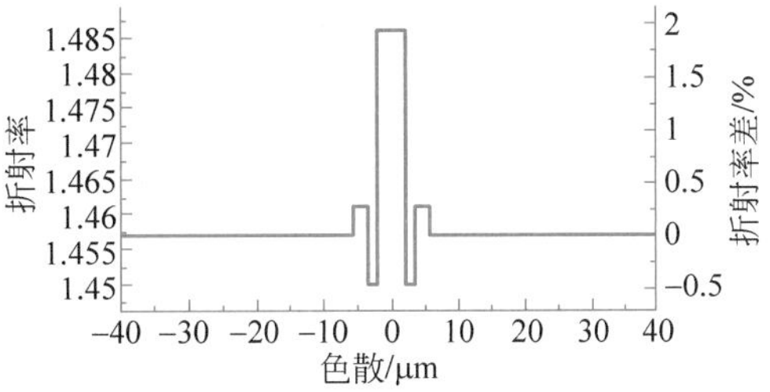 图 2.4.12　色散补偿单模光纤折射率分布

续表

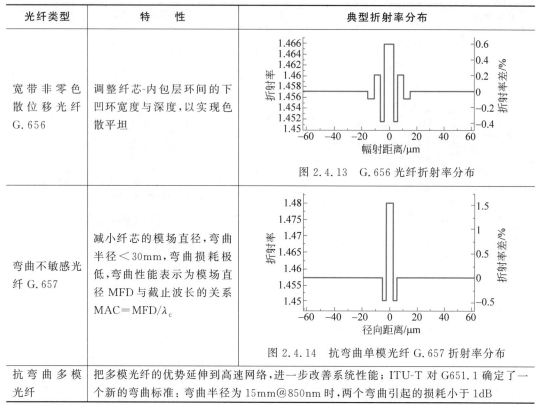

光纤类型	特　　性	典型折射率分布
宽带非零色散位移光纤 G.656	调整纤芯-内包层环间的下凹环宽度与深度,以实现色散平坦	图 2.4.13　G.656 光纤折射率分布
弯曲不敏感光纤 G.657	减小纤芯的模场直径,弯曲半径＜30mm,弯曲损耗极低,弯曲性能表示为模场直径 MFD 与截止波长的关系 MAC＝MFD/λ_c	图 2.4.14　抗弯曲单模光纤 G.657 折射率分布
抗弯曲多模光纤	把多模光纤的优势延伸到高速网络,进一步改善系统性能;ITU-T 对 G651.1 确定了一个新的弯曲标准:弯曲半径为 15mm@850nm 时,两个弯曲引起的损耗小于 1dB	

2.4.5　典型单模光纤性能

为了方便读者了解和选用光纤,表2.4.3给出了各种常用单模光纤的工作特性及其所适用的场所。

表 2.4.3　各种常用单模光纤的工作特性和应用场所

光纤类型	光 纤 名 称	主 要 特 性	应 用 场 所
G.652A	非色散位移单模光纤(SSMF)	G652A-D 在 1550nm 处有最大色散系数 均有 λ_0＝1300～1325nm	G652A-D 为 2.5Gb/s 以下中距离传输设计;＞2.5Gb/s@1550nm 长距离传输均需色散补偿 单信道系统
G.652B	非色散位移单模光纤(SSMF)		高速、多信道系统
G.652C	波长段扩展的非色散位移单模光纤(EB-SSMF)	消除 1385nm 水峰 λ_0：1310～1625nm	CWDM 系统
G.652D	波长段扩展的非色散位移单模光纤(EB＝SSMF)	消除 1385nm 水峰 λ_0：1310～1625nm	高速、多信道 CWDM 系统
G.653	色散位移单模光纤(DSF)	λ_0＝1550nm 1500nm 衰减 0.21dB/km	C 波段,2.5Gb/s 以上、长距离、单信道系统

续表

光纤类型	光纤名称	主要特性	应用场所
G.654A	截止波长位移单模光纤（CSMF）	G654A-C λ_a 和 λ_c 均在 1500nm 附近； λ_0：1530～1625nm	主要用于满足 G.691、G.692、G.957、G.977@1550nm 系统
G.654B	截止波长位移单模光纤（CSMF）	G.691、G.692、G.957、G.977 和 G.959.1@1550nm	长距离、大容量 WDM 系统，如带光放大器的海底通信系统
G.654C	截止波长位移单模光纤（CSMF）	PMD 小	基本性能同 G.654A 更适于高速、远距离系统
G.655A	非零色散单模光纤（ND-DSF）	G655A-C 均在 1500nm 有一定的色散，可抑制四波混频等非线性效应	C 波段，信道间隔＞200GHz，基于 10Gb/s 的长距离、大容量 DWDM 系统
G.655B	非零色散单模光纤（ND-DSF）	消除了 1385nm 水峰 λ_0：1310～1625nm	C、L 波段，信道间隔 100GHz，基于 10Gb/s 长距离、大容量 DWDM
G.655C	非零色散单模光纤（ND-DSF）	消除 1385nm 水峰 λ_0：1530～1625nm	C、L 波段，信道间隔≤100GHz，基于 10Gb/s 的长距离、大容量 DWDM 系统
G.656	宽带光传输用非零色散单模光纤（WB-NDDSF）	1500nm 有一定的色散，可抑制四波混频等非线性效应 λ_0：1560～1625nm	S、C、L 波段，基于 10Gb/s 的长距离、大容量的 WDM 系统
	色散补偿光纤（DCF）	大的负色散@1500nm，可对 G.652 色散补偿	支持 DCF＋G.652 方案在 C 波段长距离、大容量的 DWDM 系统

注：λ_0—零色散波长；λ_a—衰减最小处波长；λ_c—截止波长。

2.5 弹光效应

由机械应力引起的折射率变化称为弹光效应。如沿晶体主轴方向加单向机械应力 σ，则沿此力方向折射率 n 要发生变化，其表达式为

$$n = n^0 + a'\sigma + b'\sigma^2 + \cdots \tag{2.5.1}$$

式中，a'、b' 为常数。改变 σ 的方向，物体就由受拉变成受压，相应的 n 值也随之变化，所以各向同性材料无一级电光效应，但有一级弹光效应。

晶体的折射率可用折射率椭球来描述，即

$$\beta_{ij} x_i y_j = 1 \tag{2.5.2}$$

式中

$$\beta_{ij} = \frac{1}{\varepsilon_{ij}} = \frac{1}{n_{ij}^2} \tag{2.5.3}$$

β_{ij} 称为介电不渗透性张量，其分量代表光频下介电常数的倒数。折射率椭球的矢径长度代表光波振动方向 D 所对应的折射率。用折射率椭球描述弹光效应时，由机械应力所引起的折射率变化，等同于折射率椭球的形状大小以及取向的变化。因此将 β_{ij} 以 σ 为函数展开：

$$\beta_{ij} = \beta_{ij}^0 + \Pi_{ijkl}\sigma_{kl} + \cdots$$
$$\Delta\beta_{ij} = \beta_{ij} - \beta_{ij}^0 = \Pi_{ijkl}\sigma_{kl} \tag{2.5.4}$$

式中，Π_{ijkl} 称为应力弹光系数，或称压光系数(piezo optical coefficients)，是四阶张量，其典型值为 $10^{-12} \, \text{m}^2/\text{N}$。

注意：上式很类似于应力产生的应变表达式

$$S_{ij} = \lambda_{ijkl} \sigma_{kl}$$

应变 S_{ij} 和 $\Delta\beta_{ij}$ 都是无量纲量，而 λ_{ijkl} 和 Π_{ijkl} 的量纲相同，其数值也相近。有时 $\Delta\beta_{ij}$ 用应变来表示，利用

$$\sigma_{kl} = C_{ijrs} S_{rs} \tag{2.5.5}$$

可得

$$\Delta\beta_{ij} = p_{ijrs} S_{rs} \tag{2.5.6}$$

式中

$$p_{ijrs} = \Pi_{ijkl} C_{klrs}$$
$$\Pi_{ijkl} = p_{ijrs} \lambda_{rskl}$$

p_{ijrs} 是弹光系数(elastic optical coefficients)，是一无量纲的量。

由于对所有的 σ_{kl} 有 $\Delta\beta_{ij} = \Delta\beta_{ji}$，因此有

$$\Pi_{ijkl} = \Pi_{jikl}$$

又由于 $\sigma_{kl} = \sigma_{lk}$，故有

$$\Pi_{ijkl} = \Pi_{jilk}$$

因此 Π_{ijkl} 的独立变量数由 $3^4 = 81$ 个减少到 36 个。由晶体的对称性，独立变量数可进一步减少，这时对下标可进行简化，即

$$\Delta\beta_m = \Pi_{mn} \sigma_n \quad (m, n = 1, 2, \cdots, 6) \tag{2.5.7}$$

式中

$$\Pi_{mn} = \Pi_{ijkl} \quad (\text{当 } n = 1, 2 \text{ 或 } 3)$$
$$\Pi_{mn} = 2\Pi_{ijkl} \quad (\text{当 } n = 4, 5 \text{ 或 } 6)$$

注意，一般情况下

$$\Pi_{mn} \neq \Pi_{nm}$$

对于应变则有

$$\Delta\beta_{ij} = p_{ijrs} S_{rs} \quad (i, j, r, s = 1, 2, 3) \tag{2.5.8}$$

下标简化为

$$\Delta\beta_m = p_{mn} S_n \quad (m, n = 1, 2, \cdots, 6) \tag{2.5.9}$$

式中

$$p_{mn} = p_{ijrs} \quad (m, n = 1, 2, \cdots, 6) \tag{2.5.10}$$

注意，一般情况下

$$p_{mn} \neq p_{nm}$$

同上有

$$p_{mn} = \Pi_{mr} C_{rn} \tag{2.5.11}$$
$$\Pi_{mn} = p_{mr} \lambda_{rn} \tag{2.5.12}$$

p 的矩阵和 Π 的类似，只是因子 2 出现的位置不同。

【例 2.5.1】 假设有平行于立方体轴的单向张应力，作用在对称类型为 T-23 或 Th-m3

的立方晶体上，求此应力作用下晶体折射率的变化。

解 设 ox_1 为应力方向，ox_2、ox_3 为立方晶体的其他两个轴。在施加应力前，折射率椭球是球体，其方程为

$$\beta^\circ(x_1^2 + x_2^2 + x_3^2) = 1$$

$$\beta^\circ = \frac{1}{n_0^2}$$

在应力 σ 作用下折射率椭球发生的变化，可用方程描述为

$$\beta_1 x_1^2 + \beta_2 x_2^2 + \beta_3 x_3^2 + 2\beta_4 x_2 x_3 + 2\beta_5 x_3 x_1 + 2\beta_6 x_1 x_2 = 1$$

由手册查出立方晶体的 Π_{mn} 系数值，再由式(2.5.7)即可求出 $\Delta\beta_m$ 的值如下：

$$\begin{bmatrix} \Delta\beta_1 \\ \Delta\beta_2 \\ \Delta\beta_3 \\ \Delta\beta_4 \\ \Delta\beta_5 \\ \Delta\beta_6 \end{bmatrix} = \begin{bmatrix} \beta_1 - \beta^\circ_1 \\ \beta_2 - \beta^\circ_2 \\ \beta_3 - \beta^\circ_3 \\ \beta_4 \\ \beta_5 \\ \beta_6 \end{bmatrix} = \begin{bmatrix} \Pi_{11} & \Pi_{12} & \Pi_{13} & 0 & 0 & 0 \\ \Pi_{13} & \Pi_{11} & \Pi_{12} & 0 & 0 & 0 \\ \Pi_{12} & \Pi_{13} & \Pi_{11} & 0 & 0 & 0 \\ 0 & 0 & 0 & \Pi_{44} & 0 & 0 \\ 0 & 0 & 0 & 0 & \Pi_{44} & 0 \\ 0 & 0 & 0 & 0 & 0 & \Pi_{44} \end{bmatrix} \begin{bmatrix} \sigma \\ 0 \\ 0 \\ 0 \\ 0 \\ 0 \end{bmatrix} = \begin{bmatrix} \Pi_{11}\sigma \\ \Pi_{13}\sigma \\ \Pi_{12}\sigma \\ 0 \\ 0 \\ 0 \end{bmatrix}$$

由上式可得

$$\beta_1 - \beta^\circ_1 = \Pi_{11}\sigma, \quad \beta_1 = 1/n_1^2 = 1/n_0^2 + \Pi_{11}\sigma, \quad n_1 = n_0 - n_0^3 \Pi_{11}\sigma/2$$

$$\beta_2 - \beta^\circ_2 = \Pi_{13}\sigma, \quad \beta_2 = 1/n_2^2 = 1/n_0^2 + \Pi_{13}\sigma, \quad n_2 = n_0 - n_0^3 \Pi_{13}\sigma/2$$

$$\beta_3 - \beta^\circ_3 = \Pi_{12}\sigma, \quad \beta_3 = 1/n_3^2 = 1/n_0^2 + \Pi_{12}\sigma, \quad n_3 = n_0 - n_0^3 \Pi_{12}\sigma/2$$

$$\beta_4 - \beta_5 = \beta_6 = 0$$

所以沿 ox_1 方向有张应力时，其 3 个方向折射率变化为

$$\Delta n_1 = n_1 - n_0 = -n_0^3 \Pi_{11}\sigma/2$$

$$\Delta n_2 = n_2 - n_0 = -n_0^3 \Pi_{13}\sigma/2$$

$$\Delta n_3 = n_3 - n_0 = -n_0^3 \Pi_{12}\sigma/2$$

显见，这时晶体有双折射效应。例如当光沿 x_2 或 x_3 方向传播时，其双折射率分别为

$$\Delta n_{x_2} = n_\parallel - n_\perp = n_1 - n_3 = -n_0^3(\Pi_{11} - \Pi_{12})\sigma/2$$

$$\Delta n_{x_3} = n_\parallel - n_\perp = n_1 - n_2 = -n_0^3(\Pi_{11} - \Pi_{13})\sigma/2$$

【例 2.5.2】 试求光纤横向受压，压力为 p 时，其折射率的变化。

解 因 σ_j 为已知，由手册查出 λ_{ij} 和 p_{ij} 的值，再由 $S_i = \lambda_{ij}\sigma_j$ 和 $\Delta\beta_m = p_{mn}S_n$ 两式即可求出折射率变化如下：

$$\begin{bmatrix} S_1 \\ S_2 \\ S_3 \\ S_4 \\ S_5 \\ S_6 \end{bmatrix} = \begin{bmatrix} \lambda_{11} & \lambda_{12} & \lambda_{12} & 0 & 0 & 0 \\ \lambda_{12} & \lambda_{11} & \lambda_{12} & 0 & 0 & 0 \\ \lambda_{11} & \lambda_{12} & \lambda_{11} & 0 & 0 & 0 \\ 0 & 0 & 0 & 2(\lambda_{11} - \lambda_{12}) & 0 & 0 \\ 0 & 0 & 0 & 0 & 2(\lambda_{11} - \lambda_{12}) & 0 \\ 0 & 0 & 0 & 0 & 0 & 2(\lambda_{11} - \lambda_{12}) \end{bmatrix} \begin{bmatrix} \sigma_1 \\ \sigma_2 \\ \sigma_3 \\ \sigma_4 \\ \sigma_5 \\ \sigma_6 \end{bmatrix}$$

$$= \begin{bmatrix} 1/E & -\nu/E & -\nu/E & 0 & 0 & 0 \\ -\nu/E & 1/E & -\nu/E & 0 & 0 & 0 \\ -\nu/E & -\nu/E & 1/E & 0 & 0 & 0 \\ 0 & 0 & 0 & 2(1+\nu)/E & 0 & 0 \\ 0 & 0 & 0 & 0 & 2(1+\nu)/E & 0 \\ 0 & 0 & 0 & 0 & 0 & 2(1+\nu)/E \end{bmatrix} \begin{bmatrix} -p \\ -p \\ 0 \\ 0 \\ 0 \\ 0 \end{bmatrix}$$

所以

$$\begin{bmatrix} S_1 \\ S_2 \\ S_3 \\ S_4 \\ S_5 \\ S_6 \end{bmatrix} = \begin{bmatrix} -p(1-\nu)/E \\ -p(1-\nu)/E \\ 2p\nu/E \\ 0 \\ 0 \\ 0 \end{bmatrix}$$

$$\begin{bmatrix} \Delta\beta_1 \\ \Delta\beta_2 \\ \Delta\beta_3 \\ \Delta\beta_4 \\ \Delta\beta_5 \\ \Delta\beta_6 \end{bmatrix} = \begin{bmatrix} p_{11} & p_{12} & p_{12} & 0 & 0 & 0 \\ p_{12} & p_{11} & p_{12} & 0 & 0 & 0 \\ p_{11} & p_{12} & p_{11} & 0 & 0 & 0 \\ 0 & 0 & 0 & 2(p_{11}-p_{12}) & 0 & 0 \\ 0 & 0 & 0 & 0 & 2(p_{11}-p_{12}) & 0 \\ 0 & 0 & 0 & 0 & 0 & 2(p_{11}-p_{12}) \end{bmatrix} \begin{bmatrix} S_1 \\ S_2 \\ S_3 \\ S_4 \\ S_5 \\ S_6 \end{bmatrix}$$

$$= \begin{bmatrix} -\dfrac{p}{E}(1-\nu)p_{11} - \dfrac{p}{E}(1-\nu)p_{12} + \dfrac{2}{E}p\nu p_{12} \\ -\dfrac{p}{E}(1-\nu)p_{12} - \dfrac{p}{E}(1-\nu)p_{11} + \dfrac{2}{E}p\nu p_{12} \\ -\dfrac{p}{E}(1-\nu)p_{12} - \dfrac{p}{E}(1-\nu)p_{12} + \dfrac{2}{E}p\nu p_{11} \\ 0 \\ 0 \\ 0 \end{bmatrix}$$

所以

$$\Delta\beta_1 = -p[(1-\nu)P_{11} + (1-3\nu)p_{12}/E]$$

$$\Delta\beta_2 = -p[(1-\nu)P_{11} + (1-3\nu)p_{12}/E]$$

$$\Delta\beta_3 = -2p[-\nu P_{11} + (1-\nu)p_{12}/E]$$

$$\Delta\beta_4 = \Delta\beta_5 = \Delta\beta_6 = 0$$

因为

$$\Delta\beta_1 = -2\Delta n_1/n_1^3$$

所以

$$\Delta n_1 = -n^3\Delta\beta_1/2 = \frac{1}{2}n^3 \frac{p}{E}[(1-\nu)p_{11} + (1-3\nu)p_{12}]$$

$$\Delta n_2 = \frac{1}{2} n^3 \frac{p}{E} \big[(1-\nu) p_{11} + (1-3\nu) p_{12} \big] = \Delta n_1$$

$$\Delta n_3 = n^3 p \big[-\nu p_{11} + (1-\nu) p_{12} \big] / E$$

对于石英质光纤,有

$$n = 1.456, \quad p_{11} = 0.121, \quad p_{12} = 0.270, \quad E = 7 \times 10^{10} \, \text{Pa}, \quad \nu = 0.17$$

所以

$$\frac{\Delta n_1}{p} = \frac{\Delta n_2}{p} = \frac{1}{2} n^3 \frac{1}{E} \big[(1-\nu) p_{11} + (1-3\nu) p_{12} \big] = 5.13 \times 10^{-12} \, (\text{Pa})^{-1}$$

2.6 光纤中的双折射

单模光纤中存在的残余应力和芯径不均匀等内部原因,或者光纤的弯曲、扭曲、外加电场、磁场等外部原因均可在光纤中引起双折射。

2.6.1 纤芯的椭圆度引起的双折射

当纤芯直径不匀时,沿长轴 a 和短轴 b 方向振动的线偏振光之间将产生相位差 δ,其值为

$$\delta_s = \delta\beta = \beta_x - \beta_y \leqslant \frac{e^2}{8a} (2\Delta)^{\frac{3}{2}} \quad (\text{rad/m}) \tag{2.6.1}$$

式中, $e = [1 - (b/a)^2]^{1/2}$ 是纤芯的椭圆度; Δ 是相对折射率差。

【例 2.6.1】　一单模光纤,已知此光纤的 $\Delta = 0.003, a = 2.5 \times 10^{-6} \, \text{m}, b/a = 0.975$,则其 δ_s 值可由式(2.6.1)求出

$$\delta_s = 2.3 e^2 \, \text{rad/m} = 1.16 \, \text{rad/m} = 66°/\text{m}$$

结果说明:此光纤中,两正交偏振光每传输 1m 可产生 66° 相位差。

2.6.2 应力引起的双折射

光纤有应力时,其折射率会变。若两正交横方向之间的应力差为 $\Delta\sigma$ 时,则在该方向上的折射率之差为

$$\Delta n = \frac{n^3}{2E} (1+\nu)(p_{12} - p_{11}) \Delta\sigma \tag{2.6.2}$$

式中, n 为纤芯的折射率; E 为杨氏模量; ν 为泊松比; p_{11}, p_{12} 为光弹张量。与此相应,其相位为

$$\delta_s = \frac{2\pi}{\lambda} \Delta n = \frac{\pi}{\lambda} \frac{n^3}{E} (1+\nu)(p_{12} - p_{11}) \Delta\sigma \tag{2.6.3}$$

【例 2.6.2】　对于熔石英有: $E = 7.0 \times 10^{10} \, \text{Pa}, \nu = 0.17, p_{11} = 0.121, p_{12} = 0.270$,若此光纤用于 $\lambda = 0.6328 \mu\text{m}$ 的 He-Ne 激光,则

$$\delta_s = 3.82 \times 10^{-5} \times \Delta\sigma$$

对于一个中等的应力差 $\Delta\sigma = 5 \times 10^4 \, \text{Pa}$,可得

$$\delta_s = 1.91 \, \text{rad/m} = 109°/\text{m}$$

结果表明：使用中应注意外力对光纤偏振态的影响。

2.6.3 弯曲引起的双折射

光纤一旦制成，其外形就难以改变，但可用外力通过光弹效应以引起感应双折射。为简单起见，在以下讨论弯曲(bending)引起的双折射时，认为光纤没有固有双折射。

1. 纯弯曲引起的双折射

设光纤外径为 A，弯曲半径为 R，且有 $R \gg A$，则在光纤截面上元面积 $\mathrm{d}x\mathrm{d}y$ 处之正应力 σ_x、σ_y 和剪应力 τ_{xy} 的表达式为

$$\sigma_x = -\frac{1}{4}C_1(1-r^2)\left[\left(\frac{C_0}{4}+1\right)+1\right] + \frac{1}{8}C_0 C_1 r^2 \sin^2\theta \tag{2.6.4}$$

$$\sigma_y = -\frac{1}{4}C_1(1-r^2)\left[\left(\frac{C_0}{4}+1\right)-1\right] + \frac{1}{8}C_0 C_1 r^2 \cos^2\theta \tag{2.6.5}$$

$$\tau_{xy} = \frac{1}{16}C_0 C_1 r^2 \sin^2 2\theta \tag{2.6.6}$$

式中

$$C_0 = \frac{1-2\nu}{1-\nu}, \quad C_0 = \frac{A^2 E}{R^2}$$

r 是面元 $\mathrm{d}x\mathrm{d}y$ 处的半径之比($0 \leqslant r \leqslant 1$)；$\nu$ 是光纤材料的泊松比；E 是杨氏模量。显然，当 $r=0$，即对于光纤中心点，式(2.6.4)、式(2.6.5)和式(2.6.6)分别简化为

$$\sigma_x = -\frac{1}{4}C_1\left(\frac{1}{4}C_0+1\right) - \frac{1}{4}C_1$$

$$\sigma_y = -\frac{1}{4}C_1\left(\frac{1}{4}C_0+1\right) + \frac{1}{4}C_1$$

$$\tau_{xy} = 0$$

由此可求出光纤上这一点的应力差为

$$\Delta\sigma = \sigma_y - \sigma_x = \frac{1}{2}C_1 = \frac{A^2 E}{2R^2} \tag{2.6.7}$$

上式代入式(2.6.3)，可得由纯弯曲引起的相位差为

$$\delta_x = \frac{2\pi}{\lambda}\frac{n^3}{4}(1+\nu)(p_{12}-p_{11})\left(\frac{A}{R}\right)^2 \tag{2.6.8}$$

或应力双折射

$$B_b = \frac{\delta\beta_b}{\beta} = \frac{1}{4}n^2(1+\nu)(p_{12}-p_{11})\left(\frac{A}{R}\right)^2 \tag{2.6.9}$$

对于熔石英可得

$$B_b = 0.093\left(\frac{A}{R}\right)^2 \tag{2.6.10}$$

光纤弯曲时要引起光纤截面变形，按一级近似，弯曲将导致光纤截面变为椭圆，其椭圆度为

$$e = \nu\frac{a}{R}$$

式中，R 为光纤弯曲半径，a 为光纤半径，由式(2.6.1)可得每圈引起的相位差为

$$\delta_t R = \frac{1}{4}\pi(2\Delta)^{\frac{3}{2}}\nu^2 a \qquad (2.6.11)$$

把熔石英光纤的典型值：$\Delta = 0.003$，$a = 2.5\times10^{-6}\,\mathrm{m}$，$\nu = 0.17$ 代入可得

$$\delta_t R = 2.6\times10^{-11}\,\mathrm{rad\cdot m}/\text{圈} \qquad (2.6.12)$$

2. 有张力时弯曲引起的双折射

若在光纤上加一纯拉应力，则可以证明，由于对称性不会产生感应双折射。但是如果把光纤拉伸以后，再绕在半径为 R 的轴上，则在光纤上有一反作用，这时弯曲引起的二级应力效应，再加上两个应力分量，就会产生附加的双折射，其表达式为

$$B_t = \frac{\delta\beta_t}{\beta} = \frac{1}{2}n^2(p_{12}-p_{11})\frac{(1+\nu)(2-3\nu)}{1-\nu}\frac{A}{R}S_{zz} \qquad (2.6.13)$$

式中，S_{zz} 是外加的轴向拉伸应变。对于熔石英光纤，在拉伸下弯曲时，其应力双折射值为

$$B_{bt} = 0.093\left(\frac{A}{R}\right)^2 + 0.336\frac{A}{R}S_{zz} \qquad (2.6.14)$$

显见，在拉伸情况下绕光纤，会增加其应力双折射值。注意，由于制造应力双折射光纤而产生的内部拉伸应力无上述效应，因为轴对此内应力无反作用，这种效应只限在张力作用下绕在轴上的光纤。

2.6.4　扭曲引起的双折射

沿光纤轴扭曲(twisting)光纤时，由于剪应力的作用，会在光纤中引起圆双折射(左右旋圆偏振光在光纤中传播速度不同引起的双折射现象)。这说明在扭曲光纤中存在右(或左)旋圆偏振光。此圆双折射之值可由下式求出

$$B_c = \frac{\delta\beta_c}{\beta} = \frac{1}{2}n^2(p_{12}-p_{11})2\pi N$$
$$= g2\pi N \qquad (2.6.15)$$

式中，N 是每米长光纤的扭曲数；g 为常数，对于熔石英光纤，g 的理论值为 $g_{理} = 0.16$；g 的实验值为 $g_{实} = 0.14$。注意，在一级近似情况下，与上述线性双折射情况不同，圆双折射值与工作波长无关。

2.6.5　外场引起的双折射

1. 电场引起的双折射

横向电场在光纤中引起的克尔效应会产生线双折射，其折射率差值为

$$\Delta n = \frac{1}{2}n^3(p_{12}-p_{11})E_K^2 \qquad (2.6.16)$$

$$B_k = \frac{\delta\beta_k}{\beta} = K(E_K)^2 \qquad (2.6.17)$$

式中，E_K 是外加横向电场(见图 2.6.1)的振幅；K 是归一化克尔效应常数，是材料常数，对于熔石英有 $K \approx 2\times10^{-22}\,\mathrm{m}^2/\mathrm{V}^2$。

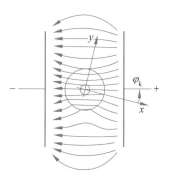

图 2.6.1　电场引起的双折射

2. 磁场引起的双折射

纵向磁场在光纤中引起的法拉第效应会产生圆双折射,其折射率差为

$$\Delta n = (n_1 - n_r) = \frac{\lambda}{2\pi} 2VH \tag{2.6.18}$$

相应的圆双折射值为

$$B_F = \frac{\delta\beta_F}{\beta} = \frac{\lambda}{2\pi} \frac{1}{n} 2VH \tag{2.6.19}$$

式中,H 是沿光纤轴的外加磁场分量;V 是光纤材料的 Verdet 常数,对熔石英,其值为

$$V = 4.6 \times 10^{-6}\,\mathrm{rad/A} = 2.636 \times 10^{-4}\,°/\mathrm{A} = 0.0158'/\mathrm{A}$$

2.6.6 减小双折射影响的特殊措施

1. 减小弯曲双折射影响的措施

弯曲造成的双折射,一主轴为弯曲半径方向,另一主轴与弯曲平面垂直。若将光纤绕在一个特制的框架上(见图 2.6.2),使其缠绕平面每半圈交替改变 90°,相当于快轴、慢轴交替变化,结果是每半圈的双折射与下一半圈之双折射相互抵消,使总的残余双折射极小。

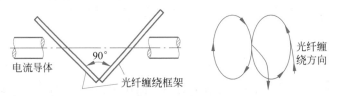

图 2.6.2　减小弯曲双折射的光纤缠绕法

2. 减小应力及椭圆双折射的措施

基本思想与上面相同。将光纤围绕 z 轴扭转,则双折射主轴亦随之进动。快慢轴每 1/4 扭转周期交替变化方向一次,每一"元段"内的双折射为下一元段内的双折射抵消。总的结果是:总的双折射引起的相移 δ 沿 z 轴将在两个很小的正值和负值之间振荡。

扭转的方法有两种:拉制光纤过程中旋转光纤预制棒或拉成光纤后施以机械扭力,前者一般称为旋光纤(spun fiber),后者称为扭光纤(twisting fiber)。前者没有剪切应力,对环境的变化(如温度)远较后者稳定,基本上不引入椭圆双折射。

2.7　光纤中的非线性效应

很多材料在强光照射下,会产生非线性光学效应。即光波在介质中传输时,介质的折射率和入射光波的电场矢量 E 是非线性关系。讨论光纤中的非线性效应时,要注意两点,光纤所用材料的光学特性和光纤的结构。

目前,光通信和光传感中大量使用熔石英制成的光纤。光纤中的非线性效应主要来源于熔石英材料。由于熔石英的 SiO_2 分子结构是反演对称的,所以石英光纤中不存在二阶非线性效应,而存在三阶或更高阶的非线性效应。此外考虑到光纤的纤芯很细,光纤系统中所用光纤比较长,因此尽管入射到光纤中的光不强,但光纤纤芯中的光能密度却很可观,再加上长光纤的积分效应,光纤中的非线性效应不可忽略。本节将简要介绍光纤中非线性效

应的基本原理。

2.7.1 基本原理

1. 非线性极化

熔石英材料的光学非线性主要有非线性极化和受激非弹性散射两大类。

当一个强电磁场作用于介质时,介质会极化,极化强度 P 与电场强度 E 的关系为

$$p = \varepsilon_0 \{ \chi^{(1)} \cdot E + \chi^{(2)} : EE + \chi^{(3)} \vdots EEE + \cdots \} \qquad (2.7.1)$$

式中,ε_0 是真空中的介电系数,EE,EEE,$\cdots$ 分别是 E 的二阶、三阶并矢。$\chi^{(j)}$($j=1,2,3,\cdots$)称为 j 阶电极化率,考虑到光的偏振效应,$\chi^{(j)}$ 应该是 $j+1$ 阶张量。上式各项中,$\chi^{(1)} \cdot E$ 是线性部分,是对 P 的主要贡献,影响到材料的折射率和衰减常数。二阶电极化率 $\chi^{(2)}$ 对应二次谐波的产生、和频等非线性效应。然而,$\chi^{(2)}$ 只在某些分子结构非反演对称的介质中才不为零。而 SiO_2 是反演对称结构,因而熔石英的 $\chi^{(2)}$ 等于零,所以光纤中的非线性主要起源于三阶电极化率 $\chi^{(3)}$,为此可将极化强度 P 分为两部分:

$$P(r,t) = P_L(r,t) + P_{NL}(r,t) \qquad (2.7.2)$$

式中,P_L 与 P_{NL} 分别为极化强度的线性部分和非线性部分。

非线性极化强度 P_{NL} 本身不满足叠加原理,因此不能简单地进行 Fourier 变换,其频域表示的问题也就变得十分复杂。但是,由于信号(包络)的变化速度比光频慢得多,因此可假定进行 Fourier 变换时对信号不变换,于是可得

$$P_{NL}^{(1)}(\omega) = \varepsilon_0 \varepsilon_{NL} E(\omega)$$

这就从形式上把非线性极化强度的基波非线性化了。如果令 $\bar{n}^2 = \bar{\varepsilon}$,则

$$\bar{n}(\omega, |\bar{E}|^2) = n(\omega) + n_2 |\bar{E}|^2 \qquad (2.7.3)$$

称为非线性折射率系数。

将上述结论推广到一般情况可以得出三阶非线性极化对材料光学性质的影响有两方面:①引起材料的折射率随光场的光强发生变化;②产生新频率的光波。

2. 受激非弹性散射

上面讨论的非线性过程是由三阶非线性电极化率 $\chi^{(3)}$ 决定的非线性效应在电磁场和电介质之间无能量交换进行的过程,因而可认为是弹性散射。而受激非弹性散射是另一类重要的非线性效应,它起因于光场把部分能量传递给介质,是一个有能量交换的过程,属于非弹性散射。光纤中有两种重要的受激非弹性散射——受激 Raman 散射(stimulated Raman scattering,SRS)和受激布里渊散射(stimulated Brillouin scattering,SBS)。它们是研究得最早的光纤中的非线性效应。SRS 和 SBS 之间的主要差别是:参与 SRS 的是光学光子,而参与 SBS 的是光学声子。

非线性折射率导致大量值得注意的非线性效应,其中研究得最广泛的是自相位调制(self-phase modulation,SPM)和交叉相位调制(cross phase modulation,XPM)。自相位调制是一个模式(单频、单偏振)在传输过程中,使光载波发生相移(频率啁啾)的情况,而这种啁啾又与光场强度有关。相位调制不是非线性所特有的现象。在线性光波导中,光脉冲在传播过程中也会发生光载波相移(啁啾),但这种相移一般与幅度无关,而只与带宽有关。在非线性光波导中相移与幅度有关的现象,称为 SPM,在光纤的反常色散区还会形成光孤子。

XPM 是指不同模式(不同偏振方向或同偏振方向不同模式,或不同波长的光脉冲)共同传输时,产生的光载波的非线性相移,而且这种相移与各个模式的幅度都有关。

由非线性极化而引起的光频的变化,称为参量过程。上述光纤中的各种非线性效应可概括如下:

$$
\text{非线性}
\begin{cases}
\text{非线性极化}
\begin{cases}
\text{非线性折射率}
\begin{cases}
\text{自相位调制(SPM)} \\
\text{交叉相位调制(XPM)}
\end{cases} \\
\text{参量过程(四波混频)}
\end{cases} \\
\text{受激非弹性散射}
\begin{cases}
\text{受激 Raman 散射(SRS)} \\
\text{受激 Brillouin 散射(SBS)}
\end{cases}
\end{cases}
$$

光纤中的非线性效应很小,分析这些问题的基本方法是"微扰法",即在线性光纤理论模型的基础上,增加一个微扰项的方法。因此光纤中的模式理论、色散理论,双折射理论以及模耦合理论,都可作为分析非线性问题的出发点;在此基础之上添加表征非线性效应的微扰项,进而得到一些新的有用的结论。

在分析光纤中的非线性问题时,应该同时考虑光纤材料和光纤结构两个因素。但是,虽然光纤结构会导致电场分布 $\boldsymbol{E}=\boldsymbol{E}(x,y)$ 的横向不均匀,但由于它所引起的附加非线性很小,一般都假定光纤中的非线性是均匀的,也就是不考虑光纤结构带来的非线性。

3. 基本传输方程

下面介绍的传输方程是定量分析和讨论非线性效应对光纤传输特性影响的基本方程。同所有的电磁现象一样,光纤中光脉冲的传输也服从 Maxwell 方程组(1.3.1)～(1.3.4)。介质内传输的电磁场强度 $\boldsymbol{E}$ 和 $\boldsymbol{H}$ 增大时,电位移矢量 $\boldsymbol{D}$ 和磁感应强度 $\boldsymbol{B}$ 也随之增大,它们服从如下的物质方程。

$$
\begin{aligned}
\boldsymbol{D} &= \varepsilon_0 \boldsymbol{E} + \boldsymbol{P} \\
\boldsymbol{B} &= \mu_0 \boldsymbol{H} + \boldsymbol{M}
\end{aligned}
\tag{2.7.4}
$$

式中,ε_0 为真空中介电常数;μ_0 为真空中的磁导率;$\boldsymbol{P}$、$\boldsymbol{M}$ 分别为感应电极化强度和磁极化强度,在光纤这种非磁性介质中 $\boldsymbol{M}=0$。

描述光纤中光传输的波方程可从求解 Maxwell 方程组得到。用 $\boldsymbol{E}$、$\boldsymbol{P}$ 消去 $\boldsymbol{B}$、$\boldsymbol{D}$,可得

$$
\nabla \times \nabla \times \boldsymbol{E} = -\frac{1}{c^2}\frac{\partial^2 \boldsymbol{E}}{\partial t^2} - \mu_0 \frac{\partial^2 \boldsymbol{P}}{\partial t^2}
\tag{2.7.5}
$$

式中,$\mu_0 \varepsilon_0 = 1/c^2$,$c$ 为真空中的光速。

为完整表达光纤中光波的传输,还应有电极化强度 $\boldsymbol{P}$ 和电场强度 $\boldsymbol{E}$ 的关系。当光频与介质共振频度接近时,$\boldsymbol{P}$ 的计算必须采用量子力学方法。但在远离介质的共振频率处,$\boldsymbol{P}$ 和 $\boldsymbol{E}$ 的关系可唯象地写成式(2.7.1),我们感兴趣的 $0.5\sim2\mu\mathrm{m}$ 波长范围内光纤的非线性效应正是这种情况。如果只考虑与 $\chi^{(3)}$ 有关的三阶非线性效应,则感应电极化强度由两部分组成

$$
\boldsymbol{P}(r,t) = \boldsymbol{P}_{\mathrm{L}}(r,t) + \boldsymbol{P}_{\mathrm{NL}}(r,t)
\tag{2.7.6}
$$

式中,线性部分 $\boldsymbol{P}_{\mathrm{L}}(r,t)$ 和非线性部分 $\boldsymbol{P}_{\mathrm{NL}}(r,t)$ 与场强的普适关系为

$$
\boldsymbol{P}_{\mathrm{L}}(\boldsymbol{r},t) = \varepsilon_0 \int_{-\infty}^{\infty} \chi^{(1)}(t-t') \cdot \boldsymbol{E}(\boldsymbol{r},t')\mathrm{d}t'
\tag{2.7.7}
$$

$$P_{NL}(r,t) = \varepsilon_0 \iiint_{-\infty}^{\infty} \chi^{(3)}(t-t_1, t-t_2, t-t_3) \vdots E(r,t_1)E(r,t_2)E(r,t_3)dt_1 dt_2 dt_3$$

$$(2.7.8)$$

若上述这类介质响应为局域,则在电偶极子近似下,这些关系式有效。

式(2.7.5)~式(2.7.8)给出了处理光纤中三阶非线性效应的一般公式。由于它们比较复杂,需要对它们做一些简化近似。最主要的简化是把式(2.7.6)中的 $P_{NL}(r,t)$ 非线性极化变成总感应极化强度的微扰,因为石英光纤中的非线性效应相当弱,因而此近似合理。具体步骤如下:在 $P_{NL}(r,t)=0$ 时解式(2.7.5)。由于此时式(2.7.5)关于 E 是线性的,因此在频域内具有简单的形式,即式(2.7.5)变成

$$\nabla \times \nabla \times \widetilde{E}(r,\omega) - \varepsilon(\omega)\frac{\omega^2}{c^2}\widetilde{E}(r,t) = 0 \tag{2.7.9}$$

式中,$\widetilde{E}(r,t)$ 是 $E(r,t)$ 的 Fourier 变换,定义为

$$\widetilde{E}(r,t) = \int_{-\infty}^{\infty} E(r,t)\exp(i\omega t)dt \tag{2.7.10}$$

与频率有关的介电常数定义为

$$\varepsilon(\omega) = 1 + \widetilde{\chi}^{(1)}(\omega) \tag{2.7.11}$$

式中,$\widetilde{\chi}^{(1)}(\omega)$ 是 $\widetilde{\chi}^{(1)}(t)$ 的傅里叶变换。因为 $\widetilde{\chi}^{(1)}(\omega)$ 通常是复数,$\varepsilon(\omega)$ 也是复数,其实部和虚部分别与折射率 $n(\omega)$ 及吸收系数 $\alpha(\omega)$ 有关,且定义为

$$\varepsilon = (n + i\alpha c/2\omega)^2 \tag{2.7.12}$$

利用式(2.7.11)和式(2.7.12)可得 $n(\omega)$ 和 $\alpha(\omega)$ 与 $\widetilde{\chi}^{(1)}(\omega)$ 的关系

$$n(\omega) = 1 + \frac{1}{2}\text{Re}[\widetilde{\chi}^{(1)}(\omega)] \tag{2.7.13}$$

$$\alpha(\omega) = \frac{\omega}{nc}\text{Im}[\widetilde{\chi}^{(1)}(\omega)] \tag{2.7.14}$$

式中,Re 和 Im 分别代表实部和虚部。

在解式(2.7.9)以前需做两个近似:①用 $n^2(\omega)$ 代替 $\varepsilon(\omega)$,因为光纤损耗很小,可忽略 $\varepsilon(\omega)$ 的虚部;②折射率与 $n(\omega)$ 方位无关,于是有

$$\nabla \times \nabla \times E \equiv \nabla(\nabla \cdot E) - \nabla^2 E = -\nabla^2 E \tag{2.7.15}$$

这里,利用了 $\nabla \cdot D = \varepsilon \nabla \cdot E = 0$。通过这些简单化,式(2.7.9)变成

$$\nabla^2 \widetilde{E} + n^2(\omega)\frac{\omega^2}{c^2}\widetilde{E} = 0 \tag{2.7.16}$$

光纤中大多数非线性效应目前只涉及脉宽范围为 10ns~10fs 的短脉冲的应用。当这样的光脉冲在光纤内传输时,色散和非线性效应将影响其形状的频谱。光脉冲在非线性色散光纤中传输的基本方程的推导不在本书范围内,下面只简单介绍其结论。

假定非线性响应是瞬时作用,因而式(2.7.8)中的 $\chi^{(3)}$ 的时间关系可由三个 $\delta(t-t')$ 函数的积得到,式(2.7.8)变成

$$P_{NL}(r,t) = \varepsilon_0 \chi^{(3)} \vdots E(r,t)E(r,t)E(r,t) \tag{2.7.17}$$

瞬时非线性响应的假定相当于忽略了分子振动对 $\chi^{(3)}$ 的影响(拉曼效应)。一般情况,电子

和原子核对光场的响应均为非线性,原子核的响应应比电子的响应慢。对石英光纤,振动或 Raman 响应在 $60\sim70\mathrm{fs}$ 时间量级,于是式(2.7.17)在脉宽大于 $1\mathrm{ps}$ 时,基本有效。

式(2.7.18)则描述了皮秒光脉冲在单模光纤内的传输,它有时也被称为非线性 Schrodinger 方程。

$$\frac{\partial A}{\partial z}+\beta_1\frac{\partial A}{\partial t}+\frac{\mathrm{i}}{2}\beta_2\frac{\partial^2 A}{\partial t^2}+\frac{\alpha}{2}A=i\gamma\,|\,A\,|^2A \tag{2.7.18}$$

式中,γ 为非线性系数,其定义为 $\gamma=\dfrac{n_2\omega_0}{cA_{\mathrm{eff}}}$,以及 β_n 的定义 $\beta_n=\left(\dfrac{\mathrm{d}^n\beta}{\mathrm{d}\omega^n}\right)_{\omega=\omega_0}$。

因为在一定的条件下,它可以化成非线性 Schrodinger 方程。方程中的 α 反映了光纤的损耗,β_1,β_2 反映了光纤的色散,γ 则是考虑了光纤的非线性特性。总之,当群速度色散(GVD)是由 β_2 引起时,脉冲包络以群速度 $\upsilon\equiv1/\beta_1$ 移动。群速度色散参量 β_2 可正可负,由光波长 λ 是大于还是小于光纤的零色散波长 λ_D 决定。在反常色散区($\lambda>\lambda_D$),β_2 是负值,光纤能维持光学孤子传输。标准光纤在可见光区 β_2 约为 $50\mathrm{ps}^2/\mathrm{km}$;而在 $\lambda=1.55\mu\mathrm{m}$ 处 β_2 变为 $-20\mathrm{ps}^2/\mathrm{km}$,且在 $1.3\mu\mathrm{m}$ 附近改变符号。

2.7.2　自相位调制

自相位调制是指一个模式(单频、单偏振的光波)在光纤中传输时,使传输的光波发生相移(频率啁啾)的情况,而这种啁啾又与光场的强度有关。相位调制不是非线性所特有的情况。在线性光纤中,光脉冲在光纤中传输时,也会发生光载波相移(啁啾)。但这种相移一般和光强(光脉冲幅度)无关,只与带宽有关。在非线性光纤中相移与幅度有关的现象,称为自相位调制(SPM)。

归一化振幅 $U(z,t)$ 的通解为

$$U(L,T)=U(0,T)\exp[\mathrm{i}\,\phi_{\mathrm{NL}}(L,T)] \tag{2.7.19}$$

式中,$U(0,T)$ 是 $z=0$ 处的场振幅,L 是光纤长度,且

$$\phi_{\mathrm{NL}}(L,T)=|\,U(0,T)\,|^2(L_{\mathrm{eff}}/L_{\mathrm{NL}}) \tag{2.7.20}$$

式中,有效长度

$$L_{\mathrm{eff}}=[1-\exp(-\alpha L)]/\alpha$$

式(2.7.19)表明,SPM 产生随光强变化的相位,但脉冲形状保持不变。非线性相移 φ_{NL} 由式(2.7.20)给定,它随光纤长度 L 的增大而增大。参量 L_{eff} 为有效长度。由于光纤的损耗 α,它比实际距离 L 要小。当光纤无损耗时,即 $\alpha=0$,则 $L_{\mathrm{eff}}=L$。最大相移 ϕ_{max} 出现在脉冲的中心,即 $T=0$ 处,因为 U 是归一化的,则 $|U(0,0)|=1$,因而

$$\phi_{\mathrm{max}}=L_{\mathrm{eff}}/L_{\mathrm{NL}}=\gamma P_0L_{\mathrm{eff}} \tag{2.7.21}$$

非线性长度 L_{NL} 的物理意义可从式(2.7.21)看出,它是当 $\phi_{\mathrm{max}}=1$ 时的有效传输距离。若取 $1.55\mu\mathrm{m}$ 波长区非线性参量的典型值 $\gamma=2\mathrm{W}^{-1}\cdot\mathrm{km}^{-1}$,当 $P_0=10\mathrm{mW}$ 时,$L_{\mathrm{NL}}=50\mathrm{km}$;进一步增大 P_0,L_{NL} 反而下降。

SPM 致频谱展宽是 $\phi_{\mathrm{NL}}(L,T)$ 与时间有关而引起的,它可以这样来理解,瞬时变化的相位说明:光脉冲的中心频率 ω_0 与两侧有不同的瞬时光频率,其差值的时间依赖关系可被看作频率啁啾,这种啁啾是由 SPM 引起,它随传输距离的增大而增大。这说明,当脉冲沿

光纤传输时,新的频率分量在不断产生。这些由 SPM 产生的频率分量展宽了频谱,使之超过了 $z=0$ 处脉冲的初始宽度。脉冲频谱展宽的程度还与脉冲的形状有关。

图 2.7.1 给出了由 SPM 引起的高斯脉冲 ($m=1$)和超高斯脉冲($m=3$)的非线性相移 ϕ_{NL} 及 $L_{eff}=L_{NL}$ 处的 SPM 所致频率啁啾 $\delta\omega$。因为式(2.7.20)中 ϕ_{NL} 正比于 $|U(0,T)|^2$,那么它的瞬时变化恒等于脉冲光强的变化。而 SPM 所致啁啾 $\delta\omega$ 的瞬时变化有几个特点:①$\delta\omega$ 的前沿附近是负的(红移),而到后沿附近则变为正的(蓝移);②在高斯脉冲中心附近较大范围内,啁啾是线性的且是正的(上啁啾);③对有较陡前后沿的脉冲,其啁啾显著增大;④与高斯脉冲不同,超高斯脉冲的啁啾仅发生在脉冲附近且不是线性变化。

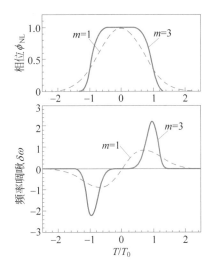

图 2.7.1 高斯(虚线)和超高斯(实线)脉冲相移 ϕ_{NL} 和频率啁啾 $\delta\omega$ 随时间变化的关系

若入射脉冲带啁啾,则 SPM 展宽频谱的形状与入射脉冲的形状及初始啁啾有关。图 2.7.1 是高斯脉冲的 SPM 所致啁啾;对超高斯脉冲,其频谱范围大约是高斯频谱的 3 倍,尽管频谱呈现出了 5 个峰,但是其很大一部分能量仍集中在中心峰处。原因是超高斯脉冲在 $|T|<T_0$ 附近有近乎均匀的光强,因此其在中心频率附近啁啾几乎为零。其频率啁啾主要出现在前后沿附近。初始频率啁啾也能导致 SPM 所致展宽的脉冲频谱的急剧变化,这在图 2.7.2 进行了说明,因为 SPM 致频率啁啾在脉冲的中心部分是线性的且为正(随 T 的增加频率也增大),正啁啾使得频谱峰数目增加,负啁啾则正好相反。

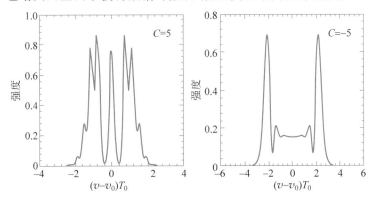

图 2.7.2 初始频率啁啾对啁啾高斯脉冲 SPM 展宽频谱的影响

2.7.3 光纤中的光孤子

1. 概述

光纤中的光孤子就是满足光纤非线性薛定谔方程的一种孤子波解。这种解表示光脉冲在光纤中传输时的形状、幅度和速度都不变。这是光纤中的非线性效应和色散效应相互补

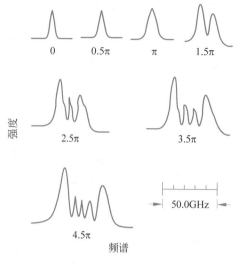

图 2.7.3　光纤中光孤子传播的示意图

偿的结果。光孤子这种稳定传输的特性,已引起国内外专家的广泛注意,并已成为光纤通信领域的一个研究热点。光孤子的研究除具有理论意义外,还有广阔的应用前景。例如,在通信领域,它可大大提高光通信系统的容量和中继距离。

光纤中光孤子传播的物理图像如下。光脉冲在光纤中传播特性是群速色散和场感应的 Δn 对脉冲变形产生的联合作用的结果。场感应的 Δn 对光纤中传播的光脉冲加以频率调制,致使脉冲的前面部分的频率比后面部分频率要低,如图 2.7.3 所示。由于脉冲还同时受到光纤材料群速色散小于零的作用,其结果是脉冲的前面部分传播比后面部分慢,致使脉冲收缩。

这种脉冲变窄效应正好和单独由群速色散引起的脉冲加宽效应相反。因此随着脉冲强度的增加,由 Δn 产生的这种变窄的作用增大。这时如果输入脉冲有正确的振幅和形状,在一定条件下,变窄作用正好抵消加宽作用,从而使脉冲传播时能够保持其形状不变。这种脉冲称为基孤子。当脉冲振幅加大时,脉冲变窄作用能超过加宽作用,从而导致脉冲收缩。当脉冲沿光纤传播时,在其形状达到稳定以前可能连续不断地变化,重复地变窄、加宽。关于光学孤子进一步分析,可参考有关文献。

2. 脉冲演化

图 2.7.4 给出了在光纤的正常色散区内,无初始啁啾脉冲的脉冲形状和脉冲频谱的演变过程。其定性行为与 GVD 或 SPM 单独作用的结果有明显的差异,更准确地说,其脉冲展宽速度较 $N=0$(无 SPM 效应)情况更快,这可以通过 SPM 产生的在脉冲前沿附近红移而在后沿附近蓝移的新的频率分量来解释。其次,SPM 引起的相移 ϕ_{NL} 较脉冲形状保持不变时的相移小时,它反过来也影响频谱展宽。实际上,在无 GVD 效应,且当 $z=5L_D$,$\phi_{max}=5$ 时,预计会出现两个谱峰,而图 2.7.4 中,当 $z/L_D=5$ 时只有一个峰,表明由于脉冲展宽使得有效 ϕ_{max} 小于 π。

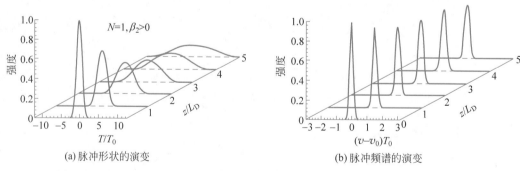

(a) 脉冲形状的演变　　　　　　　　　　　(b) 脉冲频谱的演变

图 2.7.4　无初始啁啾脉冲在光纤的正常色散区传输时脉冲的演变,光纤长 $z=5L_D$

在光的反常色散区,脉冲传输的情形不同。开始时的脉冲展宽速度远小于无 SPM 的情形,且 $z > 4L_D$ 时基本达到了稳定态;当 $L_D = L_{NL}(N=1)$ 时,这两种啁啾的作用在高斯脉冲的中心附近基本上相互抵消。脉冲在传输期间,通过调整自身形状,使这两种相反的啁啾尽可能相互抵消。这样,GVD 和 SPM 共同作用来保持无啁啾脉冲。上述过程对应孤子的演变过程:开始时高斯脉冲的展宽是由于高斯曲线并非基态孤子的特征形状而造成,实际上,若把脉冲形状选为双曲正割形,则在脉冲传输期间,脉冲形状和频谱均保持不变。当输入脉冲形状偏离双曲正割形时,GVD 和 SPM 联合作用使脉冲整形,演变成双曲正割脉冲。

3. 基态孤子

一阶孤子($N=1$)对应于单个本征值。之所以称为基态孤子,是因为其形状在传输过程中保持不变。利用逆散射方法,通过一定的运算可得基态孤子用单参量描述的解

$$u(\xi,\tau) = \eta\,\mathrm{sech}(\eta\tau)\exp(\mathrm{i}\eta^2\xi/2) \qquad (2.7.22)$$

式中,参量 η 不仅决定了孤子振幅,而且决定了孤子宽度。在实数单位中,孤子宽度以 T_0/η 随 η 变化。也就是说反比于孤子振幅。孤子振幅和宽度的这种反比关系是孤子最重要的特征。选取 $u(0,0)=1$,可得 $\eta=1$,则从方程(2.7.22)可得到基态孤子的标准形式为

$$u(\xi,\tau) = \mathrm{sech}(\tau)\exp(\mathrm{i}\xi/2)$$

4. 暗孤子

暗孤子产生于光纤正常色散区,早在 1973 年已发现暗孤子,并引起相当关注。这种孤子的强度轮廓是在均匀背景上的一个下陷,所以用暗孤子描述其形状,有时也将基态孤子称为亮孤子以示区别。

在 20 世纪 90 年代期间,已有几种实用的技术用于产生暗孤子。其中一种方法是采用一个近矩形电脉冲驱动的马赫-曾德尔调制器,调制半导体激光器的连续波输出。此法的一个延伸是,用一个双臂马赫-曾德尔(Mach-zehnder)干涉仪实现电调制。一个简单的全光技术是由在光纤正常 GVD 区中传输的、具有相对时延的两光脉冲组成,这两个脉冲在光纤中传输时被展宽,变成啁啾性的,同时形状变为近似矩形。当这些啁啾脉冲进入对方区域时会发生干涉,结果在光纤输出端形成一孤立的暗孤子序列。

暗孤子现在仍是一个令人感兴趣的课题。数值模拟表明,在有噪声情况下,它比亮孤子更稳定,并在有光纤损耗时发散更慢。暗孤子受外界影响(放大器引起的定时抖动,脉冲内拉曼散射等)要比亮孤子小。这些特性表明,它对光通信系统具有潜在的应用价值,详细内容可以参考有关文献。

2.7.4 交叉相位调制

交叉相位调制(XPM)是指不同模式(不同偏振方向或同偏振方向不同模式,或不同波长的光脉冲)共同传输时,产生的传输光波的非线性相移,而且这种相移和各个模式的幅度都相关。一般两个光场不仅波长可能不同,偏振态也可能不同。为简单起见,下面讨论两不同波长的光场沿双折射光纤的一个主轴方向偏振。任意偏振光束的情形可看有关资料。

为看清 XPM 的起因,将准单色近似情况下的电场表达式代入求其非线性极化部分,可得

$$\boldsymbol{P}_{NL}(\boldsymbol{r},t) = \frac{1}{2}\hat{\boldsymbol{x}}\{P_{NL}(\omega_1)\exp(-\mathrm{i}\omega_1 t) + \boldsymbol{P}_{NL}(\omega_2)\exp(-\mathrm{i}\omega_2 t) +$$

$$\boldsymbol{P}_{\mathrm{NL}}(2\omega_1-\omega_2)\exp[-\mathrm{i}(2\omega_1-\omega_2)t]+$$
$$\boldsymbol{P}_{\mathrm{NL}}(2\omega_1-\omega_2)\exp[-\mathrm{i}(2\omega_2-\omega_1)t]+c.c \tag{2.7.23}$$

式(2.7.23)的非线性感应极化强度包含在新频率 $2\omega_1-\omega_2$ 和 $2\omega_2-\omega_1$ 下的振荡项中,这些项产生第 2.7.7 节中讨论的四波混频现象。如欲有效地建立新的频率分量,必须满足相位匹配条件,除有特殊设计此条件在实际过程中一般不满足。假设相位匹配条件不满足,则可忽略四波混频项。剩下的两项对折射率产生非线性作用。

光波的折射率不仅与自身的强度有关,而且还与共同传输的其他波的强度有关。当光波在光纤中传输时,会获得一个与强度有关的非线性相位

$$\phi_j^{\mathrm{NL}}(z)=\frac{\omega_j z}{c}\Delta n_j=\frac{\omega_j z n_2}{c}(\mid E_j\mid^2+2\mid E_{3-j}\mid^2) \tag{2.7.24}$$

式中,$j=1$ 或 2,第一项与第 3.3 节中讨论的 SPM 相联系,第二项产生于共同传输的另一个光波对这束光波的相位调制,它与 XPM 相联系。式(2.7.24)右边的因子 2 表示对相同的光强,XPM 作用是 SPM 的两倍。定性地讲,两光频不同时的项数要比频率简并时的项数多一倍。早在 1984 年,人们就通过将两光束连续波(CW)注入 15km 长的光纤中来测量 XPM 引起的相移。不久后,皮秒脉冲也用于观察 XPM 引起的频谱变化。

2.7.5　受激 Raman 散射

受激 Raman 散射(SRS)是一种典型的光纤中的非线性效应。Raman 散射的过程如下。在任何分子介质中,自发 Raman 散射将一小部分(一般约为 10^{-6})入射的光功率从一束光转移到另一束频率下移的光束中,频率下移量由介质分子的振动模式决定。此过程是为 Raman 效应。量子力学中对此过程的描述为:入射光波的一个光子被一个分子散射成为另一个低频光子,同时分子完成其两个振动态之间的跃进。入射光作为泵浦光,产生称为斯托克斯波的频移光。下面介绍 Raman 增益和 Raman 阈值。它是了解 Raman 散射的物理基础。

Raman 增益和 Raman 频移之间的关系被称为 **Raman 增益谱**,是了解和应用 Raman 效应的基础。在连续或准连续条件满足的情况下,Stokes 波的初始增长可描述为

$$\frac{\mathrm{d}I_s}{\mathrm{d}z}=g_R I_p I_s$$

式中,I_s 是 Stokes 光强,I_p 是泵浦光强,g_R 是 Raman 增益系数,它与自发 Raman 辐射的截面积有关。更准确地说,g_R 与三阶非线性极化率的虚部有关。

Raman 增益谱用 $g_R(\Omega)$ 表示,其中 Ω 表示泵浦波和 Stokes 波的频率差。$g_R(\Omega)$ 是描述 SRS 的最重要的量。g_R 一般与光纤纤芯的成分有关,对不同的掺杂物,g_R 有很大的变化。对于泵浦波长 $\lambda_p=1\mu\mathrm{m}$,图 2.7.5 给出了熔石英中的 g_R 与频移的变化关系。对于不同的泵浦波长,g_R 与 λ_p 成反比。

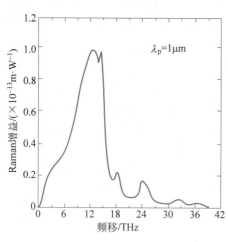

图 2.7.5　熔石英拉曼谱的实验曲线

图 2.7.5 显示,石英光纤中 Raman 增益的显著特征是增益谱很宽,即增益系数 g_R 有很宽的频率范围(达 40THz),并且在 13THz 附近有一个较宽的连续峰。基于这一特性,可用光纤构成宽带放大器。产生宽频带的原因是石英玻璃的非晶特性。在这些非晶特性中,分子的振动频率展宽成频带,频带交叠并产生连续态。

Raman 阈值定义为光纤输出端 Stokes 功率与泵浦功率相等时的入射泵浦功率,或

$$P_s(L) = P_p(L) \equiv P_0 \exp(-\alpha_p L)$$

式中,$P_0 = I_0 A_{eff}$ 是入射泵浦功率,A_{eff} 是有效纤芯面积。假设 $\alpha_s \approx \alpha_p$,阈值条件变为

$$P_{s0}^{eff} \exp(g_R P_0 L_{eff} f / A_{eff}) = P_0 \tag{2.7.25}$$

式中,P_{s0}^{eff} 也与 P_0 有关。式(2.7.25)的解给出达到 Raman 阈值所需的临界泵浦功率。假设 Raman 增益谱为 Lorentz 型,临界泵浦功率一个较好的近似为

$$\frac{g_R P_0^{cr} L_{eff}}{A_{eff}} \approx 16 \tag{2.7.26}$$

对后向 SRS 可按相似的方法分析,这种情况下的阈值条件仍由式(2.7.26)决定,但是数值因子 16 应换为 20。由于对一定的泵浦功率首先达到前向 SRS 的阈值,所以在光纤中一般观察不到后向 SRS。当然,Raman 增益可以用来放大后向传输的信号。注意:式(2.7.26)的导出是假设泵浦和 Stokes 波的偏振方向在光纤中保持不变;如果偏振方向发生变化,Raman 阈值将增大 1～2 倍,特别是当偏振完全混乱时将增大 2 倍。

虽然在推导式(2.7.26)时做了各种近似,但它仍能相当精确地估算 Raman 阈值。对较长的光纤,$\alpha_p L \gg 1$,则 $L_{eff} \approx 1/\alpha_p$。当 $\lambda_p = 1.55\mu m$ 时,此波长接近于光纤损耗最小值(约 0.2dB/km),有 $L_{eff} \approx 20km$。如果用典型的 $A_{eff} \approx 50\mu m^2$,则 Raman 阈值预计为 $P_0^{cr} \approx 600mW$。由于在单信道光通信系统中,入射到光纤中的功率典型值低于 10mW,所以一般不产生 SRS。尽管随着光放大器的进展,在一些应用中输入功率能接近 100mW,但仍远低于临界值。实际上,利用高功率激光器可以观察到 SRS。在可见光区,单模光纤典型的 A_{eff} 为 $10\mu m^2$,对于 10m 长的光纤,由式(2.7.26)所得到的 $P_0^{cr} \approx 10W$。由于已能达到此功率(例如 Nd：YAG 激光器),所以仅仅用几米长光纤就可以观察到 SRS。

因上述理论忽略了泵浦消耗,所以不能解释超过 Raman 阈值时 Stokes 波的增长。理论预测,泵浦波功率可完全转移给 Stokes 波(不计光纤损耗)。但实际情况是,如果 Stokes 波的功率变得很大并满足式(2.7.26),则它可作为泵浦产生第二级 Stokes 波。此级联 SRS 过程可产生多个 Stokes 波,其个数取决于入射泵浦功率。

2.7.6　受激 Brillouin 散射

受激 Brillouin 散射(SBS)是一种典型的非线性效应。SBS 和 SRS 类似,都是通过入射光的散所产生,而且散射波的频率都低于入射波,频移量由非线性介质决定。但是 SBS 和 SRS 两者也有显著的差别,其主要差别如下:

(1) 起源不同:产生 SBS 的是声频声子,而产生 SRS 的是光频声子。

(2) 频移量不同:SBS 的 Stokes 频移(约 10GHz)比 SRS 的频移要小三个数量级;具体的频移量由非线性介质决定。

(3) 传播方向有差别:在光纤中,SBS 产生的 Stokes 波,仅有沿光纤反向的传输波;而

SRS 产生的 Stokes 波则沿光纤前后两个方向传输。

（4）阈值泵浦功率不同：SBS 的阈值泵浦功率与泵浦波的谱宽有关，用 CW 泵浦或相对较宽的脉冲(大于 $1\mu s$)泵浦，其阈值可低至 $1mW$。

SBS 过程可经典地描述为泵浦波、Stokes 波通过声波进行的非线性互作用，泵浦波通过电致伸缩产生声波，然后引起介质折射率的周期性调制。泵浦引起的折射率光栅通过 Bragg 衍射散射泵浦光，由于多普勒位移与以声速 v_A 移动的光栅有关，散射光产生了频率下移。同样，在量子力学中，这个散射过程可看成是一个泵浦光子的湮灭，同时产生了一个 Stokes 光子和一个声频声子。由于在散射过程中能量和动量必须守恒，则三个波之间的频率和波矢有以下关系

$$\Omega_B = \omega_p - \omega_s \qquad \boldsymbol{k}_A = \boldsymbol{k}_p - \boldsymbol{k}_s$$

式中，ω_p 和 ω_s 分别为泵浦波和 Stokes 波的频率，$\boldsymbol{k}_p$ 和 $\boldsymbol{k}_s$ 是泵浦波和 Stokes 波的波矢，声波频率 Ω_B 和波矢 $\boldsymbol{k}_A$ 是满足色散关系的声波的频率和波矢。

$$\Omega_B = v_A |\boldsymbol{k}_A| \approx 2v_A |\boldsymbol{k}_p| \sin(\theta/2) \qquad (2.7.27)$$

式中，θ 为泵浦波与 Stokes 波之间的夹角。式(2.7.27)表明，Stokes 波的频移与散射角有关，更准确地说，在后向($\theta = \pi$)有最大值，在前向($\theta = 0$)为零。在单模光纤中，只有前、后向为相关方向，因此，SBS 仅发生在后向，且后向 Brillouin 频移为

$$v_B = \Omega_B/2\pi = 2nv_A/\lambda_p$$

在式(2.7.29)中，用到了 $|\boldsymbol{k}_p| = 2\pi n/\lambda_p$，$n$ 为在泵浦波长 λ_p 处的折射率。若取 $v_A = 5.96km/s$，$n = 1.45$，则对于石英光纤，在 $\lambda_p = 1.55\mu m$ 附近，$v_B \approx 11.1GHz$。

虽然式(2.7.27)预测 Brillouin 散射仅在后向发生，但在光纤中自发 Brillouin 散射在前向也能产生，这是由于声波的波导特性削弱了波矢选择规则，结果前向产生了少量的 Stokes 光，这一现象称为传导声波 Brillouin 散射。实际上，Stokes 频谱在 $10\sim100MHz$ 频移范围内表现为多重线，但它非常弱。

类似于 SRS 的情形，Stokes 波的形成由 Brillouin 增益系数 $g_B(\Omega)$ 来描述，$\Omega = \Omega_B$ 处对应 $g_B(\Omega)$ 的峰值。然而，与 SRS 情形相反，Brillouin 增益频谱很窄（约 $10MHz$ 而不是 $10THz$），这是因为谱宽与声波的阻尼时间或是声子寿命有关。实验结果表明，在 $\lambda_p = 486nm$ 处，$v_B \approx 34.7GHz$，$\Delta v_B \approx 54MHz$。熔石英的典型 $g_B \approx 5\times10^{-11}m/W$，此值比 $1.55\mu m$ 处的 Raman 增益系数几乎大三个数量级。

图 2.7.6 给出了具有不同结构及纤芯有不同锗掺杂水平的三种光纤的增益谱测量结果。测量是利用工作在 $1.525\mu m$ 处的外腔半导体激光器和分辨率为 $3MHz$ 的外差探测技术进行。

图 2.7.6 中 Brillouin 增益带宽较块石英宽很多（在 $\lambda_p = 1.525\mu m$ 处 $\Delta v_B = 17MHz$）。其他实验也表明，石英光纤的 Brillouin 增益线

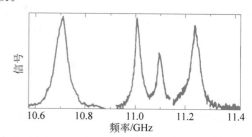

图 2.7.6 $\lambda_p = 1.525\mu m$ 处三种光纤的布里渊谱

宽很大。引起其增宽的部分原因是光纤中的声学模式传导特性，然而绝大部分原因却是由于沿光纤长度方向的光纤截面不均匀引起，而这种不均匀性对不同的光纤不一样，因而不同

的光纤有不同的 Brillouin 增益线宽 $\Delta\nu_B$，甚至在 $1.55\mu m$ 附近可达 $100MHz$。

2.7.7 四波混频

一个或几个光波的光子被湮灭，同时产生几个不同频率的新光子，且在此参量作用过程中，净能量和动量守恒，此过程被称为四波混频。参量过程起源于光场作用下介质中束缚电子的非线性响应。亦即作用场与介质极化的关系包括有非线性项。此非线性项的大小，由非线性电极化率决定。

发生显著四波混频过程的重要条件是：相位失配几乎为零。也就是需要频率以及波矢之间的匹配，后者通常称为相位匹配。

参量过程根据其对应的是二阶电极化率 $\chi^{(2)}$ 还是三阶电极化率 $\chi^{(3)}$，可分为二阶或三阶参量过程。在偶极子近似下，对各向同性介质，其二阶电极化率为零。所以二次谐波的产生及和频运转等二阶参量过程一般不会在石英光纤内实现。通常，三阶参量过程涉及四个光波的互相作用，包括诸如三次谐波的产生、四波混频和参量放大等现象。由于光纤中的四波混频颇为有效地产生新的光波，其主要特点可通过方程中的三阶极化项来解释。

$$\boldsymbol{P}_{NL} = \varepsilon_0 \chi^{(3)} \vdots \boldsymbol{EEE} \tag{2.7.28}$$

式中，$\boldsymbol{E}$ 为电场，$\boldsymbol{P}_{NL}$ 为感应非线性极化，ε_0 为真空中的介电常数。考虑振荡频率分别为 ω_1、ω_2、ω_3 和 ω_4，沿 x 方向线偏振的四个光波，总电场可写成

$$\boldsymbol{E} = \frac{1}{2}\hat{x} \sum_{j=1}^{4} E_j \exp[i(k_i z - \omega_j t)] + c.c \tag{2.7.29}$$

式中，传播常数 $k_j = n_j \omega_j / c$，n_j 是折射率。假定所有光波沿同一方向 z 传播，若把式(2.7.29)代入式(2.7.28)，则可把 $\boldsymbol{P}_{NL}$ 表示成如下形式：

$$\boldsymbol{P}_{NL} = \frac{1}{2}\hat{x} \sum_{j=1}^{4} \boldsymbol{p}_j \exp[i(k_j z - \omega_j t)] + c.c$$

$\boldsymbol{P}_j (j=1\sim4)$ 由许多包含三个电场积的项组成。例如，P_4 可表示为

$$P_4 = \frac{3\varepsilon_0}{4} \chi_{xxxx}^{(3)} \big[|E_4|^2 E_4 + 2(|E_1|^2 + |E_2|^2 + |E_3|^2)E_4 +$$

$$2E_1 E_2 E_3 \exp(i\theta_+) + 2E_1 E_2 E_3^* \exp(i\theta_-) + \cdots \big] \tag{2.7.30}$$

式中

$$\theta_+ = (k_1 + k_2 + k_3 - k_4)z - (\omega_1 + \omega_2 + \omega_3 - \omega_4)t$$

$$\theta_- = (k_1 + k_2 - k_3 - k_4)z - (\omega_1 + \omega_2 - \omega_3 - \omega_4)t$$

式(2.7.30)中，正比于 E_4 的项对应于 SPM 和 XPM 效应，其余项对应于四波混频。有两类四波混频项：含有 θ_+ 的项对应三个光子合成一个光子的情形，新光子的频率为 $\omega_4 = \omega_1 + \omega_2 + \omega_3$。当 $\omega_1 = \omega_2 = \omega_3$ 时，这一项对应于三次谐波的产生；当 $\omega_1 = \omega_2 \neq \omega_3$ 时，它对应频率转换。含 θ_- 的项对应频率为 ω_1、ω_2 的两个光子的湮灭，同时产生两个频率为 ω_3 和 ω_4 的新光子的情形，即 $\omega_3 + \omega_4 = \omega_1 + \omega_2$。要使此过程进行，相位匹配条件要求 $\Delta k = 0$，即

$$\Delta k = k_3 + k_4 - k_1 - k_2 = (n_3 \omega_3 + n_4 \omega_4 - n_1 \omega_1 - n_2 \omega_2)/c = 0$$

式中，$n_1 \sim n_4$ 代表介质的折射率。在 $\omega_1 = \omega_2$ 的特定条件下，满足 $\Delta k = 0$ 相对要容易些，光纤中的 FWM 大多数属于这种部分简并情形。在物理上，它用类似于 SRS 的方法表示。频率为 ω_1 的强泵浦波产生两对称的边带，频率分别为 ω_3 和 ω_4，其频移为

$$\Omega_s = \omega_1 - \omega_3 = \omega_4 - \omega_1$$

此处,假定 $\omega_3 < \omega_4$。事实上,直接与 SRS 类比, ω_3 处的低频边带和 ω_4 处的高频边带分别称为 Stokes 带和反 Stokes 带。部分简并四波混频起初称为三波混频,因为在此非线性过程中只牵涉 3 个不同频率。在此称之为四波混频,而把三波混频留给与 $\chi^{(2)}$ 有关的过程;同时四光子混合这个名称也用于 FWM 过程,二者意义完全相同。注意,当 ω_3 处的输入信号通过四波混频过程被放大时,人们借用微波领域的技术术语,也常把 Stokes 带和反 Stokes 带分别称为信号带和闲频带。

对于 $\lambda_1 < \mu m$,在多模光纤中以不同的模式传输不同的波,可使得 Δk_W 为负,在此范围内,利用 Δk_W 可实现相位匹配。大多数早期的实验是利用这种相位匹配方法进行的。

在单模光纤中,除零色散波长 λ_D 附近 Δk_W 和 Δk_M 可相比外,对相同的偏振波,式(3.8.11)中波导色散的影响 Δk_W 远小于材料色散。因此,实现准相位匹配的三种可能性是:①利用小频移和低泵浦来减小 Δk_M 和 Δk_{NL},即准相位匹配四波混频;②运转在零色散波长附近,使得 Δk_W 几乎能抵消 $\Delta k_M + \Delta k_{NL}$,即零色散波长附近的相位匹配;③运转在反常群速度色散区,由 Δk_M 为负,可使 $\Delta k_M + \Delta k_{NL}$ 抵消,即由自相位调制引起的相位匹配。

思考题与习题

2.1　试比较多模光纤和单模光纤色散产生的原因和大小。

2.2　减小光纤中损耗的主要途径是什么?

2.3　试推导式(2.3.4)。

2.4　试分析影响单模光纤色散的诸因素,如何减小单模光纤中的色散?

2.5　试比较多模光纤和单模光纤设计的差异。

2.6　试分析影响光纤中双折射的诸因素。

2.7　根据光纤中产生双折射的原因,分析获得高双折射光纤和超低双折射光纤的主要困难何在?

2.8　推导式(2.6.2)。

2.9　试求光纤轴向受压时其折射率变化的表达式。

2.10　试求光纤均匀受压时,其折射率变化的表达式。

2.11　推导式(2.6.10)。

2.12　推导式(2.7.13)。

2.13　推导式(2.7.19)中 A、B、C、D 的表达式。

2.14　试比较分析单模光纤中偏振态变化的两种主要方法:Jones 矢量法和 Poincaré 球图示法。

2.15　试比较由于光纤中的双折射效应和光纤中的模式耦合引起的单模光纤中偏振态变化的差别。

2.16　单模光纤用多层结构的主要目的是什么? 这种多层结构在制造工艺上有何困难?

2.17　Poincaré 球用于光纤和用于块状媒质有何异同? 试分析比较之。

2.18　试说明用 spun fiber 能降低单模光纤中线双折射的原因。

2.19 试说明交叉相位调制的意义及其在光纤中产生的物理过程。

2.20 何谓 Raman 散射？试说明其物理过程，并说明自发 Raman 散射和受激 Raman 散射的区别。

2.21 试说明 Raman 增益的含义及可能应用。为什么 Raman 增益谱宽能超过 40THz？

2.22 试说明 Brillouin 散射的物理过程，并说明自发 Brillouin 散射和受激 Brillouin 散射的区别。

2.23 为什么在单模光纤中仅能产生后向 SBS？试说明其物理原因。

2.24 SBS 和 SRS 的主要区别是什么？试说明造成这些差别的物理原因。这些差别在实际中如何表现？

2.25 试说明光纤中产生二次谐波的物理过程。

第 3 章

光纤系统的损耗与光纤处理工艺

3.1 引言

光纤的连接和处理是光纤应用中的重要问题。它涉及光纤的弯曲损耗、光纤的端面处理、光纤的固定、光纤的连接、光纤的熔接、光纤的抛磨、光纤的腐蚀等,本章将对这些光纤应用中的重要实际问题作简要介绍,最后对改变光纤传输特性的可能途径作简要介绍。

第 2 章介绍了因光纤制造和光纤材料,以及弯曲引起的光纤传输损耗。而构成光纤系统时因光纤耦合而产生的损耗,是光纤使用者更应关注的一种损耗因素。

光纤的弯曲损耗有两类:宏弯损耗和微弯损耗。光纤弯曲时,在光纤中传输的部分导模将由于辐射而损耗光功率。对此难于从理论上进行较细致而又准确的分析。主要原因是它和光纤的实际结构、折射率分布等因素关系较密切;对于多模光纤还应考虑模式间的功率耦合,情况更复杂。

本章对于耦合损耗,简要介绍了一些有实用价值的典型的耦合方式及其优缺点比较。

3.2 光纤和光源的连接

光纤和光源连接时,为获得最佳耦合效率,主要应考虑二者的特征参量相互匹配的问题。对于光纤应考虑其纤芯直径、数值孔径、截止波长(单模光纤)和偏振特性;对于光源则应考虑其发光面积、发光的角分布、光谱特性(单色性)、输出功率以及偏振特性等。下面对两种典型光源和光纤的耦合损耗进行分析。

3.2.1 半导体激光器和光纤的连接

半导体激光器的特点是:发光面为窄长条,长几十微米,宽零点几微米。当激励电流超过阈值不多时,是基横模输出,输出光强在垂直于光轴的平面内呈高斯分布。

$$I(x,y,z) = A(z)\exp\left\{-2\left[\left(\frac{x}{w_x}\right)^2 + \left(\frac{y}{w_y}\right)^2\right]\right\} \tag{3.2.1}$$

式中

$$w_x = \frac{\lambda z}{\pi w_{0x}}, \quad w_y = \frac{\lambda z}{\pi w_{0y}} \tag{3.2.2}$$

式中,w_{0x}、w_{0y} 是高斯光束的腰宽,是近场的宽度;$A(z)$ 是只和 z 有关的常数,实验测定结果与此相符。

图 3.2.1 给出了一个典型的半导体激光器发光的角分布。其特点是：在 x 方向（平行于 PN 结方向）光束较集中，发散角 $2\theta_{/\!/}$ 约为 $5°\sim6°$（发散角定义为半功率点之间的夹角）；在 y 方向（垂直于 PN 结方向）发散角 $2\theta_\perp$ 约为 $40°\sim60°$，所以半导体激光器发出的光在空间是窄长条，其远场图是一个细长的椭圆。这是光纤和半导体激光器耦合的困难所在。

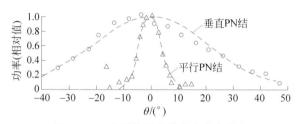

图 3.2.1　半导体激光器发光的角分布

1. 直接耦合

直接耦合就是把端面已处理的光纤直接对向激光器的发光面。这时影响耦合效率的主要因素是光源的发光面积和光纤纤芯总面积的匹配，以及光源发散角和光纤数值孔径角的匹配。显见，对于多模光纤，只要光纤端面离光源发光面足够近，激光器发出的光就能照射到光纤端面（由于光源发光面小）；对于单模光纤，由于纤芯很细，因此只有部分光能射入光纤，如图 3.2.2 所示。至于角度的匹配，光纤只能接收小于孔径角 $2\theta_c$ 的那一部分光。例如，对于数值孔径 $NA=0.14$ 的通用多模光纤，其孔径角 $2\theta_c$ 约为 $16°$；在平行于 PN 结方向，光源的发散角 $2\theta_{/\!/}$ 仅 $5°\sim6°$，只要距离 S 适当，全部光功率都能进入光纤；而在垂直于 PN 结方向，只有 $2\theta_c$ 内的光才能进入光纤。这种情况下的耦合效率可计算如下。

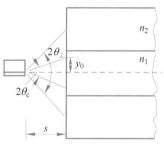

图 3.2.2　半导体激光器和光纤耦合的示意图

由激光器发出的总光功率为

$$P_0 = 2\int_0^\infty \int_0^\infty I(x,y,z)\,\mathrm{d}x\,\mathrm{d}y$$

$$= 2\int_0^\infty \int_0^\infty A(s)\exp\left\{-2\left[\left(\frac{x}{w_x}\right)^2 + \left(\frac{y}{w_y}\right)^2\right]\right\}\mathrm{d}x\,\mathrm{d}y = B\,\mathrm{erf}(\infty) \qquad (3.2.3)$$

式中

$$B = \left(\frac{\sqrt{2\pi}}{2}w_y\right)A(s)\int_0^\infty \exp\left[-2\left(\frac{x}{w_x}\right)^2\right]\mathrm{d}x$$

$$\mathrm{erf}(A) = \left(\frac{2}{\sqrt{2\pi}}\right)\int_0^A \exp\left(-\frac{t^2}{2}\right)\mathrm{d}t$$

$$t = \frac{2y}{w_y}, \quad \mathrm{d}t = 2\frac{\mathrm{d}y}{w_y}$$

$\mathrm{erf}(A)$ 为误差函数。在 $z=s$ 平面内，B 为常数。显然，包含在光纤孔径角 $2\theta_c$ 内的光功率是

$$P = 2 \int_0^{x_0} \int_0^{y_0} A(s) \exp\left\{ -2\left[\left(\frac{x}{w_x}\right)^2 + \left(\frac{y}{w_y}\right)^2 \right] \right\} dx\,dy$$

$$= B\left(\frac{2}{\sqrt{2\pi}}\right) \int_0^{2x} \frac{w_{0y}\tan\theta_c}{\lambda} \exp\left(-\frac{t^2}{2}\right) dt$$

$$= B\,\mathrm{erf}\left(\frac{2\pi w_{0y}\tan\theta_c}{\lambda}\right)$$

式中，x_0、y_0、θ_c 是在 $z=s$ 处的值。

若取光纤端面反射损失为 5%，则光纤和半导体激光器直接耦合时，其耦合效率的理论值为

$$\eta_{max} = \frac{P}{P_0} \times 95\% = \frac{\mathrm{erf}\left[(2\pi w_{0y}\tan\theta_c)/\lambda\right]}{\mathrm{erf}[\infty]} \times 95\% \tag{3.2.4}$$

实际的耦合效率不仅和光纤的孔径角 θ_c、激光器的近场宽度 w_{0y} 有关，而且和耦合时的调整精度、光纤端面的加工精度有密切关系。图 3.2.3 给出了由式(3.2.4)算出的 η_{max}-w_{0y} 曲线。

【例 3.2.1】 对于 $\omega_{0y}=0.05\mu m$，$\lambda=0.85\mu m$ 的激光器和 $NA=0.14$($\theta_c=8°$) 的光纤直接耦合，其 η_{max} 约为 20%。

2. 用透镜耦合

利用透镜耦合可大大提高耦合效率，下面介绍其典型方式。

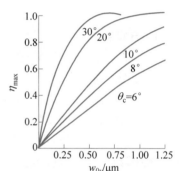

图 3.2.3 耦合效率和发光区宽度的关系

1) 端面球透镜耦合

最简单的加透镜方法是把光纤端面做成一个半球形，如图 3.2.4 所示。光纤端面透镜的做法可以是直接将光纤端面烧成半球形，或将光纤端面磨平再贴一个半球形透镜。光纤端面加球透镜后的效果是增加光纤的孔径角，由图 3.2.4 的几何关系可以证明，带有球透镜的光纤的等效接收角 θ_c 为

$$\theta_c = \arcsin\left\{ n_1 \sin\left[\arcsin\left(\frac{a}{r}\right) + \arccos\left(\frac{n_2}{n_1}\right)\right] \right\} - \arcsin\left(\frac{a}{r}\right) \tag{3.2.5}$$

式中，r 为球透镜半径；a 为纤芯半径；n_1 和 n_2 分别为纤芯和包层的折射率。用这种办法可以显著地增加 θ_c，从而增加耦合效率。对于多模光纤，可把耦合效率从光纤为平端的 24% 提高到光纤为半球端的 60% 以上。图 3.2.5 是等效接收角 θ_c 和球半径 r 以及光纤芯半径 a 的关系。

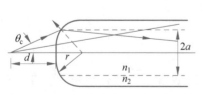

图 3.2.4 球面透镜的光路简图

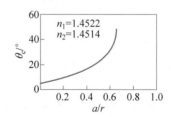

图 3.2.5 等效接收角 θ_c 和球半径 r 及光纤半径 a 的关系

2）柱透镜耦合

利用柱透镜可把半导体激光器发出的光进行单方向会聚,使光斑接近圆形以提高耦合效率。也可利用球透镜和柱透镜的组合进一步提高耦合效率。这种耦合方式的缺点是它对激光器、柱透镜、球透镜以及光纤的相对位置的准确性要求极高,稍一偏离正确位置,耦合效率就急剧下降,甚至不如直接耦合。

3）凸透镜耦合

一般用直径为 3～5mm,焦距为 4～15mm 的凸透镜,用图 3.2.6 所示的光路进行耦合,其优点是便于构成活动接头,或是中间插入分光片、偏振棱镜等光学元件。此光路中凸透镜也可用自聚焦透镜代替。自聚焦透镜的优点是几何尺寸小,平端面便于和光纤粘接;缺点是自聚焦透镜之平端面的反射面的反射光对光源有干扰作用。

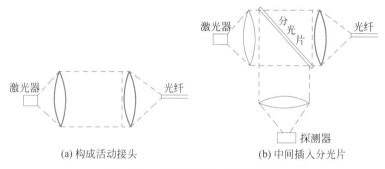

(a) 构成活动接头　　　　(b) 中间插入分光片

图 3.2.6　凸透镜耦合的光路简图

4）圆锥形透镜耦合

把光纤的前端用腐蚀的办法或熔烧拉锥的办法做成图 3.2.7 所示的圆锥形式。前端半径为 a_1,光纤本身半径为 a_n。当光从前端以 θ 角入射进光纤,经折射后以角 γ_1 射向芯包分界面 A,由于界面是斜面,所以 $\gamma_1 > \gamma_2$,如锥面坡度不太大,即圆锥长度 $l \gg (a_n - a_1)$ 时,则近似有

$$\frac{\sin\gamma_1}{\sin\gamma_2} = \frac{a_2}{a_1}$$

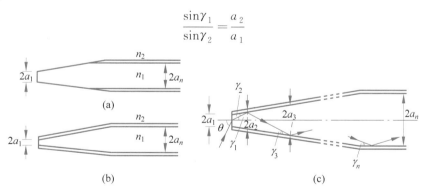

(a)

(b)

(c)

图 3.2.7　圆锥透镜耦合的光路简图

由此可得有圆锥时的孔径角 θ_c 和平端光纤的孔径角 θ_c' 之间的关系如下:

$$\frac{\sin\theta_c}{\sin\theta_c'} = \frac{\sin\gamma_1}{\sin\gamma_n} = \frac{\sin\gamma_1}{\sin\gamma_2}\frac{\sin\gamma_2}{\sin\gamma_3}\cdots\frac{\sin\gamma_{n-1}}{\sin\gamma_n} = \frac{a_2}{a_1}\frac{a_3}{a_2}\frac{a_4}{a_3}\cdots\frac{a_n}{a_{n-1}} = \frac{a_n}{a_1} \quad (3.2.6)$$

上式说明:有圆锥透镜的光纤的数值孔径比平端光纤增加了 a_n/a_1 倍。实验结果表明,用这种办法耦合效率可高达 92%,对于多模光纤这是一种行之有效的办法。因为此法要求光

纤前端直径 $2a_1$ 比激光器发光面大些,以获最佳耦合效果。而单模光纤芯径太小,无法满足这一要求。为此人们又提出如图 3.2.8 所示的倒锥形的耦合办法,使端面直径增加,以满足激光器和单模光纤耦合的要求。目前用这种办法耦合,其效率已达 90% 以上。

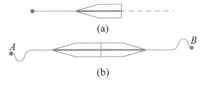

图 3.2.8　倒锥光纤耦合简图

5) 异形透镜耦合

为了满足激光器长条发光面和圆形光纤的耦合要求,人们还提出了一种异形透镜的耦合办法。透镜的一个端面为长条形,可与激光器发光面配合,另一个端面为圆形,可与光纤连接。最近由于微电子技术的不断进步,二元光学得以迅速发展。现已推出利用微型相位光栅以改变半导体激光器输出光波的空间分布的方法,此法可使半导体激光器输出的光斑由长条形分布改变为圆对称分布,以提高半导体激光器和光纤的耦合效率。预计此法有较好前景。

图 3.2.9 给出了光源和光纤耦合的一些典型的光路简图。对于单模光纤的耦合,其微型元件的制造、定位、固定以及抗干扰等问题都比多模光纤的耦合要困难。因为这时光纤的芯径要小很多。

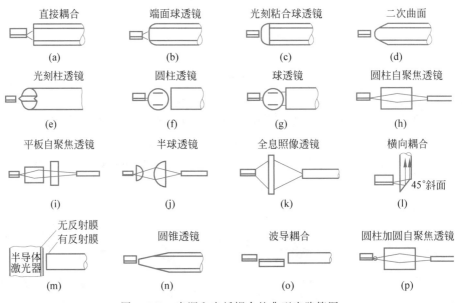

图 3.2.9　光源和光纤耦合的典型光路简图

随着科学技术以及微光学系统的发展,目前,光源与光纤的耦合已从上述单个透镜的耦合发展到透镜阵列的耦合,并有多种相应的透镜阵列问世。

3.2.2　半导体发光二极管和光纤的耦合

半导体发光管和半导体激光器从耦合的角度看,其主要差别是:前者为自发辐射,光发射的方向性差,近似于均匀的面发光器件,其发光性能类似于余弦发光体;后者为受激辐射,光发射方向性好,光强为高斯分布。

讨论耦合问题时,可把半导体发光管看成均匀的面发光体(即朗伯型光源),它在半球空

间所发生的总光功率 P_0 为

$$P_0 = 2\int_0^{\frac{\pi}{2}} 2\pi B A_E \sin\theta \cos\theta \, d\theta = 2\pi B A_E \tag{3.2.7}$$

式中，B 为光源的亮度（单位面积向某方向单位立体角发出的光功率）；A_E 为发光面积；θ 为光线与发光面法线的夹角，如图 3.2.10 所示。

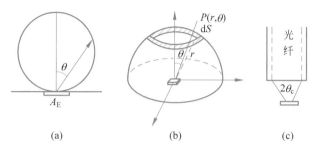

图 3.2.10　发光二极管光功率分布示意图

当发光面 A_E 比光纤截面小时，在空间一点 P 处，面积为 dS 内所能得到的光功率为

$$dP = B A_E \cos\theta \, d\Omega$$

再利用 $d\Omega = dA/r^2$，$dA = (r\,d\theta)(2\pi r \sin\theta)$，即可求出光纤在孔径角 θ_c 内所接收到的光功率 P 为

$$P_0 = 2\int_0^{\theta_c} 2\pi B A_E \sin\theta \cos\theta \, d\theta = 2\pi B A_E \sin^2\theta_c \tag{3.2.8}$$

由此得半导体发光二极管和多模光纤直接耦合时的最大耦合效率为

$$\eta_{\max} = \frac{P}{P_0} = \sin^2\theta_c = (NA)^2 \tag{3.2.9}$$

由此可见，对于常用的多模光纤（NA=0.14），其 $\eta_{\max}$ 仅为 2%，对于一个功率为 5mW 的发光二极管，用这种方法耦合，其出纤功率仅为几十微瓦。对于发光二极管和光纤用透镜耦合的方式与前述激光器和光纤耦合的方式相似，不再赘述。

3.2.3　大功率 LD 阵列耦合技术

由于单片半导体激光器的输出功率限制在瓦量级，远不能满足高功率光纤激光器泵浦源的要求。为获得更高输出功率需采用多发光单元集成的激光二极管阵列（LD Array）。大功率半导体激光器阵列分为线阵列（LD Bar）和面阵列（LD Stack），其光纤耦合的主要技术路线有两个：光纤束耦合法和微光学系统耦合法。下面以线阵列为例简要介绍。

1. 光纤束耦合法

光纤束耦合法，即光纤阵列耦合法（如图 3.2.11 所示），是利用微光学系统将线阵列各发光单元发出的光在快轴方向进行准直和压缩后，与相同数目的阵列光纤一一对应耦合，然后通过合束光纤输出。是早期使用的一种光纤耦合技术，具有结构简单、耦合效率高、发光元间隙不影响光束整体质量和成本低的优点。大功率半导体激光器阵列在平行于 PN 结平面（慢轴）的方向发散角较小（数值孔径为 0.05～0.11），小于输出光纤的数值孔径（0.11 或 0.22），无须压缩。由于光纤束直径大，致输出激光的亮度和功率密度较低，因此只适用于对亮度和功率密度要求不高的系统，正逐渐被微光学透镜阵列耦合技术所取代。

2. 微光学系统耦合法

微光学系统耦合法是通过微光学系统(微透镜阵列、微棱镜阵列、微柱透镜等)对线阵列输出的光束进行准直、整形、变换和聚焦后,直接耦合入单根光纤输出。图 3.2.12 所示为微光学系统整形耦合的一个示例照片。

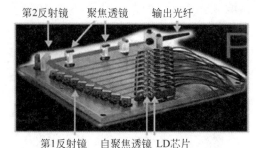

图 3.2.11　光纤束耦合法示意图　　　　图 3.2.12　微光学系统整形耦合法示例

由于 LD 阵列的快、慢轴方向上的光束具有非对称性,所以在快、慢轴方向上需分别进行准直。快轴的发散角大且为高斯光束,通常利用大数值孔径(NA>0.85)非球面微柱透镜准直,可在不过多增加透镜的条件下校正球差,如图 3.2.13 所示。慢轴方向是 N 个具有固定宽度和间隔的线发光元,通常采用球面微柱透镜阵列准直(如图 3.2.14 所示)。德国 LIMO 公司针对线阵列的慢轴准直专门设计了一种微透镜阵列(Telescope-Arrays)。该微透镜阵列由两个非球面微柱透镜阵列组成,更有效地压缩了慢轴发散角,获得了更高的激光亮度,并且将线阵列发光单元转化为一条均匀的发光线(如图 3.2.15 所示)。

图 3.2.13　非球面微柱透镜

图 3.2.14　球面微柱透镜阵列

图 3.2.15　Telescope-Arrays 的两种结构

另外,线阵列的输出光束在快、慢轴方向的不对称造成光束质量不均衡,具体表现为两个方向上的光参数积差别很大,达 2~3 个数量级。因此,传统的成像光学系统无法将其聚焦成对称光斑,必须采用特殊的光学器件对光束进行整形,以减小慢轴方向的光参数积,实现两个方向光束质量的均衡。目前已有文献报道的光束整形方法主要有双平面反射镜法、阶梯反射镜法、多棱镜阵列法、棱镜组折反射法、微片棱镜堆整形法和二维透射式闪耀光栅阵列法等,但是均存在器件加工困难、装调复杂等问题,导致耦合效率不高,距离商业化尚存在一定距离。

德国 LIMO 公司的产品 HOC(hybrid optical chip)——将快慢轴准直微柱透镜、光束整形变换系统和聚焦微柱透镜片上集成——技术成熟度较高,也可以对单管 LD 和 LD Stack 输出光进行光纤耦合。为达到最优耦合效果,需设计整形微光学系统的参数主要有发光单元的尺寸、周期、数目,快慢轴的发散角,线阵列的微笑效应(smile-effect),耦合光纤的纤芯直径与数值孔径等。由于对所用微透镜及其阵列的光学质量要求很高,因此制作和加工难度较大,导致成本较高。

3. 大功率半导体激光器光纤耦合产品

目前,国外公司占据着商业化大功率半导体激光器光纤耦合产品市场上的优势:如美国的 Coherent、SDL、Spectra-Pysics 公司及德国的 LIMO 公司等。与国外同类产品相比,国内大功率半导体激光光纤耦合产品的性能参数和技术指标还有较大差距,所以尚无大批量应用。主要原因是所需基础单元技术面广,如半导体材料的生长和加工工艺、微光学透镜及阵列设计、制造技术和工艺等。

2017 年,德国公司针对光纤激光器泵浦和激光微材料加工应用,发布了波长 793nm、$105\mu m$ 的光纤耦合模块,该模块基于线阵列 LD,输出功率 32W、数值孔径 NA<0.22。使用芯径为 $800\mu m$、数值孔径 0.22 的光纤,输出最大功率达 500W,耦合效率非常高。

3.3　光纤和光纤的连接

3.3.1　光纤与光纤的固定连接

光纤固定连接是一种永久性的连接,其基本要求是:以最短的时间与最低的成本获得最佳的光纤与光纤系统其他部分的稳定接入。为增加中继距离,要求接头的损耗低,且性能稳定,而对于接续时间与成本则可降低要求。在光纤局域网(LANS)中,通信距离短但接头多,因此要求接头具备现场快速安装性能,对于接头损耗只作一般性要求。

根据光纤固定接头的光纤类型、连接光纤的形式和固定方法,可将其分为两类:多模机械式固定单根光纤接头或阵列光纤接头;多模熔焊法固定单根光纤接头或阵列光纤接头。

光纤固定连接技术中含有三个基本的操作环节:光纤端面制备、光纤对准调节、光纤接头固定。

在光纤的各种应用中,光纤端面处理是一种最基本的技术。光纤端面处理的形式可分为两种:平面光纤头与微透镜光纤头。前者多用于光纤和各种光无源器件以及光纤和光纤的连接与接续;后者则多用于光纤和各种光源及光探测器之间的耦合。光纤端面处理的基本步骤为涂覆层剥除、光纤端面制备和光纤端面检测。下面主要介绍光纤对准调节和光纤的固定。

1. 光纤对准调节

光纤对准调节技术包括无源对准与有源对准两种。无源对准技术利用光纤包层或支撑光纤的套管(衬基)的几何一致性来使光纤纤芯对准,前者称为直接对准,后者称为二次对准,典型的直接对准方法有 V 形槽法、三棒法和套管法。图 3.3.1 所示为多光纤 V 形槽结构示意图。

图 3.3.2 所示为三棒对准机构的结构。这种技术利用 3 根精密加工圆柱棒夹持光纤,3 根棒与光纤的 3 条接触线提供了光纤准确对接的基准。

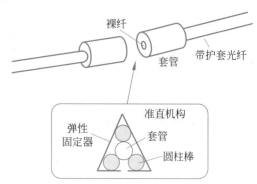

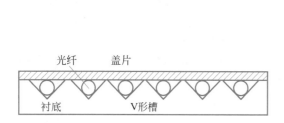

图 3.3.1　多光纤 V 形槽结构示意图　　图 3.3.2　三棒对准机构结构示意图

套管法以一个精密配合的玻璃管、一个热缩管和一个能从中心孔加进黏合剂的套管作为精确对准的工具,套管端部张成喇叭形以便于插入光纤。

直接对准技术的主要优点是简便、迅速,适用于现场快速安装。其端面制备技术常采用刻痕拉断法。二次对准技术首先用一支撑件(如毛细玻璃管,陶瓷管等)来固定住光纤,然后调节支撑件来使光纤纤芯对准。这种结构坚固稳定,尤其适合于端面研磨抛光。

2. 光纤的固定

光纤的固定技术是光纤连接中最重要的、最基本的环节。如果在光纤接头的使用期(20~40 年)之内,不能使接头性能保持稳定,光纤的高精度对准将不具备任何意义。理想的光纤固定技术应不增加连接损耗,节点的传输特性不随时间变化,能适应各种环境条件。常用的光纤固定技术包括胶粘、机械夹持和定位熔焊 3 种。

除了熔焊接头外,几乎所有的光纤连接都离不开各种各样的胶粘剂。其中,环氧树脂胶应用最为广泛。但是胶粘方法的不足之处是难于满足长期可靠性的要求。

机械夹持固定是为临时连接两根光纤提供一种简便而迅速的固定方法,其基本原理是在光纤二次对准调节的基础上提供一种使光纤固定的夹持方式。几种常用的结构如图 3.3.3 所示。机械夹持结构与胶粘技术相配合,可以用作稳固的永久性光纤接头。

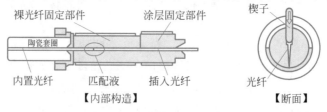

图 3.3.3　机械夹持固定光纤的示意图

光纤熔焊固定是所有光纤接头中性能最稳定、应用最普遍的一种,常用于永久性的光纤固定接头。熔接法需用精密的熔接设备,其主要特点是连接损耗最低。目前熔接损耗平均小于 0.1dB,甚至达到 0.05dB。影响光纤熔接性能的因素较多,大体可分为本征因素和非本征因素两类。本征因素是光纤自身因素,主要有:①模场直径不一致;②芯径失配;③纤芯截面不圆;④纤芯与包层同心度不佳。非本征因素包括轴心错位、轴心倾斜、端面分离、端面质量和光纤物理变形等。相关的解决方案可以在工艺类文献中查到。

3.3.2 多模光纤和多模光纤的直接耦合

对于多模光纤的直接耦合损耗,可用几何光学的方法进行分析和讨论。在以下的讨论中假设光功率在截面上分布均匀,光强的角分布和偏振也均匀,所用光纤是均匀折射率分布的多模光纤。通过计算可得光纤的透过率 T 为

$$T \approx \frac{16N^2}{(1+N)^4}[1+F(\theta_1^2)] \tag{3.3.1}$$

式中,$N=n_1/n_0$,n_1 是纤芯的折射率,n_0 是周围媒质的折射率;θ_1 为光线入射角。由此可计算两光纤直接对接时由于轴偏离、轴倾斜等对耦合损耗的影响。

1. 轴偏离对耦合损耗的影响

设光纤芯半径为 a,两光纤轴偏离为 x,这时只有两纤芯重叠部分才有光通过。通过一定计算可得其耦合损耗 α_1 为

$$\alpha_1 \approx \frac{16N^2}{(1+N)^4}\frac{1}{\pi}\left\{2\text{arc}\cos\left(\frac{x}{2a}\right)-\frac{x}{a}\left[1-\left(\frac{x}{2a}\right)^2\right]^{\frac{1}{2}}\right\} \tag{3.3.2}$$

图 3.3.4 给出了耦合损耗 α_1 和 x 的关系曲线。图中实线为理论值,实验所用光纤为均匀芯,其芯包折射率差为 $\Delta=0.7\%$,光纤长度分别为 500m 和 3m。$N=1$ 时为光纤两端面之间加了匹配液,$N=1.46$ 则为两端面处于空气中的情况。由图中曲线可见,只有当 $x/a<0.2$(满足两光纤轴偏离小于芯径的 1/10 时),才能使耦合损失小于 1dB。

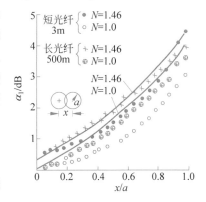

图 3.3.4 耦合损耗和轴偏离 x 的关系

2. 两光纤端面之间的间隙对耦合损耗的影响

若两光纤端面之间间隙为 z,则其耦合损耗 α_2 为

$$\alpha_2 \approx \frac{16N^2}{(1+N)^4}\left[1-\left(\frac{z}{4a}\right)N(2\Delta)^{\frac{1}{2}}\right] \tag{3.3.3}$$

α_2 和 z 的关系如图 3.3.5 所示。由曲线可见,对间隙 z 的调整精度比对轴偏离 x 的要求低。

3. 两光纤之间的倾斜对耦合损耗的影响

两光纤轴之间的倾斜角为 θ(如图 3.3.6 中曲线左侧所示),且当 θ 足够小时,其轴倾斜引起的损耗 α_3 为

$$\alpha_3 \approx \frac{16N^2}{(1+N)^4}\left[1-\frac{\theta}{\pi N(2\Delta)^{\frac{1}{2}}}\right] \quad (3.3.4)$$

图 3.3.6 给出了轴倾斜引起的损耗 α_3 和 θ 之间的关系。由图中曲线可见,要使耦合损耗小于 1dB,其角偏离应小于 5°。

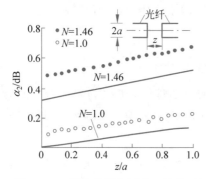

图 3.3.5　耦合损耗和间隙 z 的关系

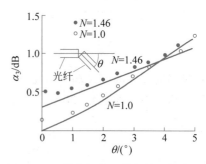

图 3.3.6　耦合损耗和轴倾斜 θ 的关系

4. 光纤端面的不完整性对耦合损耗的影响

若两光纤端面之间有匹配液($N=1.0$),端面的不完整性不会引起明显的耦合损耗。以下给出的结果都是针对 $N=1.46$ 的情况。

1) 端面倾斜

若两光纤端面和光纤轴不垂直,其夹角分别为 θ_1 和 θ_2,则由此引起的损耗 α_4 为

$$\alpha_4 \approx \frac{16N^2}{(1+N)^4}\left[1-\frac{|N-1|}{\pi N(2\Delta)^{\frac{1}{2}}}(\theta_1+\theta_2)\right] \quad (3.3.5)$$

α_4 和 $(\theta_1+\theta_2)$ 的关系见图 3.3.7。从图中可以看出,光纤的芯包折射率差 Δ 值愈小,对端面倾斜的要求就愈高。

2) 端面弯曲

若两光纤端面不是平面,则由此引起的损耗 α_5 为

$$\alpha_5 \approx \frac{16N^2}{(1+N)^4}\left[1-\frac{1}{2(2\Delta)^{\frac{1}{2}}}\frac{N-1}{N}\frac{d_1+d_2}{a}\right] \quad (3.3.6)$$

式中,d_1、d_2 为两端面弯曲的程度;α_5 和 $(d_1+d_2)/a$ 的关系如图 3.3.8 所示。

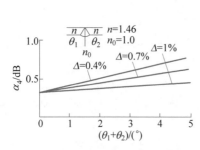

图 3.3.7　耦合损耗和端面倾斜的关系

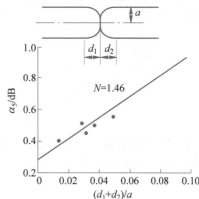

图 3.3.8　耦合损耗和端面弯曲的关系

5. 光纤种类不同对耦合损耗的影响

1）光纤芯径不同

当光由细芯径的光纤输入粗芯径的光纤时,只有反射损失;反之,由粗芯径光纤输入细芯径的光纤时,将产生附加的耦合损耗 α_6:

$$\alpha_6 \approx \begin{cases} \dfrac{16N^2}{(1+N)^4}(1-P)^2, & P \geqslant 0 \\ \dfrac{16N^2}{(1+N)^4}, & P < 0 \end{cases} \tag{3.3.7}$$

式中,$P=1-(a_2/a_1)$,a_1、a_2 分别为粗、细两种光纤的芯半径。图 3.3.9 给出了 α_6 和 P 的关系。

2）折射率不同

光由纤芯折射率小(即数值孔径小)的光纤进入纤芯折射率大的光纤时只有反射损失,反之则有附加损耗,其值为

$$\alpha_7 \approx \begin{cases} \dfrac{16N^2}{(1+N)^4}(1-q)^{\frac{1}{2}}, & q \geqslant 0 \\ \dfrac{16N^2}{(1+N)^4}, & q < 0 \end{cases} \tag{3.3.8}$$

式中,$q=1-(\Delta_2/\Delta_1)$,Δ_1 和 Δ_2 分别为光纤 1 和 2 的相对折射率差。附加损耗 α_7 和 q 的关系如图 3.3.10 所示。

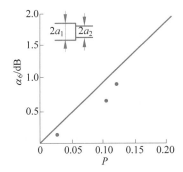

图 3.3.9　耦合损耗和芯径差的关系

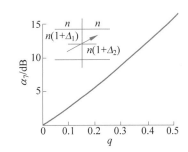

图 3.3.10　耦合损耗和折射率差的关系

3.3.3　单模光纤和单模光纤的直接耦合

计算单模光纤直接耦合的损耗和上述计算多模光纤耦合损耗的主要差别是:对多模光纤其端面光功率分布视为均匀分布,而对单模光纤其端面光功率则视为高斯分布。下面给出类似于多模光纤的两单模光纤连接损耗的计算结果。

1. 两光纤的离轴和轴倾斜引起的耦合损耗 α_1

$$\alpha_1 = 4.34\left[\left(\frac{d}{s_0}\right)^2 + \left(\frac{\pi n_2 s_0 \theta}{\lambda}\right)^2\right] \tag{3.3.9}$$

式中,d 为两光纤轴之间的间距;θ 为两光纤轴之间的夹角;s_0 为光纤的模斑半径。图 3.3.11 给出了 d、θ 和 α_1 之间的关系,由曲线可见,在同样耦合损耗时,其 d 和 θ 的允许误差比多模

光纤的要大。

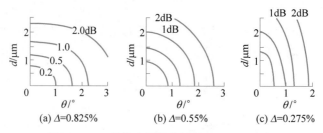

图 3.3.11 单模光纤耦合损耗和 d，θ 的关系

2. 两光纤端面间的间隙引起的耦合损耗 α_2

$$\alpha_2 = 10\lg\left[\frac{1+4z^2}{(1+2z^2)^2+z^2}\right] \tag{3.3.10}$$

式中

$$z = \frac{S_e}{k_0 n_2 s_2^2} \tag{3.3.11}$$

其中，S_e 为两光纤端面之间的距离。α_2 和 z 之间的关系见图 3.3.12。它是单模光纤耦合损耗 α_2 和间隙 z 之间的关系曲线。

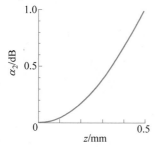

图 3.3.12 单模光纤耦合损耗和
间隙 z 之间的关系

3. 不同种类光纤引起的耦合损耗 α_3

$$\alpha_3 = -20\lg\left(\frac{2s_1 s_2}{s_1^2+s_2^2}\right) \tag{3.3.12}$$

式中，s_1 和 s_2 为两光纤的模斑半径。α_3 和 s_1/s_2 之间关系见图 3.3.13。由此曲线可见：s_1、s_2 之间的差别引起的损耗很小，s 变动 10% 时，会引起 0.05dB 的损耗。

$$\frac{\delta s_0}{s_0} = \left|l\left(\frac{\lambda}{\lambda_c}\right)\right|\left|\frac{\delta a}{a}\right| + \left|m\left(\frac{\lambda}{\lambda_c}\right)\right|\frac{\delta(\Delta n)}{\Delta} \tag{3.3.13}$$

式中，l、m 是 λ/λ_c 的函数。由图 3.3.14 的曲线可见，当 $\lambda/\lambda_c=1.285$ 时，芯半径的起伏对 s_0 几乎没有影响。在 $1 \leqslant \lambda/\lambda_c \leqslant 1.5$ 时，有 $|l| \leqslant 0.4$，$|m| \leqslant 0.7$。

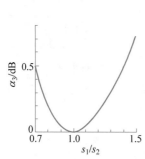

图 3.3.13 单模光纤耦合损耗和模斑半径
z 之间的关系

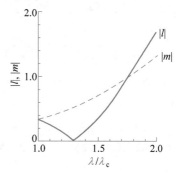

图 3.3.14 $|l|$、$|m|$ 和 λ/λ_c 的
关系曲线

3.4 侧边抛磨光纤

光纤的抛磨是指用传统的光学冷加工方法(即光学玻璃的抛磨技术)加工光纤。光纤的抛磨有端面抛磨和侧边抛磨两种。光纤的抛磨和一般光学玻璃抛磨之间的重要差别是光纤抛磨的加工对象尺寸小。光纤尺寸细小,因此抛磨光纤时需要设计专用的夹具固定光纤、磨具,以及调整光纤和磨具之间的夹角,以保证可按设计要求加工出需要的平面,一定角度的斜面或曲面等。

侧边抛磨光纤是利用光学微加工技术,在一定长度的光纤上将圆柱形的光纤包层侧边磨掉一部分,如图 3.4.1 所示。其包层被侧边抛磨过的那段光纤的横截面相似于大写英文字母 D,而在未抛磨过的光纤段,仍是圆柱形。这种光纤有时也称 D 形光纤。

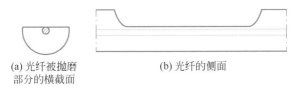

(a) 光纤被抛磨　　　　　(b) 光纤的侧面
部分的横截面

图 3.4.1　光纤被侧面抛磨的示意图

通常,足够厚度的光纤包层保证了在纤芯中传播的光场和在光纤包层中倏逝波场的能量不会泄漏到光纤外面。当用侧边抛磨或化学腐蚀的方法使光纤的包层厚度减小到倏逝波场存在的区域,也就是距纤芯仅几微米的区域时,就形成了一个纤芯中传输光的倏逝波场的"泄漏窗口"。在此"窗口"处,人们就有可能利用倏逝场来激发、控制、探测光纤纤芯中的传输光波的无损传播或泄漏。因为是利用侧边抛磨光纤包层中的倏逝场的原理做成器件或传感器,所以制成的器件也称为光纤倏逝场器件。普通光纤的低廉成本、对倏逝场区域的可人为控制、制成的器件的插入损耗、偏振相关损耗、背向反射极小和易于与光纤系统熔接的特点,使得利用侧边抛磨光纤构造新型全光纤器件和多功能光纤传感器已成为研究开发的有效途径之一。

制作侧边抛磨光纤的关键是在距纤芯仅几微米的区域处,制作一个纤芯中传输光的倏逝波场的"泄漏窗口"。化学腐蚀方法很难控制此"泄漏窗口"形状。目前较好的方法是采用侧边抛磨法去除部分光纤包层,制作侧边抛磨光纤。

目前制作侧边抛磨光纤的方法主要有两种。一是光纤侧边弧形槽基块抛磨法。即将光纤胶固在一块上面开着弧型槽的玻璃基块上,然后将光纤与此基块一起在商用光学抛磨机上研磨,如图 3.4.2 所示。其缺点是要先在玻璃基块上开弧形槽,而且每根抛磨光纤都需要一个弧形槽基块。另外,要用环氧胶固定此光纤,抛磨完毕后,有时又需用化学溶剂来溶解环氧胶以取出磨好的光纤。这是一个成本高,效率和成品率低,又不够环保的方法。

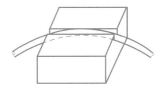

图 3.4.2　固定在弧形槽基块上
进行侧边抛磨的光纤

针对上述缺陷,产生了光纤侧边轮式抛磨法。此法是将光纤置于一个旋转轮上,在轮上加研磨剂后,将光纤的侧边抛磨去一部分。其优点是:不必用胶固定光纤;工艺较简单,有可能实现批量生产；制成的侧边抛磨区域的中部是完全平坦的,易于用其制作多种全光纤器件,并使批量工业生产成为可能。

典型的侧边抛磨光纤制成的器件包括全光纤偏振器、全光纤可变光衰减器、光纤传输特性监测仪、全光纤电光强度调制器、光纤滤光器和光纤倏逝场生物传感器等,详细机理与性能可参考相关文献。

3.5　光纤的腐蚀

纳米光纤探针可作为微小光源或微收集器。近年来,随着近场扫描光学显微镜以及光纤生物传感器的发展,采用化学腐蚀法制作纳米光纤探针的技术得到了广泛的应用。另外,化学腐蚀法还可应用于光纤光栅传感器的增敏,多参数同时测量以及具有倏逝场结构的光纤传感器等。

3.5.1　化学腐蚀法制作纳米光纤探针

纳米光纤探针通常由市售普通单模通信光纤加工而成。腐蚀液中 HF(40%)、NH_4F 溶液和去离子水的体积比为 1:1:115,置于塑料容器中；在腐蚀液上方注入约为 3mm 厚度的油脂密封层来防止挥发。腐蚀前需剥去光纤端部保护层、清洁、上光纤架固定；调节光纤架,使光纤垂直于液面,端部插入液面下少许。伸入腐蚀液内的光纤将被完全腐蚀掉,靠近液面的部分因浸润现象吸附少量腐蚀液,通过吸附力、重力和表面张力的平衡使腐蚀液面在光纤处形成弯曲(见图 3.5.1(a)),随着时间推移,光纤在弯曲液面处逐渐呈现倒立的近似圆台形(见图 3.5.1(b)),其下部光纤变成圆柱形,最终腐蚀至圆柱部分刚刚脱落时,形成一个倒立的近似圆锥形针尖(见图 3.5.1(c))。

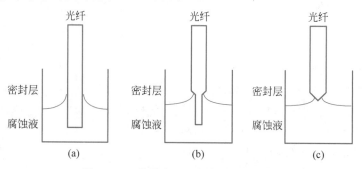

图 3.5.1　化学腐蚀法制备探针原理图

3.5.2　影响腐蚀效果的因素

当光纤浸入液体表面后,由于液体表面张力的作用,腐蚀液会沿光纤表面向上浸润,形成弯月形液面,如图 3.5.1 所示。当光纤表面吸附的腐蚀液的重力与液体表面张力达到平衡时,液面不再上升,达到稳定状态。弯液面高度作为光纤芯径的函数,可由流体力学杨-拉普拉斯方程决定。理论分析和实验结果表明:弯液面高度由光纤芯径、腐蚀液与光纤表面的接触角、腐蚀液的表面张力和密度决定。在腐蚀制备光纤探针的实验中,通过适当调整和选择上述参数,改变弯液面的高度,从而可以得到不同形状的光纤探针。

化学腐蚀法分为静态腐蚀法和动态腐蚀法。静态腐蚀是指在腐蚀过程中 HF 酸与光纤的位置保持相对静止不动。静态腐蚀法制备的探针锥角一般约为 30°。以二甲苯作为有机保护层,使用浓度为 40% 的 HF 酸作为腐蚀液,采用静态腐蚀法制备光纤探针的腐蚀过程如图 3.5.2 所示。动态腐蚀法中,浸入腐蚀液中光纤在垂直方向上移动。光纤的垂直移动改变了腐蚀液弯液面在光纤表面的接触位置,而弯液面相对位置的变化使探针锥区长度发生改变,引起锥角的变化。在不改变腐蚀条件的情况下,动态腐蚀法可加工出多种锥角的探针尖。

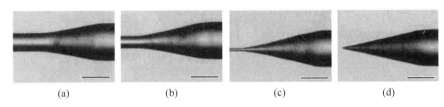

(a)   (b)   (c)   (d)

图 3.5.2　静态化学腐蚀法制备的光纤探针显微镜照片

结论是:静态腐蚀法的优点是具备自终止的特点,无须人为干预。通过选择不同的保护液类型,可制备不同锥角的探针。动态腐蚀法通过控制光纤和腐蚀液的相对移动速度制作不同外形的光纤探针,探针锥角具有较大的变化范围,但是腐蚀结束需要手动终止。由于选择腐蚀法源于对不同光纤材料腐蚀速度的不同,特别适用于特种光纤探针的制备。

3.6　光纤的改性

光纤的改性是指改变光纤的传输特性,改变光纤传输特性的方法主要有两类,一种是改变光纤的外形和结构;另一种是改变光纤的折射率大小和分布。利用机械加工的切割、磨抛,化学加工的腐蚀,以及热加工的烧蚀,改变光纤的端面、直径等,属于前一种。而利用掺杂、外场效应(力学、热学、磁学、电学、光学等效应)改变光纤的折射率则属于后一种。

用前一种方法改变光纤传输特性的具体做法,已在本章的前几节作了较详细的介绍,下面对后一种方法做简要介绍。

3.6.1　掺杂效应

掺杂效应是光纤技术中用于改变折射率最基本,也是最早应用的方法。光纤中纤芯和包层折射率不同,就是用掺杂方法获得的,一般是在纤芯中掺杂锗、Ge 等以获得高于纯石英(包层材料)的折射率。在自聚焦光纤棒中,则是用热扩散的办法掺杂,以获得纤芯中的变折射率分布。而目前用于光纤激光器和光纤放大器的掺杂光纤,则是在纤芯中掺有稀土元素。纤芯中掺有荧光材料的光纤,则构成有荧光效应的特种光纤。

由此可见,在光纤中掺杂的主要功能有两个:一是改变光纤的传输特性,其作用是通过掺杂改变光纤的折射率,从而改变光纤的损耗、色散、带宽等传输特性;二是改变光纤用途,通过掺杂可使光纤具有特种功能,例如具有荧光功能、抗辐射功能、对辐射更敏感的功能等。

3.6.2　光敏效应

一定波长和一定强度的光波,入射到光纤芯,会引起纤芯折射率的变化,这就是光敏效应。

200nm 附近的紫外光入射到光纤芯(石英芯或聚合物光纤芯)会引起纤芯折射的变化,这是一种典型的光敏效应,是制作光纤光栅的基础,对不同纤芯材料,能产生光敏效应的波长也不相同,例如 200nm 附近的紫外光,对熔石英(SiO_2)、聚合物(PMMA 等)、硫化物等材料都有光敏效应。此外 600nm 附近的红光对聚合物光纤和硫化物光纤也有光敏效应,但对熔石英则无光敏效应。光敏效应引起的折射率的变化可维持一段时间,至于折射率变化持续时间的长短则和若干因素有关,其原因仍在探索中。

另一种光敏效应则是大功率光场引起的非线性效应,其中包括光克尔效应(Kerr effect)。它是大功率密度光场引起的折射率变化,从而引起光纤中的自聚焦效应(在纤芯中形成因折射率变化而构成的热透镜),这是光纤激光器等大功率激光传输时损伤光纤的主要因素之一。

3.6.3　非线性效应——Raman 效应和 Brillouin 效应

这是一种强光引起的入射光波长变化的效应,是一种非线性光学效应,是分布式光纤传感器(分布式 Raman 光纤温度传感器和分布式 Brillouin 温度/应变传感器)的基础。关于这一类非线性效应,在第 2 章已有介绍。

3.6.4　力学效应

光纤受力后,由于材料的弹光效应,会引起光纤折射率改变,这就是改变折射率的力学效应。这是构成保偏光纤的基础,也是构成光纤偏振器件(光纤偏振控制器等)的基础,关于外力引起光纤折射率变化的情况,可参看本书第 2 章或有关参考资料。

3.6.5　热学效应

热学效应是指光纤温度改变引起的折射率的变化,其原因是光纤材料折射率的温度效应。根据材料折射率随温度变化关系(此关系式可以从光学手册中查出),可计算出这种变化的大小。

3.6.6　电磁效应

电磁效应是指光纤在外电磁场作用下引起的折射率变化。电场引起的折射率变化由电光效应(Pockels 效应和 Kerr 效应)计算。磁场引起的折射变化则由磁光效应(法拉第效应)计算。其计算公式参看第 2 章节或参看有关资料。

思考题与习题

3.1　试分析弯曲引起的光纤损耗的机理及其计算的主要困难所在。

3.2　分析计算光纤微弯损耗的主要困难所在。

3.3　光纤和光源耦合时主要应考虑哪些因素?为什么?

3.4　光纤和 LD 或 LED 耦合时主要困难是什么?试列举提高耦合效率的主要途径。你对此有何设想?

3.5　光纤和光纤耦合时,主要应考虑哪些因素? 为什么?

3.6　试分析比较光纤的各种连接方式的相同点和不同点及其可能的应用。

3.7　试分析光纤通过透镜耦合时引起损耗的因素。

3.8　单模光纤和单模光纤连接时,比多模光纤和多模光纤直接连接的公差要求低,为什么? 试分析其物理原因。

3.9　计算单模光纤的耦合和计算多模光纤的耦合有何差别,为什么?

3.10　一功率为 -10dBm 的光信号,输入一个 1×16 的光纤耦合器,若耦合器无附加损耗,输出端功率均分。试计算每个输出端的功率。

3.11　一功率为 -10dBm 的光信号,输入一个 1×20 的光纤耦合器。若输出端功率均分,每个输出端口输出的功率为 -30dBm。试计算此耦合器的附加损耗。

3.12　一功率为 -20dBm 的光信号,输入一个分束比为 $90/10$ 的耦合器。如耦合器无附加损耗,试计算两端口的输出功率。

3.13　当光从一根 $62.5/125\mu\text{m}$ 的多模光纤进入另一根 $50/125\mu\text{m}$ 的多模光纤时,因芯径失配引起的损耗是多少?

3.14　当光从芯径为 $9\mu\text{um}$ 的单模阶跃折射率光纤进入芯径为 $50\mu\text{m}$ 的渐变折射率光纤。试计算由芯径失配引起的损耗。

3.15　当光从数值孔径为 0.275 的 $62.5/125\mu\text{m}$ 的渐变折射率光纤进入数值孔径为 0.13,芯径为 $9\mu\text{m}$ 的单模光纤。试计算仅由数值孔径失配引起的损耗。如光纤端面光为均匀分布,则由于光纤截面失配引起的损耗是多少?

第二部分

光纤技术和器件

第 4 章

特 种 光 纤

4.1 引言

随着科学技术的发展和工业生产需要以及光纤制造工艺的改进,特种光纤迅速发展起来。特种光纤包括:①用特种材料制作的、有特种功能的光纤,例如有发光性能的荧光光纤、光放大及产生激光性能的掺杂光纤、耐辐照性能、耐高温性能等特殊性能的光纤;②采用新材料制备的光纤,例如红外光纤、紫外光纤、X光用光纤等,以及聚合物光纤(也称塑料光纤)等;③结构新颖,传输原理不同的光子晶体光纤、多芯光纤、镀金属光纤和微纳光纤。这些特种光纤的出现,不仅扩大了光纤的应用范围,也促进了科研和生产的发展。

此外,本章还将介绍一种具有单光纤成像功能的变折射率光纤。从成像光学的角度看,这是一类新型的光学材料,并由此发展成光学领域的一个新分支——变折射率光学。从光纤光学的角度看,这是一种具有成像功能的特种光纤。它主要用于聚光和成像,所以又称为自聚焦光纤或自聚焦透镜(self-focus lens)。这种变折射率光纤的主要特点如下:

(1) 可成像——具有成像透镜的功能,可用于聚光和成像。

(2) 可变焦——由变折射率光纤构成的单透镜,其透镜的焦距 f 由光纤长度确定(在光纤结构已确定的条件下)。即截取不同长度的变折射率光纤,就可构成焦距 f 大小不同,正、负不同的单透镜。

(3) 端面平——这种变折射率光纤可构成两端面均为平面的透镜,(均匀折射率材料构成的透镜不可能两面都是平面),这便于和其他光学器件粘接成一整体。

(4) 尺寸小——变折射率光纤直径一般为毫米量级(直径一般为 $2\sim4\mathrm{mm}$),因而可构成微型光学器件,由此成为微小光学(micro optics)的基础之一。

(5) 色散大——变折射率光纤,由于材料的变折射率,使其构成的透镜色差远大于普通透镜,所以变折射率光纤只宜于单色光成像。

本章首先将对变折射率光纤的成像原理及其应用作简要介绍,然后按功能型光纤、新材料光纤和新结构光纤 3 大类分别介绍其他类型的特种光纤。

4.2　功能型光纤

微课视频

4.2.1　变折射率光纤

1. 变折射率光纤棒的成像理论

（1）折射率分布。

一般梯度折射率光纤(变折射率光纤之一)的折射率分布是沿径向逐渐减小,对光线有聚焦作用。为使变折射率光纤棒有成像作用,应使从一点光源发出的所有光线,通过光纤一定距离后又都会聚成一光点,即所有光线应有相同的光程。该条件可用下式表示为

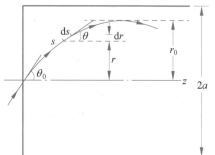

$$\int_s n(r)\mathrm{d}s = 常数 \qquad (4.2.1)$$

式中,r 为光线离光纤轴的径向距离;$\mathrm{d}s$ 为 r 处光线轨迹的长度元。显然光线通过变折射率光纤棒的轨迹是弯曲的。如图 4.2.1 所示,图中 a 为纤芯半径,θ 为光线和光纤轴 z 轴的夹角。利用图中 $\mathrm{d}s$ 和 $\mathrm{d}r$ 的关系以及折射定律 $n(0)\cos\theta_0 = n(r)\cos\theta = n(r_0)$ 可得

图 4.2.1　变折射率光纤棒中
光线的轨迹

$$\mathrm{d}s = \frac{n(r)\mathrm{d}r}{\left[n^2(r) - n^2(0)\cos^2\theta_0\right]^{\frac{1}{2}}} \qquad (4.2.2)$$

式中,$n(0)$ 是光纤轴上的折射率;$n(r_0)$ 是光线最大振幅处的折射率。

如希望光纤中光线轨迹是正弦函数,即

$$r = r_0\sin(\sqrt{A}z) \qquad (4.2.3)$$

式中,$\sqrt{A} = 2\pi/l$,l 为周期长度。则光纤的折射率分布应为

$$n^2(r) = n^2(0)\left[1 - r^2 A\cos^2\theta_0\right] \qquad (4.2.4)$$

把式(4.2.2)和式(4.2.4)代入式(4.2.1),则有

$$\int_s n(r)\mathrm{d}s = n(0)\int_0^{r_0} \frac{1 - r^2 A\cos^2\theta_0}{(\sin^2\theta_2 - r^2 A\cos^2\theta_0)^{\frac{1}{2}}}\mathrm{d}r$$

令 $\sin\beta = \sqrt{A}\,r\tan\theta_0$,可得

$$\int_s n(r)\mathrm{d}s = \frac{n(0)}{\sqrt{A}\cos\theta_0}\int_0^{\frac{\pi}{2}} (1 - \sin^2\theta_0\sin^2\beta)\,\mathrm{d}\beta = \frac{2\pi n(0)}{\sqrt{A}} \frac{1 - \sin^2\theta_0/2}{\cos\theta_0} \qquad (4.2.5)$$

显见,这时光程不是常数,而是随入射角 θ_0 而变。但是,对于近轴光线(θ_0 趋于零的光线)有

$$\int_s n(r)\mathrm{d}s = \frac{2\pi n(0)}{\sqrt{A}} = n(0)l = \mathrm{const} \qquad (4.2.6)$$

式(4.2.6)说明,从轴上点光源发出的近轴光线,经变折射率光纤棒后会重新在轴上会聚,其会聚点离开光源的距离为周期长度 l。

如光纤的折射率分布是双曲函数,即

$$n(r) = n(0)\mathrm{sech}(\sqrt{A}\,r) = n(0)\left(1 - \frac{1}{2}Ar^2 + \frac{5}{24}A^2r^4 - \frac{61}{720}A^4r^6 + \cdots\right) \qquad (4.2.7)$$

则式(4.2.1)变成

$$\int_s n(r)\mathrm{d}s = \int_0^{r_0} \frac{n(0)\mathrm{sech}^2(\sqrt{A}\,r)\mathrm{d}r}{\left[\mathrm{sech}^2(\sqrt{A}\,r) - \cos^2\theta_0\right]^{\frac{1}{2}}}$$

令 $x = \tanh(\sqrt{A}\,r)$,上式变成

$$\int_s n(r)\mathrm{d}r = \frac{n(0)}{\sqrt{A}}\int_0^{\tanh(\sqrt{A}\,r_0)} \frac{\mathrm{d}x}{(\sin^2\theta_0 - x^2)^{\frac{1}{2}}} = \frac{n(0)}{\sqrt{A}}\arcsin\frac{\tanh(\sqrt{A}\,r_0)}{\sin\theta_0}$$

再利用

$$\cos\theta_0 = n(r_0)/n(0) = \mathrm{sech}(\sqrt{A}\,r_0)$$

$$\tanh(\sqrt{A}\,r_0) = \left[1 - \mathrm{sech}^2(\sqrt{A}\,r_0)\right]^{\frac{1}{2}} = \sin\theta_0$$

上式可简化为

$$\int_s n(r)\mathrm{d}s = \frac{2\pi n(0)}{\sqrt{A}} = n(0)l \qquad (4.2.8)$$

显然,式(4.2.8)和式(4.2.6)在形式上相同,但成立条件不同:前者对于 θ_0 为任何值均成立,后者只对很小的 θ_0 值成立。

上述均为子午光线的情况,对于螺旋光线,它通过光纤时光线离光纤轴的距离不变(即传播过程中 r 为一常数,如图 4.2.2(a)所示),因而,沿此光线的折射率不变。这时为保持光程不变,光线每绕光纤轴一圈必须沿轴前进距离 l,其相应的路程长度为 $(4\pi^2r^2 + l^2)^{\frac{1}{2}}$,如图 4.2.2(b)所示。而相应的等光程条件为

$$n(r)(4\pi^2r^2 + l^2)^{\frac{1}{2}} = n(0)l$$

即

$$n(r) = \frac{n(0)}{\left[1 + \left(\frac{2\pi r}{l}\right)^2\right]^{\frac{1}{2}}} = n(0)(1 + Ar^2)^{-\frac{1}{2}}$$

$$= n(0)\left(1 - \frac{1}{2}Ar^2 + \frac{3}{8}A^2r^4 - \frac{5}{16}A^3r^6 + \cdots\right) \qquad (4.2.9)$$

式(4.2.9)是螺旋光线有聚焦性质时光纤应有的折射率分布表达式。

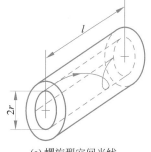

(a) 螺旋型空间光线　　　　(b) 螺旋型空间光线展成一直线

图 4.2.2 光纤中的螺旋光线

由上述讨论可知,对于子午光线,折射率分布是理想的(因而有聚焦性质),对于螺旋光线则否;反之,对于螺旋光线折射率分布理想,对于子午光线就不理想。所以从理论上不可能获得理想的聚焦光纤。但是在忽略 r^4 以上的高次项时(即不考虑像差问题),上述 3 种情况下的折射率分布都近似为二次抛物线分布,这时聚焦光纤可构成理想的成像系统。下面讨论这种理想情况下聚焦光纤中的光线轨迹及其成像性质。

(2) 光纤棒中光线的轨迹。

非均匀介质中的光线方程为

$$\frac{\mathrm{d}}{\mathrm{d}s}\left[n\left(\frac{\mathrm{d}r}{\mathrm{d}s}\right)\right] = \nabla n \tag{4.2.10}$$

式中,r 为光线上点的位置函数;s 为沿光线上的弧长。用直角坐标,取 z 为光纤轴,对于近轴光线,有 $\mathrm{d}s \approx \mathrm{d}z$,则 xOz 平面内的光线方程为

$$n\frac{\mathrm{d}^2 x}{\mathrm{d}z^2} = \frac{\mathrm{d}n}{\mathrm{d}x} - \frac{\mathrm{d}n}{\mathrm{d}x}\frac{\mathrm{d}x}{\mathrm{d}z}$$

这时利用光纤折射率分布的表达式 $n(x) = n_0\left[1 - (1/2)Ax^2\right]$ 和 $\frac{1}{2}Ax^2 \ll 1$,则上式化简为

$$\frac{\mathrm{d}^2 x}{\mathrm{d}z^2} = -Ax$$

其通解

$$x = B\cos(\sqrt{A}z) + C\sin(\sqrt{A}z)$$

就是光纤中光线的轨迹,对它求导可得光线的斜率,即

$$P = \frac{\mathrm{d}x}{\mathrm{d}z} = -B\sqrt{A}\sin(\sqrt{A}z) + C\sqrt{A}\cos(\sqrt{A}z)$$

设入射光线在光纤入射面($z=0$)处,以斜率 P_0 入射在 $x=x_0$ 点,则得积分常数 $B=x_0$,$C=P_0/\sqrt{A}$。由此得

$$x = x_0\cos(\sqrt{A}z) + (P_0/\sqrt{A})\sin(\sqrt{A}z) \tag{4.2.11}$$

$$P = -x_0\sqrt{A}\sin(\sqrt{A}z) + P_0\cos(\sqrt{A}z) \tag{4.2.12}$$

或写成矩阵形式为

$$\begin{bmatrix} x \\ p \end{bmatrix} = \begin{bmatrix} \cos(\sqrt{A}z) & \dfrac{1}{\sqrt{A}}\sin(\sqrt{A}z) \\ -\sqrt{A}\sin(\sqrt{A}z) & \cos(\sqrt{A}z) \end{bmatrix} \begin{bmatrix} x_0 \\ p_0 \end{bmatrix} \tag{4.2.13}$$

这就是柱形聚焦光纤中的光线矩阵。

若把式(4.2.11)改写成

$$x = r\sin(\sqrt{A}z + \varphi)$$

式中,$r = \sqrt{x_0^2 + P_0^2/A}$;$\tan\varphi = x_0\sqrt{A}/P_0$。

可看出,一般情况下子午光线的轨迹是一初相不为零的正弦曲线。入射光线的斜率 P_0 越大,振幅 r 就越大;而特性常数 A 越大,振幅 r 就越小,所以欲使非平行入射的光线能在光轴附近传播,应取 A 值大的聚焦光纤,即要求光纤的折射率变化较大。

在几何光学中由物点发出的两条特殊光线的交点可确定像点的位置,进而可确定物像关系。对于聚焦光纤情况也一样。下面先讨论两条特殊光线的轨迹,再讨论其成像性质。

① 斜入射光纤轴上的光线。

在子午平面内,设入射光线以 φ 角入射到光纤轴上,进入光纤后与中心轴成 θ 角,如图 4.2.1 所示。这时光线的方程为

$$x = \frac{\tan\theta}{\sqrt{A}}\sin(\sqrt{A}\,z) \tag{4.2.14}$$

$$P = \tan\theta\cos(\sqrt{A}\,z) \tag{4.2.15}$$

显见,光线在光纤中的轨迹是初相为零的正弦曲线,曲线的振幅为 $r = \tan\theta/\sqrt{A}$,周期为 $l = 2\pi/\sqrt{A}$。

② 平行于光纤轴入射的光线。

设光线平行光纤轴入射于 x_0 点,这时光线的轨迹方程为

$$x = x_0\cos(\sqrt{A}\,z) \tag{4.2.16}$$

$$P = -x_0\sqrt{A}\sin(\sqrt{A}\,z) \tag{4.2.17}$$

在光纤中是一余弦曲线,振幅为 x_0,如要得平行光出射,则应有

$$P = -x_0\sqrt{A}\sin(\sqrt{A}\,z) = 0$$

所以

$$z = n\pi/\sqrt{A} \quad (n = 1,2,3,\cdots)$$

这说明,当光纤长度为半周期长的整数倍时,入射为平行光,出射仍为平行光。

(3)成像特性。

由于光线在聚焦光纤中的轨迹为正弦曲线(或余弦曲线),因此可使光线会聚或发散。其成像原理如图 4.2.3 所示。图中 OM 为物,$O'M'$ 为像。L_0 为物距,x_0 为物高。现考虑两条典型光线的轨迹:a 光线平行于光纤轴,其入射位置为 x_0,斜率为 0;b 光线和轴成一定角度,其入射位置为 $x = 0$,斜率为 $\tan\varphi = -x_0/L_0$,进入光纤后为 $\tan\theta = -x_0/(n_0 L_0)$。如果求得 a、b 光线出射后的直线方程,则其交点位置就是像的位置。因 a 光线的轨迹方程可由式(4.2.16)和式(4.2.17)表示,设其出射端的位置为 x_a,斜率为 P_a,则出射后的斜率按近轴光线近似 $P'_a = n_0 P_a$,所以 a 光线出射后的方程为

$$x' - x_0\cos(\sqrt{A}\,z) = -z'n_0 x_0\sqrt{A}\sin(\sqrt{A}\,z)$$

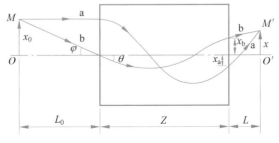

图 4.2.3 聚焦光纤的成像原理

设 a、b 光线在光纤外交于 (L,x) 点,则上式可改写为

$$Ln_0 x_0 \sqrt{A} \sin(\sqrt{A} z) + x = x_0 \cos(\sqrt{A} z) \tag{4.2.18}$$

同样,b 光线的轨迹和斜率方程由式(4.2.14)和式(4.2.15)表示,设出射端位置为 x_b,斜率为 P_b,则出射后的斜率为 $P'_b = -x_0 \cos(\sqrt{A} z)/L_0$,所以 b 光线出射后的直线方程为

$$x'_b + \frac{x_0}{n_0 L_0 \sqrt{A}} \sin(\sqrt{A} z) = -z' \frac{x_0}{L_0} \cos(\sqrt{A} z)$$

同样得交点处的关系式为

$$L \frac{x_0}{L_0} \cos(\sqrt{A} z) + x = \frac{-x_0}{n_0 L_0 \sqrt{A}} \sin(\sqrt{A} z) \tag{4.2.19}$$

联立两交点的关系式(4.2.18)和式(4.2.19),用行列式解得两直线的交点坐标 L 和 x 为

$$L = \frac{1}{n_0 \sqrt{A}} \left[\frac{n_0 L_0 \sqrt{A} \cos(\sqrt{A} z) + \sin(\sqrt{A} z)}{n_0 L_0 \sqrt{A} \sin(\sqrt{A} z) - \cos(\sqrt{A} z)} \right] \tag{4.2.20}$$

$$x = \frac{-x_0}{n_0 L_0 \sqrt{A} \sin(\sqrt{A} z) - \cos(\sqrt{A} z)} \tag{4.2.21}$$

式中,L 为像距;x 为像高。线放大率 m 定义为像高和物高之比,即

$$m = \frac{x}{x_0} = \frac{-1}{n_0 L_0 \sqrt{A} \sin(\sqrt{A} z) - \cos(\sqrt{A} z)} \tag{4.2.22}$$

运算中的正负号和几何光学中的规定相同,即 $L>0$ 为实像,$L<0$ 为虚像;$m>0$ 为正立像,$m<0$ 为倒立像;$|m|>1$ 为放大像;$|m|<1$ 缩小像。

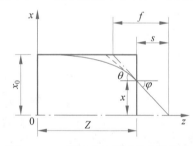

图 4.2.4　平行光入射时的光线轨迹

图 4.2.4 是平行光入射于聚焦光纤棒的光线轨迹,入射面在 $z=0$ 处,x_0 为入射点高度,x 为出射点高度,θ 和 φ 分别为出射点处光纤内和光纤外光线与光纤轴(z 轴)的夹角。按几何光学中关于焦点和焦距的定义,由图 4.2.4 和式(4.2.16)、式(4.2.17),即可求得焦点位置和焦距。设焦点位置到出射端面的距离为 s,由 $\tan\varphi = x/s$ 得

$$s = \left| \frac{x}{\tan\varphi} \right| = \frac{1}{n_0 \sqrt{A}} \cot(\sqrt{A} z) \tag{4.2.23}$$

由于 $\tan\varphi = x_0/f$,所以得焦距为

$$f = \left| \frac{x_0}{\tan\varphi} \right| = \frac{1}{n_0 \sqrt{A} \sin(\sqrt{A} z)} \tag{4.2.24}$$

式(4.2.23)和式(4.2.24)都说明焦点的位置是随着聚焦纤维透镜的特征常数 A 和长度 z 而变化的,图 4.2.4 是式(4.2.24)的图解表示。图 4.2.5 给出了透镜长度和焦距之间的关系。由图 4.2.5,式(4.2.23)和式(4.2.24)可见,对于给定的聚焦光纤棒,其特征常数 A 为确定值。这时改变光纤棒的长度 z 的大小,即可获得不同聚焦性能的纤维透镜;它可以是正透镜($f>0$),也可以是负透镜($f<0$);f 的值可大,也可小,所以只要截取不同长度的聚焦光纤棒,即可获得性能不同的透镜,这是由均匀折射率材料制作的透镜所无法做到的。

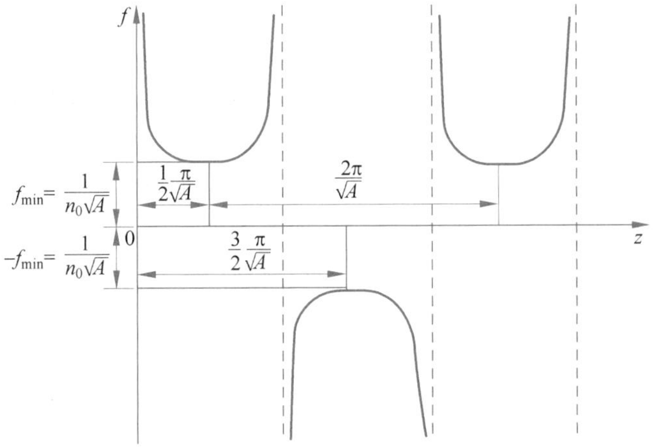

图 4.2.5　透镜长度和焦距之间的关系

上述的一些公式除了焦距 f 是以主点为基准外,其余的公式都是以端面为基准。如果把物距 L_0 和像距 L 也表示成以主点为基准的公式,就可得到以主点为基准的物距 L'_0 和像距 L':

$$L'_0 = L_0 + h = \frac{n_0 L_0 \sqrt{A} \sin(\sqrt{A} z) - \cos(\sqrt{A} z) + 1}{n_0 \sqrt{A} \sin \sqrt{A} z} \tag{4.2.25}$$

$$L' = L + h = \frac{n_0 L_0 \sqrt{A} \sin(\sqrt{A} z) - \cos(\sqrt{A} z) + 1}{[n_0 L_0 \sqrt{A} \sin(\sqrt{A} z) - \cos(\sqrt{A} z)] n_0 \sqrt{A} \sin(\sqrt{A} z)} \tag{4.2.26}$$

式中

$$h = f - s = \frac{1 - \cos(\sqrt{A} z)}{n_0 \sqrt{A} \sin(\sqrt{A} z)}$$

是主点到端面的距离,还可得到

$$\frac{1}{L'} - \frac{1}{L'_0} = \frac{1}{f} \tag{4.2.27}$$

这和薄透镜成像公式一致。

2. 变折射率光纤棒的制造

目前制造变折射率光纤棒的方法有多种,但以离子交换法较成熟,其余方法目前尚无实用价值。例如,中子辐射法,其主要困难是需用大量中子才能产生折射率的变化,而折射率梯度会随时间变化;化学气相沉积(CVD)法,困难是不易获得大尺寸的样品等。下面只简单介绍离子交换法。

离子交换法制造变折射率光纤棒的基本原理如下:按硅酸盐晶体结构理论,玻璃是由晶体形成物(例如 Si-O 四面体)构成晶格结构,而由 R^+、R^{2+} 等离子统计地分布在晶格上组成的。由于玻璃中的 Ca^{2+},Na^+ 离子与共价结合的 Si-O 四面体的相互作用力很小,其中 Na^+ 离子的相互作用力更小,因此它与玻璃的结构是松散地联系。当将玻璃放入熔盐内时,熔盐内的阳离子在玻璃表面与碱金属离子交换,于是被交换的离子进入玻璃内。一般玻璃和熔盐中的离子交换为等摩尔交换,即进入玻璃内的离子数与从玻璃中出去的离子数相等,而且是等价离子进行交换。玻璃中离子迁移是跳跃式进行的,即网络外的阳离子从原平衡位置跳跃到另一阳离子的位置,而离子跳跃必须克服一定的势垒,即形成定向扩散流必须有推动力。这种推动力通常是由浓度梯度、化学位梯度、电场、力场等提供。

影响离子交换速度的主要因素是温度和材料性质。一般而言温度愈高,离子交换速度愈快;对材料的选择除考虑离子交换性质外,还应考虑玻璃成分和折射率的关系,其中包括:离子半径的大小、离子的极化率以及离子交换对玻璃网络结构的影响。

对用于白光(或复色光)的变折射率光纤还应考虑玻璃成分和色差的关系。例如,含铊的变折射率光纤棒色差大,其原因是通过离子交换后,透镜轴上含铊量高,而周边上由于铊离子被钾离子所代替,Tl_2O 和 K_2O 的平均色散的差值大,所以造成轴上和周边上玻璃的阿贝数差大。如果减小含铊量,则阿贝数差就可减小,从而获得较小色差的透镜。但是减小含铊量,折射率差 Δn 值会降低,对使用又不利。为此,可采用相互交换离子的氧化物的平均色散差值小的,例如,Li^+ 和 Na^+,Li^+ 和 K^+ 交换,但 Δn 值太小。如采用 Cs^+ 和 K^+ 交换,不仅色差小,而且有足够的 Δn 值。

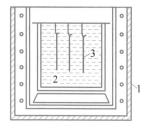

图 4.2.6 离子交换装置示意图
1—加热炉;2—熔盐;3—玻璃棒

图 4.2.6 为离子交换装置示意图。离子交换的温度和交换时间通过实验测定。例如,用玻璃成分为 $20Tl_2O \cdot 12Na_2O \cdot 50SiO_2 \cdot 18PbO$(质量百分比)制成的直径为 1.5mm 的光纤棒,放入温度为 465℃的 KNO_3 盐池中交换 105.3h 后退火,在温水中清洗即成变折射率光纤棒。其折射率分布的实验曲线和理论二次抛物线吻合。

3. 变折射率光纤棒的应用

与普通的球面透镜相比,变折射率光纤棒有许多优点,它可依靠改变材料的组成和离子交换工艺来控制折射率分布,从而设计出低像差光纤棒;利用改变光纤长度的办法可以得到所需要的各种焦距和成像条件的光纤棒,甚至还可做成透镜链;利用光纤棒的微小直径和短焦距的特点,可构成微型光学系统;再利用光纤棒端面为平面(而不是球面)的特点,可使光纤棒和传输信号(或能量)的光纤直接粘接形成一个整体(而不是分离结构),以增加光学系统的抗干扰能力。由于变折射率光纤棒有以上一些独特的性能,因而可应用在许多不同的光学系统中。主要有两类应用:成像和聚焦。前者光纤棒用作摄影物镜或显微物镜,用于内窥镜、复印机或高速摄影系统中;后者光纤棒用作准直物镜,用于光纤通信、光纤传感、集成光学等光学系统中,下面对此作一简要介绍。

1) 光纤棒用作准直物镜

在光纤通信、光纤传感以及光集成等应用中,除了要有理想的光源、光导纤维和光接收器之外,还要解决各部分之间的光耦合、光连接、光分路以及光复用等问题。

从变折射率光纤棒的光传输原理图 4.2.7,可见,光纤中光线是按正弦曲线前进。如取 1/4 周期的光纤棒,如图 4.2.7(b)所示。输入是点光源,输出则是平行光,而两个 1/4 周期光纤棒耦合时,输出光束是输入光束 1:1 的像,两光纤棒间为平行光,可插入波片、滤光片、偏振片等光学元件。这时器件的耦合损耗对输入光纤中光的模式分

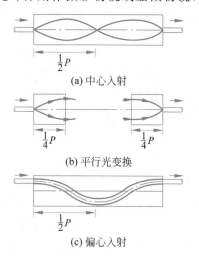

(a) 中心入射

(b) 平行光变换

(c) 偏心入射

图 4.2.7 纤维透镜传光原理

布不敏感。同时由于光束展宽,器件所产生的耦合损耗也比较小。另外,由于光纤棒端面是平面,它可直接和光纤或其他光学元件(波片、滤光片等)胶合,形成一个紧凑、稳定和小型化的整体结构,现在也把它称为微光学元件。下面介绍两种典型的光纤棒器件。

(1) 耦合器。

对于光纤和光源、光纤和光电探测器,以及光纤和光纤之间的耦合,变折射率光纤棒有重要作用。图 4.2.7(b)是光纤棒用作光纤活接头(光纤和光纤的耦合)的示意图。图 4.2.8 是光纤棒间隔 d 与耦合损耗 α 的关系。其光纤棒的直径为 1.8mm,光纤是芯径 $60\mu m$、数值孔径 0.18 的阶跃型光纤。图 4.2.9 是光纤棒轴错位时损耗增加的情况。由于把从光纤来的出射光束变换成截面较粗的平行光束,对轴错位的允许值就放宽了。图 4.2.10 是两光纤间插入光隔离器的简图。光纤棒还可用作光开关。图 4.2.11 所示是用全反射棱角和光纤棒组成的一组转换开关。图中表示的三根光纤中每根都使用了一个单独的光纤棒,棱镜移动至上方位置时,光就在上光纤和中间光纤中耦合;棱镜转换至虚线所示的下方位置时,光在中间光纤和下光纤之间耦合。所有这些光路都利用了准直光束的优点,因此,移动元件的定位不需很高的精度。

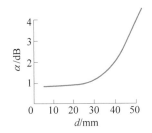

图 4.2.8　间隙 d 和耦合损耗 α 的关系

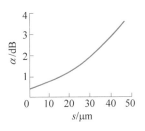

图 4.2.9　轴偏移 s 和耦合损耗 α 的关系

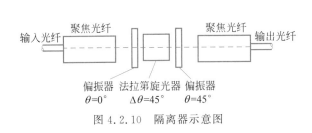

图 4.2.10　隔离器示意图

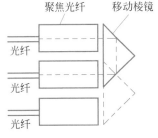

图 4.2.11　机械式光纤开关示意图

(2) 波分复用器。

波分复用器是使大量的光信道以不同波长在同一根光纤中传输的器件。波分复用器由光纤棒和色散元件构成。常用的色散元件有干涉型和衍射型两类。图 4.2.12 是用光纤棒和干涉滤光膜构成的波复用器示意图,它是利用干涉膜对不同波长有不同反射率和透光率的原理工作,其优点是结构紧凑、稳定,而且容易制作,目前采用较多;缺点是复用路数不多。如要增加复用路数,可采用几个这样结构的元件串联起来,如图 4.2.13 所示。但损耗随复用路数的增多而近似线性增加。进一步增加复用路数的改进型结构如图 4.2.14 所示。这种

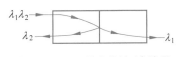

图 4.2.12　双波长分波/合波器示意图

结构的优点是复用路数比上面两种多,但插入损耗仍较高。

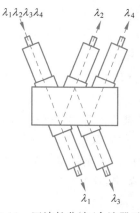

图 4.2.14 四波长分波/合波器示意图

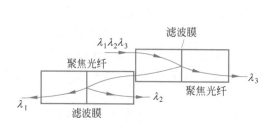

图 4.2.13 三波长分波/合波器示意图

衍射光栅型复用器的结构如图 4.2.15 所示。光纤棒一端有光栅,另一端与输入输出光纤对准。光束从光纤射入光纤棒后变成准直光束,再射入衍射光栅。衍射后再通过光纤棒变成会聚光,不同波长的光分别耦合到不同的输出光纤中。这种结构的优点不仅是复用路数多,而且插入损耗并不随复用路数的增加而增加,因此在复用路数多时可采用。它的缺点是仅适用于做分路器,而不能做合路器。当然,利用光纤棒做波分复用器还有许多方案,例如光纤 F-P 标准具。这些方案基本上都利用了光纤棒可作为准直透镜使用的优点。

2) 光纤棒用作成像物镜在复印机中的应用

对于横向放大率 $m=1$(正立、等倍、实像)的光纤棒,在式(4.2.20)中,设 $L=L_0$,则有

$$L = \frac{-1}{n_0 \sqrt{A}} \tan \frac{\sqrt{A} z}{2}$$

把这种透镜排列成图 4.2.16 所示的形式,就可以进行 1:1 图像变换。用球面透镜组合的方法,在传送大幅图像时,为了得到 1:1 的目标像,其共轭长度一般是焦距的 4 倍,而采用光纤棒阵列后可大大缩短共轭长度。普通球面透镜在透镜外围成像的分辨率和清晰度比中心低,而成直线排列的聚焦透镜阵列在整条直线上的成像分辨率相同,整个视场的传递函数数值比较均匀,从而可提高成像质量。

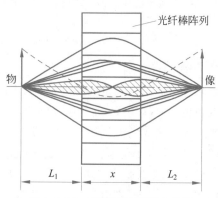

图 4.2.16 光纤棒阵列综合成像

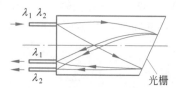

图 4.2.15 光栅型光纤分波器示意图

4. 变折射率光纤棒的像差

由变折射光纤棒的成像理论可知,无论其折射率分布是抛物线还是双曲函数,都不能使物点发出的各方向的光交于一点,也就是说变折射率光纤棒不能获得理想像点,它成的像有像差。一般透镜具有的球差、彗差、像散、场曲、畸变以及色差等,变折射率光纤棒都有。利用光学像差理论,只需追迹两条光线,就可计算出光纤棒的三级像差。这样计算的像差已足够表明成像元件或系统性能的好坏。关于变折射率光纤棒的像差分析可以查看有关资料。

一般在应用均匀介质进行光学设计时,设计者通过改变透镜的曲率、厚度和每一组元的折射率来寻求优良的像质,由于受到可校正像差变量数目的限制,不得不依靠增加镜头的片数来满足要求,从而使结构复杂化,成本也相应提高。用梯度折射率光学材料设计透镜,增加了用来校正像差的自由度。从三级像差的角度看,每个折射面上每一种像差系数都由三部分组成(σ_4 除外),只要适当选择透镜的曲率、厚度、折射率分布,这三部分像差就可以互相抵消;而 σ_4(它由两部分组成)也可互相抵消一部分。所以梯度折射率光学材料的使用将大大有利于透镜设计的改进。今以物体位于无穷远处的照相用单透镜为例说明。

表 4.2.1 列出了一个具有球面弯月形均匀介质单透镜参数,以便与梯度单透镜相比较。用到的符号已在图 4.2.17 中标明。可以看出,虽然已使透镜最佳化,但球差、场曲和像散仍较大,图 4.2.18 表示这些像差的曲线。

表 4.2.1 均匀球面单透镜的光学参数和像差

光 学 参 数		像 差	
焦距 f'	10	球差 L'_A	-0.317
厚度 d	0.4	畸变 D	5.2%
折射率 n	1.4924	彗差 C	0.0007
曲率半径 $1/R_0$	0.526	子午场曲 z_m	-0.301
曲率半径 $1/R_1$	0.347	弧矢场曲 z_s	-0.640
最大视场角 ω_m	$28°$	像散 A	0.170
z_0	1.75	色差 C_r	0.114

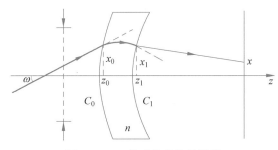

图 4.2.17 单透镜的符号说明

表 4.2.2 列出了一个由变折射率光纤棒构成的 Wood 透镜的参数。这个透镜(两端面是平面)与上述均匀介质单透镜比较,其球差和色差都很低。图 4.2.19 表示 Wood 透镜的像差曲线。

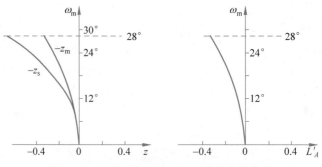

图 4.2.18　均匀介质球面单透镜的像差曲线

表 4.2.2　Wood 单透镜的光学参数和像差

光　学　参　数		像　　差	
焦距 f'	10	球差 L'_A	0.000 06
折射率 n_0	1.50	畸变 D	-1.5%
厚度 d	0.25	彗差 C	0.012
曲率半径 R	0	子午场曲 z_m	0.024
曲率半径 R_0	0	弧矢场曲 z_s	-0.301
最大视场角 ω_m	14°	像散 A	0.102
z_0	-1.6	色差 C_r	0.000 05

注：折射率 $n_1 = -0.200\,56$，$n_2 = 0.000\,74$，$n_3 = 0$。

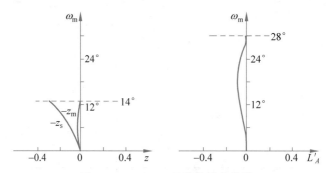

图 4.2.19　Wood 透镜的像差曲线

由于光纤棒材料的折射率和波长有关，即折射率分布常数 A 是波长的函数，因而光纤棒有色差，光纤棒周期随波长而变。同样，其像距 L、焦距 f 和横向放大率 m 都是波长的函数，传输白光时存在色差。根据光学透镜的色差理论，色差有轴向色差和横向色差两类。由同一物点上不同波长的光经过光纤棒后像距不同而形成的相对轴向色差为

$$\frac{1}{l}\frac{\mathrm{d}l}{\mathrm{d}\lambda} = \frac{\Delta_1}{l} = \frac{4\pi n_0}{l}L_0 \sin\frac{2\pi z}{l} - \left(1 + \frac{L_0}{L}\right)m\cos\frac{2\pi z}{l}\frac{\Delta n_0}{n_0} + $$

$$\left[\frac{z}{Ln_0} - \frac{2\pi m}{l}(z + 2n_0 L)\sin\frac{2\pi z}{l} + \right.$$

$$\left. m\left(1 - \frac{2\pi n_0 L_0}{l}z + \frac{L_0}{L}\right)\cos\frac{2\pi z}{l}\right]\frac{\Delta l}{l} \tag{4.2.28}$$

同样，同一物点上不同波长的光线经过光纤棒后，由于横向放大率不同而形成的相对横

向色差为

$$\frac{1}{m}\frac{\mathrm{d}m}{\mathrm{d}\lambda}=\frac{\Delta m}{m}$$

$$=\frac{2\pi n_0}{l}L_0\sin\frac{2\pi z}{l}\frac{\Delta n_0}{n_0}+\frac{2\pi}{l}\left[\frac{2\pi n_0}{l}zL-n_0L_0m\sin\frac{2\pi z}{l}\right]\frac{\Delta l}{l} \qquad (4.2.29)$$

这里 $\mathrm{d}n_0/(n_0\mathrm{d}\lambda)=\Delta n_0/n_0$ 表示折射率随波长的相对变化,即色散量;$\mathrm{d}l/(l\mathrm{d}\lambda)=\Delta l/l$ 表示周期随波长的相对变化,即色差量。

因为周期长度 $l=2\pi/\sqrt{A}$,折射率分布常数 $A=2(n_0-n_{r_0})/n_0r^2$,所以可求得色差量为

$$\frac{\Delta l}{l}=\frac{l_{\mathrm F}-l_{\mathrm C}}{l_{\mathrm D}}=\frac{n_{r_0}}{2(n_0-n_{r_0})}\left[\left(\frac{n_{\mathrm F}-n_{\mathrm C}}{n_{\mathrm D}}\right)_{r_0}-\left(\frac{n_{\mathrm F}-n_{\mathrm C}}{n_{\mathrm D}}\right)_0\right] \qquad (4.2.30)$$

上式右边圆括号外的脚标"r_0"和"0"分别表示圆括号内的量是在 $r=r_0$(周边)和 $r=0$(轴)上的数值;脚标 F、C 和 D 分别表示在波长分别为 486.1nm、656.3nm 和 589.3nm 的 F 光、C 光和 D 光作用下的物理量。

从式(4.2.30)可知,要减小色差,就要减小透镜周边上和轴上的色散量之差,或减小周边上的折射率,或增大轴上和周边上折射率的差值。

$$\frac{\Delta l}{l}=\frac{l_{\mathrm F}-l_{\mathrm C}}{l_{\mathrm D}}=\frac{n_{r_0}}{2(n_0-n_{r_0})}\left(\frac{n_{r_0}-1}{n_{r_0}v_{r_0}}-\frac{n_0-1}{n_0v_0}\right) \qquad (4.2.31)$$

上式指出,光纤棒的色差仅与轴上和周边上的折射率和阿贝数有关。

4.2.2　偏振保持光纤

微课视频

1. 引言

一般的轴对称单模光纤,可以同时传输两个线偏振正交模式或两个圆偏振正交模式。若光纤是完全的轴对称形式(几何形状为理想圆,折射率分布均匀),则这两个正交模式在光纤中将以相同的速度向前传播,因而在传播过程中偏振态不变。实际的光纤由于同时存在着非轴对称性和弯曲,因而两正交模式在传播过程中会发生耦合,其结果是:①使光波的偏振态在传播过程中发生变化;②使光波在传播过程中产生"偏振(模)色散",从而限制了单模光纤的传输速率。因此一般的单模光纤不能用于传输偏振光,为此发展了能维持光波偏振态的偏振保持光纤,即保偏光纤,其中包括高双折射光纤和低双折射光纤。

一般单模光纤双折射的定义为两正交模式传播常数之差,即 $\beta_x-\beta_y$,其特征参量有 3 个:

(1) 模双折射,又称归一化双折射,其定义为

$$B=\frac{\Delta\beta}{\beta_{xy}}=\frac{\beta_x-\beta_y}{\frac{1}{2}(\beta_x+\beta_y)}=\frac{n_x-n_y}{n} \qquad (4.2.32)$$

一般单模光纤的 B 值为 $10^{-5}\sim10^{-6}$,当 $B<10^{-6}$ 时为低双折射光纤(low birefringence fiber,LB),$B>10^{-5}$ 时为高双折射光纤(high birefringence fiber,HB)。对于 HB 光纤,习惯用拍长 $L_{\mathrm p}$ 来表征其模双折射,拍长定义为

$$L_{p}=\frac{2\pi}{\Delta\beta}=\frac{\lambda}{n\beta} \tag{4.2.33}$$

一般高双折射光纤 L_{p} 之值为 $1\sim 10\mathrm{mm}$。对于 LB 光纤，习惯用两模间的相位延迟 (retardation)δ 来表征其模双折射，δ 定义为

$$\delta=\frac{\beta_{x}-\beta_{y}}{l} \tag{4.2.34}$$

式中，l 为产生 $\Delta\beta=\beta_{x}-\beta_{y}$ 的光纤长度，目前低双折射光纤 δ 的最佳值为 $1°/\mathrm{m}$。

（2）模耦合参量 h，它表明光纤的保偏能力，其值由单模光纤的消光比 η 确定，其关系式为

$$\eta=10\lg\frac{P_{y}(l)}{P_{x}(l)}=10\lg\frac{h\tanh(\delta l)}{\delta+(\alpha_{y}-\alpha_{x})\tanh(\delta l)} \tag{4.2.35}$$

式中，P_{x}、P_{y} 为两正交模的功率；l 为光纤长度；α_{x}、α_{y} 为两正交模的传输损耗；$\delta=[(\alpha_{y}-\alpha_{x})^{2}+h^{2}]^{1/2}$，若 $\alpha_{x}=\alpha_{y}$，则有 $\delta=h$，上式简化为

$$\eta=10\lg[\tanh(hl)] \tag{4.2.36}$$

（3）传输损耗：从略。

2. 保偏光纤的结构类型

保偏光纤按 B 值大小分成低双折射光纤(LB)和高双折射光纤(HB)两类，后者又有单偏振光纤(single polarization fiber，SP，只传输两个正交模中的一个)和双偏振光纤(twin polarization fiber，TP，能同时传输两个正交偏振模)之分；按模双折射产生原因可分成几何形状效应(geometric effect，GE)光纤和应力感应(stress induced effect，SE)光纤。保偏光纤现有的几种主要结构类型见表 4.2.3。

表 4.2.3　保偏光纤的主要类型

类型		GE	SE
HB	SP	边槽型(side pit) 边隧道型(side tunnel)	蝴蝶结型(bow tie) 熊猫型(panda) 扁平包层型(flat cladding)
	TP	边槽型、边隧道型 椭圆纤芯型(elliptical core) 哑铃纤芯型(dumbbell core) 四区纤芯型(four section core)	蝴蝶结型、熊猫型、扁平包层型 椭圆包层型(elliptical cladding) 椭圆套层型(elliptical jacket)
	图例	 边槽型　　椭圆纤芯 四区纤芯型	 熊猫型　　蝴蝶结型 椭圆包层型
LB		旋转型(spun)	扭转型(twisting)

4.2.3　少模光纤

少模光纤是特种光纤的一种,在特定波长范围内,它能支持基模和少数高阶空间模式在其中传输,常见传输模式有 LP_{01}、LP_{11}、LP_{21}、LP_{02} 等。相较于单模光纤,少模光纤具有更大的模场面积、更强的抗非线性能力、更多的模式数量;而与多模光纤相比,其模式个数可控,易于优化模式间的耦合和损耗参数,这使得其能提供若干可供复用的稳定传输信道,进而提升通信系统传输容量,又不至于引入大的模式色散。

少模光纤制备简单,设计灵活多样,按照结构大致可以分为大纤芯光纤、椭圆芯光纤、多芯层光纤、多芯子光纤、布拉格光纤、D 型光纤等,图 4.2.20 为各类少模光纤横截面结构示意图。

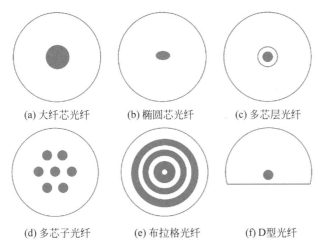

(a) 大纤芯光纤　　　　(b) 椭圆芯光纤　　　　(c) 多芯层光纤

(d) 多芯子光纤　　　　(e) 布拉格光纤　　　　(f) D型光纤

图 4.2.20　少模光纤结构类型

在通信系统中,基于少模光纤的系统有两种工作方式。一种是以少模光纤中的多个正交空间模式作为相互独立的通信信道进行传输,用于增加系统容量,2011 年美国 BELL 实验室首次利用少模光纤的这一特性进行了长距离模分复用通信实验。另一种是准单模工作状态,利用少模光纤中基模模场面积较大的特点,减少光纤的非线性效应和模式串扰,2015年美国 NEC 实验室报道了基于该方法实现的 6.5b/s/Hz 频谱效率的 6600km 的传输实验。其中,典型的基于少模光纤的模分复用系统结构如图 4.2.21 所示。

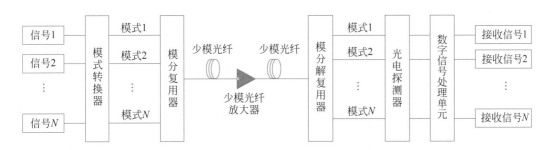

图 4.2.21　基于少模光纤的模分复用通信系统结构框图

随着在通信系统中一系列研究成果的发表,这种新型的特种光纤逐渐成为研究热点,人们对其在光纤传感技术方面也展开了研究。1992 年,巴西学者利用少模光纤中模式可控性强的特点,使用双模椭圆芯光纤制作了一种光纤陀螺,进行了加速度测量。此外,利用少模光纤与单模光纤错位熔接可以激发高阶模式,实现 Mach-Zehnder(M-Z)干涉,可用于弯曲角度、应力、温度等参量的测量。图 4.2.22 是利用少模光纤与单模光纤级联制成的 M-Z 干涉仪示意图。

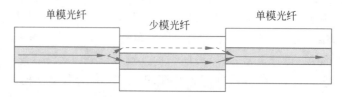

图 4.2.22　单模光纤-少模光纤-单模光纤级联传感器示意图

与此同时,少模光纤的分布式传感应用也被广泛研究。2013 年,韩国中央大学测量了一种椭圆芯两模光纤的受激布里渊特性。通过模式可选择耦合器,选择性地激发起光纤中的两种线偏振模式 LP_{01} 和 LP_{11},测量了由不同模式光作为泵浦光和探测光所产生的受激布里渊增益,如图 4.2.23 所示。测量结果表明,LP_{01} 和 LP_{11} 模式光之间可以发生受激布里渊效应,增益系数为两个 LP_{01} 模式光的 58%。后来,该团队通过测量一个两模光纤中的布里渊动态光栅谱,实现了分布式的 LP_{01} 和 LP_{11} 模拍长测量,并且还发现,不同偏振态组合下的布里渊动态光栅对温度和应力的响应系数有明显差异,这一性质可以用于多参量传感。值得注意的是,通过测量两模光纤的动态布里渊光栅谱也可实现分布式模式折射率测量。此外,少模光纤在光纤激光器技术方面的应用也有相关报道。

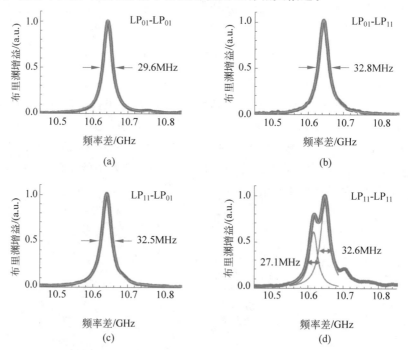

图 4.2.23　测量得到的椭圆芯两模光纤中不同模式的泵浦光所产生的布里渊增益谱

4.2.4 荧光光纤

1. 概述

荧光光纤是利用光致发光材料构成的一种特殊光纤。其工作原理是：在光纤纤芯掺有荧光材料，当激发光从侧面或端面入射进纤芯时，纤芯中的发光材料被激发而发射荧光。此荧光将沿光纤传播。所以实际上是一个会发光的光纤。这种光纤既可在特殊情况用作照明光源，也可用于光传感。下面简要介绍荧光光纤的性能和应用。

2. 荧光光纤成分

荧光光纤一般是基于聚合物光纤，因为聚合物光纤便于掺进不同的光致发光的荧光材料。目前用于构成荧光光纤的芯材可选用普通的 PC、PMMA 和 PS 等。其中 PMMA 有较好的光学性能，并且同大多数用作掺杂剂的荧光有机物相容性较好。

荧光剂是有机染料的一种，其种类较多，可由人工合成。在制备荧光光纤时，应选择荧光剂的折射率和纤芯聚合物材料的折射率相同或相近。此外荧光材料还应具有较高的光致发光效率、较好的化学稳定性和热稳定性等。此外在选材时还应注意使荧光材料的吸收光谱和荧光光谱尽量分开。图 4.2.24(a)是 PMMA4(Oxazine 4)荧光材料的吸收光谱和发射光谱，显见，二者几乎完全重叠；图 4.2.24(b)是 PMMA 中掺有若丹明(Rhodamine)染料的吸收光谱和发射光谱，二者虽有部分重叠，但两者的峰值已完全分开；图 4.2.24(c)是 PMMA 中掺有 Eu(HFAA)，荧光材料的吸收光谱和发射光谱已完全分开，毫无重叠。荧光材料的吸收光谱和发射光谱如有重叠，将给发射光谱的检测带来误差，所以选择荧光材料时，这是要考虑的重要因素。

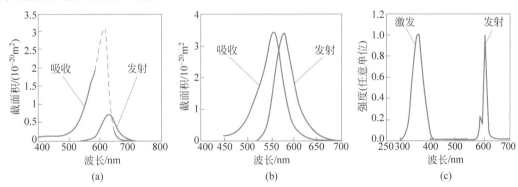

图 4.2.24 PMMA 中 Oxazine 4(a)、Rhodamine B(b)和 Eu(HFAA)(c)的吸收和发射光谱

目前已成功用于荧光光纤的荧光材料有很多，几种较典型的荧光材料有以下两类。

(1) 荧光染料：若丹明(Rhodamine)系列。它在可见光内有较高的荧光效率。例用 Rhodamine6G 掺杂的光纤，其吸收波长在绿光的 530nm 处，发射波长在荧光的 585nm 处。

(2) 稀土离子：稀土离子包括钕离子 Nd^{3+}、铕离子 Eu^{3+} 和钐离子 Sm^{3+} 等。

3. 荧光光纤的光学性能

由荧光材料构成的荧光光纤，因其基质材料主要是聚合物，因而具有一般聚合物单模光纤和多模光纤相同的光学特性、机械特性和热学特性等。其主要差别是：荧光光纤具有发光特性，而一般的石英质光纤和聚合物光纤则无发光性能，只有传光性能，所以荧光光纤可作光源。为此，在表 4.2.4 中给出了 PC 芯荧光光纤的特性；在表 4.2.5 中给出了可用作光源的荧光光纤和 LED 光源两者发光特性的比较,此荧光光纤的纤芯中分别掺有绿色、黄色和红色的芘染料。图 4.2.25～图 4.2.27 分别给出了这三种荧光光纤的发光光谱。图中分别给出了两种长度(0.1m 和 1.0m)荧光光纤的发光光谱。

表 4.2.4　PC 芯荧光光纤特性

| 芯径/mm | 外径/mm | 折　射　率 | | NA | 损耗/(dB·m⁻¹) | | 使用温度/℃ |
		芯材	皮材		765nm	650nm	
0.95	1.0	1.586	1.445	0.65	1.2	1.5	−55～125

表 4.2.5　荧光光纤和 LED 的发光特性比较

| 颜色 | 荧光光纤 | | | LED | | |
	峰值波长/nm	光谱宽度/nm	响应时间/μs	峰值波长/nm	光谱宽度/nm	响应时间/μs
绿色	512	49		565	28	0.5
黄色	584	57		583	36	0.09
红色	635	58	10	635	40	0.09

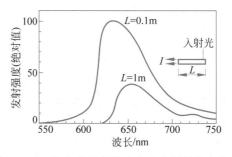

图 4.2.25　红色芘染料掺杂荧光光纤的发光光谱

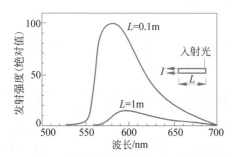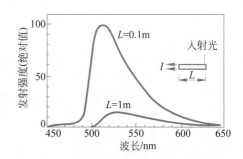

图 4.2.26　黄色芘染料掺杂荧光光纤的发光光谱　　图 4.2.27　绿色芘染料掺杂荧光光纤的发光光谱

4. 荧光光纤的应用

荧光光纤主要是利用光致发光的特性,其典型应用举例如下。

(1) 光纤传感器——荧光光纤检测激发光的是否存在和光的强弱,例如,利用紫外激光的荧光光纤,可检测高压电气设备中的电晕放电现象(高压电放电的电弧光,一般为紫光),以监测此设备是否运行安全。利用 X 光激发光纤中的荧光则可用于 X 光发生的图像的检测和传输。

(2) 光纤光源——利用荧光光纤的发光特性,可用于汽车和军用设备等场合的仪表照明。

（3）荧光光纤放大器——由于荧光光纤中的光致发光材料有较高的能量转换效率，因而用荧光光纤可构成光纤放大器，利用荧光的高转换效率使光纤中输入的信号光得以放大。

5. 闪烁塑料光纤

闪烁塑料光纤（scintillating plastic optical fiber，SPF 或 SPOF），又称塑料闪烁光纤（plastic scintillating fiber，PSF），是一种特殊的荧光光纤，这种光纤利用高能粒子激发能产生荧光的材料掺入塑料光纤的纤芯构成。所以它和一般荧光光纤的主要差别是激发光不同。

通常在核辐射作用下会发荧光的物质称为闪烁体。闪烁体从物理状态上可分为固体（晶体）、固溶体（塑料）、液体和气体。闪烁塑料光纤所用的掺杂闪烁体有：染料、碘化钠（NaI）和碘化铯（CsI）等无机闪烁体；对三联苯 pT 和 3 羟基黄酮等有机闪烁体；砷化镓（GaAs）和碲化镉（CdTe）等半导体闪烁体。

闪烁塑料光纤是一种对放射线灵敏的探测器，同时又是光的传输元件。它具有以下优点：

（1）便于构成可视装置——利用像增强器，可将射线信息转换成可视信息（图像等）。

（2）便于较长距离传输——可把辐射信息通过闪烁塑料光纤传输到较安全的区域。

（3）响应快——便于实时在线监测辐射信息。

（4）大面积，高空间分辨——利用闪烁塑料光纤的组合（构成二维或三维的辐射探测器），可组成大面积，高空间分辨的辐射探测器。

（5）成本低，便于推广应用。

4.2.5 增敏和去敏光纤

随着光通信技术的发展，尤其是光纤传感技术的发展，需要一些特殊的光纤，例如需要它对某物理量的敏感性增加（增敏），或是对某物理量的敏感程度减小（去敏），这类光纤统称之为增敏光纤和去敏光纤。对光纤做增敏和去敏处理的方法有：①改变光纤结构，例如保偏光纤、镀金属光纤、液芯光纤、单晶光纤等；②改变材料的成分，例如磁敏光纤、辐射敏光纤、荧光光纤等。

1. 对辐射的增敏和去敏光纤

（1）耐辐射光纤

耐辐射光纤即对辐射去敏的光纤。一般玻璃光纤不能在大剂量辐射环境下工作，因为在核辐射的照射下，玻璃会因染色而不透光。玻璃染色是因为在放射性辐射作用下，玻璃中产生的局部自由电子能够被存在于玻璃中的带正电的离子捕获，此时离子就因得到电子而变成原子。例如，$Si^{4+} + 4e^- = Si$。如果自由电子占据玻璃中网络结构点阵的空位（负离子缺位），就可形成新的色心，能在可见光区域产生新的吸收带。因此，辐射在玻璃中产生的自由电子，引起一些离子还原并形成新的色心，因而使玻璃染色变黑。在强射线的作用下，玻璃中原子核的位移可导致网络结构空位的形成，化合物遭破坏，原有键断裂并形成新键，造成玻璃变质。为了解决这一问题，可采用耐辐射玻璃材料作光纤的芯和涂层材料，这样得到的光纤就可在核辐射环境中正常工作。

当玻璃中含有 Ce^{4+}、As^{5+}、Sb、Pb^{2+}、Cr^{3+}、Mn^{3+} 和 Fe^{3+} 等离子时，由于核辐射引起的自由电子首先和离子反应，使离子的价态发生变化。Ce^{4+}、As^{5+}、Sb^{5+} 和 Pb^{2+} 本身及

其价态的改变都是无色的;而 Cr^{3+}、Mn^{3+} 和 Fe^{3+} 因本身着色,故在光学玻璃中很少采用。

(2) 辐射敏光纤

辐射敏光纤是指对辐射更敏感的光纤,具有快速反应和增加空间分辨的能力。用磷光体、塑料和玻璃等发光材料可以制成用于探测 X 射线、高能粒子的光学纤维。这类光纤探测辐射的原理是:构成光纤的发光材料吸收辐射后,将辐射能转换成光能,并由光纤传输到光探测器。闪烁发光材料有晶体 NaI(Tl)、Cs(Tl)、蒽、三硝基甲苯、对称二苯乙烯等。对这类传感器发光体的工作效率就是一个关键参量。由于一般块状发光体结构的转换效率很低,故采用发光材料构成的光纤维来提高探测效率。光纤的优点是:增加光纤长度易于提高探测效率。

纤维闪烁体可以采用掺有发光材料的塑料光纤,也可以采用充满发光液体的薄壁玻璃管的液芯光学纤维。液芯光学纤维虽然有高质量的界面;内反射损耗很小,但是由于存在管壁和管壁间的空隙,非工作面积较大,例如紧密排列的塑料光纤,非工作面积为 9.3%,当玻璃管的直径为管壁厚度的 10 倍时,非工作面积约为 42%,管的直径为管壁厚度的 20 倍时,非工作面积约为 27%。由于带电粒子在某些发光液体中转变为光能的效率可达 30%,比塑料高很多,因此,在不少应用中还是要采用液芯光学纤维制作闪烁体。

2. 磁敏光纤

磁敏光纤具有较高的 Verdet(费尔德)常数,理论上,其 Verdet 常数可比普通石英光纤高出一个数量级,因此,在磁场、电流传感以及全光纤型光隔离器中有广泛应用前景。目前我国已研制成掺 Tb(稀土元素)的磁敏光纤,其掺杂物的质量比约为 4×10^{4} ppm(即 10^{-6}),其他参数为:光纤外径 $125\mu m$,纤芯半径 $4\mu m$,折射率差 Δn 为 0.5%,截止波长 λ_c 为 $0.633\mu m$,在 $0.633\mu m$ 波段损耗小于 50dB/km。Verdet 常数为 1.2×10^{-5} rad/A,比一般石英光纤的 Verdet 常数大 2.7 倍左右。主要问题是损耗大。

微课视频

4.2.6   高圆双折射光纤

由于制作条件的限制,普通单模光纤存在不同程度的固有(或内在)线双折射,这些线双折射给单模光纤在通信、传感领域中涉及偏振光的应用带来许多困难。目前解决这个问题的途径主要有两种:一种是在光纤中引入强线双折射,如常见的 Bow-tie、Panda 和椭圆芯(或包层)光纤等;另一种是在光纤制作过程(拉丝)时高速旋转制棒,使光纤呈极低的线双折射。前者称为高双折射(HB)光纤,后者称为低双折射(LB)光纤。这两种光纤都有其各自适用的领域。高双折射光纤对外界的扰动(振动、弯曲、压力等)有良好的抵御能力,是一种较理想的偏振保持光纤,但由于其线双折射轴在光纤端面取向具有高度方向性,它对线偏振光的对轴注入及光纤间的连接有较高的要求。此外,这种光纤也不适合涉及光纤圆双折射效应的器件,如应用光纤 Faraday 效应制作的电流传感器、隔离器等。低双折射光纤由于呈极低的线双折射,原则上它能适用于任何形式的偏振光传输,但实际环境的干扰对其偏振特性会产生较大的影响,其应用也受到一定限制。

高圆双折射光纤是通过对普通高双折射光纤在拉制过程中进行旋转,并设法将旋转在光纤中保持下来的另一类偏振保持光纤。这种光纤同时存在线及圆双折射,但圆双折射部分远大于线双折射,因此它能使以任意方位角入射的线偏振光(或圆偏振光)以很高的消光比在光纤中传输,同时扭转引入的圆双折射又能在一定程度上抵抗外界扰动对光纤偏振特性的影响。所以它在某些器件,特别是涉及利用圆双折射效应的器件(如光纤电流传感器)的应用上有独特的优点,这一研究有潜在的应用前景。

1. 理论分析

根据微分的思想,将高圆双折射光纤看作由无数个微小的双折射薄片旋转拼接而成。如图 4.2.28 所示,设高双折射光纤的长度为 L,单位长度的线性双折射为 δ,单位为弧度每毫米(rad/mm)。光纤旋转的剧烈程度用单位长度内旋转的圈数来描述,记作 $\xi = \mathrm{d}\theta/\mathrm{d}L$,单位同样是弧度每毫米(rad/mm)。设光纤被平均分为 N 份,每一份都可以看作一个线性延迟器薄片和一个圆延迟器薄片的组合,每一段的长度为 L/N,其相位延迟为 $\delta L/N$,每一个薄片相对于前一个薄片转动的角度为 $\xi L/N$。因此整段光纤的传输矩阵可以表示为

$$J = \lim_{N \to \infty} R(-\xi L) \left[R\left(\frac{\xi L}{N}\right) J_0\left(\frac{\delta L}{N}\right) \right]^N$$

其中

$$R\left(\frac{\xi L}{N}\right) = \begin{bmatrix} \cos\left(\dfrac{\xi L}{N}\right) & \sin\left(\dfrac{\xi L}{N}\right) \\ -\sin\left(\dfrac{\xi L}{N}\right) & \cos\left(\dfrac{\xi L}{N}\right) \end{bmatrix}, \quad J_0\left(\frac{\delta L}{N}\right) = \begin{bmatrix} \mathrm{e}^{-\mathrm{j}\frac{\delta L}{2N}} & 0 \\ 0 & \mathrm{e}^{\mathrm{j}\frac{\delta L}{2N}} \end{bmatrix}$$

经过 Chebyshev 公式化简得

$$J = \begin{bmatrix} \cos YL - \mathrm{j}\dfrac{\delta}{2Y}\sin YL & \dfrac{\xi}{Y}\sin YL \\ -\dfrac{\xi}{Y}\sin YL & \cos YL + \mathrm{j}\dfrac{\delta}{2Y}\sin YL \end{bmatrix}$$

其中,$Y = \sqrt{\xi^2 + (\delta/2)^2}$,表示圆双折射光纤中由光纤几何结构旋转引入的单位长度上的椭圆双折射,其单位是 rad/mm。

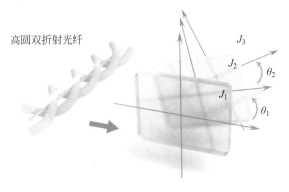

高圆双折射光纤

图 4.2.28 高圆双折射光纤

实际制作时,高圆双折射光纤可以由加热并旋转熊猫型保偏光纤制作而成。图 4.2.29 是在显微镜下拍摄的高圆双折射光纤,可见熊猫型保偏光纤的应力棒在旋转之后呈现"双绞线"的结构,熊猫型保偏光纤的线拍长为 10mm,因此其单位长度上线性双折射为 $(2\pi/10)$ rad/mm,即 0.2πrad/mm;旋转的速率为 0.4πrad/mm,所得到的"双绞线"结构的节距为 5mm。

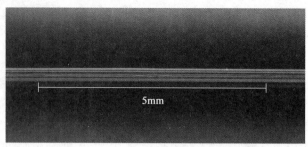

图 4.2.29　高圆双折射光纤实物图

2. 应用

根据 Faraday 效应的原理,光纤电流传感器要求传感光纤能够传播并保持圆偏振光。但传统的传感光纤由于存在大量的线性双折射,导致其对温度、弯曲、应力、振动等外界干扰比较敏感,从而降低了光纤电流传感器的稳定性。因此,如何抑制传感光纤的线双折射以提高光纤互感器稳定性成为研究的重点。研究表明,高圆双折射光纤中的圆双折射可以有效抑制线性双折射的影响,进而有效地检测 Faraday 效应。其检测灵敏度高,不怕外界扰动对检测的影响,因此这种光纤在电流传感领域得到广泛应用。

另外,研究发现,采用变速率旋转的高圆双折射光纤代替光纤 1/4 波片可以提高光纤电流传感器的测量精度。如图 4.2.30 所示,这种光纤分为两个部分,一部分为变螺距部分,用以替代 $\lambda/4$ 波片实现光的偏振转换;另一部分为均匀螺距部分——用作测量电流的传感部分,可以消除 $\lambda/4$ 波片的截取误差、熔接误差及温度波动误差,实现较好的偏振态转换,有利于提高测量精度。

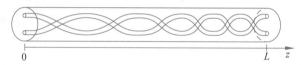

图 4.2.30　变速率旋转高圆双折射光纤结构

此外,有研究人员提出,通过螺旋缠绕旋转高圆双折射光纤制成全光纤波片。基于几何效应,当光纤螺旋缠绕在圆柱体上,并且螺旋的扭转等于固有的极化旋转时,弯曲诱导双折射产生的相位差可以随着高圆双折射光纤长度的积累和增加,进而用于构成光纤波片,具体结构如图 4.2.31 所示。

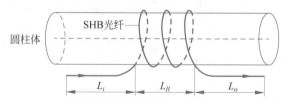

图 4.2.31　由螺旋缠绕的高圆双折射光纤制成的全光纤波片

4.3　新材料光纤

4.3.1　红外光纤与紫外光纤

1. 概述

红外光纤主要是指可用于近红外和中红外波段传输光能量和光信息,尤其是传输大功率光能量的光纤。红外光纤可分为玻璃红外光纤、晶体红光光纤和空芯红外光纤 3 类。制造前两类光纤主要有两大困难：材料和工艺，即选择对红外透过率高的材料，以及将该材料加工成损耗较低的光纤的工艺。为满足制造低损耗红外光纤的要求。对材料的要求是：①散射损耗小；②材料色散小，可选择工作波长近于零色散的位置；③杂质(过渡族金属和 OH 基)的吸收损耗小；④材料结构稳定。目前用于制造红外光纤的材料主要有：

(1) 红外玻璃，主要有氧化物玻璃和硫化物玻璃，其成分为：GeO-SbO，TeO-ZnO-BaO；As-S，Ge-Se，Ge-Se-Te；

(2) 多晶材料，主要是重金属卤化物晶体，其成分为 KPS-5，即 Tl1Br-Tl1，CsBr，KCl1，Ag-Br-AgCl；

(3) 单晶材料，例如 AgBr、CsI 等。

晶体红外光纤的制备方法不同于石英(非晶体)光纤和大块晶体生长的方法。制备多晶光纤的方法有挤压法和滚压法；制备单晶光纤的方法则有激光加热小基座法(HPG 法)、区熔法、引上法、引下法和 Stepanov 法等，但目前还没有一种公认为良好的工艺方法。目前晶体红外光纤的制作水平是：芯壳结构采用卤化钾的多晶光纤：损耗为 0.1dB/m，传输功率约 100W；CsI 单晶光纤的损耗为 0.3dB/m；KRS-5 多晶光纤的传输能量密度达 50kW/cm^2 等。

红外空芯光纤是以空气为纤芯，所以和其他两类红外光纤相比，空芯光纤可传输更大的光功率(激光损坏阈值高)，稳定性好，耦合效率高(端面无反射)；另外红外透光范围更宽，传输 CO_2 激光的红外空芯波导始于 1974 年。目前已报道的红外空芯光纤主要有 3 种：金属(圆形和矩形)波导、电介质波导和混合型(金属内衬一层电介质)波导。

(1) 金属波导。它利用金属表面的高反射率传输红外光，材料为铝、金、银、铜等。据报道，铝质矩形波导的最低损耗为 0.18dB/m(直接传输效率为 90%/m)，最大连续输出功率为 960W，脉冲功率可达 1MW。

(2) 电介质波导。它利用电介质的镜面高反射(电介质材料折射率 $n>1$)或全内反射(电介质和材料折射率 $n<1$)传输红外光。前者应选择吸收系数小的材料，如硫化物玻璃等；后者则应选择反常色散区在欲传输波段的材料，如 GeO_2 和蓝宝石(Al_2O_3)用于传输 CO_2 的 10.6μm 激光。

(3) 混合型波导。为减少反射损耗，可在金属波导表面喷镀一层电介质材料，例如 Ag-ZnSe 结构直径为 1.5mm 空芯光纤，光纤直传损耗为 0.13dB/m，光纤弯曲时(半径 50cm)损耗为 1.0dB/m。

2. 氟化物与硫化物光纤

(1) 氟化物光纤。

氟化物光纤(fluoride glass-based fiber)的主要成分是 ZrF_4，其最小理论损耗值是 0.01dB/km，比石英质光纤低。此外氟化物光纤还具有非线性折射率低、负温度系数(dn/dt)、材料丰富的特点。但由于材料的纯度和加工工艺问题，其损耗的实际值远远高于理论值约四个数量级，约 1dB/m。所以目前氟化物光纤的应用面很窄。虽然如此，氟化物光纤的前景仍然看好。目前应用最广的是基于 ZrF_4 的氟化物玻璃(fluorozirconate glasses)，成分是 53mol% ZrF_4，20% BaF_2，4% LaF_3，3% AlF 和 20% NaF，一般称为

ZBLAN。

　　氟化物光纤的主要性能如下:通光范围为 $0.25\sim7.0\mu m$,此波段的透过率大于 50%。图 4.3.1 是两种 5mm 厚氟化物片的透过率曲线和损耗曲线(瑞利散射,电子吸收和多光子吸收)。为了比较,图 4.3.1(a)中同时给出了 5mm 厚溶石英片的透过率曲线。显见,氟化物片的透过谱范围比溶石英片的要宽。表 4.3.1 给出了氟化物玻璃的典型值。

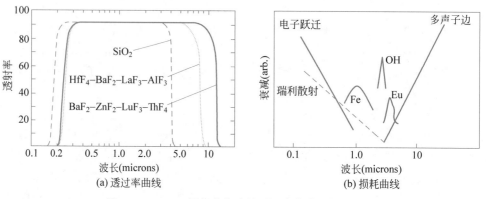

图 4.3.1　5mm 厚氟化物片的透过率曲线和损耗曲线

　　氟化物光纤多为多模光纤。为减小损耗,一般都加大数值孔径和光纤包层的厚度。光纤包层和光纤芯半径的比值和光纤数值孔径值密切相关。

表 4.3.1　氟化物玻璃(fluorozirconate glasses)的典型值

参　　数	典　型　值	参　　数	典　型　值
转变温度/℃	240~455	相氏模量/GPa	50~90
膨胀系数/(℃×10^{-7})	100~187	威氏硬度/(kg/mm^2)	220~270
密度/(g/cm^3)	4.5~5.3	韧性断裂/MPam$^{1/2}$	0.2~0.3
在水中溶解率/(g/cm^2/day)	$10^{-2}\sim10^{-3}$	泊松比	0.25~0.30
折射率 n_0	1.48~1.54	阿贝数	68~80
非线性折射率 n_2(10^{-13}esu)	0.9	折射率温度系数 dn/dT(K^{-1})	-1×10^{-5}

　　表 4.3.2 是氟化物多模光纤参数的理论设计值。为便于比较,表 4.3.2 中最下一行给出了硅基(石英)多模光纤参数。设计目的是降低损耗而确定最佳尺寸。表中,a 是光纤芯的半径;b 是光纤包层的半径;NA 是数值孔径;V 是归一化传播常数;R 是最小弯曲半径。表 4.3.3 是超低损氟化物单模光纤的理论设计值。氟化物光纤的最重要的参数是损耗。目前的最好的结果是 0.7dB/km,测量时光纤长度大于 100m。

表 4.3.2　氟化物多模光纤参数的理论设计值

$2a/\mu m$	NA	V	b/a	$2b/\mu m$	R/cm
氟化物多模化纤参数(工作波长 $2.5\mu m$)					
80	0.14	14	3.25	259	13
70	0.16	14	3.25	226	9
56	0.20	14	3.25	181	5
114	0.14	20	2.5	284	17
99	0.16	20	2.5	249	12
80	0.20	20	2.5	199	6

续表

$2a/\mu m$	NA	V	b/a	$2b/\mu m$	R/cm
氟化物多模化纤参数(工作波长 2.5μm)					
136	0.14	24	2.0	273	20
119	0.16	24	2.0	239	13
95	0.20	24	2.0	191	7
硅基(石英)多模光纤参数(工作波长 1.3μm)					
50	0.20	23.6	2.5	125	4

表 4.3.3 超低损氟化物单模光纤的理论设计值

光纤包层直径	光纤芯直径	芯包相对折射率差	色散/$(ps \cdot km^{-1} \cdot A^{-1})$	工作波长
150μm	13.8μm	0.43	1.784	2.5μm
150μm	17.2μm	0.60	3.288	3.5μm

（2）硫化物光纤。

硫化物光纤(chalcogenide glass-based fibers)主要有 As-S 和 Ge-S 两种系列,其中以三硫化二砷(AS_2S_3)为基质的光纤的化学和温度的稳定性较好,在 $3\sim5\mu m$ 和 $8\sim12\mu m$ 的波段有良好的透过性能。但由于材料提纯、制作工艺等方面的困难,已有文献报道的硫化物光纤损耗的最佳值为 0.15dB/m @4.8μm 和 0.1dB/m@2.5μm(纤芯成分 As-S,包层为尼龙(Teflon))。一般的硫化物红外光纤目前的损耗值为 $1\sim5$dB/m,加上光纤的光学和机械性能不尽如人意,所以直至目前仍性价比低,应用面窄。

3. 空芯波导

（1）概述。

空芯波导是一种纤芯充满空气(折射率 $n=1$)的光纤,又称空芯光纤。这是光纤技术的研究热点之一。目前主要用于中红外光波(波长为 $2.5\sim15.0\mu m$)的传能。空芯光纤用于红外波段的主要优点是:在一定程度上避开了研制实芯红外光纤的两大难点——纤芯材料的选择和光纤的加工工艺(带毒性材料)。

Rayleigh 于 1897 年提出用空芯光纤传输电磁波的设想,20 世纪 30 年代已用于构成微波波导发射、传输和接收。其特点是波导腔是空芯、无介质,因而没有色散效应;而且腔体尺寸为厘米量级(微波波长)。微波波段的空芯波导延伸到光波的中红外波段,以制作可传输波长为 $1\sim100\mu m$ 的中红外波导有三大困难:一是光纤尺寸小(微米量级);二是传输损耗大(光纤的传输损耗和弯曲损耗);三是材料缺(波导材料要能耐高温和经受热损伤)。所以多年未得到发展。直到 CO_2 激光问世后,为了传输波长为 $10.6\mu m$ 的 CO_2 激光,Nishihara 等在 1974 年提出用矩形空芯波导传输 CO_2 激光。此后的 40 余年,由于传输中红外激光的需要,空芯光纤得以快速发展。目前国内外均已研制成不同类型的空芯光纤,并已有定型商品出售。其传输损耗为 3dB/m(对 $10.6\mu m$ 的工作波长),最大可传输功率为 100W。

空芯光纤传光的原理也是基于全反射原理,即倏逝场原理。一般根据制作空芯光纤的材料不同,可将空芯光纤分成两类:全反射型(attenuating total reflecting,ATR)和泄漏场型(leaky waveguides)。显见,前者(ATR 型)光纤内壁材料的折射率小于 1;而后者材料的折射率则大于 1。图 4.3.2 是全反射型空芯光纤传光的原理图。由于光纤内壁材料的折射率

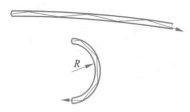

图 4.3.2　全反射型空芯光纤传光的
　　　　　原理图

小于 1,所以在满足一定入射角的条件下,光在内壁将发生全反射。

（2）空芯光纤的设计和结构。

① 空芯光纤的设计主要考虑两大问题——损耗和选材。

空芯光纤的设计理论是基于电磁场理论分析,计算空芯波导的损耗(传输损耗和弯曲损耗),损耗最小处即对应波导的最佳结构和尺寸。这方面已有不少专著和大量的文献资料可供查阅。空芯光纤的选材主要应考虑材料的折射率、易加工、机械强度和耐高温性能。对于全反射型空芯光纤,其管壁材料折射率应小于 1。所以应选材料反常色散区在中红外波段者,对于泄漏型空芯光纤则无此要求。表 4.3.4 是典型玻璃、晶体和金属材料的复折射率的计算值,其中晶体和金属的工作波长均为 $10.6\mu m$。

表 4.3.4　几种玻璃材料的复折射率

材　料		折　射　率	消　光　系　数	损耗/$(dB \cdot m^{-1})$ (750μm/波导)
玻璃材料	CaAl	0.88	0.2	2.22
	CaGeAl	0.81	0.58	1.80
	KZnGe；U-14470	0.76	0.6	1.65
	KZnGe；U-14371	1.93	1.2	3.35
	27.8% PbO-SiO$_2$	1.5	0.9	2.96
	TiO$_2$-SiO$_2$	1.2	1.25	2.24
	SiO$_2$	2.22	0.1	4.05
	GeO$_2$	0.6	0.9	1.21
晶体材料 @10.6μm	SiC	0.0593	1.21	0.11
	BeO	0.0468	1.402	0.09
	C-BeO	0.21	1.2	0.40
	Al$_2$O$_3$	0.67	0.04	0.22
	AlN	0.81	0.035	0.44
金属 @10.6μm	Ag	13.5	75.3	0.15
	Ni	9.08	34.8	0.21
	Cu	14.1	64.3	0.18 $n/(n+k)$
	Au	17.1	55.9	0.23
	Al	20.5	58.6	0.26

② 结构。

空芯波导的外形有两种结构:矩形和圆形,图 4.3.3 是矩形空芯光纤的外形,图 4.3.3(a) 的空芯波导,内壁和外壁均为矩形;图 4.3.3(b) 的空芯波导则是内壁是矩形,外壁为圆形。

空芯光纤的材料主要是两类:金属和非金属。非金属材料则有多组分玻璃和聚合物(塑料)。

为了减小空芯光纤的传输损耗,可在光纤内壁镀多层介质膜。金属或非金属(玻璃和聚合物)的管壁上均可镀多层介质膜。也有镀金属膜者。镀膜后损耗降低约一个数量级。损耗可由每米几分贝降到零点几分贝。表 4.3.5 是空芯光纤中镀膜的介质材料的折射率。

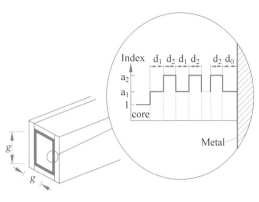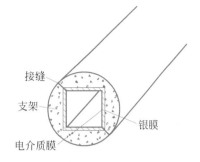

(a) 空芯波导内壁和外壁均为矩形   (b) 空芯波导内壁为矩形，外壁为圆形

图 4.3.3 矩形空芯光纤的结构示意图

表 4.3.5 空芯光纤中镀膜用介质材料的折射率

材料	Ge	KCl	ZnSe	ZnS	CaF$_2$	PbF$_2$	AgI	PbTe
折射率	4.0	1.47	2.2	2.22	1.28	1.63	2.1	5.7

为改善空芯光纤的内壁的光洁度，以进一步减少传输损耗，在光纤内壁镀一层聚酰亚胺薄膜（polyimide film），再在上面镀介质膜，已有结果表明，不弯曲时其传输损耗已降到 0.50dB/m，弯曲时（弯曲半径为 2m），损耗为 1.0dB/m 左右，并可传输脉冲功率为 800mJ（对 Er：YAG 输出的激光，重复频率 3Hz）。

4. 多晶红外光纤

由氯化银（AgCl）制作多晶红外光纤（polycrystalling fibers）的设想出现在 20 世纪 60 年代，但未见成功的报道。其后有其他成分的多晶光纤的报道。例如：TlBr-TlI（KRS-5）。这类光纤的引人之处在于：中红外波段（3~20μm）损耗低。此外，也有较好的弹性机械强度，因而有较好应用前景，并已获应用，下面对此作简要介绍。

制作多晶红外光纤的主要材料如下：

(1) 卤化铊（thallium halides）TlCl，KRS-6（0.5TlCl-0.5 TlBr），KBS-5（0.42 TlBr-0.58TlI），透光范围为 0.5~40μm。

(2) 碱（金属）卤化物（alkali halides），这类材料主要有两类：NaCl 型的立方晶系（NaCl、KCl、KBr）和 CsCl 型的 cesium halides（CsBr 和 CsI）。前者透光范围可到 20μm，后者透光范围可到 50μm。

多晶红外光纤的损耗主要是吸收损耗和散射损耗。已经发表的经验公式预测其损耗很低。例如，无包层的 AgClBrI 多晶红外光纤的损耗值是：0.5dB/m@3μm，50dB/km@10μm；0.2dB/m@4-12μm。图 4.3.4 是几种典型红外光纤的损耗谱。多晶红外光纤的机械性能因光纤的成分，制作工艺等因素的不同而有很大差别。

5. 红外光纤的应用

红外光纤和普通的石英光纤一样，都是用于光波的传输，其差别是传输的波段不同。红外光纤的应用领域主要是能量传输（例如传输 CO$_2$ 激光能量），其次用于传感和传像等；而石英质光纤则主要用于通信（长距离信号传输）。由于红外光纤的传输损耗大，其他性能也较差，不能满足长距离通信的要求。下面对红外光纤的应用作一简要介绍。

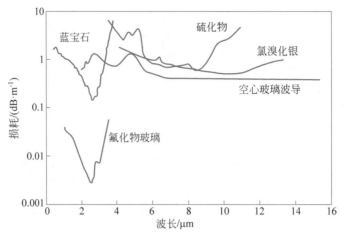

图 4.3.4　几种红外光纤损耗谱比较

（1）传能。

红外光纤用于传能（激光能量的传输）的主要应用是激光加工（激光切割，激光焊接，表面处理等）和激光医疗。红外光纤用于传能的优点是其柔软性。

生物组织的成分主要是水，而水在 $2.5\mu m$ 以上的红外光的吸收率高，所以研究利用 CO 和 CO_2 激光（其工作波长分别为 $5.3\mu m$ 和 $10.6\mu m$）作激光医疗的光源。从 20 世纪 80 年代起，有多项报道利用多晶和单晶红外光纤传输 40W CO 激光和 $50\sim130W$ 不等的 CO_2 激光；利用金属空芯波导传输 200W 连续 CO_2 激光，目前激光医疗主要是用空芯波导传输 CO 和 CO_2 激光。

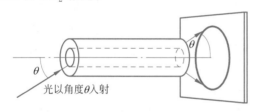

图 4.3.5　斜入射光形成的环形光斑

对于特殊需要的激光医疗，其输出光斑形状也有特殊要求。为此，光线要以特殊的角度入射，或者要把光纤端面加工成不同形状，以满足对输出光斑形状的使用要求。图 4.3.5 是激光医疗中输出光斑的典型例之一：斜入射光形成的环形光斑。和激光医疗相似，激光加工主要也是利用大芯径石英质光纤传输 Ar 和 Nd-YAG 激光器输出的 $1.06\mu m$ 近红外光和用红外光纤（目前主要是空芯光纤）传输 CO 和 CO_2 激光。

（2）传感。

和石英质光纤相似，红外光纤可用于构成红外波段的光纤传感器。目前已有关于用红外光纤构成的光纤高温计，光纤红外光谱仪和光纤磁传感器等的报道。

① 红外光纤高温计。

这类温度传感器的原理是：利用红外光纤把远处高温区（其温度待测）的红外辐射传送到接受单元，再利用黑体辐射定律计算出高温区的温度。

② 红外光谱仪。

利用红外光纤和光谱仪结合，可构成用于远距离现场实时测量的红外光纤光谱仪。它可有不同结构形式。如图 4.3.6 所示是一种红外光纤光谱仪现场应用的示意图。图 4.3.6(a)是利用消全反射法(ATR-total reflection)测样品的红外光谱仪探头;图4.3.6(b)是现场应用的红外光纤光谱系统示意图。

消全反射法测样品成分的原理如下。当被测材料和红外光纤紧密接触时,由于渐逝场的效应,在光纤中传输的光波会透射进紧密接触光纤的被测材料。由于材料的吸收作用,光纤中传输光强会逐渐减弱。测出此光强的变化,经过计算,就可获得此材料成分的信息。

对于粉末状样品,则可利用漫反射的原理,通过测量从被测材料漫反的光谱获得被测材料成分的信息。

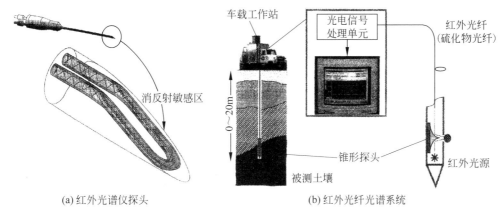

(a)红外光谱仪探头　　　　　　　(b)红外光纤光谱系统

图4.3.6　不同探测方式的光纤红外光谱仪结构示意图

实际测量时,可将测出的材料吸收谱和已存储的标准样品的吸收谱进行比对,以更快地获取被测材料的成分及其含量。

【例4.3.1】　有害废弃物的检定(identification of hazardous waste)。

有害物的检测是环保领域的一项重要工作。一般这种工作的程序是:现场取样;样品在实验室分类;初测。对于低浓度样品则需进行浓缩,再对不同成分,采用不同方法和仪器进行化学分析和测定。这种分析检定的方法既费人力又耗时间。如果利用上述光纤红外光谱的方法,则可在现场进行实时、快速检测。这时,只需用一定长度的红外光纤构成测试探针(探头),插入被测样品(污土、污水等),光纤另一端进入红外光谱仪,即可获得样品中有害成分的构成和含量,光纤探针长度视需要而定,长者有6m,由硫化物等红外光纤构成。

(3)传像。

用红外光纤可以构成传送红外光图像的传像束。例如,用硫化物红外光纤构成的传像束,和红外摄像机以及红外CCD结合可用于红外成像。现已有不少成果报道。例如,用1000根硫化物红外光纤构成的传像束,其传输损耗为0.6dB/m,工作波段为$3.2\sim3.8\mu m$,光纤长1.3m。

6. 紫外光纤

随着激光医疗技术以及紫外激光器的发展,对于传输紫外光的光纤,要求愈来愈迫切。一般光纤对紫外光透过性能都很差。普通光学玻璃对于比$0.4\mu m$波长更短的光,透过率急剧下降,对于$0.3\mu m$波长以下的紫外光几乎全吸收。石英玻璃在紫外波段的透过率较高,但由于其折射率较低,而且难于找到折射率比石英玻璃更低的材料作光纤包层的材料,一般用低折射率的聚合物作包层,得到二种石英芯和塑料包层的紫外光纤。塑料光纤在紫外光波段有较好的透光性能,例如聚甲基丙烯甲酯(PMMA)对$0.25\sim0.295\mu m$波段的紫外光,其透过率可达75%,比一般光学玻璃(透过率仅0.6%～1%)好得多。用蓝宝石拉成的晶体光纤在紫外光谱区也有良好的透过性能。另外液芯光纤也可在紫外波段使用,这种光纤用石英管拉成光纤包层,管中充以透紫外光的液体构成纤芯,它对紫外光的透过性能良好。

4.3.2 聚合物光纤

1. 概述

聚合物光纤是目前仅次于石英质光纤的第二大类光纤。无论其应用面或应用量均如此。聚合物光纤是由高分子聚合物材料制成的光纤,简称为POF(polymer optical fiber),又称塑料光纤(plastic optical fiber)。POF在传输(信号和能量的传输)和传感(信号的提取)方面都有广泛用途。和石英质光纤相比,它具有如下许多突出的优点:

(1) 相对密度小,光学塑料的相对密度一般是0.83～1.50g/cm³,大多数在1g/cm³左右,为玻璃相对密度的1/2～1/3,这在导弹、人造卫星的制造和宇宙航行中有重要的应用。

(2) 韧性好,抗冲击强度和柔软性能均优,直径2mm时仍可自由弯曲而不断裂;而玻璃光学纤维直径大于50μm就不能弯曲。

(3) 对不可见光波透过性能好,光学塑料在可见光和近红外波段的透过性能比光学玻璃稍差,在远红外和紫外波段,透过率可以优于50%,比光学玻璃好。

(4) 原料品种多,折射率可在较大范围内变化。

(5) 成本低,工艺简便。

聚合物光纤的主要缺点是:

(1) 耐热性较差,一般只能在-40～80℃的温度范围内使用,只有少数聚合物光纤可在200℃附近工作,当温度低于-40℃时,聚合物光纤将变硬、变脆。由于聚合物熔点低,因而比玻璃易老化。

(2) 抗化学腐蚀和表面磨损性能比玻璃差,在丙酮、醋酸乙酯或苯的作用下,光学性能会受到很大影响,表面易被划伤,影响光学质量。

(3) 易潮解。

由于聚合物光纤具有上述优缺点,故可用于弥补玻璃光纤之不足。

2. 聚光物光纤种类和材料

(1) 种类。

和石英质光纤一样,聚合物光纤有单模光纤和多模光纤之分,也有阶跃(折射率)光纤和梯度(折射率)光纤之分。所不同者,聚合物光纤纤芯直径可粗至1mm,包层一般都很薄。例如:纤芯为1mm的聚光物光纤,其包层厚度仅为数十微米。由于聚合物光纤可粗至1mm,包层薄,数值孔径大(一般为0.5),因而光能的耦合效率高。

(2) 材料。

聚合物光纤的纤芯材料目前主要有两种:PMMA和CYTOP。PMMA是polymethyl methacrylate的缩写,中文名称是聚甲基丙烯酸甲酯。CYTOP是cyclic transparent optical polymer的简写。CYTOP是用氟(F)取代PMMA中氢(H)构成,其主要优点是能降低光纤的传输损耗,因为PMMA的材料吸收主要来源于C-H链。对于工作波长为1.30μm的红外光,其传输损耗已从最初的50dB/km降到15dB/km。图4.3.7是200μm厚CYTOP薄膜和PMMA薄膜的透光率曲线。

PS 是 另 一 种 可 供 选 用 聚 合 物 材 料，是 polystyrene 的简称，中文名称是聚苯乙烯。和 PMMA 相比，其特点是和碳结合的氢的数目减少了。

选择聚合物光纤的材料时，主要应考虑透过性能和折射率。特别是芯料应采取光学均匀的、折射率较高的光学塑料，而且要有较好的透过性能。光学塑料的折射率与塑料的化学组分有关。一般而言，组分中具有的官能团越多，折射率就越大。当在基质成分中引入原子量大的原子或极性大的官能团时，折射率就增加，反之折射率就减小。大多数聚合

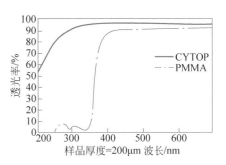

图 4.3.7　200μm 厚 CYTOP 薄膜和 PMMA 薄膜的透光率曲线

物的折射率均在 1.4～1.6。此外，材料选择中还应考虑光学聚合物的一些其他性能，如热性能、机械性能、成本等因素。这样，可供选择的光学材料就不多了。目前只有聚苯乙烯、聚甲基丙烯酸酯、聚碳酸酯等几类。

目前，聚合物光纤的芯材料主要是聚甲基丙烯酸甲酯(PMMA)和聚苯乙烯(PS)。如果芯材料采用折射率 $n_D=1.49$ 的聚甲基丙烯酸甲酯，涂层材料可以采用折射率 $n_D=1.40$ 左右的含氟聚合物。如果芯材料采用 $n_D=1.58$ 的聚苯乙烯，涂层材料就可以采用聚甲基丙烯酸甲酯。由于聚苯乙烯具有较强的各向异性效应的侧键，瑞利散射比聚甲基丙烯酸甲酯大，因而采用聚甲基丙烯酸甲酯更易得到较低的损耗。普通聚合物光纤的制作通常采用挤压法，它是将光学聚合物的原材料在软化温度下从模孔中挤压成光纤。

3. 聚合物光纤的特性

（1）光学特性。

聚合物光纤的光学特性在可见光波段和光学玻璃相近。表 4.3.6 列出了阶跃型折射率分布 A4 类聚合物多模光纤的几何尺寸和传输特性。表 4.3.7 是梯度型折射率分布聚合物光纤的相应特性。

表 4.3.6　阶跃型折射率分布 A4 类聚合物多模光纤的几何尺寸和传输特性

几 何 尺 寸	光 纤 类 型				
	A4a	A4b	A4c	A4d	A4e
芯直径/μm	*	*	*	*	≥500
包层直径/μm	1000±60	750±45	500±30	1000±60	750±45
缓冲直径/mm	2.2±0.1	2.2±0.1	1.5±0.1	2.2±0.1	2.2±0.1
数值孔径/mm	0.50	0.50	0.50	0.30	0.25
工作波长/nm	650	650	650	650	650
传输特性					
满注入时，100m 光纤在 650nm 衰减/dB	≤40	≤40	≤40	≤40	≤18
100m 光纤在 650nm 模式带宽/MHz	≥10	≥10	≥10	≥100	200
理论数值孔径	—	50±0.13	0.50±0.13	0.30±0.05	0.25±0.07
650nm 宏弯损耗/dB	≤0.5	≤0.5	≤0.5	≤0.5	≤0.5
折射率分布	阶跃	阶跃	阶跃	阶跃	阶跃或梯度

表 4.3.7　梯度型折射率分布 A4 类聚合物多模光纤的几何尺寸和传输特性

几何尺寸	光纤类型		
	A4f	A4g	A4h
芯直径/μm	200±10	120±10	62.5±5
包层直径/μm	490±10	490±10	245±5
包层不圆度/%	≤4	≤4	≤4
芯/包同心度误差/μm	≤6	≤6	≤3
芯不圆度/%	≤6	≤6	≤6
传输特性			
100m 光纤在 650nm 衰减系数/dB	≤10	≤10	
100m 光纤在 850nm 衰减系数/dB	≤4	≤3.3	≤3.3
100m 光纤在 13000nm 衰减系数/dB	≤4	≤3.3	≤3.3
100m 光纤在 650nm 模式带宽/MHz	800	800	
100m 光纤在 850nm 模式带宽/MHz	1500～4000	1880～5000	1880～5000
100m 光纤在 1300nm 模式带宽/MHz	1500～4000	1880～5000	1880～5000
测得的有效数值孔径	0.19±0.015	0.19±0.015	0.19±0.015
850nm 宏弯损耗/dB	≤1.25	≤0.6	≤0.25
零色散波长 λ_0/nm	1200≤λ_0≤1650	1200≤λ_0≤1650	1200≤λ_0≤1650
零色散斜率 S_0/[ps/(nm^2·km)]	≤0.06	≤0.06	≤0.06
折射率分布	梯度	梯度	梯度
应用	工业与移动通信与 A3 传输设备兼容	数据传输	数据传输主要以光纤带结构使用

注：光纤涂覆直径与光缆结构和应用环境有关。

（2）损耗。

聚合物光纤的损耗和石英质光纤一样，主要取决于材料的吸收损耗和散射损耗等，此外还和使用的环境温度、湿度以及光纤的弯曲等因素有关。其具体情况见表 4.3.8。图 4.3.8 为 PMMA 制成的聚合物光纤损耗随工作波长变化的关系图，由图 4.3.8 可见，此类光纤传输损耗最小值位于波长 570nm 附近，其损耗值为 70～80dB/km。

表 4.3.8　影响损耗的各项参数及其变化范围

影响参数	损耗的变化
波长	图 4.3.8 PMMA 塑料光纤的损耗谱。最低值：70～80dB/km @ 570nm
入射角	与入射角 σ 成正比；σ>20(NA=0.3)时为 30dB/km；σ～40(NA=0.6)时为 80dB/km
温度	−70～+70℃：$P(T)=10\lg(P_t/P_{20})$，$\alpha=±0.017$dB/m；设 P_{20} 输出功率100%@ 20℃
湿度	$\alpha=13$dB/km@650nm；220dB/km@820nm（环境温度 50℃，湿度 90%）
连接工艺	0.5～2dB
弯曲	弯曲半径 a～5mm，$\alpha=5$%～25%；a>15mm，α<5%

（3）机械和环境特性。

光纤的机械特性有弯曲、侧压、扭曲、反复弯曲等；而环境特性则有耐热、耐寒、耐温度冲击、耐湿、耐腐蚀、阻燃等。一般情况是：POF 的伸缩和弯曲等性能优于石英质光纤，但耐热性较差，一般 POF 仅适用于 70～80℃ 的温度环境。目前有耐高温的 POF 可用于 150℃ 的高温。至于低温，则在温度不低于 −30℃ 的环境，POF 均可正常使用。−40～85℃ 的温度循环实验以及温湿度的循环实验表明，单根 POF 均可正常使用。

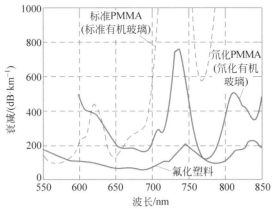

图 4.3.8　PMMA-POF 的透光率曲线

4. 聚合物光纤器件与应用

和石英质光纤一样，POF 也有相应的耦合器和分路器（1×2；$1\times N$；2×2；3×3 等）等光纤器件。利用聚合物材料的光敏性可在其上写光栅（FBG 和 LPG）。目前已有不少这方面的成果报道，POF 不仅对紫外光有光敏性，对可见光也有光敏性。目前已有用 $0.6\mu m$ 红光在 POF 上写 FBG 及其用于传感的成果报道。

与石英光纤相比，POF 由于传输损耗大，目前主要用于近距离通信，和构成光纤局域网。例如：楼内的联网和一户的几个房间之间的联网。目前达到的传输水平是百米量级。作为用于信号传输、传感和传能的聚合物光纤及其器件，目前已有相应的国际标准和规范可供使用时参考。相应参数已在表 4.3.6 和表 4.3.7 中列出。

POF 由于在可见光波段透过率高，且可做成大芯径（$\phi=1mm$）和大数值孔值（$NA>0.50$），再加上柔软性好，所以在传输光能方面有广泛的应用前景。例如：①仪表照明——在汽车内用于仪表盘的照明，已有 30 多年的历史；②小空间强光照明——POF 光纤束，可配合溴钨灯等强光源构成冷光源，用于特殊场合（例用医疗和其他狭窄场合）照明，显微镜等仪器照明；③POF 光纤束可把室外的太阳光传送到室内，供室内照明，是一种节约能源的有效方法。

在传感领域，POF 也有广泛的应用。这类光纤用于传感的主要优越性是：大芯径、大数值孔径，因而光能利用率高；质轻、柔软、弯曲性能好；价廉。其不足之处是：传输损耗大，因而不宜于长距离的信号检测和传输；温度性能较差，因而不宜用于温度较高的环境。POF 用于传感器，早期是构成传光型光纤传感器和强度调制传感型光纤传感器，目前它也是 POF 传感器的主要类型。所以 POF 主要用作数据传输线的形式：光源（一般是 LED）接光纤和光探测器接光纤。由此可组合成各种具体的光纤传感器。

4.3.3　单晶光纤

1. 概述

单晶光纤（single crystal fiber）是光纤中的一种，可用于制作光纤器件和光波的传输介质，也可用于材料的分析和研究。但由于其制作工艺复杂，单晶生长周期长，因而生产效率低,成本高,所以在光通信和光传感领域未能推广应用。但是随着科研、工业和国防各领域需要的多样化,以及技术指标的提高,目前的光传感器和光纤(包括一般的红红外光纤)已难于满足 $2\mu m$ 以上红外光的传输,以及高温环境下的测量等特殊要求。而单晶宝石光纤(single crystal sapphire fiber)却能满足这些要求。例如,单晶宝石光纤是传输 Er：YAG 产生的 $2.94\mu m$ 激光的首选光纤。所以近年单晶宝石光纤的研制发展迅速,生产成本降低,应用面拓宽。本节将主要介绍单晶宝石光纤的材料、特性和应用。

2. 材料

(1) 光纤芯的材料。

单晶宝石光纤主要用于红外光和高温环境下的测量。所以选材时,主要考虑材料对红外光的透过性能,此外,还应考虑作为光纤的一些基本特性,其中包括:对红外光的透过率、机械强度、是否易于弯曲以及弯曲损耗、是否易于制成光纤等。表 4.3.9 给出了这些材料的光学特性和物理特性。目前单晶宝石光纤的拉制主要是利用激光加热的工艺,其具体工艺可参考有关文献。

(2) 光纤包层的材料。

所有的单晶宝石光纤生长时均无包层,均为裸光纤。有文献报道,已研究过两类单晶宝石光纤的包层:一类是用于常温的聚合物包层;另一类是用于高温的金属包层。前者已报道的是用特弗隆(Teflon FEP100 和 Teflon AF1600),其折射率为 1.3,Teflon FEP100 的包层厚度是 $100,\cdots,300\mu m$,而 Teflon AF1600 的包层厚度是 $5\mu m$。后者已报道的是用铝,用化学的方法镀成包层。

3. 单晶光纤的特性与应用

单晶宝石光纤的拉制目前仍处于发展阶段。所以其拉制工艺远未规范,拉制的单晶宝石光纤的性能差别也很大。所以下面给出的结果仅供参考。在实际使用时要对具体使用的光纤作特性测量。表 4.3.9 是一些单晶宝石光纤的典型参数。

表 4.3.9　单晶宝石光纤的典型参数

材料	融化点/℃	折射率	直径/mm	长度/m	损　　耗
Ge	937	4.0			
KCl	776	1.457	$0.075\sim0.100$	0.10	0.5dB/cm@10.6μm
AgBr	432	2.0(5μm)	$0.35\sim0.75$	2	
KRS-5	440	2.36	$0.6\sim1.0$	2	
CsI	621	1.739	0.7	1.5	33dB/m@10.6μm 13dB/m@633nm
CsBr	636	1.662	$0.7\sim2$	1.5	5dB/m@10.6μm 8dB/m@633nm
TlCl	430	2.193	0.75	>1.0	3dB/m@10.6μm
CsBr	636	1.662	$0.7\sim1.2$	$1\sim3$	$2\sim5$dB/m@10.6μm
CsBr	636	1.662	$1\sim2$	$4\sim5$	0.3dB/m@10.6μm
NaNO$_2$	271	$\cdots$	0.5	0.6	
AgBr	432	2.0(5μm)	0.62	0.80	6.6dB/m@10.6μm
CaF$_2$	1360	1.400(5μm)	0.6	$\cdots$	

材料	融化点/℃	折射率	直径/mm	长度/m	损　耗
BaF_2	1280	1.450(5μm)	0.2～0.6	⋯	
Si	1410	3.42	1～2	0.3	
ZrO_2-Y_2O_3	2690	2.01(5μm)	0.3～0.5	10～25	10dB/m@850nm

1) 传输损耗

单晶宝石光纤的传输损耗目前为 1.0～10.0dB/m,最低达 0.5dB/m。单晶宝石光纤的传输损耗和生长时光纤周围的气氛密切相关。一般在惰性气体(氦、氖、氩等)环境中生长较好。其中,以在氦气气氛中生长最佳,而且还发现,损耗和气压也有关。目前实验结果表明,其损耗的测量方法和一般的光纤不同,不用剪断法。而是用光源和光纤直接耦合后进行测量,并通过计算(用菲涅尔(Fresnel)公式计算)以扣除光纤两端面的反射损失。其原因有二:一是光纤长度不够;二是光纤不均匀(即沿长度方向损耗不均匀)。文献给出单晶宝石光纤的参数为:光纤直径 100μm,透过范围 700～3700nm,近红外区的损耗 0.1～0.2dB/m。

2) 弯曲损耗

单晶宝石光纤优于石英质的光纤。单晶宝石光纤直径小于 200μm 时就有很好的弯曲性能。例如,一根直径为 150μm 的单晶宝石光纤可弯成直径为 0.8cm 的光纤圈而不会折断。光纤的弯曲损耗和光纤的直径、光纤圈的直径,以及入射光的耦合等因素有关。实验结果表明:光纤直径为 150μm 以下时弯曲直径大于 10cm 时,其弯曲损耗可忽略不计。

3) 机械强度

单晶宝石光纤的机械强度和以下因素有关:光纤直径、应变率(stain rate)、温度。一般情况,直径小的光纤强度要优于直径大的光纤;但应变率减小时,光纤的机械强度也减小;温度升高时,光纤的机械强度也减小。另外,实验结果还表明:光纤的拉伸强度(tensile strength)可达 2000MPa,远远超过块状宝石材料的拉伸强度 500～700MPa。

4) 高温透过率

单晶宝石光纤因为要用于高温,所以需测量其在高温时的透过率。实验结果表明:

(1) 4μm 以下使用。常温下单晶宝石光纤的透过率可延伸到 6μm,但在高温时,6μm 处透过性能变差。所以单晶宝石光纤高温的透过波段在 4μm 以下使用为好。

(2) 1400℃ 以下使用。单晶宝石光纤的透过率在温度为 1400℃ 以下时均有 80% 的透过率,而超过 1400℃ 时透过率急剧下降,到 1530℃ 时降为 20%。

5) 激光损伤阈值

实验结果表明,块状的宝石窗片对 2.7μm 的工作波长,损伤阈值可高达 $100GW/cm^2$。和其他材料一样,宝石的损伤主要发生在光的入射表面。宝石表面的损伤阈值仅为 $3.8GW/cm^2$,低于块状宝石的损伤阈值。对单晶宝石光纤也一样。所以在使用单晶宝石光纤时,在表面要做好清洁处理的工作。对此已有不少论文发表。

宝石光纤由于性价比低,因而目前应用面小。目前主要是用于高温环境。例如,用于高温的工业过程控制;涡轮机的高温气体监测;高温环境的位移测量;宝石光纤束可用于红外成像。用裸宝石光纤构成的倏逝场传感器可用于监测高压容器中复合材料的固化过程;或检测有害环境中强吸收物质的浓度。预计,随着宝石光纤由于性价比的提高,其应用面将愈来愈广泛。

4.4 新结构光纤

4.4.1 光子晶体光纤

1. 概述

光子晶体光纤(photonic crystal fiber,PCF)最早由 P. St. J. Russell 等于 1992 年提出,并于 1996 年首次在实验室成功制作出样品。随后各种不同结构的光子晶体光纤相继问世。光子晶体光纤是基于光子晶体(photonic crystal)的概念,此概念于 1987 年由 John 和 Eyablonovitch 提出,光子晶体是指在光波波长的尺度下人为地在高折射率材料(例如熔石英,SiO_2)的某些位置上制造周期性分布低折射率材料(例如空气孔)而形成的晶体,由此通

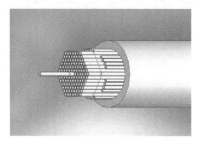

图 4.4.1 光子晶体光纤结构示意图

过人为控制高低折射率材料的折射率值及其空间结构的不同周期分布,可以产生类似于半导体的导带和禁带;即光子晶体具有对光波传播的导带和禁带,或称为光子频率禁带(photonic band gap,PBG),从而对入射到此晶体中的光波进行选择性传输。此禁带的宽度则由上述周期结构及其材料的折射率差确定。图 4.4.1 是光子晶体光纤结构示意图。图 4.4.2 是几种典型的光子晶体光纤结构图。

光子晶体光纤由于具有光子晶体和光纤传输光波的双重特性。所以相对于传统光纤而言,光子晶体光纤开创了完全不同的光波传输原理和传输特性。它利用光子晶体所特有的光频禁带特性,将特定频带的光波严格地局限在纤芯内传导,且拥有单模传输等一系列传输特性,因而成为一类新型的光导纤维,具有许多特殊的传输特性,且开辟了一个新的应用领域。光子晶体光纤已经成为当今光纤领域的研究前沿和热点。

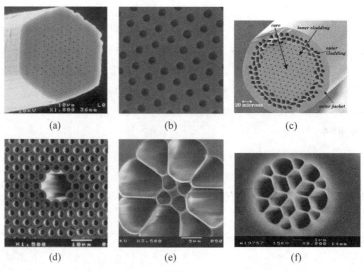

(a) (b) (c)

(d) (e) (f)

图 4.4.2 几种典型的光子晶体光纤结构图

2. 光子晶体光纤的类型、材料与制作

根据导光机理,可将 PCF 分为两类:折射率导光和光子带隙导光。

(1) 折射率导光型 PCF。

折射率导光型(index-guiding)PCF 和普通光纤的结构相似,纤芯均为实心的石英。差别是光纤的包层;普通光纤的包层是实心材料,其折射率稍低于纤芯;而 PCF 的包层则是具有一定周期排列的多孔结构,如图 4.4.3 所示。这类光纤包层的空气孔也可以不是周期性排列。这类光纤也称为多孔光纤。

这种结构的导光机理和常规的阶跃折射率光纤类似,即基于(改进的)全反射(modified total internal reflection,M-TIR)原理。由于包层中的空气孔降低了包层的有效折射率,因此满足“全反射”条件,光波被束缚在芯区内传输。这类光纤具有很多特殊的非线性光学效应。

(2) 光子带隙导光型 PCF。

光子带隙导光型(photonic band gap guiding)PCF 的最大特点是:纤芯中有空气孔,即纤芯为空芯(这不同于纤芯为实心的折射率导光型 PCF),其结构如图 4.4.4 所示。

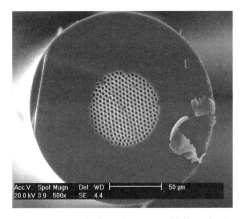
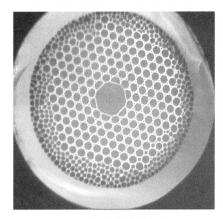

图 4.4.3　折射率导光型 PCF 结构示意图　　　图 4.4.4　光子带隙导光型 PCF

这类 PCF 导光的原理是基于光子禁带效应,即特定频率的光波,以各种不同的角度进入光纤后,由于光纤结构形成的禁带,这些不同角度进入光纤的光波,就被周期结构的包层形成的禁带所束缚,无法沿径向穿出光纤,光波被局限在纤芯中的空气通道向前传输。所以这类 PCF 称为光子带隙导光型,它不是利用全反射原理导光,而是利用禁带效应导光。由于是在空气中导光,所以具有很多特异的和普通光纤不同的传输特性。

显见,折射率导光型 PCF 和光子带隙导光型 PCF 的传光特性由于纤芯材料折射率的差别(前者纤芯为实心,折射率大于 1;后者纤芯为实心,折射率为 1),因而其传输特性也有重要的差别。它们是:折射率导光型 PCF 是强化了光纤中的非线性效应,而光子带隙导光型 PCF 则是弱化了光纤中的非线性效应。并由此形成不同的传输特性和可能的应用。

光子晶体光纤制作的基本方法如下:光纤的包层是石英材料,其中规则排列着细小的空气孔(周期常数为微米量级),并构成二维周期结构。在纤芯的中心处再制作一个空气孔,孔的直径为 1~7 个孔的周期常数。或者在应该是空气孔的地方由均匀石英代替,以人为地引入一个“缺陷”作为芯区。以构成具有线缺陷的二维光子晶体。

目前二维光子晶体光纤制作的具体工艺如下:先按照预先设计的结构参数,在一定尺寸的石英套管内插入毛细管(即空心细石英管)作为包层,中心用实心的石英棒或者抽去几根毛细管作为纤芯制成预制棒,如图 4.4.1 所示。最后用制作普通光纤的拉丝机在 2000℃左右的温度下拉丝成型。对不同结构参数的光子晶体光纤应设定不同温度,以保证结构形状不变形。

用于制作光子晶体光纤的材料,目前普遍采用的是熔石英(SiO_2)。但也有用其他材料制成光子晶体光纤的报道,其中有硫化物玻璃、肖特(Schott)玻璃、聚合物等。

3. 光子晶体光纤的特性

光波在光子晶体光纤中传输的特性主要有两方面:一是存在光子禁带区;二是非线性效应的强化和弱化。由于光子晶体光纤的包层中有周期性的空气孔(缺陷)引起光子禁带区的产生,从而使光波局限在纤芯中传输;而纤芯中介质的材料则是引起光波传输时产生非线性效应的主要因素之一,纤芯若为透光介质(例如熔石英),则在强光作用下其非线性效应必加强;若纤芯为空气(纤芯中为空气孔),其非线性效应必减弱。所以两种类型的光子晶体光纤其特性有差别。

(1) 折射率导光型 PCF。

① 损耗低。

光子晶体光纤中光频禁带的存在,使光纤的传输损耗大大降低。例如,其弯曲损耗比普通的光纤要小很多。有报道,当光子晶体光纤的弯曲直径为 0.5cm 时,对短于 1600nm 的波长,其传输损耗可完全忽略。

② 宽带单模传输。

光子晶体光纤在一定条件下,其截止波长很短,且可在大波段范围内维持单模运转。例如,当相对孔径(定义为孔直径 d 与孔间距 Λ 的比值:d/Λ)小于 0.45 时,可无限制地在大波长范围单模传输。实际上已有 300~1600nm 波长范围内均可传输单模的报道。此外,在单模情况下可获高达 $35\mu m$ 的模场直径和低至 1dB/km 的传输损耗。

③ 反常色散区蓝移。

改变光子晶体光纤芯区的尺寸和空气填充率可获得不同的非线性效应。例如,小芯区、大空气填充率(d/Λ 大)可制备高非线性光子晶体光纤。由此可控制光纤的反常色散区。

【例 4.4.1】 实现大波段范围的零色散。使光纤的反常色散区移向可见光波段。从而实现 500~1300nm 大波段范围的零色散波长运转,这是一般单模光纤所无法实现的。

【例 4.4.2】 实现光孤子传输。有报道称,对某一 PCF 利用零色散波长向短波长方向移动,再结合飞秒脉冲激光的输入,就可实现中心波长在 800nm 左右的光孤子传输。实验中其输入脉冲宽为 200fs,在输入功率较低时,群速色散效应占主导地位,脉冲会展宽(展宽到 800fs 左右);随输入功率的增大,自相位调制效应的作用增加,在和群速色散效应相互平衡的过程中,脉宽为 140fs 的孤子脉冲产生并从光子晶体光纤输出。如继续增加输入脉冲的功率,即在非线性自相位调制效应大于群速色散效应的情况下,输入脉冲在光纤的传输会经历先变窄后加宽再复原的过程,这正是高阶孤子的传输特性。

④ 大芯径单模传输。

光子晶体光纤不仅可宽波段范围实现单模传输,而且可在光纤为大芯径情况下仍维持单模传输。已有芯径为 $22.5\mu m$ 时,在波长大于 458nm 的波长范围内,仍实现单模传输的实验结果报道(这时其芯径约为普通单模光纤芯径的 10 倍)。显然,大芯径有利于高功率光波的耦合和传输。

（2）光子带隙导光型 PCF。

光子带隙导光型 PCF 的特点是芯区（缺陷）折射率低，而光波在光纤中传输时，大部分光功率都限制在空芯区域；因此和材料吸收、色散、散射、非线性等与材料有关的效应都会显著降低。因而这种光子晶体光纤具有极低的非线性效应（此特点和折射率导光型光子晶体光纤的情况正好相反）；此外还具有极低的传输损耗，较高的破坏阈值，可控的色散（主要是波导色散）。这些特性和折射率导光型光子晶体光纤相似，它有利于高功率传输，超短脉冲无畸变传输等。

这类光子晶体光纤中空的纤芯区允许在光能密度最大的波导区引入不同的气体或液体等波导介质，以增强光和物质的相互作用，同时可保持较长的有效作用长度。空芯光纤的这些特点可用于研究气体中的非线性光学现象，或者在光传感和测量等方面获得应用。

（3）具有强可调光-物质相互作用的石墨烯光子晶体光纤。

光子晶体光纤（PCF）与各种功能材料的集成极大地拓展了光纤的应用领域。石墨烯（Gr）由于其高载流子迁移率、宽频带光学响应、易调谐等优良性能，与 PCF 结合后使电子可调谐、宽带光学响应和全光纤集成成为可能。然而，所有 Gr-PCF 混合结构的样本大小都是微米量级而不是米，因而限制了它们的广泛应用。有报道直接化学气相沉积（CVD）法制作的 0.5m 长的 Gr-PCF。但由于缺乏金属催化剂，在二氧化硅 PCF 中控制沿长微孔流动的气体很困难。图 4.4.5 展示了用 CVD 方法生长的 Gr-PCF 的示意图，PCF 的外表面和内孔壁上均匀、优质的石墨烯，长度可达 0.5m，通过控制分子流动的低压生长实现。这种 Gr-PCF 材料具有强的可调谐光物质相互作用（衰减约 8dB/cm），在低栅电压下作为宽带电光调制器表现出优异的性能。图 4.4.6 显示基于 Gr-PCF 的电光调制器在 2V 低栅电压下表现出宽带响应（1150～1600nm）和大调制深度（20dB/cm@1550nm）。这项研究结果将为混合光纤的制造铺平道路，并提出一个令人兴奋的集成二维材料的光纤平台，具有前所未有的线性和非线性光学功能可调性。

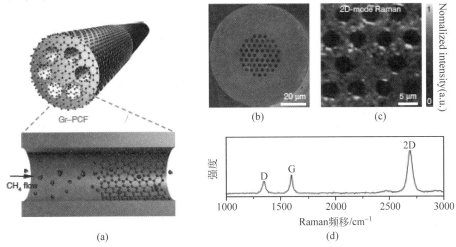

图 4.4.5 Gr-PCF 的生长及表征

（a）用 CVD 方法生长的 Gr-PCF 的示意图，在 PCF 的外表面和内壁都有石墨烯薄膜；（b）Gr-PCF 端面扫描电镜图像；（c）、（d）光纤端部表面石墨烯的 2D 模 Raman 强度映射和 Raman 光谱

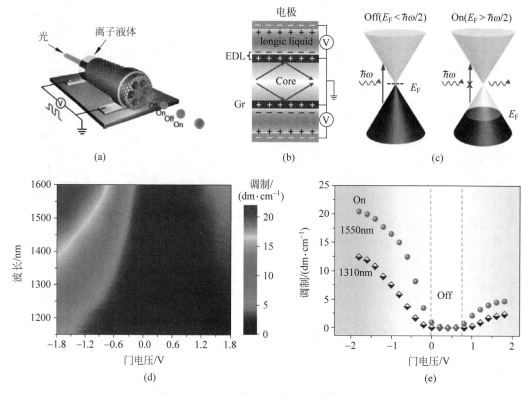

图 4.4.6　Gr-PCF 中可调光物质相互作用

(a) 基于 Gr-PCF 的电光调制器原理；(b)、(c) Gr-PCF 电光调制器的工作原理；(d) 将 Gr-PCF 调制器的传输调制
(按光纤长度归一化)2D 映射为门电压和光波长的函数；(e) 调制曲线

在图 4.4.6 中，(a)是一种基于 Gr-PCF 的电光调制器的原理图。离子液体和石墨烯之间的栅极电压控制着 Gr-PCF 的光传输。(b)、(c)是 Gr-PCF 电光调制器的工作原理，在石墨烯(深灰色矩形)和离子液体(蓝色区域)之间的界面形成电双层(EDL)。离子液体门调节石墨烯的费米能级，并开启和关闭石墨烯的光学吸收。当 $E_F < \hbar\omega/2(E_F > \hbar\omega/2)$ 时，石墨烯吸收(不吸收)光，调制器工作在关(开)状态的光纤。将 Gr-PCF 调制器的传输调制(按光纤长度归一化)2D 映射为门电压和光波长的函数。(e)是调制曲线在 1310nm 和 1550nm处呈现出明显的开关态转变，且调制深度较大。

4. 光子晶体光纤的应用

(1) 产生极短的光脉冲。

光子晶体光纤最直接的应用是扩展飞秒激光的光谱。根据 Fourier 变换关系，越宽的频谱分布将支持越短的脉冲宽度。如果能将利用光子晶体光纤产生的超连续光谱的相位完全补偿，则在理论上可以支持短至将近 1fs(10^{-15}s)的超短脉冲激光。但是，由于其复杂的光谱展宽过程导致了脉冲相位的紊乱，实现相位的完全补偿则仍需更多的研究。

(2) 产生超连续光谱。

超连续光谱(supercontinuum spectrum，SC)产生是指激光脉冲在非线性介质中传输时光谱急剧加宽的一种物理现象。Ranka 等首次报道用能量小于 1nJ、脉宽 100fs 的脉冲，在75cm 长的可见光区呈现反常色散特性的光子晶体光纤中，产生 2 个倍频程(octave)的超连续光谱,其谱宽为 $400\sim1600nm$。图 4.4.7 是此光子晶体光纤中产生的 2 个倍频程的超连续光谱。目前,在光子晶体光纤中产生超连续光谱已成为此领域的一个新的研究热点。而且超连续光谱在飞秒激光脉冲的相位稳定、光学频率测量、光学相干层析(OCT)等方面的研究带来重要的突破。

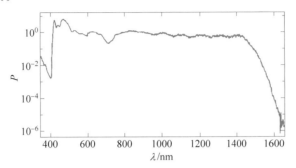

图 4.4.7 光子晶体光纤中产生的超连续光谱

(3) 光学相干层析成像。

光学相干层析成像(optical coherence tomography,OCT)是一种应用在生物、医学领域对生物组织的横截面进行逐层检测的技术,是光传感器和光纤传感器的研究内容之一。目前的分辨率为微米量级。由于 OCT 对于物体的纵向分辨率反比于工作光波的光脉冲的光谱宽度。因而利用光子晶体光纤产生的超宽带连续光谱就可获得极高的分辨率。例如:利用典型的超发光二极管(SLD)为光源的 OCT 系统,其纵向分辨率为 $10\sim15\mu m$;若采用光子晶体光纤产生的超宽带连续光谱作为光源,则此 OCT 系统的纵向分辨率可达 $1\mu m$ 左右,即增加约十倍。例如,Hartl 等利用锁模钛宝石激光脉冲通过光子晶体光纤产生的超连续光谱(中心波长为 $1.3\mu m$,带宽为 370nm)作为 OCT 系统的光源,对生物组织的纵向分辨率达到 $2\mu m$。

(4) 光频测量。

光子晶体光纤产生的超连续光谱,对光频的测量有极其重要的作用。是光频标发展史上的一个重要里程碑。在此之前的光频测量,需要借助数目极多且庞杂的频率链的分布将光频换到微波频段才可进行测量。而现在,基于光子晶体光纤的飞秒频率梳,可将光频与微波频标直接联系起来,从而使光频测量系统获得空前的简化。此外,由于光波的频率比微波的频率要高 5 个数量级,因此利用光频标可以获得高于微波标准的时间精度。

(5) 频率变换。

光子晶体光纤中一个重要的非线性效应是四波混频。四波混频是一个光子或几个光子湮灭同时产生几个不同频率新光子的过程。Sharping 等首次报道:从实验上证实了光子晶体光纤中非兼并的四波混频。由于光子晶体光纤纤芯面积小,导致非线性系数 $\chi^{(3)}$ 的提高。从而在零色散波长($\approx750nm$)附近实现了相位匹配。当泵浦峰值功率仅为 6W 时,就在 6.1m 长的光纤中观察到超过 13dB 的参量增益,通过相位匹配,四波混频产生的斯托克斯和反斯托克斯分量能够加宽光谱,而且高效地产生三次谐波和高次谐波,成为频率变换的有效手段。目前,频率变换已成为光子晶体光纤中应用研究的一个热点。

(6) 光孤子效应。

在光纤的反常色散区,由于色散和非线性效应的相互作用,可产生光孤子效应。光孤子是一种特殊的波包,它可传播很长距离而不变形。光子晶体光纤的零色散能够移到传统光纤不能达到的可见光区,因而极大地扩展了能够产生光孤子效应的波段。例如,Wadsworth等采用中心波长为850nm,脉宽为200fs的超短脉冲,在零色散波长为740nm的光子晶体光纤中观察到孤子效应。Washburn采用掺钛蓝宝石激光器输出的110fs的超短脉冲,在光子晶体光纤中产生了从850~1050nm可调孤子。而Reid等则利用波长为810nm的掺钛蓝宝石激光器泵浦光子晶体光纤,产生了移频到1260nm处的光孤子。此外,由于空气或者填充气体的非线性效应很弱,光子带隙光纤能够支持峰值功率为2MW的孤子,在填充了氙气后,可支持5.5MW的孤子,将光纤中能够传输的孤子功率提高了2个数量级。由于色散的可调性,从光子晶体光纤中产生的光孤子覆盖了传统光纤不能够达到的波段,在光通信、超短脉冲传输等方面都具有极大的应用潜力。

4.4.2　侧边抛磨光纤与金属化光纤

1. 侧边抛磨光纤的制备

光纤的抛磨是指用传统的光学冷加工方法(即光学玻璃的抛磨技术)加工光纤。具体制备方法参看3.4节。

2. 金属化光纤

金属化光纤是外保护层为金属膜的特种光纤。这种金属膜保护层是在光纤拉丝过程中同时涂敷上去的。金属膜的厚度一般为微米量级。镀金属光纤的主要用途是改善其增敏和去敏性能,以满足不同的使用要求,尤其是高性能光纤传感的要求。这是特种光纤研究的热点之一。金属化光纤的品种现已有镀铝光纤、镀锌光纤、镀金光纤等,其差别之一是适应的环境温度不同,例如,镀铝光纤只能用于400℃以下的环境,镀金光纤则可用于800℃的高温环境。

金属化光纤的最大特点是可用于高温环境。一般的光纤传感器由于光纤保护层不能耐高温,而只能用于100℃以下的常温。若改用镀金属光纤构成光纤传感器,则可使这种光纤传感器在高达800℃的高温环境下正常工作。现已有在高温环境下用于测量应力、应变、位移和振动等参量的光纤传感器的成果报道。此外,利用镀金属光纤还可改善光纤传感器的敏感性能。例如,可使经过仔细设计的镀金属光纤对温度的敏感性降到极低,以至在测量时可以认为对温度不敏感;而对压力仍可保持较高的敏感程度。这种对温度去敏的镀金属光纤可用于构成光纤干涉仪,用于测量压力等参量。

4.4.3　双包层光纤

微课视频

双包层光纤是一种特殊结构的光纤,它和一般光纤的根本差别是它有两个包层,而一般光纤只有一个包层。双包层光纤是大功率光纤激光器的核心部件,其目的有二。一是提高激光器浦泵光的耦合效率;二是满足光纤激光器和一般传输用单模光纤(或多模光纤)的耦合效率。前者是为提高光纤激光器的输出功率,后者是为有效利用光纤激光器输出的激光。

双包层光纤的基本结构如图4.4.8所示。它由纤芯、内包层、外包层和保护层四层组成。和第1章的图1.1.2比较可见,双包层光纤比普通单模光纤多了一个内包层。双包层光纤的纤芯由掺稀土元素的二氧化硅构成。在光纤激光器中它用作产生激光的介质,同时也作为单模光纤的波导。所以纤芯的结构参数应满足对于工作波长是单模传输的要求,即光纤激光器的输出为基横模。

内包层由横向尺寸和数值孔径都比纤芯大很多,折射率比纤芯小的二氧化硅构成,是泵浦光的传输通道,对浦泵光的波长此结构是多模光纤。

外包层由折射率比内包层小的聚合物材料构成。其目的是在纤芯和外包层之间形成一个大截面、大数值孔径的波导,以利于大数值孔径、大截面的多模高功率泵浦光输入光纤并在光纤中传输。最外层的保护层一般由硬塑料构成。

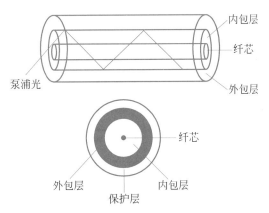

图 4.4.8 双包层光纤结构示意图

双包层用于构成光纤激光器时,其工作过程如下:泵浦光直接耦合到内包层,以多模形式在内包层传输,耦合效率高。如图 4.4.8 所示,泵浦光在内包层传输时,多次透过纤芯,并被纤芯吸收,从而实现沿光纤芯的全长度泵浦,由此大大提高泵浦效率。此外,内包层有两个作用:①将激发的激光限制在纤芯中;②传导多模泵浦光,使其被纤芯最大限度地吸收,并转换成激光输出。由于内包层有较大的横向尺寸和数值孔径,因此可选用大功率的多模激光二极管阵列作为泵浦源与一般的单包层光纤激光器相比,显然大大提高了耦合效率和入纤的泵浦功率。

为获得高功率输出,双包层光纤激光器要求内包层具有大的模截面积和数值孔径。最早提出和实现的是圆形内包层。其优点是工艺简单;易于和泵浦源耦合;缺点则是圆对称使内包层大量的泵浦光成为螺旋光,从而不通过掺杂的纤芯,使纤芯对泵浦光的吸收效率降低。为此人们提出了两种解决的办法。一是偏心法;二是改变内包层形状,以抑制螺旋光的产生。图 4.4.9 给出了几种已有报道的双包层光纤截面形状图,其中有同心圆形、偏心圆形、矩形、方形、梅花形和 D 形。

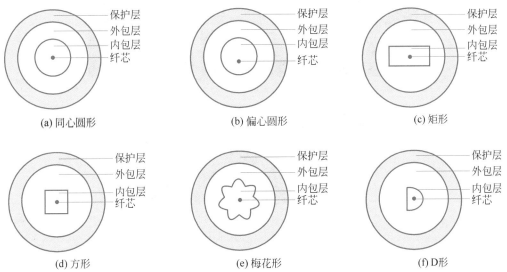

图 4.4.9 几种典型双包层光纤的横截剖面结构

图 4.4.10 是几种不同形状内包层的双包层对泵浦光吸收效果的比较,几何光学的计算表明:对于圆形内包层,仅有 10% 的泵浦光被纤芯吸收,其他 90% 的光线成为螺旋光,而未被吸收,偏心内包层光纤,50% 是螺旋光。而 D 形内包层的吸收率则可达 80% 以上。理论计算表明:矩形内包层可达 100% 的吸收率,但由于工艺问题,实际的吸收率为 90%。所以目前应用最多的是矩形内包层掺稀土元素双包层光纤。

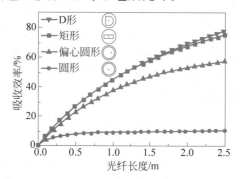

图 4.4.10　不同内包层对泵浦光吸收效果的比较

4.4.4　多芯光纤

多芯光纤是指一根光纤中有多根光纤芯,而一般的光纤中只有一根纤芯。图 4.4.11 分别是双芯(图(a))、三芯(图(b))、四芯(图(c))光纤,以及环形(图(d))和线性(图(e))光纤的截面的照片。虽然多芯光纤在 20 世纪 80 年代末已经问世,但直到 21 世纪初,才解决了多芯光纤和单芯光纤的连接问题,使多芯光纤进入实用阶段。图 4.4.12 是多芯光纤和单芯光纤的焊接的示意图。利用此技术,可构成各种微型光纤干涉仪。图 4.4.13 是 4 种微型光纤干涉仪:图(a)是 F-P 微型光纤干涉仪;图(b)是 Fizeau 微型干涉仪;图(c)是 Michelson 微型光纤干涉仪;图(d)是 M-Z 微型光纤干涉仪的示意图。

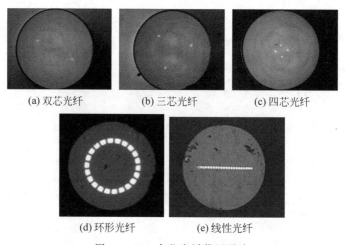

(a) 双芯光纤　　　　(b) 三芯光纤　　　　(c) 四芯光纤

(d)环形光纤　　　　(e) 线性光纤

图 4.4.11　多芯光纤截面照片

4.4.5　反谐振光纤

反谐振光纤具有结构简单、抗弯曲、损耗低、传输谱宽、损伤阈值高、单模导光等优点,在

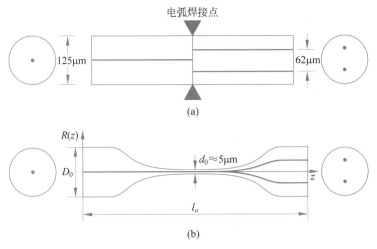

图 4.4.12 多芯光纤和单芯光纤的焊接的示意图

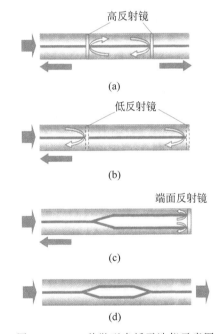

图 4.4.13 4 种微型光纤干涉仪示意图

光纤通信、光纤传感、非线性光学、高能激光传输等领域扮演着重要的角色。反谐振光纤的结构如图 4.4.14 所示,其纤芯是空气孔,包层中引入了一层或多层负曲率的石英毛细管。因而该结构的纤芯折射率低于包层折射率,不满足传统光纤中的全反射条件。反谐振光纤的导光机理可以用反谐振反射原理来进行解释,该原理示意图如图 4.4.15 所示。其中,纤芯直径为 a,折射率为 n_1;石英毛细管壁的厚度为 d,折射率为 n_2,且 $n_1 < n_2$。石英毛细管壁相当于一个谐振腔。当光束传输至纤芯和包层交界处,满足谐振波长的光经石英毛细管泄露出去,对应传输谱中透射率较低的部分;而反谐振波长的光会被限制在纤芯中继续传输,对应传输谱中透射率高的部分。通过对石英毛细管的形状、尺寸、排列方式等进行优化设计,可以进一步提高反谐振光纤的性能。

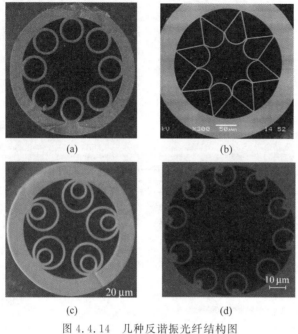

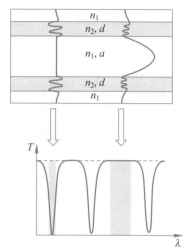

图 4.4.14　几种反谐振光纤结构图

图 4.4.15　反谐振反射原理示意图

　　例如,图 4.4.14(b)是一种用于中红外传输的低损耗反谐振光纤,传输带宽超过 $4\mu m$,并且在 3050nm 波长处的最小损耗可达 34dB/km。通过使用双嵌套石英毛细管可以降低减少纤芯直径对反谐振光纤性能的影响,降低制造难度,如图 4.4.14(c)和(d)所示。此外,反谐振光纤在弯曲半径为 5cm 的情况下,弯曲损耗可低至 0.2dB/m。

　　反谐振光纤以其优良的特性吸引着广大研究人员的关注。例如,在光学微机械加工中,反谐振光纤以其损伤阈值高的特点可用于传输超高功率的脉冲光信号;同时,反谐振光纤也是激光微创手术中高能光束传输的良好媒介;在反谐振光纤的空芯内填充气体(如乙炔等),可以实现对气体浓度的测量,也可获得高功率的中红外光纤气体激光器;此外,多包层结构的反谐振光纤具有更低的损耗和更大的带宽,可用于超高速、超大容量的光通信网络。相信在不久的将来,反谐振光纤将在数据通信、电力传输、非线性光学、化学传感、弯曲传感以及中红外、紫外线(UV)和太赫兹传输等领域得到广泛的应用。

4.4.6　微纳光纤

微课视频

微课视频

　　亚波长直径微纳光纤是近年发展起来的一种新的光纤,它是直径为几微米到几百纳米量级的细光纤。微纳光纤结合光纤技术和微纳技术,将传统光纤尺寸(微米到毫米量级)拓展到亚波长尺度,在微纳光子器件、非线性光学、原子光学等方面具有广泛的潜在应用前景。目前国际上许多光纤技术研究单位均已开展这方面的研究工作,国内单位也开展了这方面的工作,且都取得许多阶段性的研究结果。

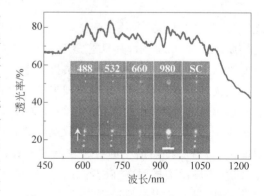

图 4.4.16　PMMA 微纳光纤的透射光谱图

图 4.4.16 是基于聚合物材料(PMMA)的微纳光纤的透射光谱图(透光率-波长关系曲线),附图是光纤透光的显微照片,其输入的波长分别为 488nm、532nm、660nm 和 980nm 的单色光,以及宽带超连续谱(SC)的光,光纤直径为 300nm。

图 4.4.17 是用微纳光纤做成的微纳光纤耦合器分光的照片。耦合器所用光纤直径分别为 350nm 和 450nm。由图可见,波长为 632.8nm 的激光沿图中箭头方向输入时,在 $4\mu m$ 的耦合区内,红光被耦合进两光纤中。

图 4.4.18 是用微纳光纤做成的 M-Z 干涉仪的示意图。图中干涉仪是固定在氟化镁衬底上。图 4.4.19 是此 M-Z 微纳光纤干涉仪的实物照片,光纤为石英质,直径为 $1\mu m$。图 4.4.20 是此干涉仪输出的干涉图。

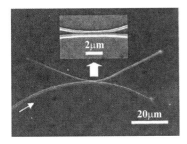

图 4.4.17　微纳光纤耦合器分光的照片

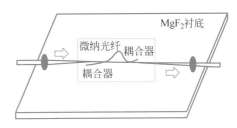

图 4.4.18　M-Z 微纳光纤干涉仪示意图

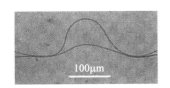

图 4.4.19　M-Z 微纳光纤干涉仪的实物照片

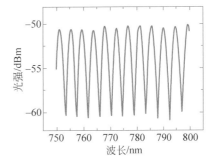

图 4.4.20　M-Z 微纳光纤干涉仪输出的干涉图

此外,还有用微纳光纤做成光纤 Sagnac 干涉仪,光纤滤波器和光纤激光器的报道。

思考题与习题

4.1　现有的聚焦光纤能否使全部光线都会聚在同一点？为什么？

4.2　试比较变折射率透镜和均匀折射率透镜之异同,列举变折射率光纤棒之优缺点。

4.3　试推导式(4.2.2)。

4.4　试推导式(4.2.20)和式(4.2.21)。

4.5　试推导式(4.2.24)。

4.6　试推导式(4.2.25)、式(4.2.26)和式(4.2.27)。

4.7　与目前的通信光纤相比,红外光纤和紫外光纤现在的不足之处是什么？

4.8　研制红外光纤、紫外光纤,以及各种增敏和去敏光纤的主要困难是什么？举例说明。

4.9 试分析比较熔石英光纤和塑料光纤之特性。

4.10 红外光纤和光源、光探测器等光学器件耦合时,其主要困难是什么? 试与石英光纤耦合的情况相比较。

4.11 红外光纤用于传输大功率激光的主要困难是什么? 能否设想一下其可能的解决途径。

4.12 试设想多芯光纤的可能应用和应用中可能遇到的困难。

4.13 试设想微纳光纤的可能应用和应用中可能遇到的困难。

第 5 章

光纤特征参数的测量

微课视频

5.1 引言

5.1.1 光纤测量的内容与特点

光纤测量是用实验方法对光纤、光纤器件和光纤系统的特征参数进行检测和评价。它是优化光纤系统的重要基础。除了有助于改进光纤和光纤器件的生产工艺外,对光纤传输理论的研究,光纤、光纤器件和光纤系统的设计及使用者,也十分重要。

光纤测量的主要参数包括损耗、光谱特性、传输特性、偏振特性和几何参数等。具体参数则随具体光纤和器件的不同,有不同要求。

除上述光学特性外,实际使用光纤时,还应考虑光纤的其他重要特性:

(1) 光纤的机械性能。光纤的机械性能包括光纤的抗拉强度、断裂、疲劳参数和弯曲性能、使用寿命等。

(2) 光纤的环境性能。光纤的环境性能包括温度性能(温度循环、温度时延漂移、浸水性能、高低温性能、湿热性能)、湿度性能,抗腐蚀性能(盐分、酸碱侵蚀)等。

光纤测量是一项新技术,其测量原理、测量方法、甚至参数的定义和测量内容仍在不断完善之中。另外,由于光纤特性对外界因素的敏感性,光纤测量的结果除与光纤本身的特性有关外,还与测量时的外界条件密切相关。即其测量结果和以下诸多因素密切相关:光纤和光纤器件的传输特性;光纤端面的处理以及光纤的放置状态或固定方法;光源-光纤、光纤-光纤、光纤-光纤器件的耦合方式;光纤器件是否带尾纤以及尾纤的特性;测试用光源、光探测器等仪器和接插件的特性;测试条件以及测量结果的数据处理方法等。

本章只介绍光学特性的测试,不涉及光纤机械性能和环境性能的测试。因为它已超出本书的范围。对此有兴趣的读者可参看有关文献。

5.1.2 光纤测量的方法

由于光纤测量有诸多影响因素,因此如何精确而可重复地测量光纤诸参数是选择测量方法时要考虑的一个重要问题。为此,国内外有关专家对于光纤测量的方法,测量设备及其仪表化、标准化问题进行了广泛、深入的研究,发表了大量的文章。国际电报电话咨询委员会(International Telegraph and Telephone Consultative Committee,CCITT)也设立了专门的研究课题,根据各国建议并经充分讨论后,推荐了一些实用而可靠的方法作为统一的标准测试方法供各国选用,表 5.1.1 给出了 CCITT 建议的测试方法。随着光纤制造工艺水平的不断提高,新结构新类型光纤不断出现,光纤测试技术还有许多有待研究的问题,也必将出现新的测试方法,例如用 1650nm 波段作为测试波段。本章主要介绍目前国际上认可或基本认可的测试方法,其中,大部分是 CCITT 建议的测试方法。我国也制定了相应的国家标准。相应的光纤特征参数都可以在具体标准中检索到。

表 5.1.1 CCITT 建议的测试方法

被 测 参 数	基准测试方法	替代测试方法
衰减系数	切断法	插入损耗法、背向散射法
基带响应	时域法、频域法	
总色散系数	相移法、脉冲时延法	
截止波长	传导功率法	模场直径与波长关系法
折射率分布	折射近场法	近场法
最大理论数值孔径	折射近场法	近场法
几何尺寸	折射近场法	近场法
模场直径		传输场法和横向偏移法

注:基准测试方法是指严格按参数的定义进行的测量方法;替代测试方法是在某种意义上和参数定义相一致的测量方法。

5.1.3 光纤测量仪器

光纤、光纤器件和光纤系统的测量结果和所选用的测量仪器密切相关。因此,在进行光纤测量前应认真选用测量方法和与此相应的器件和测量仪器,这些器件和仪器及其主要技术指标是:

（1）光源——光源工作的中心波长、谱宽（即发光的波长范围）、输出功率、功率的稳定性。

（2）光探测器——光探测器的线性响应范围、最小和最大可探测功率、光谱灵敏度。

（3）光谱分析仪——光谱分析仪的工作波段、光谱分辨率。

（4）光功率计——测量光功率的仪器是光功率计,用于光纤和光纤器件测量的则称为光纤功率计。光纤功率计和一般光功率计的差别是前者有供被测光纤接入的光纤连接器。选用光功率计则应注意功率计的以下特性参数:光功率测量范围、测量误差、最小(最大)可测功率;适用的波长范围,测量光能量的则是光能量计。

（5）光波长计——在测量光纤和光纤器件的参数时,经常需说明此参数是针对何种波长,选用的光源、光纤、光纤器件以及光探测器等,均需了解它们所对应的波长范围。光波长的测量一般均用光谱仪(Spectroscope)或单色仪(Monochrometer)。现在还有用于波长绝对测量的波长计(Wavelengthmeter)。而专门用于光纤和光纤器件测量的则称为光波长计。选用波长测量仪器时应注意仪器的以下参数:波长测量范围,波长测量精度等。

有关上述仪器的基本参数性能可查阅有关厂家和产品详细介绍。

5.2 损耗测量

光纤系统的损耗来源主要有三方面:固有损耗、反射损耗和连接损耗(或称耦合损耗)。测量时针对不同原因引起的损耗,其测量方法也有不同。

（1）固有损耗——固有损耗是指光纤和光纤器件本身材料的吸收和散射所引起的损耗。这损耗来源于材料的固有吸收特性和加工成光纤或光纤器件后的均匀性，以及加工工艺。

（2）反射损耗——反射损耗是指光纤端面，光纤器件的入射和出射窗口等所引起的反射损耗，精确测量较困难。一般可采用镀消反射膜，加匹配液，端面倾斜-光纤端面法线和光纤轴成一小的夹角（材料为熔石英和光学玻璃时，一般为 $6°\sim8°$ 倾角）。

（3）连接损耗——连接损耗即耦合损耗，此损耗来源于各器件相互连接时产生的附加损耗。一般连接的方式有：裸光纤的活动连接，裸光纤的固定连接（即熔接），光学端面和光纤的连接（例如半导体激光器或发光管和光纤的连接），光学端面和光学端面之间的连接等。测量损耗时，对于不同的连接方式应考虑采用相应的措施。其相应的损耗大小和测量精度也有差别。

5.2.1　光纤衰减的测量

微课视频

在光纤传输过程中，光信号能量损失的原因有本征的和非本征的，在实用中最关心的是它的传输总损耗（衰减），已经提出的测定光纤总损耗（衰减）的方法有 3 种：切断法、插入损耗法和背向散射法。

波长为 λ 的光沿光纤传输距离 L 的衰减 $A(\lambda)$（以 dB 为单位）定义为

$$A(\lambda) = 10\lg\frac{P_1}{P_2} \tag{5.2.1}$$

式中，P_1、P_2 分别是注入端和输出端的光功率。

对于一根均匀的光纤，可定义单位长度（通常是 1km）的衰减系数 $\alpha(\lambda)$（以 dB/km 为单位），即

$$\alpha(\lambda) = \frac{A(\lambda)}{L} = \frac{10\lg(P_1/P_2)}{L} \tag{5.2.2}$$

光纤的衰减系数是一个与长度无关但与波长有关的参数。

1. 衰减测量注入条件

为获得精确、可重复的测量结果，由定义式（5.2.1）可见，测量时应保证光纤中功率分布是稳定的，即满足稳态功率分布的条件。实际的光纤由于存在各种不均匀性等因素，将引起模耦合，而不同的模的衰减和群速度不同。因此在多模传输的情况下，精确测量的主要问题是测量结果与注入条件、环境条件（应力、弯曲、微弯）有关。实验表明：注入光通过光纤一定长度（耦合长度）后，可达"稳态"或"稳态模功率分布"，这时模式功率就不再随注入条件和光纤长度而变，但在一般情况下对质量较好且处于平直状态的光纤，其耦合长度也需要几千米。因此在实际测量中，对于短光纤一般用稳态模功率分布装置，或适当的光学系统，或有足够长的注入光纤，以获得稳态功率分布条件。单模光纤因为只传导一个模，没有稳态模功率分布问题，所以衰减测量不需要扰模。

2. 切断法

切断法是直接严格按照定义建立起来的测量光纤损耗的方法。在稳态注入条件下，首先测量整根光纤的输出光功率 $P_2(\lambda)$；然后，保持注入条件不变，在离注入端约 2m 处切断光纤，测量此短光纤输出的光功率 $P_1(\lambda)$，因其衰减可忽略，故 $P_1(\lambda)$ 可认为是被测光纤的

注入光功率。因此,按定义式(5.2.1)和式(5.2.2)就可计算出被测光纤的衰减和衰减系数。如果要测量衰减谱。只要改变输入光波长,连续测量不同波长的 $P_2(\lambda)$,然后保持注入条件不变,在离注入端约 2m 处切断光纤,再连续测量同样的不同波长的 $P_1(\lambda)$,计算各个波长下的衰减,就可得到衰减谱曲线。

　　由于这种测试方法需要切断光纤,所以是破坏性的,但测量精度高,优于其他方法,所以是光纤衰减测量的标准测试方法。测试装置如图 5.2.1 所示。测量单一波长衰减时,光源可使用谱宽窄的发光二极管(LED)或激光器(LD),以提高动态范围。测衰减谱时则应用宽光谱光源,再通过单色仪分光。光源应能在完成测试过程的足够长时间内保持光强和波长稳定,谱线宽度应不超过规定值。

3. 插入损耗法

　　上述切断法除具有破坏性以外,用于现场测量既困难,又费时,因此现场测量需用非破坏插入法来代替切断法。目前插入损耗法对于多模光纤的测试,其测量精度和重复性已可满足要求,所以被选为替代测试方法。其测试装置简图如图 5.2.2 所示。

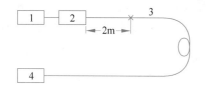

图 5.2.1　切断法衰减测试装置简图

1—光源;2—光纤注入系统;

3—待测光纤;4—光纤探测器

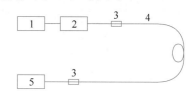

图 5.2.2　插入损耗法测试装置简图

1—光源;2—光纤注入系统;3—光纤活接头;

4—待测光纤;5—光纤功率计

　　测量时先校准输入光功率 $P_1(\lambda)$。然后把待测光纤插入,调整耦合头使达到最佳耦合,记下此光功率 $P_2(\lambda)$。于是测得的衰减 $A'(\lambda)=P_1(\lambda)-P_2(\lambda)$。显然,$A'(\lambda)$ 包括了光纤衰减 $A(\lambda)$ 和连接器(或接头)损耗 A_i。最后,被测光纤衰减系数为

$$\alpha(\lambda)=A(\lambda)/L$$

式中,$A(\lambda)=A'(\lambda)-A_i$,dB/km。可见,插入损耗法的测量精确度和重复性要受到耦合接头的精确度和重复性的影响,所以这种测试方法不如切断法的精确度高。但因此法是非破坏性的,测量简单方便,故适合于现场使用。

4. 背向散射法

　　背向散射法也是一种非破坏性的测试方法。测试只需在光纤的一端进行,而且一般有较好的重复性。更由于这种方法不仅可以测量光纤的衰减系数,还能提供沿光纤长度损耗特性的详细情况。其中包括检测光纤的缺陷或断裂点位置、接头的损耗和位置等,也可给出光纤的长度,所以这种方法对实验研究、光纤制造和工程现场都很有用。利用这种方法做成的测量仪器,叫作光时域反射计(optical time-domain reflectometer,OTDR)。

　　背向散射法是将大功率的窄脉冲注入被测光纤,然后在同一端检测沿光纤背向返回的散射光功率。因为主要的散射机理是 Rayleigh 散射。Rayleigh 散射光的特征是它的波长与入射光波的波长相同,光功率与该点的入射光功率成正比。所以测量沿光纤返回的背向 Rayleigh 散射光功率就可以获得光沿光纤传输时损耗的信息,从而可以测得光纤的衰减,故称此方法为背向散射法。其测试装置简图如图 5.2.3(a)所示。光脉冲通过方向耦合注入

被测光纤。光脉冲在光纤中传输,沿光纤各点来的背向瑞利散射光返回到光纤耦合器,经方向耦合器输入光检测器,经信号处理后输出,就可观察和记录所测的结果。图 5.2.3(b)是背向散射的典型记录曲线。它说明发射光信号强度和传输距离的关系。各段所反映特性已在图上标明。

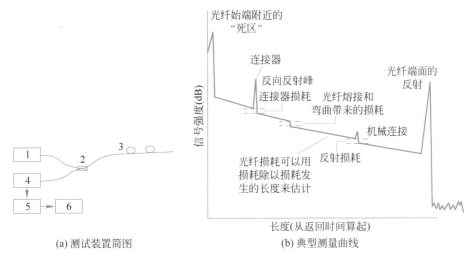

图 5.2.3　背向散射法

1—光源;2—光纤分路器;3—待测光纤;4—光探测器;5—信号处理单元;6—显示单元

由于被测光纤存在接头或缺陷时各段背向散射系数不同,测得的衰减是不准确的,可能产生很大的偏差。但是对于均匀、连接、无接头和缺陷的光纤,衰减测量的结果足够精确。

背向散射法同样适用于单模光纤。虽然单模光纤中背向散射过程不能用几何光学来研究,但是根据波动光学的理论研究证明,单模光纤输入端背向散射功率的表达式除了背向散射系数的意义以外,与多模光纤相同。因此,背向散射法同样适用于单模光纤的衰减特性测量。

背向散射法测量衰减有以下特点:①无法控制背向散射光的模式分布,这常使两传输方向上测的衰减系数不同,为此可取两方向测量值的平均;②对光纤的非均匀很敏感。光纤的不均匀,如数值孔径、直径或散射系数的变化等对背向散射信号有影响,不利于衰减系数的确定。由于这些缺点,使背向散射法不能作为测量衰减的基准方法,有疑问时,应以切断法的结果为准。

5.2.2　光纤器件的插损测量

光纤器件的插损,是指光纤器件接入光纤系统时引起的插入损耗。它和光纤器件本身的固有损耗不同。光纤器件具有多种结构方式。在光纤系统中,它和光纤连接时视结构的不同,其连接方式也不同。为此测量光纤器件的插入损耗也需考虑采用不同的连接方式,其相应的插损测量误差也不尽相同。下面对此作简要介绍。

光纤器件插损的测量方法一般是比较法,比较法分两步进行:

(1) 校准——用光功率计直接和光源连接,测量进入待测定器件的光功率 $P_入$;

(2) 测量——在光功率计和光源之间插入被测光器件,测量从被测光器件输出的光功率 $P_出$。

两次光功率之比的分贝数即为此被测光器件的插损。

1. 带有活接头尾纤的光纤器件

测量带有活接头尾纤的光纤器件的插损时,校准用光源和光功率计也需带有相应活接头的尾纤。校准时,把光源的活接头和光功率计的活接头直接相连,测量输入的光功率 $P_入$。在测量时,把光源和光功率计的活接头分别与光器件的输入端和输出端相连接,再测量输出光功率 $P_出$。

2. 带有裸纤的光纤器件

对带有裸纤的光纤器件,则可用一光纤适配器把被测光纤器件和测量用光源和光功率计连接;也可用熔接的方式把两光纤熔接在一起。校正时,先用一过渡光纤,此光纤一端带有活接头,用它和光源的活接头对接,另一端为裸纤,用它插入光纤适配器,光纤适配器另一端和光功率计固接,由此可测出输入功率 $P_入$。测量时,被测光器件的输入裸纤和过渡光纤裸纤熔接在一起,其输出裸纤则插入和光功率计固接的适配器,由此可测出输出功率 $P_出$。

3. 带有平端面的光学器件

对不带光纤而只有平端面的光学器件则可用透镜成像的方式使被测光学器件处于平行光路中。校正时,仍用一端带有活接头的过渡光纤把光源和光功率计相连,测出输入光功率 $P_入$。测量时用一准直透镜,把和光源相连的裸纤输出的发散光变成平行光,输入被测光器件;再用一聚光透镜,把从被测光器件输出的平行光聚在和光功率计相连的光纤端面,由此可测出输出光功率 $P_出$。在这类测量中,准直透镜系统是影响测量误差的重要因素之一,对此应考虑以下几点:透镜的成像质量(即透镜系统的像差);透镜系统的数值孔径(NA);透镜系统透光率的光谱范围;被测光学器件的匹配问题。

5.2.3 谱损的测量

光纤和光纤器件谱损的测量是指:测量它们的损耗随光波波长的变化。其测量方法和所用测量仪器和上述损耗的测量相似,差别只是在所需波长范围内对每一个波长测量其相应的损耗值。即一般损耗的测量只对单一波长(或一定波段范围的复色光波),而谱损测量则是在一定波段范围内对每个波长的损耗进行逐一测量。

谱损测量时改变波长的办法有两个:一是用波长可连续改变的可调谐光源,二是用单色仪对复色光进行分光。测量时单色仪可置于测量装置的前端和光源直接相连,也可置于测量装置的末端和光探测器相连。

谱损测量时要注意的问题如下:

(1) 光谱的分辨率。每次测量时所用光波的波长范围 $\Delta\lambda$,$\Delta\lambda$ 值愈小,光谱分辨率愈高。

(2) 光探测器的灵敏度。光谱分辨率愈高,则相应的光谱范围内,光功率就愈小(在总光功率一定的情况下),这时就需要提高光探测器的灵敏度。

(3) 光源功率。由于谱损测量是将光源进行分光再测量,所以光谱分辨率愈高所需光源的总功率就愈大(在光探测器灵敏度一定的情况下)。

上述三个因素(光谱的分辨率、光探测器的灵敏度和光源的总功率)是相互制约的,测量时应综合考虑。

5.2.4　反射损耗的测量

在光纤和光纤器件的研制和使用过程中,经常需了解光纤和光纤器件各个端面的反射光强。因为它是光纤系统中损耗的重要来源之一,所以要设法控制并尽量减小反射损耗,为此要测量各反射面的反射损耗,其中包括:各端面的反射损耗,反射损耗随光传输方向的分布,以及光纤系统的总反射损耗。在此基础上可改进器件的封装工艺和设计,以进一步优化光纤系统的性能。

反射测量的难点有两方面:一是反射光功率的准确测量(包括所有应测反射光的测量,以及背景散射光的扣除等);二是反射损耗的空间定位,即如何分别测定各个反射面相应的反射光强。此外,在测量反射损耗时还应考虑光路中各端面之间多次反射对测量结果的影响,以及多次反射光之间可能产生的干涉效应。为此应注意测量时所用光源的谱宽以及各反射面之间的间距。

测量反射损耗的主要方法是比较法,即用已知反射率的标准板来校正测量结果,具体做法如下:

（1）测量标准板的反射率,即把入射的光功率转换成反射率;

（2）测量被测光纤和/或光纤器件各个端面的全部反射光功率;

（3）扣除背景的反射后,即可得所需的反射损耗值。

若有需要也可测量总反射率随光波波长的变化,具体方法可参看谱损的测量。

5.3　模场直径测量

模场直径是单模光纤所特有的一个重要参数,是单模光纤基模模场强度空间的一种度量,对于单模光纤引进模场直径的原因是:单模光纤中的场,不是完全集中在纤芯中,而有相当部分的能量在包层中传输,所以不宜用纤芯的几何尺寸作为单模光纤的特性参数,而应用模场直径作为描述单模光纤中光能集中的范围。

模场直径的测量目的是确定单模光纤内光功率的分布范围及其同轴性,下面介绍模场直径的定义和测量方法。应注意,模场直径和测量方法密切有关。

5.3.1　模场直径定义

ITU-T G.650.1(2002—06)中给出了与单模光纤模场特性相关的几个参数的定义,各个定义具体内容如下:

（1）模场。模场是光纤中的基模 LP_{01} 的单模电场在空间的强度分布。

（2）模场直径。模场直径 $2w$ 表示光纤横截面基横模的电磁场强度横向分布的度量,模场直径可由远场强度分布为 $F^2(\theta)$ 来定义,θ 为远场角。相应的模场直径定义为

$$2w = \frac{\lambda}{\pi} \left[\frac{2\int_0^{\frac{\pi}{2}} F^2(\theta)\sin\theta\cos\theta\,d\theta}{\int_0^{\frac{\pi}{2}} F^2(\theta)\cos\theta\,d\theta} \right]^{\frac{1}{2}} \tag{5.3.1}$$

（3）模场中心。模场中心 r_c 是光纤内基模场空间强度分布的中心位置。它是位置矢

量 r 的标称强度的加权积分,即

$$r_{\mathrm{c}} = \frac{\iint_{\mathrm{Area}} rI(r)\mathrm{d}A}{\iint_{\mathrm{Area}} I(r)\mathrm{d}A} \tag{5.3.2}$$

(4) 模场同心度误差。模场同心度误差是模场中心和包层中心之间的距离。

(5) 模场不圆度。一般不需测量模场不圆度,故不必对模场不圆度做具体的定义。

5.3.2　测量方法

模场直径的测量目的是确定单模光纤内光功率的分布范围及其同轴性。ITU-T G.650.1(2002—06)对模场直径和测量有明确规定。应注意,模场直径的值与测量方法紧密相关。

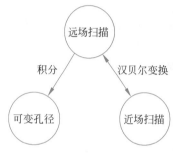

图 5.3.1　模场直径各测量方法之间的数学关系

模场直径测量方法有:远场扫描法、可变孔径法、近场扫描法等。模场直径的定义与不同测量方法之间的数学等效关系如图 5.3.1 所示。

1. 远场扫描法

远场扫描法是 ITU-T G.650.1(2002—06)规定的单模光纤测量的基准测试方法。它是直接按照式(5.3.1)模场直径的定义,由远场光强分布 $F^2(\theta)$ 以确定模场直径。

远场扫描法的测量原理如图 5.3.2(a)所示。测量装置简图如图 5.3.2(b)所示,由光源发出的光注入待测光纤,光纤的出射端对准探测器。探测器如图所示旋转,测量被测光纤的远场光强分布。测量时应保证扫描探测器通过模场中心。测量结果经数据处理后得出的远场光强分布 $F(\theta)$,再根据式(5.3.1)即可求出被测光纤的模场直径 $2w$。

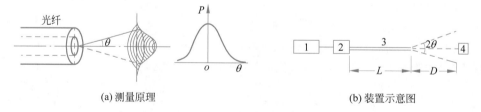

(a)测量原理　　　　　　　　(b)装置示意图

图 5.3.2　远场扫描法测量装置简图

1—光源;2—光纤耦合器;3—待测光纤;4—探测器

2. 可变孔径法

远场扫描法的优点是测量精度高,难点是测量的动态范围大,因而对系统要求高,实现难度大。所以实际工作中较常用的是替代试验法。其中可变孔径法是第一替代试验法,是人们最常用的方法。

可变孔径法和远场扫描法的基本差别是:可变孔径法用不同直径的圆孔来获得不同远场的半张角,以获得不同远场张角下的远场光强分布。具体做法是在光探测器的聚光透镜前加一个和聚光透镜轴垂直的转盘,转盘上开有至少 12 个以上直径不同的圆孔。这些圆孔半径对应的光纤远场半张角的数值孔径范围为 0.02～0.25。对 G.653 光纤,数值孔径的覆盖范围更大,应达到 $0.02 \sim 0.40$。

可变孔径法的测试装置简图如图 5.3.3 所示。由光源发出的单色光经包层模剥除器和高阶模滤波器后注入被测光纤。被测光纤的输出光经聚光系统聚在光电探测器的光敏面上。聚光透镜前有一装有不同直径圆孔的圆盘,以改变由光纤输出光的孔径角。测出通过每个圆孔所传输的光功率 $P(x)$,可由式(5.3.3)计算出互补传递函数:

$$\alpha(x) = 1 - \frac{P(x)}{P_{\max}} \tag{5.3.3}$$

式中,$P_{\max}$ 是最大圆孔所传输的光功率,x 是所用圆孔的半径。利用互补传递函数 $\alpha(x)$ 和被测单模光纤模场直径 $2w$ 的下列关系,即可求出被测光纤的模场径 $2w$。

$$2w = \frac{\lambda}{\pi D} \left[\int_0^\infty \alpha(x) \frac{x}{(x^2 + D^2)^2} \mathrm{d}x \right]^{-1/2} \tag{5.3.4}$$

式中,$x = D\tan\theta$,x 是孔径的半径,D 是孔径与被测光纤之间的距离。当 θ 为小角度时,式(5.3.1)和式(5.3.4)等价。

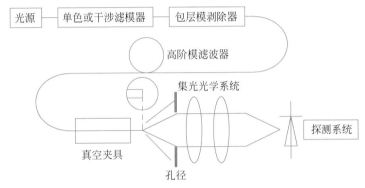

图 5.3.3 可变孔径法实验装置

3. 近场扫描法

近场扫描法是测量单模光纤模场直径的第二替代实验法。近场扫描法的测量原理是使用具有针孔的扫描光探测器或摄像机,在近场图上沿一经过模场中心的直线扫描,测量出近场光强分布 $f^2(r)$,其中 r 是径向坐标,可由式(5.3.5)计算出被测光纤的模场直径。

$$2w = 2 \left[2 \frac{\int_0^\infty r f^2(r) \mathrm{d}r}{\int_0^\infty r \left[\frac{\mathrm{d}f(r)}{\mathrm{d}r} \right]^2 \mathrm{d}r} \right]^{\frac{1}{2}} \tag{5.3.5}$$

当 θ 角小时,式(5.3.5)和式(5.3.1)的结果一致。这时,通过 Hanbel 变换,可将近场的结果 $f(r)$ 转换为远场的结果 $F(\theta)$。

5.4 截止波长及其测量

理论截止波长是单模光纤中只有基模能传输的最短波长。其值可由单模光纤的折射率分布计算出。在讨论和确定单模光纤的截止波长值时,应注意两点:一是光波在光纤中传输时,由多模传输转换为单模传输是一个渐变过程,这意味着难于确定从多模传输到单模传输的转折点,由单模到多模传输情况也一样;二是截止波长的值和光纤的长度,摆放状态(是否弯曲等),受力的情况等都有关系。为此针对光纤的不同状态,截止波长有不同的定义,在实际工作中涉及截止波长的问题时,也应注意光纤的具体情况。

5.4.1　截止波长的定义

总功率(包括注入的高阶模的功率)与基模光功率之比减到小于 0.1dB 时所对应的更长的波长定义为截止波长。按此定义,当各阶模受到相同的均匀激励时,二阶模 LP_{11} 的衰减比基模 LP_{01} 的衰减要大 19.30dB。

为了使实际测得的截止波长更具有工程实用价值,国际电信联盟电信标准化部门在ITU-T G.650.1(2002—06)中将实际测量的截止波长细分为三类:光缆截止波长,光纤截止波长,跳线光缆截止波长。

(1) 光缆截止波长 λ_{cc}。在测量光缆截止波长之前,先将 22m 光缆平直安放,剥去被测光缆两端护套等保护层,两端各裸露出 1m 长的预涂覆光纤,并在两根裸露光纤上各松绕一个半径为 40mm 圆圈的条件下,测量成缆光纤的截止波长。光缆截止波长的替代试验方法是通过测量 22m 具有预涂覆层的未成缆光纤,光纤中间松绕几个半径大于 140mm 的圆圈,光纤的两端各弯一个半径为 40mm 的圆圈,以测到的光纤截止波长作为光缆的截止波长。实践证明,光波经过 22m 成缆光纤后,LP_{11} 模不能继续传播。因此,光缆截止波长是确保光缆中光纤单模工作最为直接有效的参数。

为了避免模式噪声和色散的影响,最短缆长的截止波长必须小于系统预先设定的最短工作波长,这样就确保了光缆线路中每段光缆中的光纤都是处在单模工作状态。

(2) 光纤截止波长 λ_c。光纤截止波长是对包含一个半径为 140mm 松绕圆圈的其他部分保持平直 2m 长光纤测得的截止波长。

(3) 跳线光缆截止波长 λ_{cj}。跳线光缆截止波长是对包含一个半径为 76mm 圆圈,其他部分保持平直的 2m 长跳线光缆测得的截止波长。

λ_c、λ_{cc} 和 λ_{cj} 测量值之间的关系取决于光纤种类、光缆结构、试验条件。但是由 λ_{cc}、λ_c 和 λ_{cj} 定义得知,λ_{cc}、λ_c 和 λ_{cj} 分别对应于 LP_{11} 模完全不能传输的波长或经过 22m 成缆光纤、2m 光纤和 2m 跳线缆光纤后 LP_{11} 模完全截止的波长。虽然 λ_{cc}、λ_c 和 λ_{cj} 三者之间的定量关系不易确定,但是由光纤种类、光缆结构和试验条件来确保在最短工作波长,在两连接之间的最短光缆中传输单模是极为重要的。

为避免模噪声和色散补偿,最短光缆长度的截止波长 λ_{cc}(包括提出的修复长度)应该小于最小预先考虑的系统波长 λ_s,即 $\lambda_{cc} < \lambda_s$。由此可确保每一段光缆都能满足单模工作。任何不完善的接续点都会产生一些高阶模(LP_{11})功率。对短距离(数米,取决于敷设条件),单模光纤支持这种高阶模,为了给出足够的光纤距离来使 LP_{11} 模在传输到下一个接续点之前衰减掉,我们必须规定出两个接续点之间的最短距离。如果最短光缆满足 $\lambda_{cc} < \lambda_s$,所有的更长光缆都会自动地满足单模系统操作,不必考虑光缆的基本段长。

光纤截止波长和模场直径可用来估算光纤的弯曲敏感性。大的光纤截止波长和小的模场直径会得到更好的耐弯曲光纤。所有的实际安装技术和光缆结构将确保系统的工作波长要大于光缆的截止波长。通常,对同一类型光纤,λ_{cc}、λ_c、λ_{cj} 的关系如下:

$$\lambda_c > \lambda_{cj} > \lambda_{cc} \tag{5.4.1}$$

由于光纤的实际截止波长与光纤的长度和弯曲状态有关,因此有不同类型的截止波长,例如:①与光纤状态无关的理论截止波长,它是由光纤的折射率分布计算出的,是光纤的固有参数;②用国际上规定的基准测试方法测得的截止波长;③光缆的截止波长;④一个中继段中光纤的截止波长。后3类一般称为有效截止波长。对于一给定的光纤,理论截止波长的值最高,用基准测试方法测得的截止波长值较低,一般测量截止波长均指此值。测量截止波长的方法很多,有传导功率法、模场直径法、偏振分析法、传导近场法和折射功率法等。前两种方法分别是国际上建议的基准测试法和替代测试法;后3种则有可能测出理论截止波长,对研究单模光纤本征特性有独特的优点。

5.4.2　传导功率法

传导功率法是由光纤的传导功率和波长的关系曲线来确定截止波长,测量精度可高达 $\pm 0.005\mu m$。其测量原理如下:由于光纤纤芯-包层界面的缺陷、纵向不均匀性、光纤弯曲等因素都会引起附加衰耗,尤其在截止波长附近,这些因素对 LP_{11} 模的衰减影响极大。当工作波长稍低于理论截止波长时,光纤中激励的 LP_{11} 模会急剧衰减,传导功率法就是利用这个急剧衰减的位置来决定截止波长。传导功率法的典型测量装置如图5.4.1所示。将2m长的待测光纤接入测量系统,并将其绕一个半径 $r=140mm$ 的圈,其余部分则要避免出现弯曲半径小于140mm的任何弯曲。改变波长,由记录仪得到传导功率 $P_1(r)$ 曲线。然后在同样的波长范围内测出参考光纤的传导功率谱。选取参考光纤的样品有两种方法:①用待测光纤。保持测 $P_1(r)$ 时的激励状态不变,将光纤至少绕一个小圈,圈半径 r 的典型值为30mm,这样有利于滤除 LP_{11} 模,测出传导输出功率 $P_2(r)$。②用多模光纤。选取一短段(1~2m)多模光纤,在同样的波长范围内测出传导输出功率谱 $P_3(r)$。这里 $P_3(r)$ 完全表征测量系统的特性,主要由光源的光谱和探测器的响应谱所决定。而 $P_2(r)$ 除包含测量系统的特性外,还包含小弯曲半径带来的影响。

设 $R(\lambda)$ 为传导功率和参考传导功率之比

$$R(\lambda) = 10\lg\frac{P_1(\lambda)}{P_i(\lambda)} \tag{5.4.2}$$

式中,i 可为2或3,分别对应单模和多模参考光纤。图5.4.2是用单模光纤作参考光纤的典型 $R(\lambda)$ 曲线。由于图中 λ_c 附近曲线不是突变,为提高测量精度和重复性,可按图5.4.2中所示的方法,将 $R(\lambda)$ 曲线基底直线平行上移0.1,而与 $R(\lambda)$ 曲线相交于两点,它们分别对应两个波长,其中较大的波长就是截止波长 λ_c。

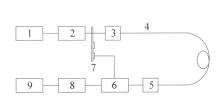

图5.4.1　传导功率法测量装置简图

1—光源;2—单色仪;3—光纤注入系统;4—待测光纤;5—光探测器;
6—锁相放大器;7—斩波器;8—信号处理单元;9—显示器

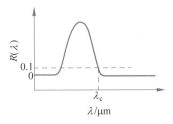

图5.4.2　用单模光纤作参考的
典型 $R(\lambda)$ 曲线

5.4.3 模场直径法

模场直径法是用模场直径随波长变化的曲线来确定截止波长。在工作波长大于截止波长的一定区域内,基模的模场直径几乎随波长变小而线性地减少。由于次高模 LP_{11} 在光纤中的分布范围比基模 LP_{11} 更向外扩展,而在截止波长附近,特别是在稍小于有效截止波长的一侧,光纤处在单模和双模传输的过渡阶段。在此过渡区内,随着波长的变小,光纤中次高阶模的成分急剧增加,因此在截止波长附近模场直径会突然增加。利用这种突变可以准确地测定截止波长。测量模场直径的方法很多,但用它来测截止波长时,其测试系统的工作波长一定要能改变,其可变范围由所测截止波长的值决定。

图 5.4.3(a)是测模场直径的横向位移法装置图。白光经过单色仪成为单色光。然后耦合进光纤 4-1,经过对接点(图中右上角为对接点的放大图)又直接耦合进光纤 4-2(光纤 1 和光纤 2 各长 1m,由 2m 待测光纤样品剪断制成)。光纤 1 的对接端放在微调架上,在一固定波长 λ_1 时测出对接点耦合效率与偏移量 d 的关系曲线 $T(d)$,$T(d)$ 称为功率传输函数,由此得到 λ_1 时的模场半径 $s(\lambda_1)$。在一系列波长下重复测量就可以得出 $s(\lambda)$ 曲线。图 5.4.3(b)是一典型实测 $s(\lambda)$ 曲线。由 $s(\lambda)$ 曲线不仅能确定 λ_c,还能确定任意折射率分布单模光纤的等效阶跃分布参数,估算单模光纤的色散值以及其他单模光纤特性参数。因此,人们对光纤的 $s(\lambda)$ 特性越来越重视。

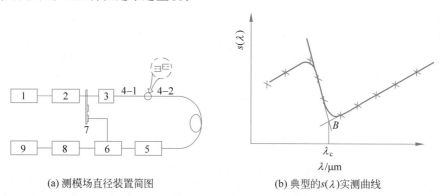

(a) 测模场直径装置简图　　　　　　　　(b) 典型的 $s(\lambda)$ 实测曲线

图 5.4.3　横向位移法

1—光源;2—单色仪;3—光纤注入系统;4-1 和 4-2—待测光纤;5—光探测器;6—锁相放大器;

7—斩波器;8—信号处理单元;9—显示器

5.4.4 替代法

为易于实现成缆光纤截止波长的测量,ITU-T G.650.1(2002—06)给出了一个光缆截止波长的替代测量法。此法不是对成缆光纤进行,而是对未成缆光纤进行。因为替代法所测得的截止波长 λ_{cc} 是一个最大值。而光纤经成缆、安装和敷设后,其实际的光缆截止波长都将进一步减小。此替代法的具体测量过程如下:测量用未成缆光纤是预涂覆光纤或完整的二次套塑光纤。将 22m 长的光纤插入试验装置中。为模拟光缆接头盒的作用,在 22m 光纤两端的 1m 处,各绕一个直径为 80mm 的圆圈,再将其余的 20m 光纤松绕成直径大于或等于 280mm 的 n 个松圆圈,如图 5.4.4 所示。以模拟成缆光纤的作用。此替代法测定截止波长试验程序,确定截止波长的方法和成缆光纤的测试方法完全相同。

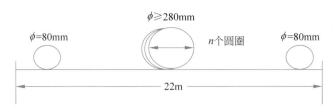

图 5.4.4 光缆截止波长的替代测量法

5.5 色散测量

5.5.1 测量原理

色散测量按光强调制的波形不同分为相移法(正弦信号调制)和脉冲时延法(脉冲调制)两类,也有人分别称之为频域法和时域法。多模光纤和单模光纤的色散测量方法无原则上的区别,但实际的多模光纤由于模色散而使脉冲波形严重畸变,难以准确地测定脉冲峰值位置或相位差,影响测量精度。下面介绍相移测量法,如未加说明,对多模和单模光纤都适用。

相移法是通过测量不同波长下同一正弦调制信号的相移得出群时延与波长的关系,进而算出色散系数。由于其测量设备较简单,测量精度高,因此已被广泛采用。相移法的本质是比较光纤基带调制信号在不同波长上的相位来确定色散特性。设波长为 λ 的光相对于波长为 λ_0 的光传播的时延为 Δt,则从光纤出射端接收到的两种光的调制波形相位差为 $\Delta\varphi(\lambda)=2\pi f\Delta t$,式中 f 是光源的调制频率(它应小于光纤的基带带宽)。每千米的平均延时差 $\tau=\Delta t/L$,可由下式给出:

$$\tau = \frac{\Delta\varphi(\lambda)}{2\pi fL} \quad (\text{ps/km}) \tag{5.5.1}$$

式中,L 为光纤长度。显然,对相同的 $\Delta\varphi(\lambda)$,提高 f 可降低 τ 的最小可测值,有利于提高测量精度;但是 f 的提高要受到发光二极管最高调制速率的限制,通常 $f\leqslant 100\text{MHz}$。

只要测出不同波长 λ_i 下的 $\Delta\varphi_i(\lambda_i)$,计算出 $\tau_i(\lambda_i)$,再利用下式:

$$\tau(\lambda) = A + B\lambda^{-4} + C\lambda^{-2} + D\lambda^2 + E\lambda^4 \tag{5.5.2}$$

拟合这些数据点得出 $\tau(\lambda)$ 曲线,其中 A、B、C、D、E 为待测常数,由拟合计算确定。进一步由式(5.5.3)可得出色散系数 $\sigma(\lambda)$:

$$\sigma(\lambda) = \mathrm{d}\tau(\lambda)/\mathrm{d}\lambda = -4B\lambda^{-5} - 2C\lambda^{-3} + 2D\lambda + 4E\lambda^3 \quad (\text{ps/km} \cdot \text{nm}) \tag{5.5.3}$$

式中,波长以 nm 为单位;时间以 ps 为单位。

图 5.5.1 为相移法测试系统方框图,其中光源是一组 LED。LED 由频率 $f=30\text{MHz}$ 的正弦信号调制。宽光谱的调制光直接经尾纤耦合进待测单模光纤,出射光由单色仪分出 $\Delta\lambda\approx 6\text{nm}$、中心波长为 λ_i 的单色光,再经透镜会聚到探测器的光敏面,然后经放大器送至矢量电压表,利用式(5.5.2)拟合这些数据得出 $\tau(\lambda)$。由式(5.5.3)得出 $\sigma(\lambda)$ 曲线,通过 $\tau(\lambda)$ 曲线还能确定零色散波长。

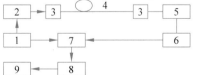

图 5.5.1 相移法测试系统方框图

1—信号发生器;2—光源;3—耦合器;
4—待测光纤;5—单色仪;6—光探测器;
7—矢量电压表;8—信号处理单元;9—显示器

图 5.5.2(a)为 1360m 长的单模光纤所测得的相对时延与波长关系拟合曲线,图 5.5.2(b)表示相应的色散系数与波长的关系曲线。从图中可以看出零色散波长 $\lambda_0 = 1.31\mu m$,当 λ_0 在 $1.25 \sim 1.35\mu m$ 时,色散系数为 $\pm 5ps/(km \cdot nm)$。

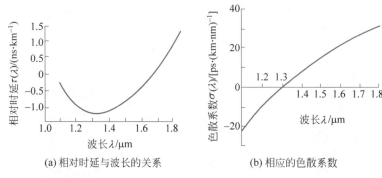

(a) 相对时延与波长的关系　　　　　(b) 相应的色散系数

图 5.5.2　相对时延与波长关系及相应的色散系数

ITU-T G.650.1(2002—06)规定相移法为光纤色散测量的基准试验方法,干涉法和脉冲时延法为替代试验方法。

5.5.2　相移法

相移法是测量所有 B 类单模光纤和 A 类多模光纤色散的基准试验方法。相移法适用于实验室和现场用于测量长度大于 1km 的单模和多模光纤的波长色散。在测量精度满足要求时,也可用于测量更短光纤的色散。测量所用光源的 FWHMC 谱宽应 ≤10nm,对光源进行幅度调制的调制频率的稳定度应优于 10^{-8}。测量时为防止测量结果的多值性。应采用跟踪 360° 相位变化,或选择足够低的调制频率把相移限制在 0°~360°。对于 B1 类光纤,把相移限制在 360° 之内的最高调制频率 f_{max}(MHz)由式(5.5.4)确定。

$$f_{max} = \frac{8 \times 10^6}{S_0 L} \left[\left(\lambda_i - \frac{\lambda_0^2}{\lambda_i} \right)^2 - \left(\lambda_j - \frac{\lambda_0^2}{\lambda_j} \right)^2 \right]^{-1} \tag{5.5.4}$$

式中,L 为预期的试样的最大长度,单位为 km; S_0 为预期的零色散斜率,单位为 $ps/(nm^2 \cdot km)$; λ_0 为预期的零色散波长,单位为 nm; λ_i、λ_j 为测量中采用的使 f_{max} 最低的一对波长,单位为 nm。

此外,为保证有足够的测量精度,光源的调制频率应足够高,对于 B1 类光纤和光源波长间隔为 $\Delta\lambda$ 的三波长系统,最低调制频率 f_{min}(MHz)由式(5.5.5)确定。

$$f_{min} = \frac{\Delta\phi \times 10^7}{L \Delta\lambda^2} \tag{5.5.5}$$

式中:$\Delta\phi$ 为测试装置总的相位不稳定度,单位为度(°);L 为对试样预期的最短长度,单位为 km;$\Delta\lambda$ 为光源波长间隔平均值,单位为 nm。

例如:当 $\Delta\phi = 0.1°$,$L = 10km$,$\Delta\lambda = 32nm$ 时,要求光源最低的调制频率大约为 100MHz。

5.5.3　干涉法

干涉法是 B 类单模光纤色散测量的第一替代试验方法。干涉法适用于 1000~1700nm

波长范围内测量 $1 \sim 10\mathrm{m}$ 短 B 类单模光纤的色散特性。干涉法还可给出光纤色散的纵向均匀性。而且,它还可检测出整体或局部的影响因素。例如:温度变化、微弯损耗等对色散的影响。

干涉法的测量原理是:利用马赫-曾德尔干涉仪测量被测光纤试样和参考通道之间与波长有关的时延。参考通道可以是空气光路也可以是群时延谱已知的单模光纤。此时,已假设光纤纵向是均匀的,用数米长短光纤色散的测量值外推到纵向均匀的长光纤。

干涉法测色散的试验装置分别如图 5.5.3 和图 5.5.4 所示。图 5.5.3 是标准光纤为参考光路;图 5.5.4 是空气为参考光路。用空气为参考光路的优点是空气光路无色散。测量所用光源可以是光纤激光器,白光光源或者 LED。测量时干涉仪单元应保持稳定,以满足干涉法的测量要求。

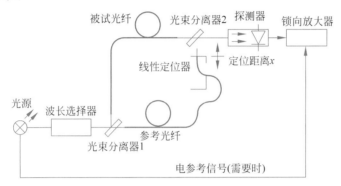

图 5.5.3 干涉法色散测量装置简图(光纤为参考光路)

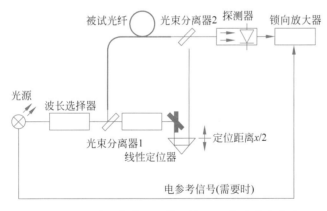

图 5.5.4 干涉法色散测量装置简图(空气为参考光路)

测量程序如下:将被测光纤固定在测试台上。选择适当的波长 λ_1 移动线性定位器,确定并记录干涉图形最大时的位置 x_1;选择下一个波长 λ_2,移动线性定位器,确定并记录干涉图形最大时的位置 x_2。重复此步骤若干次,得到图 5.5.5 所示的时延数据。再由式(5.5.6)计算参考光路和试验光路的群时延差 $\Delta t_{\mathrm{gm}}(\lambda_i)$。

$$\Delta t_{\mathrm{gm}}(\lambda_i) = \frac{x_1 - x_i}{c} \qquad (5.5.6)$$

式中,c 是真空中的光速,单位为 $\mathrm{km/ns}$。

若已知参考光路的群时延谱 $\Delta t_{\mathrm{gr}}(\lambda_i)$,则试验样品的群时延 $\Delta t_{\mathrm{gt}}(\lambda_i)$ 为

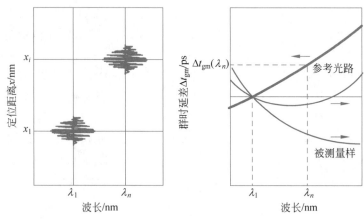

图 5.5.5   干涉法测量时延的结果

$$\Delta t_{\mathrm{gt}}(\lambda_i) = \Delta t_{\mathrm{gm}}(\lambda_i) + \Delta t_{\mathrm{gr}}(\lambda_i) \tag{5.5.7}$$

5.5.4   基带测量

光纤的色散使输入信号到达终端的时延不同,信号或脉冲将发生畸变或展宽,因而限制了光纤的传输容量或最大中继距离。原始信号的固有频带称为基带,基带的响应可用脉冲响应 $h(t)$(时域)或频率响应 $H(\omega)$(频域)表示。对于线性系统,$H(\omega)$ 和 $h(t)$ 满足 Fourier 变换式:

$$H(\omega) = \int_{-\infty}^{\infty} h(t) \exp(-i\omega t) \mathrm{d}t$$

CCITT 对衰减测量所规定的稳态注入条件对基带测量不适用。因为衰减测量需避免高阶模的注入,以消除样品长度所引入的测量误差;但基带响应是测量通过全光纤长度传输后脉冲的时间展宽,而不是测量输入和输出的光功率。为此应采用"满注入"的方式来获得接受功率稳态分布的条件。所谓"满注入"就是要激励所有的传导模式,其条件是:具有均匀空间分布的入射光束近场光斑大于被测光纤的纤芯,远场角分布的数值孔径大于被测光纤的数值孔径。采用满注入条件达到接收功率稳态分布,应使用扰模器、滤模器和包层剥除器来实现。这时模式功率分布应与长度无关。此外,测量时应选用功率和波长稳定的光源,中心波长和谱宽也应满足一定要求。

1. 时域法

时域法是比较输入、输出脉冲的宽度以求光纤的带宽。在满足注入条件时,光源输出窄脉冲(与待测的展宽相比极窄)注入被测光纤,在光纤输出端测量输出脉冲功率 $P_2(t)$,然后在距离输入端约 2m 处剪断光纤,在剪断处检测输入脉冲功率 $P_1(t)$,由于 $P_2(t)$、$P_1(t)$ 和光纤的脉响应 $h(t)$ 有下列线性卷积关系:

$$P_2(t) = P_1(t) * h(t)$$

式中,$*$ 是卷积符号,对卷积式的两边进行 Fourier 变换后可得到频域功率传输函数:

$$H(\omega) = \frac{P_2(\omega)}{P_1(\omega)} \tag{5.5.8}$$

式中,$P_2(\omega)$ 和 $P_1(\omega)$ 分别是输出脉冲和输入脉冲的 Fourier 变换。

实际光纤的基带响应呈高斯型,通常定义半幅值点对应的频率为光截止频率 f_c。对于

光功率、半功率用 dB 表示,即

$$-10 \lg H(\omega_c) = -10 \lg \frac{P_2(\omega)}{P_1(\omega)} = -10 \lg \frac{1}{2} = 3\text{dB} \tag{5.5.9}$$

所以,f_c 称作光纤的 3dB 光带宽(或 6dB 电带宽)。实际的测量装置系统方框图如图 5.5.6(a)所示。频域功率传递函数式(5.5.8)是用快速 Fourier 变换(FFT)由计算机计算,并绘出 $H(\omega)$ 的 dB 曲线,进而确定带宽,如图 5.5.6(b)所示,即实测光纤的带宽 $B_{TL} = f_c$。事实上,长度为 L 的光纤基带响应包括模畸变和色散的综合影响,所以实测得光纤带宽 B_{TL} 是包括模畸变和色散的总带宽,可表示为

$$B_{TL} = (B_{ML}^2 + B_{CL}^2)^{\frac{1}{2}} \tag{5.5.10}$$

式中,B_{ML} 为模畸变带宽;B_{CL} 为色散带宽,与光纤长度 L 成反比。

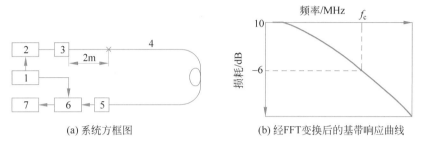

(a) 系统方框图　　(b) 经FFT变换后的基带响应曲线

图 5.5.6　时域法光纤带宽测试

1—脉冲信号发生器;2—光源;3—光纤注入系统;4—待测光纤;5—光探测器;

6—信号处理单元;7—显示器

2. 频域法

频域法是用频率连续可调的正弦波调制光源。在满足注入条件下,注入被测光纤,经光纤传输后在终端测出光频域函数 $P_2(\omega)$,然后在距注入端约 2m 处剪断光纤,在剪断处测输入光频域函数 $P_1(\omega)$,由此求出基带频响 $H(\omega) = P_2(\omega)/P_1(\omega)$。根据基带频响的幅频特性就可确定被测光纤的带宽 B_{TL}(包括模畸变和色散的综合影响)。测试系统如图 5.5.7 方框图所示,经 X-Y 函数记录仪给出基带频响的幅频特性曲线图,曲线的 -6dB(电的)点对应的频率即为测得的光纤带宽 B_{TL} 值。频率计用来校准扫描频率和对记录仪扫描曲线的 x 轴进行定标。

切断法测光纤带宽是一种破坏性的测试方法,但由于它测试的结果精确可靠,CCITT 建议作为一种基准测试方法。实际上也可使用非破坏的插入法,其测试系统方框图如图 5.5.8 所示。用优质光开关进行被测光纤与短光纤(约 2m)间的切换插入。用高精度标准衰减器校准扫频曲线相对衰减变化量和对记录曲线的 y 轴定标。梳状波发生器输出的梳状波频标信号,用来校准扫描频率和对记录曲线的 x 轴定标。用此方法测光纤带宽时必须注意保证短光纤的结构参数与被测光纤一致,以及良好的接头质量,以使测量结果可靠。

5.5.5　偏振模色散及其测量

偏振模色散(polarization mode dispersion,PMD)是指单模光纤中的两个正交偏振模之间的差分群时延。它在数字传输系统中会引起脉冲展宽,在模拟传输系统中会引起信号失真。PMD 的度量单位为 ps(皮秒),光纤的 PMD 系数的单位为 $\text{ps}/\sqrt{\text{km}}$。

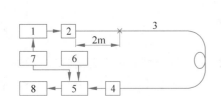

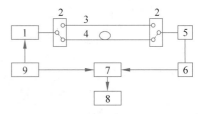

图 5.5.7　频域法光纤带宽测试系统方框图

1—光源；2—光纤注入系统；3—待测光纤；4—光探测器；5—频谱分析仪；6—频率计；7—扫频信号发生器；8—信号处理和显示单元

图 5.5.8　插入法光纤带宽测试系统方框图

1—光源；2—光开关；3—短光纤；4—待测光纤；5—光探测器；6—光衰减器；7—频谱分析仪；8—信号处理和显示单元；9—扫频信号发生器

光纤的色散具有确定值,但光纤的 PMD 值却是一个随机变量。理论分析和实验结果均表明：任意一段光纤的 PMD 是一个服从 Maxwell 分布的随机变量。这一特性给光纤 PMD 的定义、测量和补偿都带来很大的困难。

引起光纤 PMD 变化的因素可以是内在的——光纤制造过程中所产生的纤芯或包层的不对称性和玻璃材料的应力,或外在的——外部应力,弯曲和扭曲。这些因素在长光纤中会引起显著的双折射和模耦合,从而产生较大的 PMD。这些原因导致光纤的 PMD 值随光波波长,环境温度、光纤的安装等因素随时间变化。

考虑到 PMD 的特性,主要是其随机性,所以在确定 PMD 的测量方法和分析其测量结果时,应做一些更细致的定义。现将此定义简述如下。

1）主偏振态

对于在给定时间和光频上应用的单模光纤,总存在着两个称之为主偏振态的正交偏振态。当准单色光仅激励一个主偏振态时,不发生由于偏振模色散引起的脉冲展宽；当准单色光均匀激励这两个主偏振态时,将发生由于偏振模色散引起的最大脉冲展宽。光纤输出的主偏振态的两个正交偏振态,当光频稍微变化时,输出偏振并不改变,相应的输入正交偏振态是输入主偏振模态。

2）差分群时延

差分群时延是两个主偏振态之间群时延的时间差,一般用 ps 为单位。

3）偏振模色散差分群时延

在所有实际情况下,下面介绍的偏振模色散差分群时延三种定义在所能达到的测量重复性之内是等效的。

（1）二阶矩偏振模色散差分群时延：二阶矩偏振模色散差分群时延定义为,当一准单色光窄脉冲注入光纤后,忽略波长色散的影响。在光纤输出端,输出脉冲中光强分布 $I(t)$ 的均方差的 2 倍,是为二阶矩偏振模色散差分群时延

$$P_s = 2(\langle t^2 \rangle - \langle t \rangle^2)^{\frac{1}{2}} = 2\left\{ \frac{\int I(t) t^2 \, dt}{\int I(t) \, dt} - \left[\frac{\int I(t) t \, dt}{\int I(t) \, dt} \right]^2 \right\}^{\frac{1}{2}} \tag{5.5.11}$$

式中,t 为光到达光纤输出端所需的时间（ps）。

（2）平均偏振模色散差分群时延：平均偏振模色散差分群时延是在光频范围内偏振态差分群时延的平均值,即

$$P_{\mathrm{m}} = \frac{\int_{v_1}^{v_2} \delta\tau(v)\mathrm{d}v}{v_2 - v_1} \tag{5.5.12}$$

式中，v 为光频率；v_1、v_2 分别为频率范围的上下限。

（3）均方根偏振模色散差分群时延：均方根偏振模色散差分群时延是在光频范围内主偏振态差分群时延的均方根值，即

$$P_{\mathrm{r}} = \left[\frac{\int_{v_1}^{v_2} \delta\tau(v)^2\mathrm{d}v}{v_2 - v_1}\right]^{\frac{1}{2}} \tag{5.5.13}$$

式中，v 为光频率；v_1、v_2 分别为频率范围的上下限。

4）偏振模色散系数

偏振模色散系数用 $\mathrm{PMD_c}$ 表示，应区分如下两种情况。

（1）弱偏振模耦合（短光纤）：

$$\mathrm{PMD_c} = P_s/L, \quad P_{\mathrm{m}}/L\,(\mathrm{ps}/\sqrt{\mathrm{km}}) \tag{5.5.14}$$

（2）强偏振模耦合（长光纤）：

$$\mathrm{PMD_c} = \frac{P_s}{\sqrt{L}}, \frac{P_{\mathrm{m}}}{\sqrt{L}}, \frac{P_{\mathrm{r}}}{\sqrt{L}}\,(\mathrm{ps}/\sqrt{\mathrm{km}}) \tag{5.5.15}$$

式中，L 为光纤长度。

偏振模式色散的测量方法主要包括：Stokes 参数测定法——单模光纤 PMD 的基准试验法、Jones 本征分析法、Poincaré 球法、偏振态法和干涉法。

通常可以用 4 个 Stokes 参数 I、Q、U、V 来描述一束光的偏振态，其定义如下：

$$\boldsymbol{S} = \begin{bmatrix} I = \langle \widetilde{E}_x^2(t) \rangle + \langle \widetilde{E}_y^2(t) \rangle \\ Q = \langle \widetilde{E}_x^2(t) \rangle - \langle \widetilde{E}_y^2(t) \rangle \\ U = 2\langle \widetilde{E}_x(t)\widetilde{E}_y(t)\cos[\delta_y(t) - \delta_x(t)] \rangle \\ V = 2\langle \widetilde{E}_x(t)\widetilde{E}_y(t)\sin[\delta_y(t) - \delta_x(t)] \rangle \end{bmatrix}$$

式中，$\hat{E}_x(t)$ 和 $\hat{E}_y(t)$ 表示电场在 x 和 y 方向的振幅，$\delta_x(t)$ 和 $\delta_y(t)$ 表示 x 和 y 方向上的相位。上述四个参量作为元素的列矩阵代表一个四维矢量，称为斯托克斯矢量。此组参量可以表示包括偏振度在内的任意偏振光的状态，I、Q、U、V 都具有光强度的量纲。其中，I 表示总光强度；Q 为 X 轴方向直线偏振光分量；U 表示 45°方向直线偏振光分量；V 是右旋圆偏振光分量，与上述偏振光状态正交的垂直直线偏振光、$-45°$直线偏振光及左旋圆偏振光，则用 I、Q、U 和 V 的负值表示。

如果设偏振片透光轴在 x、y 和 45°方向时透射光强度分别为 I_0、I_{90} 和 I_{45}，则实际测量中有

$$\left. \begin{aligned} I_0 &= \langle |\widetilde{E}_x|^2 \rangle = A_x^2 \\ I_{90} &= \langle |\widetilde{E}_y|^2 \rangle = A_y^2 \\ I_{45} &= \frac{1}{2}\langle A_x^2 + A_y^2 + 2A_x A_y\cos\delta \rangle \\ I_{\lambda/4,45} &= \frac{1}{2}\langle A_x^2 + A_y^2 + 2A_x A_y\sin\delta \rangle \end{aligned} \right\} \Rightarrow \boldsymbol{S} = \begin{bmatrix} I = I_0 + I_{90} \\ Q = I_0 - I_{90} \\ U = 2I_{45} - (I_0 + I_{90}) \\ V = 2I_{\lambda/4,45} - (I_0 + I_{90}) \end{bmatrix}$$

Stokes 参数测定法即是根据以上方法测量四个 Stokes 参量,从而获得光束的偏振态。它的测量原理是:在某一波长范围内,以一定的波长间隔测量出偏振态随波长的变化。该变化可采用 Jones 矩阵本征值进行分析,也可用邦加球(poincare sphere)分析,由此分析结果即可得被测光纤的 PMD 值。Stokes 参数法与偏振模耦合程度无关,对长短光纤均适用。要获得满意的测量精度,则要进行多次测量取平均值。测量所用工作波长应等于或大于被测光纤的有效单模工作波长。图 5.5.9 是 Stokes 参数测定法的测量装置简图。其他的测试方法具体可参考相关文献。这里只给出偏振态法(图 5.5.10)和干涉法(图 5.5.11)测量 PMD 的实验装置简图供参考。

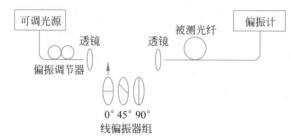

图 5.5.9　Stokes 参数测定法测试装置简图

图 5.5.10　偏振态法测量光纤 PMD 的实验装置简图

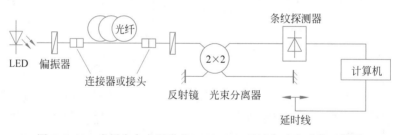

图 5.5.11　光纤为参考通道的 Michelson 干涉仪法实验装置简图

5.6　折射率分布、几何尺寸与最大理论数值孔径的测量

因为光纤的折射率分布、几何尺寸与理论数值孔径三个参数是相互关联,而非独立参数,因此在测量方法上,三者都可以最终归结为折射率分布的测量。其核心测试方法为折射近场法和近场扫描法。由于此两种方法不但能测量多模光纤,也适用于单模光纤,且精度和重复性较好,分别被国际上接受为基准测试方法和替代方法。本节首先介绍折射近场法和近场扫描法测量折射率分布,然后对两种方法用于几何尺寸和最大理论数值孔径测量进行简要分析。

5.6.1　折射近场法

折射近场法是根据光纤中折射光的功率与折射率成正比而建立起来的测试方法。

折射光是指通过光纤的边界辐射的光,此测量装置简图如图 5.6.1 所示。把光纤样品的一端浸入盛有折射率匹配液的盒中,匹配液的折射率稍高于光纤包层折射率。这样,任何不为纤芯传导而逸出包层的光不至于在光纤端面反射。透镜把激光束聚焦成一个非常小的光斑,入射到光纤端面上,透镜的数值孔径比光纤的大很多,因此在光纤中将激励起传导模、漏模和折射模。传导模和部分漏模沿光纤传输,其余部分则从光纤折射出来成为一个空心的输出光锥,由于光锥的内层包含有漏模的光,因此只收集外层的折射光并会聚到光检测器。当注入光斑沿平整的光纤端面直径扫描时,由于不同位置的局部折射率不同,检测到的折射光功率也就不同,因此测出折射光功率分布就直接得到折射率变化曲线。这种方法简单而直接,无须复杂的计算或修正,对多模光纤和单模光纤都适用,空间分辨率优于 500nm,测量误差为 $\pm 5 \times 10^{-4}$。

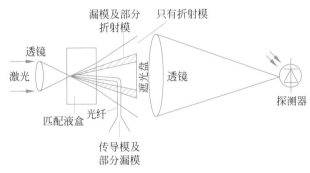

图 5.6.1　折射近场法测量装置简图

测量方法的原理见图 5.6.2,在光纤入射端,平面波本地波矢与轴间的夹角 θ 满足

$$\cos\theta = \frac{\beta}{k(r)}; \quad \frac{\beta}{k_0} = n(r)\cos\theta' = n(r)\sqrt{1-\sin^2\theta'} \tag{5.6.1}$$

在匹配液盒出口,当匹配液的折射率等于光纤包层折射率 n_2 时,同样可得

$$\frac{\beta}{k_0} = n(r)\cos\varphi' = n_2\sqrt{1-\sin^2\varphi'} \tag{5.6.2}$$

而在匹配液盒的入口和出口,应用折射定律得

$$n^2(r) - n_2^2 = \sin^2\theta - \sin^2\varphi \tag{5.6.3}$$

且有

$$\text{NA}^2(r) = n^2(r) - n_2^2 \tag{5.6.4}$$

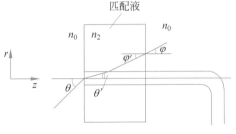

图 5.6.2　折射近场法原理图

式中,$\text{NA}(r)$ 是光纤的局部数值孔径。

式(5.6.3)表明,折射光与轴之间的夹角 φ 与光纤的局部数值孔径 $\text{NA}(r)$ 有关,且与入射角有对应关系。入射角 θ 由透镜的数值孔径决定,大于光纤的最大数值孔径。因此入射光的一部分由纤芯传导。超过光纤数值孔径的大角度光则折射出纤芯。把逸出光纤的折射光全部会聚到检测器,就可测定折射率 $n(r)$。由于逸出光纤的空心立体光锥的内包层中有漏模和折射模混在一起,为了消除漏模式影响,在光纤后面用一块直径合适的遮光盘把含有漏模的这一部分光遮挡吸收掉,这样虽然没有把全部折射光会聚进检测器,但影响不大。设遮挡角度为 φ_s,当光点扫至包层时检测器接收到的光功率为 P_c,扫至纤芯的 r 位置时,检测器接收的功率为 P_r,则有

$$\frac{P_r}{P_c} = \frac{n^2(r) - n_2^2}{\sin^2\theta - \sin^2\varphi} \tag{5.6.5}$$

可见,光点沿光纤剖面直径扫描,射入纤芯时接收的折射模功率 P_r 是与入射点的 $n(r)$ 成正比,且因实际的光纤最大相对折射率差很小,约 1%,所以也可认为是与纤芯剖面的局部折射率 $n(r)$ 成正比。所以,当光纤扫过光纤直径,检测到的光功率分布就直接给出了光纤剖面的折射率分布。由于这种技术是利用折射模而不是传导模,所以对纤芯和包层的折射率分布均能进行测量。图5.6.3(a)和图5.6.3(b)分别是用折射近场法测出的多模和单模光纤的折射率分布曲线。

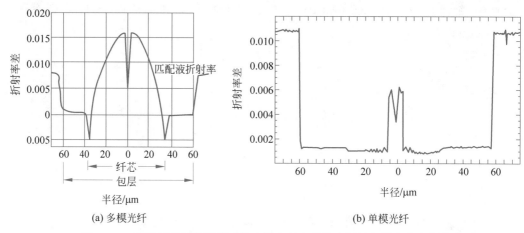

(a) 多模光纤　　　　　　　　　　　　　　(b) 单模光纤

图 5.6.3　折射近场法测量得到的多模光纤和单模光纤的折射率分布曲线

5.6.2　近场扫描法

当非相干光入射到多模光纤截面,并且在整个截面上各个单位立体角的入射功率都相等时(假设所有模式都是均匀激励),从截面径向各个位置进入光纤的光功率取决于各点局部数值孔径。孔径大、接收角大、功率大,于是有

$$\frac{P(r)}{P(0)} = \frac{NA^2(r)}{NA^2(0)} = \frac{n^2(r) - n_2^2}{n^2(0) - n_2^2} \tag{5.6.6}$$

式中,$P(r)$ 与 $P(0)$ 分别为径向 r 处和轴心($r=0$)处的光功率;$NA(r)$ 和 $NA(0)$ 分别为 r 处和轴心处的局部数值孔径。

如果所有模都经受相同的衰减,同时模式变换达到模式稳态或平衡分布时,可以认为在光纤出射端(近场)出现和式(5.6.6)相同的功率分布。实际光纤的纤芯和包层间的折射率差很小,因此 $n(r) = n_2 + \Delta n(r)$,则

$$NA^2(r) = n^2(r) - n_2^2 \approx 2n_2 \Delta n(r)$$

故式(5.6.6)可以写为

$$\frac{P(r)}{P(0)} = \frac{2n_2}{n^2(0) - n_2^2} \Delta n(r) \tag{5.6.7}$$

式中,$\Delta n(r) = n(r) - n$,表示径向折射率 $n(r)$ 的变化

$$n(r) = n(0)[1 - 2\Delta(r/a)^\alpha]^{-\frac{1}{2}}$$

最大相对折射率差为

$$\Delta = \frac{n^2(0) - n^2(a)}{2n^2(0)} \approx \frac{n_1 - n_2}{n_1}$$

因此式(5.6.6)又可简化为

$$\frac{P(r)}{P(0)} = 1 - \left(\frac{r}{a}\right)^\alpha \tag{5.6.8}$$

式中,a 为芯径半径,所以 $n(a) = n_2$ 为包层折射率; α 为折射率分布指数。

显然,式(5.6.7)和式(5.6.8)表明 $P(r)$ 的变化和 $n(r)$ 的变化近似,$P(r)$ 和 $\Delta n(r)$ 成正比。这就是说,在稳态模式功率分布条件下,光纤输出端近场功率分布与折射率差的变化成正比,所以在光纤输出端近场沿直径扫描,测出近场功率分布,就可得光纤沿直径的相对折射率变化曲线,即光纤的折射率剖面。根据这个原理建立起来的测量方法,称为近场扫描法。由于此方法是测量传导模,与折射近场法测量折射模不同,所以也叫传导近场法。测试装置简图如图 5.6.4 所示。使用非相干光源,在测量时间内光源强度和波长应稳定,注入条件应为满注入全激励。注意,这个方法是基于完全满足消除漏模的条件。如果有漏模存在,则应引入一个修正因子 $C(r,z)$,这时式(5.6.6)变为

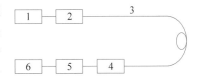

图 5.6.4　传导近场法测试装置简图
1—光源; 2—光纤注入系统;
3—待测光纤; 4—光扫描及探测单元;
5—信号处理单元; 6—显示器

$$\frac{P(r)}{P(0)} = C(r,z) \left[\frac{n^2(r) - n_2^2}{n^2(0) - n_2^2}\right] \tag{5.6.9}$$

修正因子 $C(r,z)$ 是光纤径向位置 r 和轴向位置 z 的函数,在某些假定下可计算出,但计算过程较复杂,此处不介绍。

当 $z=0$ 时,相当于全部漏模未被衰减掉,则有 $C(r,z) = \left(1 - \frac{r}{2a}\right)^{-\frac{1}{2}}$,其中 a 是纤芯半径。当 $z=\infty$ 时,相当于漏模全部被衰减掉,则 $C(r,z)=1$。虽然事实上当测试在稳态注入条件下,光纤样品长度 1m 左右时有 $C(r,z)\approx1$,误差在允许范围内,但近场扫描法比折射近场法的精度要差。所以近场法是替代法,而折射近场法是基准方法。

5.6.3　几何尺寸的测量

光纤的几何尺寸是光纤最基本的标准化参数。此参数标准,既是光纤制造的依据,又是光纤质量控制的标准。此参数的标准化,既是保证光纤传输质量所必须,又是满足光纤和光纤器件的通用性的要求。2002 年 6 月国际电信联盟电信标准化部门颁布的 ITU-T G.650.1(2002—06)建议《单模光纤光缆的线性和确定性属性的定义和测试方法》推荐了表征光纤几何尺寸的特征变量和定义。

表征光纤的几何特性参数包括纤芯直径、包层直径、纤芯不圆度、包层不圆度和纤芯包层的同心误差。这些参数可以分项测量,也可以一起综合测量。

折射近场法是通过直接测量折射率分布曲线来确定几何尺寸参数。从图 5.6.3 可清楚地分辨出光纤的包层和纤芯。确定包层或外直径并不特别困难,因为光纤的边沿界线很明显,但是渐变型光纤的包层到纤芯是连续过渡的,纤芯、包层之间无明显边界,为此,CCITT

给出了定义纤芯-包层边界的基准方法：在折射率分布曲线的一个给定值上确定纤芯-包层边界。纤芯-包层边界由 n_3 决定，n_3 之值为

$$n_3 = C(n_1 - n_2) + n_2 \tag{5.6.10}$$

式中，C 为常数，多模光纤一般取 $C = 0.05$，即纤芯的最大折射率 n_1 与最内均匀包层的折射率 n_2 之差的 5% 处定为纤芯-包层边界。至于单模光纤，可取 $C = 0.3$，即最大纤芯-包层折射率差的 30% 处为纤芯-包层边界。

由于纤芯-包层边界的这个定义是基于折射率分布，因此折射率分布的基准测试方法——折射近场法，也就是几何尺寸参数的基准测试方法。当纤芯和包层均为圆对称时，由折射率分布测量结果就可以直接得到纤芯的直径。若纤芯和包层为椭圆，则应对其长轴和短轴方向测折射率分布，再由此求出光纤长轴和短轴的值，然后取平均值作为纤芯直径。实际的光纤截面形状可能是非圆、非椭圆，这时要对整个光纤截面进行分行扫描，再把测量结果进行最佳拟合，如用最小二乘法最佳拟合。若拟合曲线为圆，则应使圆面积等于被测纤芯所包围的面积，圆中心与被测纤芯面积的重心重合。

近场法测量几何尺寸与测量折射率分布要求不同的是：不仅要横过端面直径测近场光强分布，而且要对整个近场像面以合适的分辨率进行扫描，提供近场光强分布的整个扫描场图。

5.6.4 最大理论数值孔径的测量

光纤最大理论数值孔径 $(NA)_{t,max}$ 定义为 $(NA)_{t,max} = \sqrt{n_1^2 - n_2^2}$。式中，$n_1$ 为芯区最大折射率，n_2 为最大均匀包层折射率。由此可见，光纤的最大理论数值孔径（即光纤的最大接收角）只取决于光纤的折射率，而与光纤的几何尺寸无关。由于光纤可以做得很细，因此光纤可既有大的接收角，同时又有小的截面积。

由于光纤最大理论数值孔径 $(NA)_{t,max}$ 仅由折射率决定，因此光纤折射率分布的测量方法，也都是 $(NA)_{t,max}$ 的测量方法，其中折射场法是基准测试方法。

同样，由图 5.6.3 很容易计算出 $(NA)_{t,max}$：从折射率曲线纵坐标读出匹配液与最内均匀包层的折射率差 Δn_{02} 和纤芯与最内均匀包层的折射率差 Δn_{12}，就可求出 n_1 和 n_2 值，从而根据上述定义式就可算出 $(NA)_{t,max}$。

例如，求图 5.6.3(a) 的曲线对应的多模光纤的 $(NA)_{t,max}$ 如下：

$$\left.\begin{array}{l} n_2 = n_0 - \Delta n_{02} = 1.470 - 0.007 = 1.463 \\ n_1 = n_0 + \Delta n_{12} = 1.470 + 0.017 = 1.487 \end{array}\right\} \rightarrow (NA)_{t,max} = \sqrt{n_1^2 - n_2^2} = 0.27$$

此外，测量多模渐变型光纤的最大理论数值孔径的方法还有远场光强法和远场光斑法。测试装置的简图分别如图 5.6.5(a) 和图 5.6.5(b) 所示。光源为非相干光源，被测光纤的样品长 2m 左右，样品应摆直，避免弯曲。远场法可以作为最大理论数值孔径测定的一种替代方法。

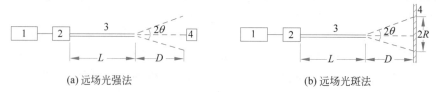

(a) 远场光强法　　　　　　　　　　　　　(b) 远场光斑法

图 5.6.5　远场光强法和远场光斑法的测试装置简图

1—光源；2—耦合器；3—待测光纤；4—光探测器(光屏)

　　远场光斑法是远场法中的一种简易方法,它用图5.6.5(b)所示装置直接测量光纤出射光的发散角,从而求出理论数值孔径。此法虽然简便,但难以精确确定要求的光斑位置,所以不能作为替代测试方法。

5.6.5　光纤三维折射率测量

　　光纤三维折射率测试仪是采用数字全息显微层析技术,通过Mach-Zehnder显微干涉系统记录数字全息图、数字全息再现技术提取光纤相位分布,最后结合CT技术重建光纤三维折射率分布。可测量单模、多模、多层、多芯、保偏、椭圆、大芯径、锥型、熔接光纤以及扭转保偏光纤器件的三维折射率分布,具有快速、无损、稳定等优点,精度达到10^{-4}。

　　图5.6.6为检测光路系统示意图。激光束经分束镜(BS1)分成两束,一束穿过被测光纤(FUT)携带光纤的相位信息作为物光波,另一束经反射镜(M1、M2)反射后作为参考光波,物光波和参考光波经物镜(O1、O2)放大后由合束镜(BS2)合束,在CCD感光界面上发生离轴干涉并记录最优数字全息图。然后数字全息再现技术提取相位分布,通过滤波反投影技术重建光纤三维折射率分布。

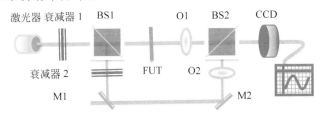

图5.6.6　检测光路系统示意图

　　设光纤的折射率分布函数为$n(x,y)$,如图5.6.7所示。测试光束横向穿过被测光纤时,其相位变化是光纤折射率与光线所经路径积分的结果,如式(5.6.11)所示,即光纤的相位投影分布。根据中心切片定理的逆定理:有无限个不同方向的切线叠加在一起,可以构成一个完整的二维Fourier变换,而二维图像的频域延拓需要采用滤波函数进行频域滤波,然后进行逆变换重建二维断面信息。从数学上讲,只要获得足够多的物体断面投影数据(至少180个角度才能获得准确二维断面结果),就可以重建其断层面分布。

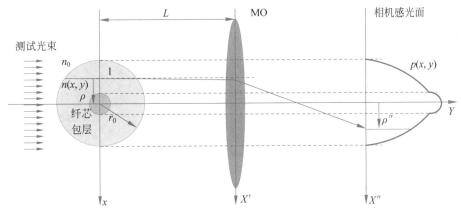

图5.6.7　光纤相位投影示意图

$$p(x,y) = \frac{\int_l [n(x,y) - n_0] \mathrm{d}l}{\lambda} 2\pi \tag{5.6.11}$$

被测物体某断层面的线性调制系数的分布函数为 $f(x,y)$，$f(x,y)$ 在某一角度上的投影函数是 $P_\theta(t)$，$P_\theta(t)$ 的一维 Fourier 变换 $P_\theta(\omega)$ 是 $f(x,y)$ 的二维 Fourier 变换函数 $F_\theta(u,v)$ 或 $F_\theta(\omega,q)$（极坐标形式）在 (ω,q) 平面上沿同一方向且过原点的直线上的值，如图 5.6.8 所示。在此基础上，通过物体断面足够多角度下的调制投影数据，并做 Fourier 变换，则变换后的投影数据将充满该断面的整个 (u,v) 平面。当获得频域函数 $F(u,v)$ 的全部值后，将其做一次 Fourier 反变换便得到原始调制系数函数 $f(x,y)$。

$$f(x,y) = \int_0^\pi \int_{-\infty}^{+\infty} F(u,v) \mathrm{e}^{2\pi \mathrm{j}(ux+vy)} \mathrm{d}u\,\mathrm{d}v \tag{5.6.12}$$

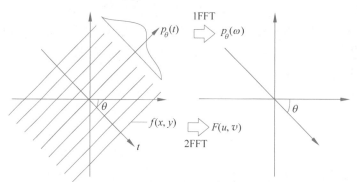

图 5.6.8　中心切片定理示意图

令 $u = \omega\cos\theta, v = \omega\sin\theta$，式(5.6.12)可变形为

$$f(x,y) = \int_0^\pi \mathrm{d}\theta \int_{-\infty}^{+\infty} F_\theta(\omega) \mathrm{e}^{2\pi \mathrm{j}\omega(x\cos\theta + y\sin\theta)} \mathrm{d}\omega \tag{5.6.13}$$

式中，ω 为空间频率，由式(5.6.13)来重建原始调制系数函数 $f(x,y)$，即可获得光纤的折射率分布 $n(x,y)$。图 5.6.9 展示了一种典型 PCF 光纤的测试结果。

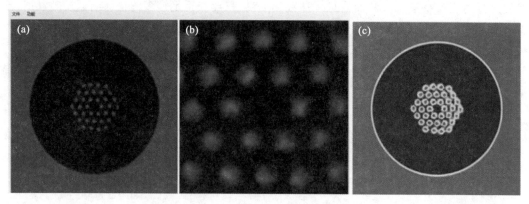

图 5.6.9　ϕ125mm 的光子晶体光纤的测试结果

(a) 二维折射率端面黑白显示图；(b) 纤芯折射率局部放大黑白显示图；(c) 二维折射率端面彩色显示图；
(d) 中心处水平和竖直折射率曲线；(e) 二维折射率端面三维彩色显示图

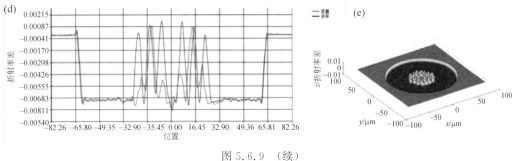

图 5.6.9　（续）

5.7　高双折射光纤拍长的测量

高双折射单模光纤拍长的测量方法主要有两类：散射光法和透射光法。散射光法是通过测量散射光的偏振特性确定光纤的拍长，又分为侧向散射光法和背向散射光法。透射光法是通过测量透射光的偏振特性与外加调制因素的关系来确定光纤的拍长。目前测量中用的外加调制因素有：周期微弯、交变磁场、交变外力和恒定外力等，扼要于表 5.7.1 介绍，详细情况可参考有关文献。

表 5.7.1　透射光纤拍长测量方法

方　法	测　量　原　理	优　缺　点
周期微弯法	当光纤上所施加的微弯周期等于光纤拍长时，入射为线偏振光，输出亦为线偏振光	简便易行 空间分辨率较低（mm）
交流磁场法	法拉第效应：光纤在强磁场中其输出光的偏振态随所加磁场同频率变化	无损，适用于低损高双折射光纤 分辨率高，误差小于 0.03mm 仪器成本低，便于不同波长测量
交变外力法	输出光偏振态随光纤上所施加的外力周期性变化，可测出光纤的拍长	设备简单、测量简便 测量结果与光纤放置状态有关不宜做高精度测量
恒定外力法	上述交变外力法的差别是——外力为恒定力而非周期力；输出光的偏振态用光外差法测量	空间分辨率高 步骤简单，测量速度快，直观 所需仪器的价格昂贵

侧向散射光法的测量装置如图 5.7.1 所示。当入射光为线偏振光时，沿垂直于光纤的 S 方向的散射光的光强为：

$$I_m = k\left[\sin^2\varphi\cos^2\beta + \cos^2\varphi\sin^2\beta - \frac{1}{2}\sin(2\varphi)\cos(2\beta)\cos\delta\right] \qquad (5.7.1)$$

对于给定的 φ 和 β，散射光强只是相位差 δ 的函数，而 δ 沿光纤轴逐点变化，因此在被测光纤上就会出现周期性变化的亮、暗条纹，由此条纹间距即可测出拍长值。侧向检测法的优点是设备简单，方便易行。主要缺点是只适用于可见光，空间分辨率低。

背向散射光法是利用光时域反射计加上偏振元件构成偏振光时域反射计（POTDR），测量装置如图 5.7.2。线偏振光进入待测光纤，连续不断地沿光纤传播发生瑞利散射，一部分散射光将返回入射端，经偏振分束器被探测器接收。背向散射过程中保持光的偏振态不变，检测到的光电流变化周期 Δz 依赖于双折射 $\Delta\beta$，且有 $\Delta z = \pi/\Delta\beta = L_B/2$。无论是单模光纤固

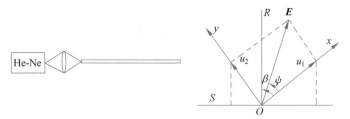

图 5.7.1　侧向散射光法示意图

有的还是外界因素引入的双折射都能用这个方法直接由 POTDR 测出。此法可测整根光纤的双折射分布,优点是测量方法简单,缺点是空间分辨率太低(只宜于测低双折射单模光纤的拍长)。

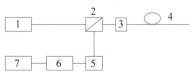

图 5.7.2　背向散射法测量装置简图

1—光源;2—偏振型分束器;3—耦合器;4—待测光纤;5—光电探测器;6—信号处理单元;7—显示器

思考题与习题

5.1　光纤参数测试难以标准化的原因何在?用作基准测试方法的条件是什么?

5.2　光纤损耗难以测准的原因是什么?

5.3　从光纤中光传输和耦合的原理分析测量光纤衰减时的主要误差因素。

5.4　试分析光时域反射法的特点,列举其可能的用途。

5.5　用一般测光学折射率的办法能否测光纤折射率分析?其主要困难是什么?举例说明。

5.6　试分析比较测量光纤折射率的几种方法。

5.7　为什么可通过测单模光纤的模场半径来确定其截止波长?试说明其物理原因。

5.8　试说明测量光纤芯径的主要困难及其重要性。

5.9　试分析比较测量高双折射单模光纤拍长的几种方法。

5.10　试说明测量偏振模色散的原理、主要困难及其重要性。

5.11　试分析比较测量偏振模色散的几种方法。

第6章

CHAPTER 6

光纤无源及有源器件

6.1 引言

  光无源器件是一种能量消耗型器件,它包括光连接器、光耦合器、光开关、光衰减器、光隔离器、光滤波器和波分复用/解复用器等器件。其主要功能是对信号或能量进行连接、合成、分叉、转换以及有目的衰减等。因此,光无源器件在光纤通信系统、光纤局域网(包括计算机光纤网、微波光纤网、光纤传感网等)以及各类光纤传感系统中是必不可少的重要器件。在近十多年中随着光通信技术的发展,光无源器件在结构和性能方面都有了很大的改进和提高,并已进入实用阶段。

  光无源器件的制造方法,早期多采用传统光学的方法。这种用传统光学分立元件构成的光无源器件的缺点是体积大、质量大、结构松、可靠性差,与光纤不兼容。于是人们纷纷转向全光纤型光无源器件的研究,其中对全光纤定向耦合器的研究最活跃,进展也最迅速。这是因为定向耦合器不仅本身是极为重要的光无源器件,而且还是许多其他光无源器件的基础。全光纤定向耦合器的制造工艺有三类:磨抛法、腐蚀法和熔锥法。磨抛法制作的器件热稳定性和机械稳定性差;腐蚀法的缺点是工艺的一致性较差、损耗大、热稳定性差。这两种方法都不适合大批量生产,而逐渐从耦合器工艺中淡出。

  熔锥法是将两根裸光纤靠在一起,用高温火焰加热使之熔化,同时在光纤两端拉伸光纤,使光纤熔融区成为锥形过渡段,从而构成耦合器。用这种方法还可构成光纤滤波器、波分复用器、光纤偏振器、偏振耦合器、光纤干涉仪、光纤延迟线等。用此方法制作的光纤耦合器的性能优于其他方法,是目前商用光纤耦合器最主要的类型。

  本章将介绍光纤耦合器,以及以此为基础构成的光环行器、光纤波分复用/解复用器、光纤滤波器以及光纤偏振器等,此外还介绍了光隔离器和光纤电光调制器等典型光纤无源器件,以及光纤光栅这一广泛应用的新型光纤器件。

  除光无源器件外,本章还介绍了用光纤构成的光有源器件——光纤激光器和光纤放大器,这是发展极为迅速而且已经进入实用阶段的新型激光器和放大器。

6.2 光纤耦合器、环行器与光波分复用器

6.2.1 熔锥型单模光纤光分/合路连接器

  光纤分路器件指的是有 3 个以上的光路端口的无源器件。这种器件与波长无关时称为

微课视频

光分路器或耦合器(包含星形耦合器),与波长有关时则称为波分复用器。如上所述用熔锥法制造光纤耦合器的优点是工艺较简单,制作周期短,适于实现微机控制的半自动化生产,成品器件的附加损耗低,性能稳定等。而熔锥型波分复用器是全光纤型器件,其工作原理是:器件在过耦合状态下的耦合比随波长而变。

光纤四端口定向耦合器和两信道波分复用器件是单模全光纤型光分/合路器的典型例子。很多学者从不同角度对其耦合机理进行了分析研究,提出了不同的近似模型。主要有两种:一种是适用于磨抛型和腐蚀型的弱耦合理论(渐逝场耦合理论),另一种是适用于熔锥型的强耦合理论(模激励理论)。下面介绍后者。

熔锥型器件中拉锥的效果是使两光纤纤芯靠近,使传播场向外扩展,以便在相当短的锥体颈部区域出现有效的功率耦合。从严格的数学分析角度看,这种场需要在纤芯、包层及填充介质(或空气)所构成的区域内求解矢量波动方程,但很繁难。为简化分析,通常的办法是忽略纤芯的影响。可进行这种简化的基础是:在耦合器中功率耦合最有效区域(锥体颈部)内的模式基本上是包层模,传播场脱离纤芯,这时场是在包层和外部媒质(空气或其他适合的填料)所形成的新波导中传播。相对而言,光纤纤芯的尺寸因拉锥而减小到可以忽略的程度。无芯近似处理即使对于任意截面的耦合器也可得到简单的结果。典型的熔锥型耦合近似模型有两种:一是锥体颈部区域纵向为平行线形,横向切面为矩形,如图 6.2.1 所示,其中 L 为双锥间的颈部长度,n_2 为光纤包层的折射率,n_3 为填充媒质的折射率,a 为耦合器颈部最小截面尺寸;二是锥体颈部区域为抛物线形,横向切面为相切的双圆形,如图 6.2.2 所示,其中 Δz 是加热区宽度,l 是光纤的拉伸长度,a 是纤芯的初始半径,n_1 是纤芯的折射率。此外还报道了一种横线切面为椭圆的模型。

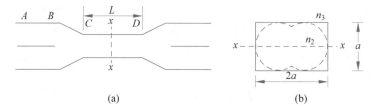

图 6.2.1 纵向为平行线,横截面为矩形的熔锥型耦合模型

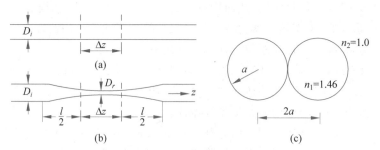

图 6.2.2 纵向抛物线,横向相切圆形的耦合模型

纵向平行、横向矩形近似模型的分析,考虑了图 6.2.1 的矩形波导中两种最低阶奇偶模的相互作用,其中一个输出端的光功率将随波长而周期变化,即

$$P = P_0 \sin^2(CL) \qquad (6.2.1)$$

式中,P_0 为输入光功率,C 为耦合系数,其值由下式计算:

$$
\begin{cases}
C = \dfrac{3\pi\lambda}{32 n_2 a^2}\dfrac{1}{1 + 1/V} \\[2mm]
V = a k_0 (n_2^2 - n_3^2)^{\frac{1}{2}}
\end{cases}
\tag{6.2.2}
$$

图 6.2.2 的纵向抛物线、横向相切圆形耦合模型则是基于无芯近似条件下,光纤的耦合可按空气(或填充媒质)中两根接触的玻璃棒的耦合理论来计算,这时的耦合系数是已知的。在把这种耦合理论用于熔锥型耦合器时,只需假设双锥的几何形状。熔锥体的抛物面模型可以预期耦合器的耦合长度和最后光纤直径,这两者均与光纤的加热初始条件有关,其耦合系数为

$$
C = \frac{\sqrt{\delta}\, U^2 K_0(2W)}{a V^3 K_1^2(W)}
\tag{6.2.3}
$$

式中

$$
\delta = 1 - (n_2/n_1)^2,\ V = a k_0 (n_1^2 - n_2^2)^{\frac{1}{2}}
$$

$$
U = a k_0 [n_1^2 - (\beta/k_0)^2]^{\frac{1}{2}},\ W = a k_0 [(\beta/k_0)^2 - n_2^2]^{\frac{1}{2}}
$$

K_0、K_1 是第 2 类修正 Bessel 函数;n_2 是包层(空气或其他填充媒质)折射率。若取 $n_1 = 1.46$,$n_2 = 1$,且认为 $n_1 \gg n_2$,V 足够大($\gg 10$),$\beta/k_0 \approx n_1$,于是有 $W \approx V$。在对 $K_0(2W)/K_1^2(W)$ 作近似处理后,式(6.2.3)中的耦合系数可简化为

$$
C \approx 3.26\,\frac{\sqrt{\delta}}{a V^{\frac{5}{2}}}
\tag{6.2.4}
$$

可见,耦合系数 C 随光纤半径急剧变化。参照图 6.2.2,锥体抛物线模型可用光纤半径的纵向变化表征,即

$$
a(z) = a_f (1 + \gamma z^2)
$$

式中,z 是光纤的轴向坐标,原点在双锥的中心;a_f 是 $z = 0$ 时的光纤半径;γ 是锥体常数。抛物线模型可在给定初始光纤半径 a_0 和有效加热尺寸 Δz 条件下,通过作图法估算 3dB 耦合器的拉伸长度 l 和锥体颈部半径 a_f。

熔锥型单模光纤波分复用器是在熔锥型耦合器的基础上发展起来的,因此可借鉴相关的理论进行分析。耦合器的一条输入臂中由纤芯传播最低阶模 LP_{01},直到进入拉锥区后,LP_{01} 模在芯包层边界处的局部入射角等于临界角为止,在此临界点,LP_{01} 模折射离开纤芯并在耦合器整个截面内传播,于是场的分离发生在双锥的颈部,光场将由包层(n_2)和周围外部介质(n_3)之间所形成的光波导来传播,芯的作用已减小到可以忽略的程度。新形成的波导结构的芯就是熔锥区的包层,新的包层就是填充在熔区周围的介质材料或空气,这就是无芯近似的物理图像。在这种光波导中,入射光场只能激起两种模式:一种是对称的基模或零阶模 HE_{11}(或 LP_{01}),另一种是反对称的一阶模 HE_{11}。主要的耦合作用可以理解为熔锥区内两种最低阶模之间的干涉效应。如果这两种模式的传播常数分别为 β_0 和 β_i,则耦合器一臂中的光功率为

$$
I = I_0 \sin^2(\beta_0 - \beta_1)z
\tag{6.2.5}
$$

式中,z 是耦合长度;$(\beta_0 - \beta_1)$ 代表耦合系数,表示使两光纤间产生功率转换的两种模式间的相移。

因为器件的耦合度与熔区的波导条件相关,所以也应是波长的函数。在制造过程中,如果使耦合过程继续超过 3dB 点,即器件处于过耦合状态时,器件的输出特性与波长的依赖关系逐渐增强,以至形成振荡。于是,这种过耦合状态下的熔锥耦合器就有波分复用器的功能。分析表明,熔锥型耦合器中的归一化耦合功率与波长近似地有正弦曲线关系,即

$$P(\lambda) = \frac{1}{2} \left\{ 1 + \sin\left[\frac{2\pi}{\Delta\lambda}(\lambda - \lambda_k)\right] \right\} \tag{6.2.6}$$

式中,$\Delta\lambda$ 是耦合周期,$2\pi\lambda_k/\Delta\lambda$ 是相位参数。如果光源有一定的光谱宽度,其发射功率是波长的函数,则耦合器的出射总耦合功率将由一个积分式给出。

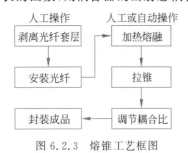

图 6.2.3　熔锥工艺框图

目前国内外普遍采用的熔锥工艺框图如图 6.2.3 所示。其基本步骤是把已除去保护套的两根或多根裸光纤并排安装在调节架上,再用火焰加热,到光纤软化时一边加热一边拉伸光纤,同时用光纤功率计监测两输出端的功率比,直到耦合比符合要求时停止加热,进行成品封装。加热熔锥的方式可分为:直接加热式、间接加热式和部分直接加热部分间接加热式。

拉锥过程的控制由光纤功率计监视。当耦合比达到预定要求时,拉锥即可停止。图 6.2.4(a)为两耦合臂相对光功率与拉伸长度的关系。另外,耦合比随波长变化也呈正弦振荡,且其振荡周期与耦合器被拉过的拍长数紧密相关。例如,3dB 耦合器的拉锥过程将在第一个功率转换循环(即第一个拍长)的第一个 3dB 点停止,这种耦合器有宽的半波振荡周期:$\Delta\lambda/2 \sim 550\text{nm}$。若继续拉过此点,耦合器将处于过耦合状态,耦合比与波长的依赖关系逐渐增强,若选择半波周期等于两个所需工作波长之差,这种过耦合器就成为二信道的光纤波分复用器。若取 $1.32\mu\text{m}$ 和 $1.55\mu\text{m}$ 为复用波长,就需要 230nm 的半波周期,图 6.2.4(b)为耦合比 U 随波长变化的曲线。

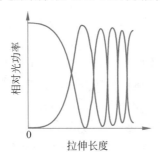

(a) 两耦合臂相对光功率随拉伸长度变化的关系

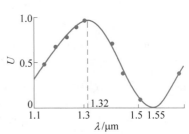

(b) 耦合比 U 随波长变化的曲线

图 6.2.4　两耦合臂相对光功率的变化

制作熔锥型单模光纤分路器件时,除应严格控制拉锥长度、熔区形状、锥体光滑度外,尚应注意:光纤类型的选择、光纤安置和封装工艺等。单模光纤中以匹配包层光纤的耦合效率最佳。但实际应用应考虑与光纤系统中所使用的光纤类型匹配。原则是:在其他损耗因素得到有效控制的条件下,选用同一批号的匹配包层光纤可以得到低的附加损耗。

目前熔锥型单模光纤定向耦合器性能的典型参数见表 6.2.1。

表 6.2.1 熔锥型单模光纤定向耦合器典型参数

主要参数	附加损耗/dB	插入损耗/dB	隔离度/dB	反向隔离度	工作温度/℃
典型值	0.1	0.2	20	-55	-40~+85

6.2.2 磨抛型单模光纤定向耦合器

由于磨抛型单模光纤定向耦合器的工艺方法可用于很多器件的加工,因此在这里加以介绍。利用光学冷加工(机械抛磨)除去光纤的部分包层,使光纤芯能相互靠近,使消逝场互相渗透。图 6.2.5 为其结构示意图。制作方法是先在石英基块上开出曲率半径为 R 的弧形槽,把单模光纤粘在弧形槽中,使光纤具有确定的曲率半径;然后把石英基块连同光纤一起研磨、抛光,除去部分光纤包层,使磨抛面达到光纤芯附近的消逝场区域;再把两个抛磨好的石英块对合,使光纤的磨抛面重合。这时由于两纤芯附近的消逝场重叠而在两光纤之间产生耦合,构成定向耦合器。由下述理论分析可知,设计光纤定向耦合器,主要考虑因素是光纤的曲率半径 R 和两光纤芯间隔 h,h 的大小通过光纤包层的磨抛量来控制,由此可控制其耦合率,是其优点之一。耦合器加工好以后,利用微调装置,改变两光纤的相对位置还可连续改变耦合器的耦合率,是其另一优点。其缺点是热稳定性和机械稳定性较差。

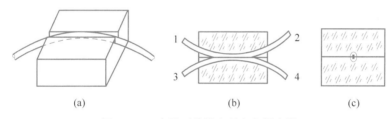

图 6.2.5 磨抛型单模光纤定向耦合器

由已有的理论分析可知,耦合区内的光功率为

$$P_1(z) = \cos^2(Cz) \tag{6.2.7}$$

$$P_2(z) = \sin^2(Cz) \tag{6.2.8}$$

式中,C 是耦合系数,对于弱导光纤以及弱耦合、对称、无损波导,C 可近似为[19]

$$C \approx \frac{\lambda}{2\pi n_1} \frac{U^2}{a^2 V^2} \frac{K_0\left(W\dfrac{h}{a}\right)}{K_1^2(W)}$$

式中,λ 为真空中光波波长;n_1 为纤芯的折射率;a 为纤芯的半径;K 为第二类变形 Bessel 函数。如图 6.2.6 所示,由于耦合器中两光纤是弯曲的对称结构,光纤间隔 h 随 z 而变,因此耦合系数是 z 的函数。式(6.2.7)中的相位因子 Cz 应用积分 $\int_0^z C(z)\mathrm{d}z$ 代替。但在实际应用中,关心的是耦合器总的能量耦合率,而不必知道耦合区中每一点的耦合系数。因此上述积分可等效为

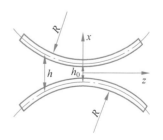

图 6.2.6 磨抛型单模光纤定向
耦合器各参数关系图

$$\int C(z)\mathrm{d}z = C_0 L$$

式中,C_0 为耦合中心 h 最小处($h=h_0$)的耦合系数; L 为相同耦合率时,耦合系数为 C_0 时两平行光纤的等效耦合长度。若光纤弯曲的曲率半径为 R,且有 $z^2 \ll h_0 R$ 时,可表示为

$$L \approx \left(\frac{\pi a R}{W}\right)^{\frac{1}{2}} \tag{6.2.9}$$

当光纤 1 端输入为 1,2 端输入为 0 时,定向耦合器的输出为

$$P_1 = \cos^2(C_0 L)$$

$$P_2 = \sin^2(C_0 L)$$

耦合器的耦合率定义为

$$K = \sin^2(C_0 L) \tag{6.2.10}$$

它代表从一根光纤耦合到另一根光纤的功率的百分比。

由式(6.2.9)可知,等效耦合长度 L 随 R 的增大而增大。而由式(6.2.10)可知,当 L 较大时,C_0 的微小变化就可引起耦合率 K 的较大变化,这就要求光纤包层的磨抛和耦合器的调节要有很高的精度。但是 R 太小又会使光纤的弯曲损耗增加,因此 R 的取值要适当。实际制作时 R 取值为 $200 \sim 400 \text{nm}$。此时光纤的微弯损耗可忽略。

光纤芯间隔 h 是定向耦合器最关键的参数。它不仅决定耦合率的大小,还影响耦合器插入损耗。实际的耦合器,由于耦合区波导的不完整性,存在磨抛面的反射和散射损耗,还有耦合模式因辐射引起的损耗。计算结果表明,损耗随 h 的增加而增加。由于插入损耗直接反映耦合器质量的好坏,因此决定 h 的大小时,必须考虑其对插入损耗的影响。为此 h 应取较小值,一般可取 h_0/a 在 $2.0 \sim 2.5$。在实际制作时,关键是控制光纤包层的磨抛量。由于单模光纤芯径很小,直径小于 $10 \mu\text{m}$,为获得高质量的耦合器,需将光纤包层磨抛至距光纤芯表面 $1 \mu\text{m}$ 以内,同时又不能将纤芯磨破,否则将因波导严重畸变而引起很大的损耗。控制磨抛量的关键在于精确测定磨抛过程中磨抛面与光纤芯的距离。

6.2.3 光环行器

光环行器是一种控制光束传播方向的无源器件,它由多个光隔离器单元组合而成,光环行器和光隔离器的差别是:光隔离器只是简单地阻止反射光不能由原入射端口输出;光环行器则是使反射光(或反向传输的光)从另一端口输出,而不能从原入射端口输出,所以信号光只能沿规定的路径传播。光环行器具体结构有多种。图 6.2.7 给出了一种光环行器的光路图,以说明光环行器中光偏振态的变化。

从端口 1 到端口 2 的两束偏振光的路径如图 6.2.7 中实线所示,从端口 1 输入的平行于纸面的线偏振光向上偏折,经 1/4 波片 P_1 后旋转 $+45°$,再被法拉第旋镜 F_1 旋转另一个 $+45°$,共旋转 $90°$,使之变成沿垂直于纸面振动的线偏振光,因此它不偏折地通过第二个光束位移器,然后被波片 P_2 旋转 $-45°$,再被法拉第旋镜 F_2 旋转 $+45°$,净旋转角为零,最后保持垂直于纸面振动的线偏振光通过第三个光束位移器从端口 2 输出。相反,对于垂直于纸面振动的线偏振光,从端口 1 输入时将不偏折地通过第一个位移器,然后被波片 P_1 旋转 $-45°$,再被法拉第旋转器 F_1 旋转 $+45°$,净旋转为零。然后不偏折地通过第二个位移器。由第二个波片 P_2 和第二个法拉第旋转器 F_2 分别旋转 $+45°$,总共旋转 $90°$,使变成平行于纸面振动的线偏振光,向上偏折由端口 2 输出。

当光沿某一方向通过时，波片
使偏振方向旋转-45°；当光沿
另一方向通过时，偏振方向旋
转+45°

当光沿任一方向通过时法拉第
旋转器使之偏振旋转+45°

图 6.2.7　光环行器光路图

从端口 2 入射的光，如图 6.2.7 中虚线所示，由于两光束均在纸面振动，进入中间的光束位移器后，两光束均向上偏折，经旋光器和左侧光束位移器合光后，由端口 3 输出。其结果是：由端口 2 入射的光不能从端口 1 输出，而只能从端口 3 输出。同理，从端口 3 输入的光，只能从端口 4 输出，如图 6.2.7 中点线所示。而不能从端口 2 输出。

由此可见，上述由 4 个端口构成的环行器，其光路通行方向可简化成：1→2→3→4，光在环行器中只能单方向传输。

图 6.2.8 给出了两个环行器的应用例。图 6.2.8(a)是光环行器和光放大器结合的应用例。使信号光两次通过光放大器以提高放大的效率。图 6.2.8(b)是光环行器和 FBG 组合以构成上/下路复用器。

图 6.2.8　光环行器应用例

6.2.4　光波分复用器(WDM)

波分复用(wavelength-division multiplexing，WDM) 是借助不同波长(即颜色)的激光光源将大量光载波信号加载到一根光纤中的特殊技术。该技术成倍地扩展了单根光纤的双向通信能力。光波分复用包括频分复用和波分复用。由于波长和频率是通过一个简单的反比关系紧密关联的，所以二者实际无明显区别。通常也可以这样理解：光频分复用指光频率的细分,光信道非常密集,如密集波分复用系统(dense WDM 或 DWDM)。光波分复用指光频率的粗分(coarse WDM 或 CWDM),光信道相隔较远,甚至处于光纤不同窗口。

波分复用器(WDM)是将一系列载有信息,但波长不同的光信号合成一束,沿着单根光纤传输的光器件,外形结构与光纤耦合器一样。在接收端再逆向使用 WDM 即可将各个不同波长的光信号分别下载。由于可以同时在一根光纤上传输多路信号,每一路信号都由某种特定波长的光来传送,这就是一个波长信道。光波分复用器和解复用器的原理是相同的。

WDM 的主要类型有熔融拉锥型、介质膜型、光栅型和平面型四种。其主要特性指标为插入损耗和隔离度。由于光链路中使用波分复用设备后,光链路损耗的增加量称为波分复用的插入损耗。当波长 λ_1、λ_2 通过同一光纤传送时,在与分波器中输入端的功率与输出端光纤中混入的功率之间的差值称为隔离度。目前,通信领域广泛使用的 WDM 技术的产品主要有粗波分复用器(CWDM)和密集波分复用器(DWDM)。图 6.2.9(a)是 WDM 的一个带波长滤波器的基本结构单元,图 6.2.9(b)是一个 WDM 实物图。

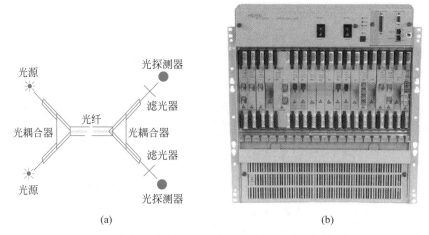

(a)　　　　　　　　　　　　　(b)

图 6.2.9　WDM 的基本原理和 WDM 实物图

6.3　光开关、光纤调制器与光纤滤波器

6.3.1　概述

光开关是一种用于改变光传输通路的器件。改变光传输通路的方法,在原理上有基于光的反射、折射原理构成的机械型光开关;基于光的干涉原理构成的相位型光开关(例如基于光纤 Mach-Zehnder 干涉仪构成的光开关);基于光的衍射原理构成的衍射型光开关(例如基于光栅衍射构成的光开关);基于光偏振原理构成的偏振型光开关(例如液晶光开关);基于外场效应引起的波导折射率变化的波导型光开关(例如基于电光效应构成的光开关)等。总之,光开关应满足:可改变光传播的方向、有足够高的开关速度、易于加工和成本适当等要求,表 6.3.1 列出了光开关的典型技术参数。

表 6.3.1 光开关的典型技术参数

参 数	典 型 值			定 义
	MEMS	电光型	波导型	
开关速率/Hz	μs	ns	ps～μs	响应时间
插入损耗/dB	<1	1	>2	光开关接入系统引入的损耗
串扰/dB	−55	<−30		不同光路之间的干扰
消光比/dB		>20		在开(on)和关(off)两种状态下光纤系统中传输光功率之比
偏振相关损耗/dB	0.1			Polarization dependent lose,光开关的损耗和传输光偏振态的关系
容量(开关对数)	1000×1000	8×8	8×8	
器件尺寸/mm	小			与容量相关
其他参数：可靠性、工作温度、功耗等。根据光纤系统使用、维修成本等综合考虑				

6.3.2 光开关原理

根据工作原理,下面分类介绍机械、波导、光纤、MEMS/NEMS 等类型的光开关。

1. 机械式光开关

机械式光开关是指利用机械运动的方式实现开关功能的光器件,其运动部件包括光纤棱镜、平面镜、光纤耦合器等。用于控制运动部件的则是电磁器件等执行器。机械式光开关是最早商用化的光开关。

机械式光开关的特点是：插入损耗和偏振相关损耗低、消光比高、成本低。但不足之处是动作较慢、尺寸较大。其开关时间一般为毫秒量级。此外,这类开关不宜级联较多的系统中使用。因为多个机械式光开关级联时,开关性能会显著变坏。图 6.3.1 是动纤式(光纤移动)光开关原理图,它利用光纤的上下移动来控制输入光是进入光纤 1 或光纤 2。图 6.3.2 是动镜式(棱镜移动)光开关原理图,它利用棱镜的上下移动来控制输入光的通道。

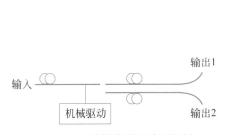

图 6.3.1 动纤式光开关原理图

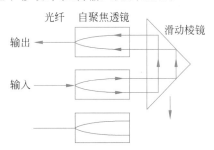

图 6.3.2 动镜式光开关原理图

2. 微机电式光开关

微机电式光开关是指用微机电系统(micro electro-mechanical system,MEMS)工艺制成的光开关,它本质上是机械式光开关,差别是其反射镜极小,仅为微米量级。是采用集成电路标准工艺在硅衬底上制作出的集成的微反射镜阵列。图 6.3.3 是微机电(MEMS)式光开关的原理图,它利用电信号控制反射镜倾斜以改变光束的方向。图 6.3.4 是 MEMS 二维光开关的示意图。

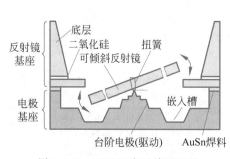

图 6.3.3 MEMS 光开关原理图

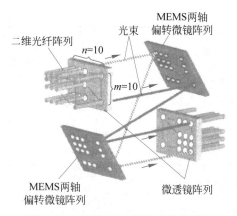

图 6.3.4 MEMS 二维光开关示意图

MEMS 光开关除具有机械式光开关所具有的: 损耗低、串扰低、偏振损耗低和消光比高等特点外,更具有开关速率高、体积小、易于大规模组阵等优点。

3. 波导型光开关

波导型光开关是指在光波导上制成的光开关。其光信号的输入和输出用光纤连接。波导型光开关的原理是基于波导的电光效应。具体结构是在光波导上制作一个 2×2 方向耦合器,如图 6.3.5 所示。再在耦合区安置电极,利用耦合区的电光效应,改变耦合区衬底的折射率,从而改变耦合率,以引导光波通过相应的波导分支达到指定的输出端口。使耦合器完成开关功能。图 6.3.5(a)是光波从端口 1 输入,从端口 4 输出;图 6.3.5(b)是光波从端口 1 输入,从端口 3 输出。

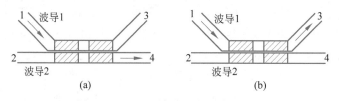

图 6.3.5 2×2 波导型光开关原理图

波导型光开关的特点是开关时间短(可达纳秒量级),可靠性高。不足之处是插入损耗和偏振相关损耗都比较大(比机械式光开关相应指标要大)。

4. 其他类型光开关

利用光纤滤波器、光纤调制器的原理也可构成相应的光开关。

6.3.3 光纤调制器

1. 基于 Kerr 效应的光纤相位调制器

利用光纤中的 Kerr 效应可构成光纤相位调制器,或 Kerr 效应相位调制光纤,其结构示意图如图 6.3.6 所示,在纤芯两侧包层区做两个金属电极,电极材料为铟/镓的混合物。当电极上有外加电压时,由于 Kerr 效应,在纤芯中将引起双折射效应。其大小与外加场 E_k 平方成正比,即 $B_h = \delta\beta/\beta = KE_k^2$,式中 K 是光纤材料的归一化 Kerr 常数。石英材料的 Kerr 效应虽然很弱,但可利用光纤的长作用区以获得足够大的相移。图 6.3.7 为 30m 长的光纤上外加电压和相移的关系,外加电压频率为 2kHz,由图中曲线可见,外加电压为 50V

可获近 $150°$ 相位差。

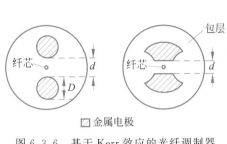

图 6.3.6　基于 Kerr 效应的光纤调制器
结构示意图

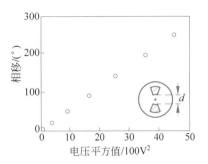

图 6.3.7　光纤调制器外加电压和
相移的关系

2. 基于热极化保偏光纤电光相位调制器

通过热极化或紫外极化可在熔石英光纤中产生二阶非线性效应和线性电光效应。基于此可构成全光纤电光调制器和全光纤光频转换器。虽然目前得到的电光系数小于晶体的电光系数，但由于光纤可以有比晶体长得多的相互作用长度，以及光纤与光纤系统的连接的损耗远小于晶体与光纤系统的连接损耗，因此，对极化熔石英光纤制作光纤电光器件已引起广泛注意，并进行了许多研究。

实用化的器件要带有尾纤，易于与实际光纤系统熔接，因此设计成在一段光纤中部侧面抛磨的电极结构。用光纤抛磨技术，将高双折射光纤，例如熊猫光纤上长为 60mm 的一个应力区部分磨去，直到抛磨平面与光纤芯距离约 $1\mu m$，如图 6.3.8 所示，抛磨出来的平面要平行于熊猫光纤的另一个双折射轴。为了减小抛磨平面上的散射损耗，要进行精细抛光然后在抛磨平面上镀上一层 Cr：Al 膜，以形成光纤极化时电极之一（阳极）。此阳极电极既可以尽可能地接近纤芯，又可以满足高速电光调制器对调制电极宽度的限制。而在圆柱形表面部分的电极部分则非常宽，几乎覆盖了光纤表面的一半，如图 6.3.8 所示。宽电极通过导电胶与电源导线相连。光纤热极化时，要在温度为 $300℃$ 的光纤两侧面加上强度大于 $10^7 V/m$ 的强电场。为防止击穿，需考虑在两电极间加入抗高电场击穿的绝缘材料，如聚酰亚胺，如图 6.3.8 所示。两电极间的交叠长度约为 $40mm$。由于光纤上的微带电极比光纤 $125\mu m$ 的外径窄，而光纤的击穿电压高达 $8.5×10^8 V/m$，同时微带电极被聚酰亚胺包裹，因此该结构的抗高压击穿能力大大加强。即使在电极间施加超过 $5000V$ 的直流高压，也不出现沿聚酰亚胺与光纤交界处的击穿现象。而且，由于该器件在一根保偏光纤上，通过定轴、磨抛、热极化制成，两端带有保偏尾纤，可直接与其他光纤系统熔接，为器件的应用提供了极

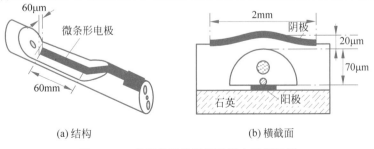

(a) 结构　　　　　　　　　　　　　　　(b) 横截面

图 6.3.8　基于热极化保偏光纤电光调制器

大的方便。

入射偏振光垂直于磨抛平面时,测试结果表明,热极化保偏光纤产生的相位变化 $\Delta\phi=31.1\text{mrad}$,对应的 γ_{eff} 值为 $0.047\pm0.005\text{pm/V}$。可见此热极化光纤可作为电光相位调制器。若光学模与非线性区的交叠系数为 0.1,则该电光相位调制器的电光系数估计为 $0.47\pm0.05\text{pm/V}$。此器件除作为全光纤高速调制器外,也可用作光纤电场传感器。

6.3.4 光纤滤波器

利用光纤耦合器和光纤干涉仪的选频作用可以构成光纤滤波器。目前研究得比较多且有实用价值的是:Mach-Zehnder 光纤滤波器、Fabry-Perot 光纤滤波器、光栅光纤滤波器等。

1. Mach-Zehnder 光纤滤波器

图 6.3.9 为 Mach-Zehnder 光纤滤波器的结构示意图,它由两个 3dB 光纤耦合器串联,构成一个有两个输入端、两个输出端的光纤 Mach-Zehnder 干涉仪。干涉仪的两臂长度不等,相差 ΔL,其中一个光纤臂用热敏膜或压电陶瓷(PZT)来调整,以改变 ΔL。

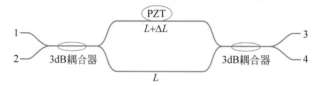

图 6.3.9　Mach-Zehnder 光纤滤波器结构示意图

Mach-Zehnder 光纤滤波器的原理是基于耦合波理论,其传输特性为

$$\begin{cases} T_{1\to 3} = \cos^2\left(\dfrac{\varphi}{2}\right) \\[2mm] T_{1\to 4} = \sin^2\left(\dfrac{\varphi}{2}\right) \\[2mm] \varphi = 2\pi\Delta L n f\,\dfrac{1}{c} \end{cases} \tag{6.3.1}$$

式中,f 是光波频率;n 是光纤的折射率;c 是真空中光速。由此可见,从干涉仪 3、4 两端口输出的光强随光波频率和 ΔL 呈正弦和余弦变化。对于光频其变化周期 f_s 可写成

$$f_s = \frac{c}{2n}\Delta L \tag{6.3.2}$$

因此,若有两个频率分别为 f_1 和 f_2 的光波从 1 端输入,而且 f_1 和 f_2 分别满足

$$\begin{cases} \varphi_1 = 2\pi n\Delta L f_1\,\dfrac{1}{c} = 2\pi m \\[2mm] \varphi_2 = 2\pi n\Delta L f_2\,\dfrac{1}{c} = 2\pi\left(m+\dfrac{1}{2}\right) \end{cases} \quad (m=1,2,3,\cdots)$$

则有

$$T_{1\to 3} = 1,\ T_{1\to 4} = 0,\quad f = f_1$$
$$T_{1\to 3} = 0,\ T_{1\to 4} = 1,\quad f = f_2$$

这说明,在满足上式的条件下,从 1 端输入的频率不同的光波将被分开,其频率间隔为

$$f_c = f_s = \frac{c}{2n\Delta L} \tag{6.3.3}$$

或

$$\Delta\lambda = \frac{\lambda_1\lambda_2}{2n\Delta L}$$

这种滤波器的频率间隔必须非常精确地控制在 f_c 上,且所有信道的频率间隔都必须是 f_c 的倍数,因此在使用时随信道数的增加,所需的 Mach-Zehnder 光纤滤波器为 $2^n-1(2^n$ 为光频数)个。图 6.3.10 为 4 个光频的滤波器,需两级共 3 个 Mach-Zehnder 光纤滤波器,频率间隔一般为 GHz 量级。

2. Fabry-Perot 光纤滤波器

利用 Fabry-Perot 光纤干涉仪的谐振作用即可构成滤波器。光纤 Fabry-Perot 滤波器(fiber Fabry-Perot filter,FFPF)的结构主要有如下 3 种。

1) 光纤波导腔 FFPF

图 6.3.11(a)是其结构的示意图,光纤两端面直接镀高反射膜,腔长(即光纤长度)一般为厘米到米量级,因此自由谱区较小。

2) 空气缝腔 FFPF

空气缝腔 FFPF 结构的 F-P 腔是空气隙,如图 6.3.11(b)所示,腔长一般小于 $10\mu m$,因此自由谱区较大。由于空气腔的模场分布和光纤的模场分布不匹配,致使这种结构的腔长不能大于 $10\mu m$,插入损耗也较大。曾有插入损耗为 4.3dB,腔长为 $7\mu m$,细度为 100 的结果报道。

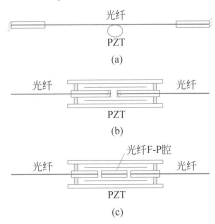

(a)

(b)

(c)

图 6.3.11　FFPF 结构示意图

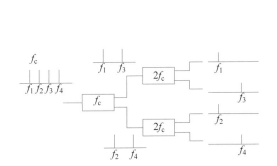

图 6.3.10　级联 Mach-Zehnder 光纤滤波器示意图

3) 改进型波导腔 FFPF

改进型波导腔 FFPF 结构的特点是:可通过中间光纤波导段的长度来调整其自由谱区,图 6.3.11(c)为其结构示意图。其光纤长度一般为 $100\mu m$ 到几厘米。这正好填补了上面两种 FFPF 的自由谱区的空白,同时也改善了空气隙腔 FFPF 存在的模式失配和插入损耗。

表 6.3.2 概括了通常用于衡量 FFPF 性能的 4 个主要指标。

FFPF 的细度和峰值透过率是反映其光学性能的两个重要指标。虽然,期望细度和峰值透过率越高越好,但是当腔内存在损耗时,获得的精细度越高,其峰值透过率就越低(由于光在腔内的等效反射次数随细度的提高而增加)。这说明提高反射镜的反射率并不能任意提高细度,它实际上受到腔内损耗的制约。

表 6.3.2　衡量 FFPF 性能的 4 个主要指标

主 要 参 数	定　　义	典型值	说　　明
自由谱区(free spectrum range,FSR)	相邻两个透过峰之间的谱宽	nm	FSR$=\lambda_1-\lambda_2$,表征光纤滤波器的调谐范围
细度 N	FSR/$\delta\lambda$。$\delta\lambda$ 为光纤滤波器透过峰的半宽度	$10\sim2000$	受到腔内损耗的制约
插入损耗	入射光波经光纤滤波器后衰减的程度	$<3\mathrm{dB}$	$-10\lg(p_{\mathrm{out}}/p_{\mathrm{in}})$
峰值透过率 τ	峰值波长处输入与输出光功率之比	$>50\%$	

图 6.3.12　FFPF 的原理图

图 6.3.12 为 FFPF 的原理图。图中 B,C 为两个反射镜,A 代表反射镜的吸收与散射因子,R 为反射率,E_{o} 代表入射光的电场分量,E_p 代表第 p 束出射光的电场分量,α 为腔内损耗(包括光纤的吸收与散射损耗、弯曲损耗、光纤两端面与反射镜之间的耦合损耗等)。对每束出射光求和则可得输出与输入光强之比:

$$\frac{I_{\mathrm{o}}}{I_i}=\frac{|E^{(\mathrm{o})}|^2}{|E_i|^2}=\left[\frac{1-R-A}{1-R-aR}\right]^2\frac{1}{1+F'\sin^2\delta/2}\tag{6.3.4}$$

式中,I_{o} 为输出光强,$E^{(\mathrm{o})}=\sum_{p=1}^{\infty}E_p^{(\mathrm{o})}=\dfrac{t^2E_i}{1-(1-\alpha)r^2\mathrm{e}^{-\mathrm{i}\delta}}$

$$\delta=4\pi n_1\frac{1}{\lambda}$$

$$F'=\frac{4(1-\alpha)R}{[1-(1-\alpha)R]^2}$$

$$R=r^2\tag{6.3.5}$$

式中,n_1 是光纤芯的折射率;L 是光纤长度;λ 是工作波长。由此可导出细度 N 和峰值透过率 τ 的表达式为

$$N=\frac{\pi\sqrt{(1-\alpha)R}}{1-(1-\alpha)R}\tag{6.3.6}$$

$$\tau=\frac{1-R-A}{1-R+\alpha R}\tag{6.3.7}$$

可以看出,损耗 α 不但影响细度 N,也影响峰值透过率 τ。由于 α 的影响使等效反射率从 R 下降。显见,它对细度的影响很大。图 6.3.13 给出了以损耗 α 为参变量的细度 N 和反射镜透过率 T 的关系曲线,以及峰值透过率 τ 和 T 的关系曲线。这表明:当损耗 α 较小时,增大反射镜反射率 R(即减小透过率 T)将使细度剧增,峰值透过率也有较大的值。当 α 值与 R 值可以比拟时,增大 R 不但不会使细度明显增加,反而会使峰值透过率急剧减小。例如,$\alpha=0.5\%$ 时,使透过率 T 从 1% 减少到 0.5%,可使细度增加约 25%,但这是峰值透过率却下降了 60%,因此实际工作中应根据具体情况综合考虑上述诸参数的选择。腔内损耗的原因较复杂,主要有 3 个:①反射镜与光纤端面之间的距离 d,d 愈大,损耗愈大,计算表明当 $d=6\mu\mathrm{m}$ 时,将产生 0.5% 的损耗,若采用在光纤端面直接镀多层介质膜的办法,则可使

d 减小到最低程度；②光纤端面（主要是芯部）的不平度；③光纤轴与反射镜平面法线不平行。计算表明：当两者夹角小于 0.1°时，耦合损耗小于 0.2%；当夹角小于 0.2°时，耦合损耗小于 0.8%。这是制作高质量的 FFPF 关键之一。

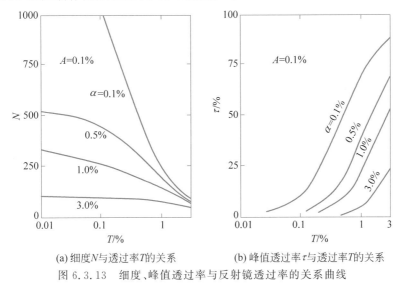

(a) 细度 N 与透过率 T 的关系   (b) 峰值透过率 τ 与透过率 T 的关系

图 6.3.13　细度、峰值透过率与反射镜透过率的关系曲线

6.4　光纤旋转连接器

6.4.1　光纤旋转连接器的工作原理

在信号传输过程中，有时中间需要通过旋转结构传递信息，即由静止平台的一端向旋转平台的一端连续传送信号，这种器件称为旋转连接装置，也称为旋转连接器。在海洋探测，石油化工等工业领域，国防和航天领域以及激光医疗等领域，都需使用旋转连接器。例如：海洋探测中的光纤水声检测系统、扫描跟踪雷达天线、海底机器人，以及飞行器跟踪系统等。传输高速光信号的旋转器就是光纤旋转连接器（fiber optic rotary joint）。

光纤旋转连接器也称"光纤滑环"，是一种无源光器件。用于连接不同的光纤通路，功能和活动光纤连接器相似，差别是：它可方便地改变连接的通路。光纤旋转连接器是带有旋转面的连接器，它将光信号从一个光路，相继转送到几个不同的光路。一般光纤旋转连接器由定子和转子组成。光信号可从定子（固定的光纤通道）出发，通过旋转面到达另一个所需的光纤通道，反之亦然。

6.4.2　光纤旋转连接器的基本结构

光纤旋转连接器的结构框图如图 6.4.1 所示。利用专用旋转装置，可使光信号从输入通道传送到输出通道。

两光纤通道的连接方式和光纤活动连接器的结构类似，有多种类型，其中包括：光纤端面直接耦合，如图 6.4.2 所示；利用透镜耦合，如图 6.4.3 所示；利用棱镜耦合，如图 6.4.4 所示；利用双透镜耦合可构成双通道光纤旋转连接器，如图 6.4.5 所示；图 6.4.6 是利用液晶调制器构成的光纤旋转连接器。

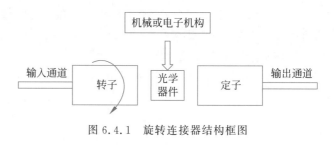

图 6.4.1　旋转连接器结构框图

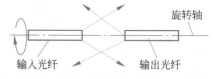

图 6.4.2　利用光纤端面直接耦合的旋转连接器结构示意图

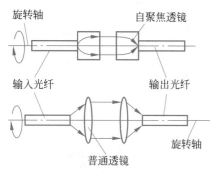

图 6.4.3　利用透镜耦合的旋转连接器
　　　　　结构示意图

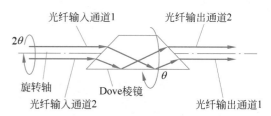

图 6.4.4　利用棱镜耦合的旋转连
　　　　　接器结构示意图

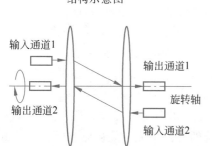

图 6.4.5　利用双镜耦合的旋转连接器
　　　　　结构示意图

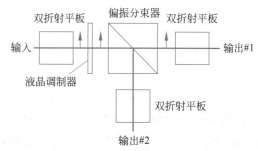

图 6.4.6　利用液晶调制器构成的光纤旋转连接器
　　　　　结构示意图

　　利用光波分复用器/解复用器以及其他光器件,也可构成多路光纤旋转连接系统。例如,在单通道光纤旋转连接器基础上,采用多波长复用技术,则可构成多路光纤旋转连接系统,图 6.4.7 是此系统的原理图,由此可利用光纤的带宽和双向传输技术,增加光纤传输容量。由图 6.4.7 可见,4 个波长的 λ_1,λ_2,$\cdots$,λ_n 的光信号在合波器(WDM 器件)中合成一组光信号,再入射到光纤旋转器中,进入下一个通道,然后解复用。

6.4.3　光纤旋转连接器产品与工业应用

　　光纤旋转连接器(见图 6.4.8)的作用是解决相对的旋转部件间光信号的传输问题,即

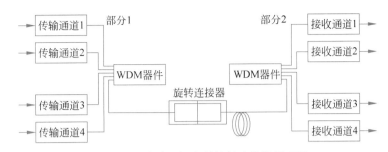

图 6.4.7　多路空间光纤旋转连接器原理图

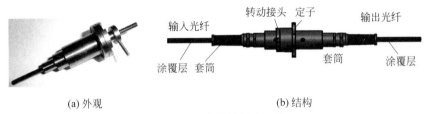

(a) 外观　　　　　　　　　　　(b) 结构

图 6.4.8　光纤旋转连接器

保证光信号的传输不因为旋转而中断。与传统的电连接器相比,光纤旋转连接器有以下优点:光信号传输、无电磁泄漏、保密性好、抗电磁干扰;寿命长,可达 500 万转;转速高,最高可达上万转/分钟。根据不同的分类方法,光纤旋转连接器产品有单模、多模;单通道、多通道;单向、双向等。在某些特殊应用环境中,信息需要和油、水和气体等介质一起传输时,还有中空型光纤旋转连接器,其原理示意图见图 6.4.9。

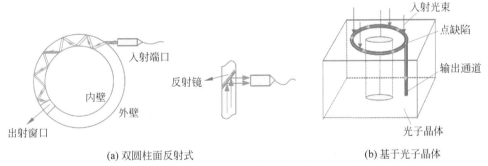

(a) 双圆柱面反射式　　　　　　　　(b) 基于光子晶体

图 6.4.9　中空型光纤旋转连接器原理示意图

　　光纤旋转连接器的特点是转速高、传输速率快、抗干扰、可靠性强,防护等级高和寿命长。其主要应用领域包括军事、航天、工业领域和海底作业系统。例如,海底机器人与控制船之间信号传输;雷达天线和车载信号处理系统之间的信号传输;远程机械的输入-输出设备与控制台之间的信号传输;火箭导弹、车载转动炮台、光电经纬仪、海底电缆等。

6.5　光衰减器

6.5.1　光衰减器原理、分类与基本结构

光衰减器是在光路中用于减弱光强的无源器件。构成光衰减器的基本原理有:光吸收

(利用材料对光的吸收特性减弱透射光强);光偏振(利用线偏振光的取向性减弱透射光);光泄漏(利用光轴对准误差或光纤弯曲引起的漏光减弱透射光强)。虽然可减弱光强的方法还有多种(例如:反射、散射、衍射等),但均不宜用于构成光衰减器。

光衰减器可分为固定衰减器、可调衰减器和电可调衰减器三种。

1. 固定衰减器

固定衰减器的衰减量固定不变。它可在两光纤之间插入固定的衰减片或在光纤(或自聚焦光纤)端面镀吸收膜构成。具体的规格有:标准衰减量为 3dB、6dB、10dB、20dB、30dB、40dB;衰减量误差小于 10%。对其性能要求是:体积小,质量轻,透光波段符合要求。

2. 可调衰减器

可调衰减器可分为连续可调和分挡可调两种。连续可变衰减器的光衰减部分是由分挡衰减圆盘和连续衰减圆盘组合构成,如图 6.5.1(a)所示。分挡衰减圆盘的衰减量分成 6 挡:0dB、10dB、20dB、30dB、40dB 和 50dB;连续衰减圆盘的衰减量为 0~15dB。因此总的衰减量调节范围为 0~65dB。分挡衰减器的光衰减部分也由两个衰减圆盘构成,但两个圆盘的衰减量均为分挡变化,如图 6.5.1(b)所示。每个圆盘上分别装有 6 个不同衰减量的衰减片,通过旋转这两个圆盘,使两个圆盘上的不同衰减片组合,即可获得数十挡的衰减量。

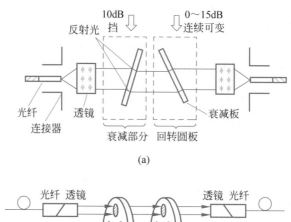

(a)

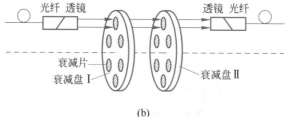

(b)

图 6.5.1 双轮式可调光衰减器示意图

3. 电可调衰减器

利用法拉第磁光效应可构成电可调可变光衰减器,图 6.5.2 是其原理图。图中偏振器 1 和偏振器 2 为通光方向相互垂直放置。改变加在法拉第旋镜上的磁场,即可改变通过此旋镜的线偏振光的取向,通过偏振器 P_2 的光强也随之改变,结果是:通过改变磁场,可连续改变衰减器输出的光强。应注意,此输出光强的变化和外加电压不成正比。图 6.5.3 是其输出光强随外加电压的变化关系。

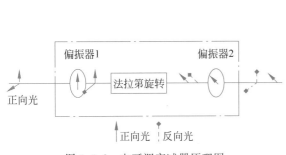

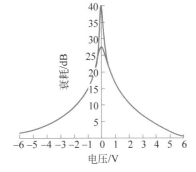

图 6.5.2 电可调衰减器原理图

图 6.5.3 电可调可变衰减器光衰减特性

6.5.2 全光纤热光型可变光衰减器

1. 基本原理

全光纤热光型可变光衰减器是一种新型的光衰减器。它是利用热光效应改变光波导中传输的光能量。具体方法为：在侧边抛磨光纤的抛磨区域，包裹聚合物热光材料（如图 6.5.4(a) 所示），并埋入电极。通过电极加热可引起热光材料的温场变化，进而引起波导的有效折射率随温度变化，从而导致由光纤芯、光纤包层和热光材料等共同构成的热光复合波导的传输特性发生改变。这种方法可以控制光纤芯模的传播和泄漏。图 6.5.4(b) 是光纤传输损耗随加热电流变化的关系曲线。

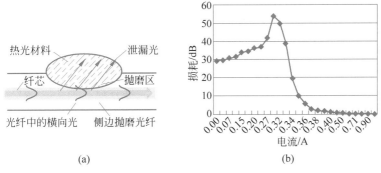

图 6.5.4 全光纤可变光衰减器原理示意图

2. 器件的理论设计和实验结果

在理论上可用三维有限差分光束传输法计算侧边抛磨光纤波导的光功率传输特性，并分析抛磨区域覆盖材料的折射率与通光衰减量之间的关系。图 6.5.5 是基于热光效应，并针对侧边抛磨光纤的 D 形边界条件构成的全光纤可变光衰减器的理论计算曲线。抛磨长度为 9mm，剩余包层厚度为 $3\mu m$；剩余包层厚度决定器件的衰减范围。图 6.5.5 中的理论曲线变化趋势表明：选择折射率变化在 1.45～1.48 的材料作为光纤侧边抛磨区的覆盖材料，纤芯中会产生热光效应引起的光强衰减随控制温度而变化。因此，可以制备出光纤可变光衰减器。

固体聚合物材料制作的可调光衰减器 VOA 的衰减量随材料温度变化的实验结果如图 6.5.6 所示。器件的衰减量随着温度增加的范围为 35～45dB，器件的插入损耗小于

0.1dB,衰减范围为 0～80dB,偏振相关损耗小于 0.02dB,背向反射小于－70dB。

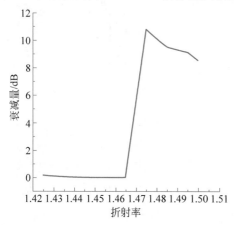

图 6.5.5　光功率衰减随折射率变化的理论曲线

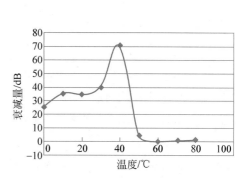

图 6.5.6　VOA 器件衰减量随温度变化实验曲线

6.6　光缓存器

　　光缓存器是用于光纤传输线路中将被传输的信号按需要暂时延缓一定时间后再继续向前传输的光无源器件。光缓存器是正在研究的一种光器件。其研究的主要内容是:增加缓存时间,缓存波长数,以及缓存动态范围,改善缓存的读入读出的性能等。

　　实现光缓存的原理:一是利用大折射率的介质,获得比光纤传输更低的光速。由于材料改性的难度较大,此法的实用尚有较长的路要走;二是利用光纤的延时特性(增加光纤长度),或是利用光纤环增加光在环内循环的次数。这是有实用前景的方案。图 6.6.1 是一种典型的,有实用价值的光缓存器的光路图。此缓存器是基于 3×3 平行排列耦合器的双环耦合全光缓存器(dual-loop optical buffer,DLOB)。3×3 耦合器左侧 1、5 端口用光纤连接构成光纤环 1(fiber loop 1),右侧 2、4 端口用光纤连接构成光纤环 2(fiber loop 2)。非线性相移元件——半导体光放大器(SOA)偏离光纤环 2 的中心放置。波分复用器(WDM)WDM1 和 WDM2 分别用于引入和导出控制光脉冲。光纤环 2 中的偏振控制器(PC)用于调节信号光的偏振态。图中 7、8、9 是环行器的 3 个端口。

　　图 6.6.1 所示光缓存器的工作原理如下。当需要被缓存的数据包由端口 7 经环行器端口 8 进入耦合器的端口 6。此数据包在耦合器的端口 2、4 被分成等强度的两束光分别沿顺时针和逆时针方向传输。当无同步控制光脉冲时,此两束信号光绕光纤环 2 一周后,将在耦合器的端口 6 处干涉,此干涉光由光路 8 经环行器后,由端口 9 输出。当同步控制光脉冲由 WDM1 引入光纤环 2 时,由于 SOA 中交叉相位调制的作用,此两束信号光之间将产生一非线性相移。调节控制光的功率使相移达到 π 时,此两束信号光干涉后将会从端口 1 和 5 输出,并一直在光纤环 1 和光纤环 2 内的∞字型光纤环中绕行。这就是信号的储存效应。当要读出此数据时只需再次从 WDM1 输入控制光脉冲,这时被储存的数据将从端口 6 读出,并经环行器端口 9 进入正常的光纤传输线。

　　多波长光缓冲器是一个无须进行光电变换且可将多波长光信号缓存一段时间的器件。缓存器的写入和读出时间以及数据被缓存的时间可由外部信号控制,且随机可变。

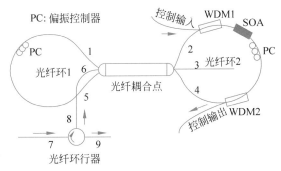

图 6.6.1　基于 3×3 耦合器的双环光缓存器光路图

图 6.6.2 是多波长光缓冲器在全光包交换中如何解决多波长数据包冲突的示意图。当来自A、B 两个不同信道的多波长数据包同时到达交换节点且需要传输到同一个目的地址时,缓存器可以让其中一个数据包在缓存器中缓存,同时允许优先级高的数据包通过。在线路空闲时再释放被缓存的数据包。除全光通信系统外,光缓冲器还可用于全光信号处理、射频光子学、非线性光学等领域。

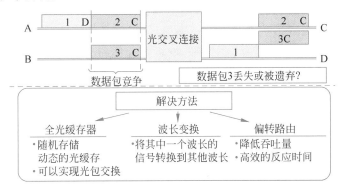

图 6.6.2　光缓冲器在包交换网络中的应用示意图

6.7　光纤偏振器件

6.7.1　光纤偏振控制器

微课视频

　　一般光学系统均采用波片来改变光波场的偏振态。在光纤系统中可采用更简单的方法:利用弹光效应改变光纤中的双折射,以控制光纤中光波的偏振态。

　　由第 2 章 2.7.3 节的讨论可知,当光纤在 x-z 平面内弯曲时,由于应力作用,光纤折射率发生变化,对于石英光纤可得

$$\delta n = \Delta n_x - \Delta n_y = -0.133\left(\frac{a}{R}\right)^2$$

其快轴位于弯曲平面内,慢轴垂直于弯曲平面。因此利用弯曲光纤的双折射效应,可以制成波片,对于弯曲半径为 R 的 N 圈光纤,如选择适当的 N、R 使得

$$|\delta n|2\pi NR = \frac{\lambda}{m} \quad (m = 1, 2, 3, \cdots)$$

则该光纤圈即成为 λ/m 波片。例如对于 $\lambda = 0.63\mu m$ 的红光,把纤芯半径为 $62.5\mu m$ 的光

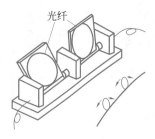

图 6.7.1　光纤偏振控制器
装置图

纤绕成 $R=20.6\mathrm{mm}$ 的一个光纤圈时,就成为 $\lambda/4$ 波片;若绕两圈,就构成 $\lambda/2$ 波片。

图 6.7.1 为光纤偏振控制器的装置图,其工作原理如下:当改变光纤圈所在平面的角度时,可改变光纤中双折射轴主平面方向,产生的效果与转动波片的偏振轴方向一样,因此在光纤系统中加入这种光纤圈,并适当转动光纤圈的角度,就可控制光纤中双折射的状态。常用的偏振控制器一般由 $\lambda/4$ 光纤圈和 $\lambda/2$ 光纤圈组成。适当调节此两光纤圈的角度,就可获得任意方向的线偏振光。

6.7.2　保偏光纤偏振器

利用高双折射光纤构成光纤偏振器的设计思想是:利用光纤包层中的倏逝场,把高双折射光纤中两偏振分量之一泄露出去(高损耗),使另一偏振分量在光纤中无损(实际是低损)地传输,从而在光纤出射端获得单偏振光。具体结构方式可有多种,仅举 3 例如下。

【例 6.7.1】　用镀金属膜的办法吸收一个偏振分量,以构成光纤偏振器。器件结构如图 6.7.2 所示。在石英或玻璃基片上开一弧形槽,保偏光纤定轴后胶固于其中;经研磨抛光到光场区域,然后在上表面镀一层金属膜,在此处介质和金属形成一复合波导。当光纤中的偏振光到达此区域时,TM 波导能够激发介质-金属表面上的表面波,使其能量从光纤耦合到介质-金属复合波导中,进而被泄漏损耗掉,而 TE 波不发生这种耦合,能够几乎无损耗地通过此区域,从而在输出中得到单一的 TE 偏振光。

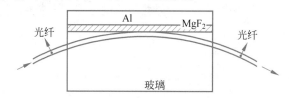

图 6.7.2　镀金属膜的光纤偏振器示意图

用这种方法制作保偏光纤偏振器需要解决的技术关键有:光纤定轴、研磨深度的检测、薄膜蒸镀以及性能的检测等问题。偏振器要实现 40dB 的消光比,定轴误差不能超过 $0.5°$,研磨深度则应在研磨过程中精确检测,一般是通过泄露光能的检测来推算研磨深度。目前用这种方法制成的保偏光纤偏振器,其优秀者性能指标为:消光比大于 40dB;插入损耗小于 0.5dB。

【例 6.7.2】　用双折射晶片泄漏掉一个偏振分量,以构成光纤偏振器。器件结构如图 6.7.3 所示。在石英或玻璃基片上开一弧形的槽,保偏光纤定轴后胶固于其中,经研磨抛光到光场区域,然后在上表面固定一块晶片。此双折射率晶片的一个折射率应大于纤芯的折射率,另一个折射率则应小于纤芯的折射率,即 $n_0>n_{芯}>n_e$ 或 $n_e>n_{芯}>n_0$。这时光纤中一个偏振分量被泄漏,另一个则继续维持在光纤中传播。例如,有人用 $\mathrm{KB_5O_8 \cdot 4H_2O}$ 晶体,沿垂直于 b 轴切割,见图 6.7.3。由于此晶体对 $\lambda=0.633\mu m$ 的红光有:$n_a=1.49$,$n_b=1.43$,$n_c=1.42$,而石英芯光纤的 $n_1=1.456$,因此,对于垂直分界面(晶体-光纤的分界面)振动的光其折射率为 $n_b=1.43$;对于平行于分界面振动的光,其折射率为 $n_c=1.42$,$n_a=$

1.49。设计偏振器时,应选晶体夹角,使其一个偏振分量从导模中有效地泄露,此角 θ 与纤芯取向如图 6.7.4 所示,其值由下式计算

$$n_1 = \left(\frac{\sin^2\theta}{n_c^2} + \frac{\cos^2\theta}{n_a^2} \right)^{-\frac{1}{2}}$$

最后再通过微调以获得最佳消光比。实际器件的消光比有达 60dB 者。

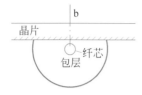
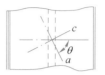

图 6.7.3　用双折射晶片构成光纤偏振器示意图　　　图 6.7.4　光纤偏振器的晶体取向

【例 6.7.3】 用异形光纤构成光纤偏振器。结构如图 6.7.5 所示。和一般光纤的差别是:在光纤的包层区有 D 形长筒,其中充以金属。利用此异形的金属包层可使纤芯中传播的两正交分量的损耗相差 20dB 以上。这种方法构成的偏振器,在 $1.3 \sim 1.5\mu m$ 大波长范围内可获 30dB 的消光比,插入损耗为 1dB。

图 6.7.5　用异形光纤构成的光纤偏振器结构示意图

6.7.3　光纤隔离器

利用光纤材料的 Faraday 效应 $\theta = VHL$ 可以构成光纤隔离器,式中 θ 是在磁场强度 H(沿光纤轴方向)作用下,在光纤中传输的光的偏振面的转角,L 是在磁场中的光纤长度,V 是光纤材料的 Verdet 系数。利用光纤做隔离器的主要问题是:一般低损光纤所用材料的 Verdet 系数都很小(例如,熔石英的 Verdet 系数为 $0.0124\min/cm \cdot Oe$),因此,要获得 $45°$ 转角,就需要很长的光纤处于强磁场中。对于熔石英光纤,若 $H = 1000Oe = 79.6A/m$,则在磁场中的光纤长度约为 2m。这是光纤隔离器实用化的主要问题之一。利用高 Verdet 材料制成单晶光纤以构成隔离器是解决此问题的途径之一。但目前,此类光纤尚无可实用者。

下面介绍用石英光纤构成的一个隔离器的实例。如图 6.7.6 所示,隔离器磁场是由 14 块永磁体构成。每块厚为 0.53cm,两相邻磁体之中心距为 1.65cm,极性相反,选择中心距是恰等于光纤拍长之半(光纤拍长 $L_p = 3.30cm$),磁体中开一宽度为 0.03cm 的槽以便放置光纤。此槽中沿光纤方向之磁场强度为 0.5A/m。为减少隔离器中永磁体的数目,光纤往返 9 次通过上述串联的磁体,光纤总长为 700cm,其中在磁场区的长度为 200cm,光纤芯直径 $3.3\mu m$,工作波长 $0.633\mu m$,损耗 20dB/km。当入射线偏振光沿 x 方向输入时(光纤的消光比为 $-30dB$),调整器件使从隔离器输出的光功率为 $P_y = P_x$,则说明出射光振动方向已旋转 $45°$。这时在入射端若有起偏器,它就构成隔离器;若无起偏器则构成圆偏振器,此隔离器之消光比为 20dB。由于光纤拍长会随温度而变,因此使用时应注意控温,也可利用

温度变化来微调器件。这种结构的光隔离器尚未实用化。

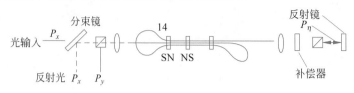

图 6.7.6　光纤隔离器示意图

6.8　光纤光栅

6.8.1　引言

光纤光栅是发展最为迅速的光纤无源器件之一。自从 1978 年 K. O. Hill 等首先在掺锗光纤中采用驻波写入法制成世界上第一只光纤光栅以来,由于它具有许多独特的优点,因而在光纤通信、光纤传感等领域均有广阔的应用前景。随着光纤光栅制造技术的不断完善,应用成果的日益增多,使得光纤光栅成为目前最有发展前途、最具有代表性的光纤无源器件之一。由于光纤光栅的出现,使许多复杂的全光纤通信和传感网成为可能,极大地拓宽了光纤技术的应用范围。

光纤光栅是利用光纤材料的光敏性(外界入射光子和纤芯内锗离子相互作用引起折射率的永久性变化),在纤芯内形成空间相位光栅,其作用实质上是在纤芯内形成一个窄带的(透射或反射)滤波器或反射镜。利用这一特性可构成许多性能独特的光纤无源器件。例如,利用光纤光栅的窄带高反射率特性构成光纤谐振腔,依靠掺铒光纤等为增益介质即可制成光纤激光器;用光纤光栅作为激光二极管的外腔反射器,可以构成外腔可调谐激光二极管;利用光纤光栅可构成光纤滤波器用于多种光纤干涉仪:Michelson 干涉仪、Mach-Zehnder 干涉仪和 Fabry-Perot 干涉仪的光纤滤波器;利用闪耀型光纤光栅可以制成光纤平坦滤波器;利用非均匀光纤光栅可以制成光纤色散补偿器等。此外,利用光纤光栅还可制成用于检测应力、应变、温度等诸多参量的光纤传感器和各种光纤传感网。

对光纤光栅研究的主要内容有三方面:光栅的写入技术(尤其是非周期光栅的写入技术)、光栅的形成机理;光栅的传输和传感特性及其应用等。这些均已取得长足的进步,本节将对此进行简单的介绍。

6.8.2　光纤光栅的分类

在光纤光栅出现至今,由于研究的深入和应用的需要,各种用途的光纤光栅层出不穷,种类繁多,特性各异。因此也出现了多种分类方法,归结起来主要是从光纤光栅的周期、相位和写入方法等几个方面对光纤光栅进行分类。

1. 按光纤光栅的周期分类

按光纤光栅周期的长短,可分为短周期光纤光栅和长周期光纤光栅。周期近于 $1\mu m$ 的光纤光栅称为短周期光纤光栅,又称为光纤 Bragg 光栅或反射光栅(fiber Bragg grating,FBG);而把周期为几十至几百微米的光纤光栅称为长周期光纤光栅(long-period grating,LPG),又称为透射光栅。短周期光纤光栅的特点是传输方向相反的两个芯模之间发生耦合,属于反射型带通滤波器,如图 6.8.1(a)所示;其反射谱如图 6.8.2(a)所示。长周期光纤光栅的特点是同向传输的纤芯基模和包层模之间的耦合,无后向反射,属于透射型带阻滤波器,如图 6.8.1(b)所示;其透射光谱如图 6.8.2(b)所示。

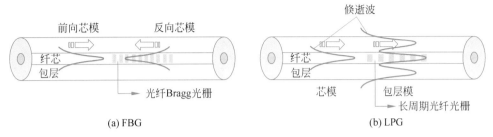

(a) FBG

(b) LPG

图 6.8.1　FBG 和 LPG 的模式耦合示意图

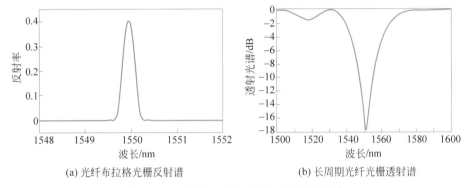

(a) 光纤布拉格光栅反射谱

(b) 长周期光纤光栅透射谱

图 6.8.2　FBG 的反射谱和 LPG 的透射谱

2. 按光纤光栅的波导结构分类

根据光栅的波导结构即光栅轴向折射率分布,如图 6.8.3 所示,光纤光栅可分为 7 个主要类型,表 6.8.1 是其简要介绍。

表 6.8.1　不同波导结构的光纤光栅分类

类　　型	反　射　谱	光栅周期/nm	说　　明
均匀光纤光栅 (uniform fiber grating)	带宽～0.1nm 反射率～100% 反射谱有对称边模旁瓣	～10^2 折射率调制深度为常数	最早、最常见的光栅 光栅波矢与光纤轴线方向一致
闪耀(倾斜)光纤光栅 (blazed/tilted fiber grating)	λ_{Bragg} 的短波方向出现损耗带 强度随闪耀角大小而变	～10^2 光栅条纹与光纤轴有一个小角度夹角	将基模耦合至反向导模、包层模或辐射模 用于增益平坦和空间模式耦合器
啁啾光纤光栅 (chirped bragg grating)	反射带宽大 100nm 色散大且稳定	沿轴向单调变化 线性/非线性啁啾	广泛用于 WDM 系统色散补偿元件
变迹光纤光栅 (apodized fiber grating)	抑制边模旁瓣	特定函数调制折射率调制深度 常用函数:高斯(Gaussian)、双曲正切(tanh)、余弦(cos)和升余弦(raised cos)	在 DWDM 中有很重要的应用

续表

类　　型	反　射　谱	光栅周期/nm	说　　明
相移光纤光栅 (phase-shifted fiber grating)	在 Bragg 反射带中打开透射窗口,对某一或多个波长有更高的选择度	破坏均匀光栅周期的连续性 等效于若干个周期性光栅的不连续连接—每个不连续连接产生一个相移	构造多通道滤波器件满足 EDFA 增益平坦需要
超结构(取样)光纤光栅 (superstructure fiber grating)	具有一组分离的反射峰	等效于对 Bragg 光栅或啁啾光栅按一定规律在空间上取样的结构	梳状滤波器、多波长激光器领域应用 实现多个信道的同时补偿
莫尔(moire)光栅	反射带中开一个很窄的透射窗口 相当于一个 $\lambda/4$ 的相移光栅	两个具有微小周期差异的紫外条纹对光纤的同一位置进行二次曝光	

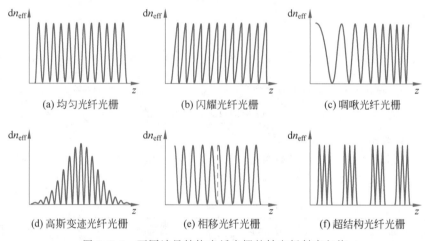

(a) 均匀光纤光栅　　(b) 闪耀光纤光栅　　(c) 啁啾光纤光栅

(d) 高斯变迹光纤光栅　　(e) 相移光纤光栅　　(f) 超结构光纤光栅

图 6.8.3　不同波导结构光纤光栅的轴向折射率包络

3. 按光纤光栅的形成机理分类

按光纤光栅的形成机理,光纤光栅可分为光敏性和光弹性两类:①利用光敏性形成的光纤光栅,其特点是利用激光曝光掺杂光纤诱导其光敏性导致折射率变化从而形成光纤光栅,其代表是紫外光通过相位掩模或振幅掩模曝光氢载掺锗光纤,通过掺锗光纤的光敏性引起纤芯折射率周期性调制,从而形成光纤光栅;②利用弹光效应形成的光纤光栅,其特点是利用周期性的残余应力释放或光纤的物理结构变化,从而在轴向周期性地改变光纤的应力分布,通过弹光效应导致光纤折射率发生轴向周期性变化从而形成光纤光栅。其代表有 CO_2 激光加热使释放光纤残余应力、氢氟酸腐蚀改变光纤物理结构、电弧放电使光纤微弯和微透镜阵列法等方法形成的光纤光栅。由于目前对各种光纤光栅的形成机理的解释还不完全统一,以致以上按形成机理的分类可能不太全面,但相信随着研究的深入按形成机理对光纤光栅的分类必将更加完善。

4. 按光纤的材料分类

按写入光栅的光纤材料类型,光纤光栅可分为石英玻璃光纤光栅和聚合物光纤光栅(又称塑料光纤光栅)。此前研究和应用最多的是在石英玻璃光纤中写入的光纤光栅,然而最近在聚合物光纤中写入的光纤光栅已引起了人们越来越多的关注,这种光纤光栅在通信和传感领域有着许多潜在的应用,如大的谐振波长可调范围。此外还有在红外光纤上用可见光写成的光纤光栅的报道。

6.8.3　光纤 Bragg 光栅的理论模型

光敏光纤 Bragg 光栅的原理是由于光纤芯区折射率周期变化引起光纤传输特性的改变,导致某一波长的光波发生相应的模式耦合,使得其透射光谱和反射光谱对该波长出现奇异性,图 6.8.4 表示了其折射率分布模型。这只是一个简化图形,实际上光敏折射率改变的分布将由照射光的波前分布决定。对于整个光纤曝光区域,可以由下列表达式给出折射率分布较为一般的描述:

$$n(r,\varphi,z)=\begin{cases}n_1[1+F(r,\varphi,z)], & |r|\leqslant a_1 \\ n_2, & a_1\leqslant|r|\leqslant a_2 \\ n_3, & |r|>a_2\end{cases} \quad (6.8.1)$$

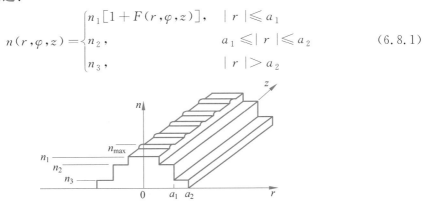

图 6.8.4　光纤 Bragg 光栅折射率分布模型

式中,$F(r,\varphi,z)$ 为光致折射率变化函数,具有如下特性:

$$F(r,\varphi,z)=\frac{\Delta n(r,\varphi,z)}{n_1}$$

$$|F(r,\varphi,z)|_{\max}=\frac{\Delta n_{\max}}{n_1} \quad (0<z<L)$$

$$F(r,\varphi,z)=0 \quad (z>L)$$

式中,a_1 为光纤纤芯半径;a_2 为光纤包层半径;相应的 n_1 为纤芯初始折射率;n_2 为包层折射率;$\Delta n(r,\varphi,z)$ 为光致折射率变化;$\Delta n_{\max}$ 为折射率最大变化量。因为制作光纤光栅时需要去掉包层,所以这里的 n_3 一般指空气折射率。式(6.8.1)中之所以出现 r 和 φ 坐标项,是为了描述折射率分布在横截面上的精细结构。

在式(6.8.1)中隐含了如下两点假设:①所用光纤为理想的阶跃型光纤,并且折射率沿轴向均匀分布;②光纤包层为纯石英,由紫外光引起的折射率变化极其微弱,可以忽略不计。这两点假设有实际意义,因为目前实际用于制作光纤光栅的光纤,多数是采用改进化学气相沉积法(MCVD)制成,且使纤芯重掺锗以提高光纤的紫外光敏性,这就使得实际的折射率分布很接近于理想阶跃型,因此采用理想阶跃型光纤模型不会引入与实际情况相差很大的误差。此外,光纤包层一般为纯石英,虽然它对紫外光波也有一定的吸收作用,但很难引起折射率的变化,而且即使折射率有微弱变化,也可由调整 Δn 的相对值来获得补偿,因此完全可以忽略包层的影响。

为了给出 $F(r,\varphi,z)$ 的一般形式,必须对引起这种折射率变化的光波场进行详尽分析。目前采用的各类写入方法中,紫外光波在光纤芯区沿 z 向的光场能量分布大致可分为如下几类:均匀正弦型、非均匀正弦型、均匀方波型和非均匀方波型。从目前的实际应用看,非均匀性主要包括光栅周期及折射率调制沿 z 轴的渐变性、折射率调制在横截面上的非均匀分布等,它们分别可以采用对光栅传播常数 k_g 修正——与 z 相关的渐变函数 $\varphi(z)$,以及直接采用 $\Delta n(r)$ 代表折射率调制来描述。为了更全面地描述光致折射率的变化函数,可直接采用 Fourier 级数的形式对折射率周期变化和准周期变化进行分解。基于上述考虑,可采用下列一般性函数来描述光致折射率变化:

$$F(r,\varphi,z) = \frac{\Delta n_{\max}}{n_1} F_0(r,\varphi,z) \sum_{q=-\infty}^{\infty} a_q \cos[(k_q q + \varphi(z))z] \qquad (6.8.2)$$

式中,$F_0(r,\varphi,z)$ 表示由于光纤对紫外线的吸收作用而造成的光纤横向截面曝光不均匀性,或其他因素造成的光栅轴向折射调制不均匀性,并有 $|F_0(r,\varphi,z)|_{\max}=1$,这些不均匀性将会影响到传输光波的偏振及色散特性;$k_g = 2\pi/\Lambda$ 为光栅的传播常数;Λ 为光栅周期;q 为非正弦分布(如方波分布)时进行 Fourier 展开得到的谐波阶数,它将导致高阶 Bragg 波长的反方向耦合;a_q 为展开系数;$\varphi(z)$ 为表示周期非均匀性的渐变函数。正因为 $\varphi(z)$ 的渐变性,我们可将它看作一"准周期"函数,对包含有 $\varphi(z)$ 的非正弦分布也进行了类似于周期函数的 Fourier 展开。

结合式(6.8.1)和式(6.8.2),可以得到光栅区的实际折射率分布为

$$n(r,\varphi,z) = n_1 + \Delta n_{\max} F_0(r,\varphi,z) \sum_{q=-\infty}^{\infty} a_q \cos[(k_q q + \varphi(z))z] \qquad (6.8.3)$$

该式即为光纤 Bragg 光栅的折射率调制函数,它给出了光纤光栅的理论模型,是分析光纤光栅特性的基础。

6.8.4　均匀周期正弦型光纤光栅

用目前的光纤光栅制作技术,多数情况下生产的都属于均匀周期正弦型光栅,如最早出现的全息相干法、分波面相干法以及有着广泛应用的相位模板复制法,都是在光纤的曝光区利用紫外激光形成的均匀干涉条纹,在光纤纤芯上引起类似正弦条纹结构的折射率变化。尽管在实际制作中很难使折射率变化严格遵循正弦结构,但对于这种结构光纤光栅的分析仍然具有相当的理论价值,可以在此基础之上展开对各种非均匀性(由曝光光斑的非均匀性、光纤自身的吸收作用、光纤表面的曲面作用等引起)影响的讨论。

在这种情况下,折射率微扰可写成

$$\Delta n(r) = \Delta n_{\max} \cos(kz) = \Delta n_{\max} \cos\left(\frac{2\pi}{\Lambda}z\right) \qquad (6.8.4)$$

此处忽略了光栅横截面上折射率分布的不均匀性,即取 $F_0(r,\varphi,z)=1$,且不存在高阶谐波,取 $q=1$,周期非均匀函数 $\varphi(z)=0$,这样,耦合波方程可简化为

$$\begin{cases} \dfrac{\mathrm{d}A_s^{(-)}}{\mathrm{d}z} = KA_s^{(+)}\exp[\mathrm{i}(2\Delta\beta z)] \\[3mm] \dfrac{\mathrm{d}A_s^{(+)}}{\mathrm{d}z} = K^{*}A_s^{(-)}\exp[-\mathrm{i}(2\Delta\beta z)] \end{cases} \tag{6.8.5}$$

其中,耦合系数 $K = \mathrm{i}k_0\Delta n_{\max}$。相应地可得正弦型光栅的相位匹配条件为

$$\begin{cases} \Delta\beta = \dfrac{K}{2} - \beta_s = 0 \\[3mm] \lambda_{\mathrm{B}} = 2n_{\mathrm{eff}}\Lambda \end{cases} \tag{6.8.6}$$

此式即为均匀正弦分布光栅的 Bragg 方程,式中 n_{eff} 为第 s 阶模式的有效折射率。对于单模光纤,如果不考虑双折射效应,仅存在一个 n_{eff},但是对于少模或多模光纤,则可能有数个模式同时满足相位匹配条件,从而得出 n_{eff} 不同的数个 Bragg 方程,这种光栅在光纤传感方面有着较为特殊的应用。

为了求解式(6.8.5)所示的耦合波方程,必须先得到光纤光栅区域的波导边界条件。有理由认为在光栅的起始区,前向波尚未发生与后向波的耦合,所以必存在 $A_s^{(+)}(0)=1$,而在光栅的结束区域,由于折射率微扰不复存在,也就不可能产生出新的后向光波,所以必存在 $A_s^{(-)}(L)=0$,据此边界条件可解出耦合波方程式(6.8.5)。

很显然,方程组(6.8.5)可合并为 $A_s^{(+)}$ 和 $A_s^{(-)}$ 的二阶线性微分方程,求解该方程并利用边界条件可得

$$A_s^{(+)} = \exp(-\mathrm{i}\Delta\beta z)\frac{-\Delta\beta\sinh[(z-L)S] + \mathrm{i}S\cosh[(z-L)S]}{\beta\sinh(SL) + \mathrm{i}S\cosh(SL)}$$

$$A_s^{(-)} = \exp(\mathrm{i}\Delta\beta z)\frac{\mathrm{i}K\sinh[(z-L)S]}{\beta\sinh(SL) + \mathrm{i}S\cosh(SL)} \tag{6.8.7}$$

式中,$S = \sqrt{K^2 - (\Delta\beta)^2}$。

结合 E_z 表达式,可求得前向光波场和后向光波场分别为

$$\begin{cases} E_z^{(+)}(r,t) = A_s^{(+)}\xi_z^{(s)}(r,\varphi)\exp[\mathrm{i}(\omega t - \beta_s z)] \\[2mm] E_z^{(-)}(r,t) = A_s^{(-)}\xi_z^{(s)}(r,\varphi)\exp[\mathrm{i}(\omega t + \beta_s z)] \end{cases} \tag{6.8.8}$$

光栅的反射率可由下式求得

$$R = \frac{P^{(-)}(0)}{P^{(+)}(0)} = \frac{|E_z^{(-)}(r,t)|_{z=0}|^2}{|E_z^{(+)}(r,t)|_{z=0}|^2} = \frac{K^2\sinh^2(SL)}{\Delta\beta^2\sinh^2(SL) + S^2\cosh^2(SL)} \tag{6.8.9}$$

$$T = \frac{P^{(+)}(L)}{P^{(+)}(0)} = \frac{|E_z^{(+)}(r,t)|_{z=L}|^2}{|E_z^{(+)}(r,t)|_{z=0}|^2} = \frac{S^2}{\Delta\beta^2\sinh^2(SL) + S^2\cosh^2(SL)} \tag{6.8.10}$$

并可验证能量守恒关系 $R + T = 1$。由此可知,对于理想正弦型光栅,光栅区仅发生同阶模前后向之间的能量耦合,其总能量与相对应的普通光纤本征模能量一致。图 6.8.5 给出了一组不同参数下计算得到的光纤光栅反射谱及透射谱曲线,可以看出,光栅反射率与折射率调制 Δn 及光栅长度 L 成正比,Δn 越大,L 越长,则反射率越高;反之,反射率越低;同时可以看出,反射谱宽也与 Δn 成正比,但与 L 成反比关系。

在完全满足相位匹配的条件下,可对式(6.8.9)进一步化简而得到 Bragg 波长的峰值反射率,此时 $\Delta\beta = 0$,故 $S = K$,得

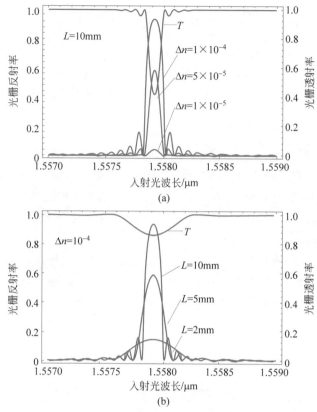

图 6.8.5　光纤光栅反射谱及透射谱曲线

$$\begin{cases} R = \tanh^2(SL) = \tanh^2\left(\dfrac{\pi\Delta n_{\max}}{\lambda_B}L\right) \\[3mm] T = \cosh^{-2}(SL) = \cosh^{-2}\left(\dfrac{\pi\Delta n_{\max}}{\lambda_B}L\right) \end{cases} \qquad (6.8.11)$$

光纤光栅的半峰值宽度(FWHM)$\Delta\lambda_H$ 定义为

$$R\left(\lambda_B \pm \frac{\Delta\lambda_H}{2}\right) = \frac{1}{2}R(\lambda_B) \qquad (6.8.12)$$

为求解上述方程,必须对式(6.8.10)进行化简,因 SL 一般较小,故可对式中的指数项采用零点附近 Taylor 展开,忽略高阶小项,利用式(6.8.12)并经过化简得到带宽的近似公式为

$$\left(\frac{\Delta\lambda_B}{\lambda_B}\right)^2 = \left(\frac{\Delta n_{\max}}{2n_{\text{eff}}}\right)^2 + \left(\frac{\Lambda}{L}\right)^2 \qquad (6.8.13)$$

6.8.5　非均匀周期光纤光栅

光栅周期非均匀性意味着在式(6.8.2)中周期非均匀函数 $\varphi(z)$ 不为零,这就构成了啁啾(chirp)型光栅。为了研究问题简单而又能说明光栅的典型特性,此处仅研究线性啁啾问题,亦即 $\varphi(z)$ 为 z 的线性缓变函数,可定义线性啁啾光栅的光栅周期为

$$\Lambda' = \frac{\Lambda}{1 + F\dfrac{z}{L}} \quad \left(-\frac{L}{2} \leqslant z \leqslant +\frac{L}{2}\right) \qquad (6.8.14)$$

式中,Λ 为光栅中心处的周期值；F 为表征光栅啁啾的常数,称为啁啾参数。根据此式可得出式(6.8.2)中 $\varphi(z)$ 为

$$\varphi(z) = \frac{2\pi}{\Lambda} F \frac{z}{L}$$

如仅考虑折射率为正弦方波的情况,可得啁啾光栅的折射率分布函数为

$$\Delta n(r) = \Delta n_{\max} \cos\left[\left(\frac{2\pi}{\Lambda} + \frac{2\pi}{\Lambda} F \frac{z}{L}\right) z\right] \tag{6.8.15}$$

相应的相位失配 $\Delta\beta$ 变为

$$\Delta\beta = \frac{1}{2}\left(\frac{2\pi}{\Lambda} + \frac{2\pi}{\Lambda} F \frac{z}{L}\right) - \frac{\beta_s + \beta_{m=s}}{2} \tag{6.8.16}$$

由此可见,此时耦合波方程式(6.8.5)将不再是一个常系数线性微分方程,对此也必须采用数值解法才能求解。图 6.8.6 示出了采用上述矩阵微分方法算得的线性啁啾光栅的反射谱。从图 6.8.6(a)可以看出,周期非均匀光栅的反射谱宽明显增加,反射率与同样参数的均匀光栅相比显著下降,而且在反射谱宽内存在明显振荡现象；当考虑曝光光场的高斯分布时,反射率进一步下降,且线宽变窄,这对啁啾光栅的应用要求往往造成不利影响。从图 6.8.6(b)中可看见制作啁啾光栅时对光场均匀性的要求较普通光栅更高。

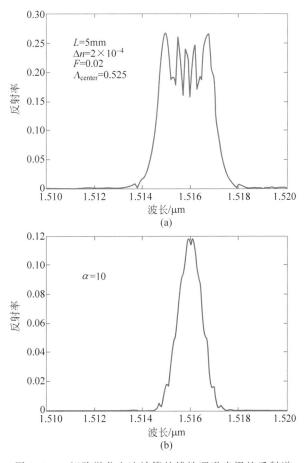

图 6.8.6 矩阵微分方法计算的线性啁啾光栅的反射谱

6.8.6　光纤光栅的写入方法简介

自从 1989 年横向全息写入法出现至今,人们对光纤光栅制作的研究已取得飞跃进展,从所采用的光纤、紫外光波长、到具体的制作方法都有了全面的研究。归纳起来,掺杂元素已从单纯的 Ge 元素发展到掺 P、B、Al、Er、Ce 等元素,所用紫外光波也从四倍频激光器 Nd：YAG 的 266nm 到准分子激光器 ArF 的 193nm,都有了应用实例。本节主要介绍制作方法及所用光源。

到目前为止,光纤光栅行之有效的写入方法大体可归纳为两类:干涉写入法和逐点写入法,其中每类又都包含多种具体的实现方法。例如,干涉写入法又包含全息相干法(见图 6.8.7)、晶体分波面干涉法(见图 6.8.8)、相位光栅衍射相干法(见图 6.8.9)、振幅光栅衍射相干法等;逐点写入法又可分为基波写入法和谐波写入法两类。虽然方法多样,但在实际应用中都试图互补长短,最终目的都是要在光纤纤芯上写入清晰的变折射率条纹,制出高质量的 FBG。表 6.8.2 扼要总结了典型的光栅写入方法。

表 6.8.2　光纤光栅制作方法

光栅写入方法		主　要　特　点	应　　用
干涉法	全息干涉法	横向写入法 结构类似于 M-Z 干涉仪 光栅周期等于干涉条纹间距 $d = \lambda/2\sin\theta$,λ 是紫外光波长 调整光束夹角或光纤位置可以方便地改变反射的中心波长 将光纤以一定弧度放置,可以得到啁啾光栅	对光源的空间相干性和时间相干性要求高 对光路调整要求苛刻 需要足够的曝光时间 需要防振和防扰动,体积很大
		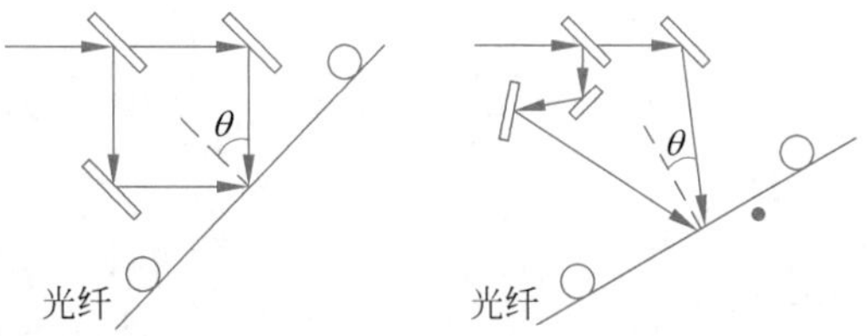 图 6.8.7　全息相干法写入 Bragg 光栅装置示意图	
	分波面干涉法	与全息相干法相比,对光源相干性要求高 结构简单—可采用更少的光学元件	由于光路调整相当难,所以很少应用
		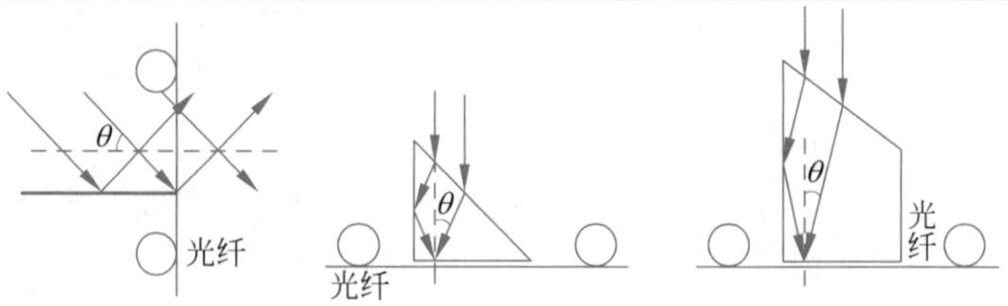 图 6.8.8　晶体分波面相干法的 FBG 制作系统示意图	

续表

光栅写入方法		主要特点	应用
干涉法	相位光栅衍射干涉法	两种使用方法——UV垂直入射和斜入射 降低了对光源相干性的要求 易于得到准确的光纤光栅周期	目前最有前途、使用最广的一种方法
		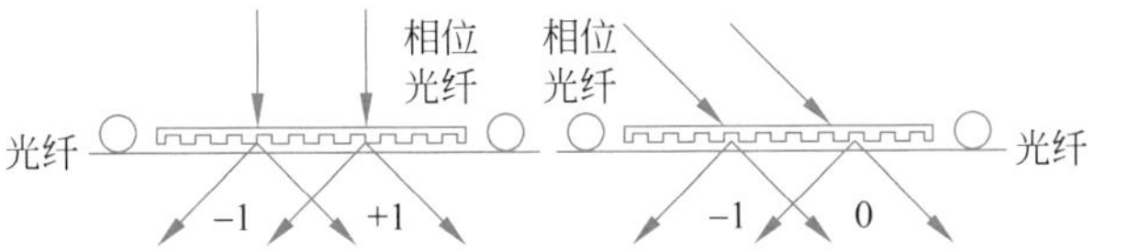 图6.8.9 相位光栅衍射写入法装置示意图	
逐点写入法		光纤固定,光斑逐点运动;光斑固定,光纤逐点运动。是长周期光纤光栅(LPG)的主要写入方法	1550nm的Bragg反射波长,步距应为0.53nm,难以实现
逐点谐波写入法		电机的步距是光栅栅距 Λ 的 n 倍: $2n\Lambda = m\lambda_B$ 降低对电机和传动机构的精度要求	

（图6.8.9 相位光栅衍射写入法装置示意图：光纤…相位光纤…相位光纤…光纤，标注 −1 +1 和 −1 0）

6.9 掺杂光纤激光器与放大器

6.9.1 掺杂光纤激光器

微课视频

光纤激光器和放大器是一种新型的有源光纤器件。目前主要有3类：①晶体光纤激光器与放大器,包括红宝石单晶光纤激光器、Nd：YAG单晶光纤激光器等；②利用光纤的非线性光学效应制作的光纤激光器与放大器,其中有受激喇曼散射(SRS)和受激Brillouin散射(SBS)光纤激光器与放大器等；③掺杂光纤激光器与放大器,其中以掺稀土元素离子的光纤激光器与放大器最为重要,且发展最快,并已开始进入实用,尤其是其工作波长正处于光纤通信的窗口,它在光纤通信、光纤传感等领域有实用价值,也是我们讨论的重点,见表6.9.1。

表6.9.1 光纤激光器和放大器的主要特点

特 点	主 要 机 理
转换效率高、激光阈值低	光纤芯径小——功率密度高、体积与表面比低→在单模状态下激光与泵浦光可充分耦合
器件体积小、灵活	光纤可挠性好；激光器的腔镜可直接镀在光纤的两个端面,或采用光纤定向耦合器构造谐振腔
激光输出谱线多 单色性好、调谐范围宽	光纤基质有很宽的荧光谱,可调参数多、选择范围大→可产生多激光谱线；再配以波长选择器,可获得很宽的调谐范围

1. 光纤激光谐振腔

图6.9.1(b)是掺杂光纤激光器的原理图,与一般激光器原理(见图6.9.1(a))相同,也是由激光介质和谐振腔构成,此处激光介质是掺杂光纤,谐振腔则是由高反射率反射镜 M_1 和 M_2 组成的F-P腔。当泵浦光通过掺杂光纤时,光纤被激活,随之出现受激过程。由于光纤激光器的激光介质是光纤,因此除上述F-P腔外,尚有以下几种新型的谐振腔结构。

1) 光纤环形谐振腔

如图 6.9.2(a)所示,它是由光纤环形腔构成。把光纤耦合器的两臂(见图 6.9.2(b)中的 3,4 两点)连接起来就构成光的循环传播回路,耦合器起到了腔镜的反馈作用,由此构成环形谐振腔。与 F-P 腔不同,此处多光束的干涉是由透射光的叠加而成。而耦合器的分束比则和腔镜的反射率有类似作用,它们决定了谐振腔的精细度。要求精细度高则应选择低的耦合比,反之亦然。

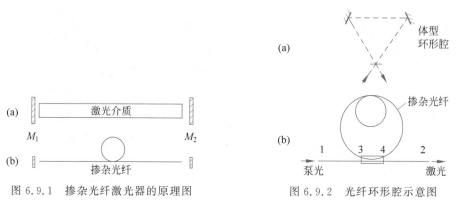

图 6.9.1　掺杂光纤激光器的原理图　　　　图 6.9.2　光纤环形腔示意图

2) 光纤环路反射器及其谐振腔

图 6.9.3 是光纤环路反射器示意图,可以证明,若光纤的输入功率为 P_{in},耦合比为 K,在不计耦合损耗时透射和反射的光功率分别为

$$P_t = (1-2K)^2 P_{in} \tag{6.9.1}$$

$$P_r = 4K(1-K)P_{in} \tag{6.9.2}$$

显然,$P_t + P_r = P_{in}$,遵守能量守恒,当 $K=0$ 或 1 时,反射率 $r = P_r/P_{in} = 0$,$K=1/2$ 时,$r=1$。因此一个光纤环路可以看成是一个分布式光纤反射器。把这样两个环路串联,如图 6.9.4 所示,就可构成一个光纤谐振腔,这两个光纤耦合器起到了腔镜的反馈作用。

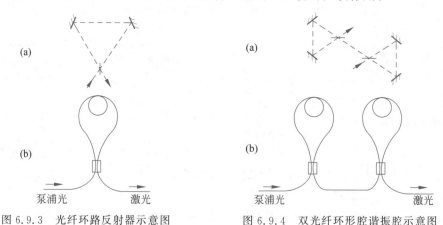

图 6.9.3　光纤环路反射器示意图　　　　图 6.9.4　双光纤环形腔谐振腔示意图

3) Fax-Smith 光纤谐振腔

Fax-Smith 光纤谐振腔是由镀在光纤端面上的高反射镜与光纤定向耦合器组成的一种复合谐振腔,如图 6.9.5 所示。两个腔体分别由 1、4 臂和 1、3 臂构成。由于复合腔有抑制

激光纵模的作用,因此用这种谐振腔可获得窄带激光(单纵模)输出。

2. 掺杂光纤激光介质

最有实际意义的掺杂是稀土元素的离子掺杂。稀土元素或称镧系元素一共有 15 个,全部稀土元素的原子具有相同的外电子结构:$5s^2 5p^6 5d^0$,即满壳层。稀土元素的电离通常形成三价态,如离子钕(Nd^{3+})、离子铒(Er^{3+})等。它们均逸出 2 个 $6s$ 和 1 个 $4f$ 电子。由于剩下的 $4f$ 电子受到屏蔽作用,因此其荧光波长和吸收波长不易受到外场的影响。由于掺钕和掺铒的光纤激光器与放大器已有实际应用,因此下面只讨论掺铒和掺钕的光纤激光介质。图 6.9.6 给出了 Nd^{3+} 和 Er^{3+} 的能级图,由此可见有关的重要跃迁。

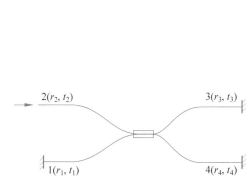

图 6.9.5　Fax-Smith 光纤谐振腔示意图

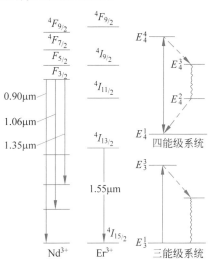

图 6.9.6　Nd^{3+} 和 Er^{3+} 的能级图

产生激光和激光放大的原则是:在其吸收带对应的波长上提供必要的泵浦光,在其荧光带对应的波长上提供形成增益和振荡的条件。因此由上述能级图可见,掺钕光纤可产生波长为 $0.90\mu m$、$1.06\mu m$ 和 $1.35\mu m$ 的激光,掺铒光纤可产生波长为 $1.55\mu m$ 的激光,其中 $0.90\mu m$ 和 $1.55\mu m$ 为三能级系统,$1.06\mu m$ 和 $1.35\mu m$ 为四能级系统。由于三能级较四能级系统有更高的阈值,因此对于光纤激光器,在不考虑光纤损耗的情况下,四能级的激光阈值与掺杂光纤长度成反比。而三能级系统,则考虑光纤对激光光子的再吸收,因而有一个光纤的最佳长度,只有在这个长度上激光阈值才是最低值。此外,对于光纤激光器还有一个最佳的掺杂量,掺杂量过低和过高都不利于激光的产生。试验结果表明,对于硅玻璃基质的光纤激光器,其最佳掺杂的质量分数均为几百 ppm($1ppm = 10^{-6}$)。这是经验数据,尚无严格的理论分析和计算结果。

3. 掺杂光纤激光器的调谐

由于掺杂光纤有相当宽的荧光谱,因此只要插入合适的波长选择器,即可在宽的波长范围内获得相应波长的激光输出。调谐的方法有多种。一种是用反射式光栅代替激光器的输出镜,转动光栅角度以选择输出波长,达到调谐目的。用这种方法,用 $600l/mm$ 的光栅,对掺钕和掺铒的光纤激光器,分别得到 80nm 和 14nm 的调谐范围。另一种方法是用光纤环路反射器,由于这种反射器的反射率 γ 和耦合比有关,因此只要通过某种手段(例如调节温度)改变 K 值,就可达到调谐的目的。用此方法改变温度 60℃,可得到 33nm 的调谐范围。

【例 6.9.1】 环形腔可调谐全光纤激光器的结构设计。

由于定向耦合器对不同波长有不同的耦合率,而激光振荡将在有最大耦合率的波长处产生,调节定向耦合器,最大耦合率所对应的波长发生变化,使激光波长也相应变化,从而构成可调谐激光器,这时定向耦合器同时又是激光器的波长选择元件。要使这种光纤激光器能有效地工作,必须使定向耦合器对于泵浦波长 λ_p 和激光波长 λ_L 具有不同的耦合率 K_p 和 K_L。对于泵浦光 K_p 应尽可能小,才能使泵浦功率注入光纤环内,以形成有效泵浦,对于激光 K_L 应有较大值,以便将光纤耦合成低损耗的谐振腔。因此关键在于定向耦合器的设计和制作。

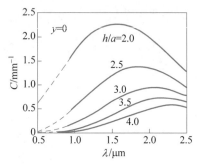

图 6.9.7 耦合系数 C 和 λ、h 的关系曲线

耦合率 K 是两光纤间隔 h 和波长 λ 的函数。图 6.9.7 是从式(6.9.2)计算出的耦合系数 C 和 λ、h 的关系。从图 6.9.7 中曲线可见,对于给定的 h_0,耦合系数 C_0 先是随 λ 增加而增加,C_0 达到最大后再随 λ 增加而减小。另外,从式(7.12.3)可知,定向耦合器的等效耦合长度 L 与光纤曲率半径 R 有关,$L \propto \sqrt{R}$。设计定向耦合器时,利用耦合系数 C_0 随 λ 变化的特性,选择合适的光纤间隔 h_0 和光纤弯曲半径 R 来控制 C_0 和 L 的大小,使泵浦光和激光的耦合系数 C_p、C_L 同时满足

$$C_p L \ll \pi/2, \quad C_L L > \pi/2$$

这时通过调节定向耦合器,可使激光波长处的耦合率 K_L 接近 1,而泵浦光波长处的耦合率 K_p 则很小。

在定向耦合器的设计中,还应考虑其对激光波长的选择性。在环形腔激光器中,是通过定向耦合器对不同波长的耦合率不同来选择激光波长,因此,对给定波长间隔,耦合率差别越大,定向耦合器的波长选择性就越好。波长选择性可用通波间隔 $\Delta\lambda$ 来表示,$\Delta\lambda$ 越小,耦合率随波长的变化越明显,波长选择性能就越好,$\Delta\lambda$ 定义为相邻最大耦合率和最小耦合率所对应的波长间隔:

$$\Delta\lambda = |\lambda_1 - \lambda_2|$$

其中,λ_1、λ_2 满足条件:

$$K_{\lambda_1} = \sin^2(C_{\lambda_1} L) = 1$$
$$K_{\lambda_2} = \cos^2(C_{\lambda_2} L) = 0$$

从上式可得

$$|C_{\lambda_1} L - C_{\lambda_2} L| = \frac{\pi}{2}$$

由此得

$$\Delta\lambda = \frac{\pi/2}{|\delta(C_0 L)/\delta L|}$$

这说明:$\Delta\lambda$ 与等效耦合长度 L 成反比。因此,对于给定的 $C_0(h_0)$,L 越大,$\Delta\lambda$ 越小,波长选择性越好。

4. 光纤激光器的调 Q 和锁模

只要在腔内插入适当的光学开关和调制器件,就可使光纤激光器产生相应的调 Q 脉冲

和锁模脉冲的输出。用这种方法已实现掺钕和掺铒光纤激光器的调 Q 运转。已报道的结果是：对掺钕激光器，在 $1.06\mu m$ 波长上，调 Q 激光脉冲宽度为 200ns，峰值功率为 8.8W；对于掺铒激光器，在 $1.55\mu m$ 波长上，调 Q 激光脉冲宽度为 32ns，峰值功率为 120W。掺钕光纤激光器用声光调制器进行锁模，可得锁模输出脉宽小于 2ns，脉冲能量 17pJ。

5．光纤激光器的输出线宽和压缩

对光纤激光器的输出线宽进行压缩的办法有二：一是光栅反射法，利用在光纤上制成的光栅形成一种分布反馈，用以选频，用这种方法已得到线宽只有 2MHz 的单模激光输出。二是复合腔法，例如用 Fax-Smith 复合谐振腔进行选模，只要正确选择两个子腔长度比值，即可达到抑制多纵模、压缩线宽的目的。已报道的结果是：当两个子腔长度比为 95cm/80cm≈1.2 时，在 $1.54\mu m$ 的波长上得到线宽为 8.5MHz 的激光输出，这一结果比 DFB 激光器的指标还好。

6.9.2　光纤放大器

光纤放大器和光纤激光器的差别是：光纤放大器除泵浦光外，还有信号光输入，但光纤放大器不需产生激光的谐振腔。为此需要一个波分复用器（WDM），其结构如图 6.9.8 所示。泵浦光和信号光通过光纤合波器 WDM 耦合到掺杂光纤（例如掺铒光纤 EDF）中。如果泵浦光功率足够强，光纤中就会有足够的掺杂离子激发到上能级形成粒子数反转，信号光通过时就能得到放大。

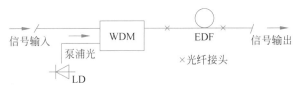

图 6.9.8　光纤放大器结构示意图

根据泵浦光和信号光传播方向的相对关系，光纤放大器的结构通常可分为正向泵、反向泵和双向泵。图 6.9.8 为正向泵浦结构，信号光和泵浦光同方向传输。图 6.9.9 是信号光和泵浦光反方向传输，是反向泵浦结构；而正、反向都有泵浦光输入时，则为双向泵浦，如图 6.9.10 所示。3 种泵浦方式构成的光纤放大器在特性上略有差别，可根据用途选择。表 6.9.2 列出了光纤放大器的特性参数和主要指标。

图 6.9.9　反向泵浦的光纤放大器结构示意图

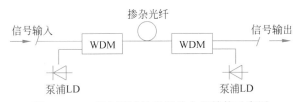

图 6.9.10　双向泵浦的光纤放大器结构示意图

表 6.9.2　EDFA 的特性参数和主要指标

关 键 参 数	定　　义	主 要 指 标	说　　明
增益/dB	光纤放大器输出的放大信号的光功率与输入信号光功率的比值 $G=10\lg(p_s^{out}/p_s^{in})$	25～35	
饱和输出功率/dBm	信号增益比小信号增益下降 3dB 或 10dB 时的信号输出功率	$+10\sim+37$	
增益带宽/nm	最高增益以下 3dB 增益差之内的信号波长范围	25～35	
噪声系数 NF /dB	光纤放大器输出信噪比与输入信噪比之比： $NF=10\lg\dfrac{(S/N)_{out}}{(S/N)_{in}}$ $NF=10\lg\dfrac{P_{asc}}{h\nu GB_0}$	4.5～6 @0.98μm-Pump 6～9 @1.48μm-Pump	主要来自放大器的自发辐射,可用放大器的自发辐射的功率表示(左式);B_0 为光滤波器带宽;P_{asc} 为 B_0 内的自发辐射功率

在光纤通信中,光纤放大器有三种用途:功率放大、中继放大和前置放大。但三者的要求有所不同,功率放大器强调大功率输出,前置放大器需要低噪声,而中继放大器既需要较高的增益,又需要较大的输出功率。因此,高增益、大输出功率、低噪声系数是光纤放大器的发展方向。

6.9.3　大功率双包层光纤激光器

提高光纤激光器输出功率的途径有两种:增加进入掺杂光纤的泵浦光功率和提高掺杂光纤吸收泵浦光的效率。对于前者应增加光纤对泵浦光的数值孔径和光纤直径,对于后者应增加泵浦光通过纤芯路径的长度。双包层光纤即是为此目的而设计的一种特殊光纤。

大功率双包层光纤激光器和前述光纤激光器的相同点是:都是以掺杂稀土元素的光纤为激光工作介质,用光反馈器件构成谐振腔,在泵浦光的激励下,光纤内掺杂介质产生受激发射,经谐振腔形成激光输出。两者的不同点是:一般的光纤激光器受限于细纤芯(约 10μm)的掺杂光纤,输出激光功率低,仅为毫瓦量级。而大功率双包层光纤激光器,由于采用特殊结构的双包层光纤和泵浦方式,大大提高泵浦光的耦合效率,可使输出的激光功率高达数瓦,甚至数十千瓦量级。4.4.3 节已经详细介绍了双包层光纤的结构和特性,这里不再赘述。下面只介绍双包层光纤激光器的工作原理和关键技术。

1. 双包层光纤激光器的原理

双包层光纤激光器的结构和一般光纤激光器的结构相同:由掺杂光纤(激光工作物质)和谐振腔构成。谐振腔有双腔镜结构,也可以是光纤环形腔(参看 6.9.1 节)。双包层光纤激光器工作时,泵浦光被直接耦合进内包层。由于内包层具有大截面和高数值孔径,因而耦合效率高。泵浦光在内包层以多模形式传导,且多次透过纤芯,被纤芯吸收。显见,这种光路,可实现双包层光纤的全光纤长度泵浦,使泵浦光的利用率大大提高。由此可见,内包层作用有两个:一是将激光限制在纤芯中,形成单模传输;二是高效传导多模泵浦光,使其被纤芯吸收并转换为激光输出。

2. 双包层光纤激光器的泵浦耦合技术

双包层光纤激光器的泵浦耦合技术是这类光纤激光器的两大特点之一,也是两大难点之一(如前所述,另一特点是双包层光纤的结构)。泵浦耦合技术的关键是多个大功率泵浦光同时耦合进一根双包层光纤。目前泵浦耦合方式大致有两类:端面耦合和侧面耦合。对耦合的要求是:高效、稳定、易行。

泵浦耦合技术分为端面泵浦和侧面泵浦。端面泵浦和前述光源—光纤耦合方式相似,有透镜耦合、直接熔接等方式,可看第3章。侧面泵浦的特点是:易于将多个泵浦光源同时耦合进同一根双包层光纤中,是大功率双包层光纤激光器的主要泵浦耦合方式。表6.9.3概括了典型的侧面泵浦耦合技术类型。

表 6.9.3 典型的侧面泵浦耦合技术

耦合方式	结构与工艺	示 意 图
熔锥侧面泵浦耦合	类似于熔融型光纤耦合 多根裸光纤和剥去外包层的双包层光纤缠绕在一起,高温加热熔化,同时拉伸,使光纤熔融区成为锥形过渡段 对拉锥过程的控制要求高	
V形槽侧面耦合	利用反射原理将泵浦光注入内包层 V形槽的斜面作为反射面,对泵浦光全反射 V形槽内包层一侧增加衬底,并镀增透膜 缺点:技术难度大,工艺复杂	
嵌入反射镜侧面耦合	内包层刻蚀一个小槽,槽的深度=微反射镜尺寸 微型反射镜为柱面体,截面为等腰直角三角形,斜面为凸柱面或平面	
角度磨抛侧面耦合	内包层沿纵向磨抛出一个小平面,用于泵浦光侧面输入 内包层为矩形和D形的光纤,只需剥除外包层即可	

续表

耦合方式	结构与工艺	示 意 图
微棱镜侧面耦合	将微棱镜固定在内包层的一侧平面上,用于泵浦光耦合	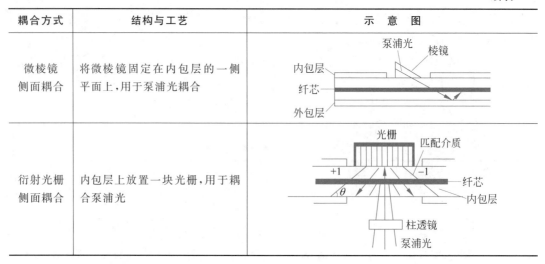
衍射光栅侧面耦合	内包层上放置一块光栅,用于耦合泵浦光	

3. 双包层光纤激光器的应用

双包层光纤激光器是一种大功率激光器,其出纤功率小者为几瓦,大者可达几万瓦。主要用于:①激光加工,包括激光切割、激光焊接,主要是需要大功率,有些情况对激光模式有要求;②激光打标和激光印刷,对激光模式和激光功率均有一定要求;③激光医疗。主要用于激光手术;④激光武器,主要利用高能量激光构成激光武器。

表 6.9.4 介绍了几种为光纤传感应用而发展的特殊类型光纤激光器。

表 6.9.4 光纤传感用特种光纤激光器

激光器类型		特 点	应 用 范 围
窄线宽单频光纤激光器		线宽<2kHz 输出功率高	针对超远距离、超高精度和超高敏感度市场应用:石油勘探、军事国防、管道监控、激光雷达和海底通信等
MOPA 全光纤激光器		基于主振荡功率放大(MOPA)技术 种子光源为半导体激光器 放大器为 EDFA 中心波长1550nm,3dB 带宽<0.2nm, 峰值功率达 1.1kW	适用于分布式光纤传感
光纤光栅激光器	单波长光栅激光器	利用均匀光纤光栅选择出射光的波长	通过 FBG 直接调谐输出波长实现传感
	多波长光栅激光器	高频调制下频率啁啾效应小 出射光线宽极窄且可调	通过环型谐振腔结构,可以同时测量多个传感信号并输出多个波长
	级联 FBG 形成的 DFB 激光器	通过掺杂不同稀土离子,实现380~3900nm 宽带激光输出	能够在保持高灵敏度、高动态范围和宽测量带宽的同时实现波分复用
拉曼/布里渊光纤激光器		输出光谱带宽窄 功率高	适合长距离传输——在通信领域中变得颇为重要 结合拉曼放大原理的 FBG 光纤激光式传感器在长距离传感中潜力巨大

6.9.4　工业光纤激光器与新型光纤激光器

近年来,激光行业内整合重组和竞争与日俱增。在工业激光应用领域,光纤激光器保持强劲增长。

1. 千瓦光纤激光器

2016 年初,武汉华工激光和武汉锐科共同研发出了新型 6kW 高功率光纤激光器,集成出智能化柔性激光焊接系统、智能化激光高速精微加工系统和智能化光纤激光表面强韧化/再制造系统,并应用于汽车制造业的车身焊接、汽车动力电池焊接和汽车模具强韧化/再制造。光纤激光器可应用于多个市场,包括材料加工、激光刻印、传感应用、激光光谱学、医学应用、三维立体打印和数码投影等,且具有节能、成本低、容易维修保养及耐用等众多优点。因此,相对目前的激光技术,光纤激光器市场增长最快。

2. 新型空芯气体光纤激光器

英国巴斯大学研发出了一种新型激光器,其光谱范围为 3.1～3.2 mm 的中红外区。新激光器由可激发波长 3mm 中红外光谱的乙炔气体和石英空心光纤构成,并通过增加反馈光纤形成光放大机制。因为在空芯光纤中,大部分光线在空气芯中传输,因此光纤材料 SIO_2 并不吸收波长大于 2.8mm 的光线;同时,光线和气体的交互作用距离可达 10m。该方案利用了成熟的通信大功率激光器,有望制作出低成本的产品。

3. 超快与超连续谱光纤激光器

NKT Photonics 公司的主要客户包括科学领域用户和 OEM(原始设备制造商),目前该公司开始更多地关注商业应用领域。Fianium 公司提供超快光纤激光器和超连续谱光纤激光器,在美国有着强大的市场份额,此外还有全球分销网络。2015 年 Fianium 公司营收达到 900 万欧元。

Fianium 公司超快光纤激光器增益光纤和组件是 NKT Photonics 公司一条战略产品线;此外,Fianium 公司在南安普敦的配套设施以 NKT Photonics 的名义继续运作。

4. 全光纤 50GHz/2.5kW 窄线宽光纤激光器

在国内,上海光机所研制的 50 GHz 线宽近衍射极限光纤激光器 2016 年突破 2.5kW。该激光器包括光纤光栅、高功率合束器、包层光滤除器等核心器件,基于光纤光栅级联滤波、线宽操控、放大级参数控制和光纤模式控制等关键技术,在纤芯 $20\mu m$,NA＝0.06 的光纤中突破 Jena 大学研究组提出的小于 50GHz 窄线宽的近衍射极限光纤激光的输出功率极限值,实现中心波长 1064.1nm,功率 2.52kW、线宽 50GHz 的光纤激光输出。为大型高功率光纤激光系统提供了重要的单元技术。高亮度窄线宽光纤激光光源在相干通信、激光雷达、高能粒子加速器、聚变点火和激光冷却等领域具有重大的研究价值和广阔的应用前景。

该激光器采用全光纤三级放大 MOPA 结构,结构紧凑,具有很好的稳定性。光束质量在 2kW 时测试为 $Mx2=1.191$,$My2=1.186$。没有观察到受激 Brillouin 散射、受激 Raman 散射和模式不稳定等非线性现象,通过提升泵浦功率水平,激光输出功率有望进一步提升。

5. 高功率光纤激光器用大模场光纤

近年来,随着输出功率的逐步提高,非线性效应及热损伤导致光纤激光器的光束质量降低、输出功率难以进一步提高,逐渐成为制约光纤激光器发展的重要因素。因此,研究大模场、高掺杂、高光束质量的光纤是目前光纤激光器发展急需解决的问题。

武汉光电国家实验室光纤激光技术团队(FLTG)利用基于硼硅酸盐玻璃分相技术制备掺 Yb^{3+} 石英玻璃芯棒,进而制备的大芯径双包层光纤:芯径 30mm、包层为 400mm、纤芯折射率分布均匀;数值孔径约为 0.09。 Yb^{3+} 在 976nm 处的吸收系数为 5.5dB/m,背景损耗为 0.02dB/m;通过除水工艺,光纤中羟基含量降到 1.06ppm;光纤在 976nm 半导体激光器泵浦下实现了 1071nm 激光输出,斜率效率达到 72.8%,光纤长度为 2.3 m。研究结果表明这种方法在制备大芯径高掺杂及具有复杂纤芯结构的有源光纤方面具有较大潜力。

6. 混沌光纤激光器(Chaostic laser)与随机光纤激光器(Random laser)

1) 混沌光纤激光器

所谓混沌光纤激光器,通常是指光纤激光器输出的光强时序具有混沌特征。混沌是确定性系统产生的一种复杂的类随机行为。混沌现象普遍存在于各类非线性系统中,例如,气象系统、金融系统、社会系统、生态系统以及常见的激光光学系统等。近年来,激光混沌保密通信的发展引起了人们的广泛关注,也提升了混沌光纤激光器的研究热度。混沌激光是连续激光和脉冲激光之外的一种特殊激光类型,具有随机、宽频谱、高熵值等特性。1990 年开始,研究者相继提出并完善混沌控制和混沌同步系统,使得混沌激光在混沌保密通信、高速真随机数产生、混沌激光雷达、混沌密钥分发、混沌光时域反射仪、混沌微波光子雷达和混沌激光传感等方面的应用得以快速发展。

光纤激光器的特征是场与反转粒子数的衰减率远小于极化强度的衰减率,这样极化强度可以被绝热消去。光纤激光的动力学行为可由两个相互耦合的非线性方程描述:一个是光场强度,另一个是对应的反转粒子数。为实现光纤激光器的混沌输出需要增加一个自由度,典型的方法有抽运调制、损耗调制、外光延时反馈、外光注入、内嵌非线性光纤环形镜(NOLM)等。进入混沌的途径有倍周期分岔、阵发、准周期等。从频域角度看,混沌光纤激光器是一种复杂的多纵模激光器,属于高维非线性激光系统(复杂系统),在频域内具有极大的自由度。从输出时域总光强特性来看,混沌光纤激光器一般属于低维混沌系统,而在频域内则可能存在多模超混沌与高维混沌。

1998 年,Luo 等首先报道了单环掺铒光纤激光器(SREDFL)的速率方程,并通过调制增加系统的自由度产生混沌。此后,研究人员提出了许多将混沌控制应用于单环掺铒光纤激光器产生混沌的方法,包括参数微扰法(OGY)、自适应控制法、延迟反馈控制法和相互耦合控制法等。

2) 随机光纤激光器

利用无序物质产生激光的特种微型激光器为全光器件和文件加密提供了一种简单、低成本的解决方案。无序物质是常见材料——所有显示为白色物质均为无序物质的材料,包括纸、白色油漆、雾、大理石以及一杯牛奶。光波在白色物质中多次随机碰撞产生散射,可为激光的形成提供必备条件——有效放大的反馈机制。传统光纤激光器采用谐振腔反馈单元,如图 6.9.11(a)所示;在随机光纤激光器中,多次散射替代了谐振腔,如图 6.9.11(b)所示。

1967 年 Letokhov 就预言了多次散射与光放大相结合将导致激光的产生,直到 25 年后随机激光效应才被实验观测到。在无序物质中,光的多次散射并非真正的反馈机制,而是使光在材料内停留足够长的时间以获得有效放大。光波在无序物质的粒子之间发生数以千计的碰撞[见图 6.9.11(b)]而后出射,由于多次散射是随机的,所以称为"随机激光器"。随机光纤激光器的辐射特性与普通激光器类似：其辐射谱可以非常窄，即有确定波长，且输出可以是脉冲光。与传统激光器不同的是其辐射方向是随机的，就像日常用的灯泡一样。

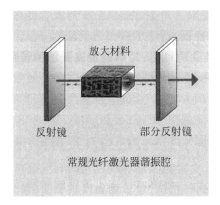
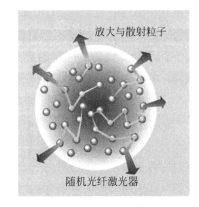

(a) 传统光纤激光器内两个平行反射镜构成的谐振腔　　(b) 随机光纤激光器中光在无序物质粒子间的多次散射将光线限制在增益介质中

图 6.9.11　传统光纤激光器与随机光纤激光器的比较

无序的 ZnO 纳米晶团簇（见图 6.9.12）即可构成微型随机光纤激光器，非常容易制造且成本极低，一个 ZnO 纳米晶团簇的价格不到 1 美分。另外，通过改变团簇的尺寸就可以调整激光特性。设无序放大介质为半径为 a 的球面，则所构成激光器的增益正比于其体积（$4\pi a^3/3$），而损耗正比于其表面积（$4\pi a^2$），即随着体积的增加，该系统有可能达到增益大于损耗的激光出射条件，且该体积阈值只有几立方微米。

图 6.9.12　用于随机光纤激光器的无序放大材料模型

6.10　光纤 Raman 与光纤 Brillouin 激光器

6.10.1　光纤 Raman 激光器与放大器

光纤中 SRS 效应的重要应用就是构成光纤 Raman 激光器。图 6.10.1 是光纤 Raman 激光器的示意图。一般单模光纤放在由部分反射镜 M_1 和 M_2 构成的 Fabry-Perot(F-P)腔内，由此形成激光器。腔内的色散棱镜用于改变激光器的输出波长（波长调谐）。此结构形成激光输出的基础是：激光器的阈值对应于往返一周 Raman 放大足以平衡腔内损耗时的泵浦功率。腔内损耗主要来源于反射镜 M_1、M_2 的损耗和光纤两端的耦合损耗。

设往返一周损耗的典型值为 10dB，则阈值条件是

$$G = \exp(2g_R P_0 L_{\text{eff}}/A_{\text{eff}}) = 10 \tag{6.10.1}$$

式中,g_R 是 Raman 增益系数,L_{eff} 是有效光纤长度,A_{eff} 是有效纤芯面积。如光纤不保偏,由于泵浦和 Stokes 之间的相对偏振混乱,将使 g_R 减少一半。光纤 Raman 激光器的阈值泵浦功率比单通 SRS 的阈值功率至少小一个数量级。光纤 Raman 激光器的特点是:①调谐范围宽;②可产生超短光脉冲;③可构成多波长输出。

光纤 Raman 放大器和光纤 Raman 激光器结构相似,其差别是放大器中无腔镜,因此不会形成激光。在连续波或准连续波工作条件下,放大器增益或放大倍数为

$$G_A = \exp(g_R P_0 L_{eff}/A_{eff}) \tag{6.10.2}$$

式中,$P_0 = I_0 A_{eff}$ 是放大器输入端的泵浦功率,如果用典型参数值 $g_R = 1 \times 10^{-13}\,\mathrm{m/W}$,$L_{eff} = 100\mathrm{m}$,$A_{eff} = 10\,\mu\mathrm{m}^2$ 则当 $P_0 > 1\mathrm{W}$ 时,信号被显著放大。图 6.10.2 是 G_A 随 P_0 变化的实验观察结果,其中光纤长度为 1.3km,用 1.017μm 的泵浦波放大 1.064μm 的信号。放大倍数 G_A 一开始随 P_0 指数增加;当 $P_0 > 1\mathrm{W}$ 时开始偏离,这是由于泵浦消耗产生了增益饱和。图 6.10.2 中的实线是考虑泵浦消耗后,由式(6.10.1)和式(6.10.2)的数值解得到的,此结果与实验数据非常一致。光纤 Raman 放大器的特点是:工作频带宽、放大效率高。

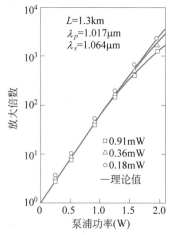

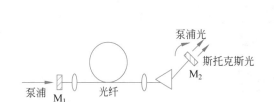

图 6.10.1　可调谐光纤拉曼激光器示意图　　图 6.10.2　放大器增益 G_A 随泵浦功率 P_0 变化的关系

6.10.2　光纤 Brillouin 激光器与放大器

把光纤作为激光介质,置于激光器的谐振腔内,利用光纤材料的 Brillouin 增益,即可构成光纤 Brillouin 激光器。光纤 Brillouin 激光器有环形腔和 F-P 腔结构,各有优点。环形腔无需腔镜,可用光纤定向耦合器构成。光纤 Brillouin 激光器还有连续波(CW)和脉冲两种运转方式。

1. CW 运转方式

1) 环形腔结构

下面考虑一个环形腔结构,利用边界条件 $I_s(L) = RI_s(0)$,阈值条件可以写为

$$R\exp(g_B P_{th} L_{eff}/A_{eff} - \alpha L) = 1 \tag{6.10.3}$$

式中,L 是环形腔长度。R 是斯托克斯光强经每个循环后反馈回去的百分率,P_{th} 是泵浦功率的阈值。由于 L 的典型值为 100m 或更短,光纤损耗在大多数情况下可忽略不计。

在 1976 年进行的 CW 运转光纤 Brillouin 激光器实验中,是用 9.5m 长光纤组成的环形

腔结构,并用氩离子激光器泵浦。考虑到泵浦波长 $\lambda = 514.5\text{nm}$ 处的损耗较大(约为 100dB/km),故采用较短的光纤。另外,由于相对较高的往返损耗(约 70%),其阈值功率超过 100mW。利用如图 6.10.3 所示的全光纤环形腔,阈值功率已下降到 0.56mW,腔内的往返损耗仅为 3.5%,如此低的损耗使环形腔内的泵浦功率提高了 30 倍。由于这种光纤 Brillouin 激光器的阈值很低,工作波长为 632.8nm 的 He-Ne 激光器可作为其泵浦源;也可用半导体激光器代替 He-Ne 激光器,构成紧凑的光纤 Brillouin 激光器。这类激光器可用于高精度激光陀螺仪。

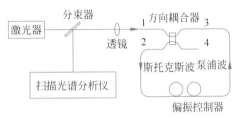

图 6.10.3 光纤 Brillouin 环行激光器示意图

2)F-P 腔结构

F-P 腔结构的光纤 Brillouin 激光器与环形腔结构的激光器相比,产生差别的起因是光纤内同时有前向和后向传输的泵浦波和 Stokes 分量,当低阶 Stokes 波功率达到 Brillouin 阈值后,泵浦产生了更高一级的 Stokes 分量,通过级联 SBS,产生了更高阶的 Stokes 波。同时,同向传输的泵浦波和 Stokes 波的四波混频产生了反斯托克斯分量。Stokes 和反 Stokes 分量的数目取决于泵浦功率。有报道称,当波长为 514.5nm 的 CW 氩离子激光器泵浦置于 F-P 腔内的 20m 长的光纤时,观察到的谱线多达 14 条,其中 10 条出现 Stokes 侧。相邻两线间的频率间隔为 34GHz,与预期的 Brillouin 频移相符。在另外的实验中利用 Sagnac 干涉仪,通过掺铒光纤激光器中的级联 SBS,得到了 34 条谱线。

2. 脉冲运转方式

可利用几种不同方法,使长腔 Brillouin 激光器发射脉冲序列。利用锁模泵浦脉冲序列同步泵浦光纤 Brillouin 激光器可产生窄 Stokes 脉冲。其基本原理是:调整环形腔的长度,使其循环一周的时间与泵浦脉冲的间隔精确相等。由于每个泵浦很窄,不能有效地激发声波,可是如果在声波消失之前下一个泵浦脉冲到达,多个泵浦脉冲的积累效应就可使声波振幅很大。当声波建立过程完成以后,随着每个泵浦脉冲的通过,瞬态 SBS 将产生一个窄的 Stokes 脉冲。用锁模 Nd:YAG 激光器产生的 300ps 脉冲泵浦一环形腔光纤 Brillouin 激光器,以产生脉宽约 200ps 的 Stokes 脉冲。即使在连续波泵浦条件下,长腔 Brillouin 环形激光器也可以通过非线性自脉动产生脉冲序列。

光纤的 Brillouin 增益可用来放大频率偏离泵浦波长等于 Brillouin 频移值 Δv_B 的弱信号。如果一个半导体激光器工作在单纵模状态,且其谱宽远小于 Brillouin 增益线宽,那么它可作为光纤 Brillouin 放大器的泵浦源。分布反馈或外腔半导体激光器最适宜泵浦光纤 Brillouin 放大器。已报道,用两个线宽小于 0.1MHz 的外腔半导体激光器做泵浦光和探测光,两个激光器均以 CW 方式工作且在 $1.5\mu\text{m}$ 附近的范围内可连续调谐。图 6.10.4 为实验装置示意图,泵浦光经 3dB 耦合器进入 37.5km 长的光纤,在光纤的另一端入射弱信号探测光(约 $10\mu\text{W}$),为使 Brillouin 增益达到最大,其波长在布里渊频移($v_B = 11.3\text{GHz}$)附近可调。测得的峰值增益随泵浦呈指数规律变化,与理论分析的预期相符。

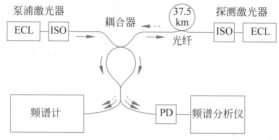

图 6.10.4　光纤布里渊放大器示意图

3. 典型的 Brillouin 光纤激光器

　　Brillouin 光纤激光器具有极窄的线宽、相干性好和多波长稳定输出等特性,在光纤陀螺、密集波分复用(DWDM)及相干光通信中具有广泛的应用,是国际上激光技术研究的热点之一。

　　SBS(受激 Brillouin 散射放大)可以看成是电致伸缩材料中的 Stokes 波在泵浦光存在时经历的一个光增益过程。当光纤中一个频率为 ω_s 的信号光与一个频率为 ω_p 的连续泵浦光的频率差 $\omega_p - \omega_s$ 位于 Brillouin 增益带宽内,信号光即会因 Brillouin 增益而放大;在光纤两端添加反射镜提供反馈即可形成激光振荡。典型 Brillouin 光纤激光器包括 Stokes 光的增益介质、光学谐振腔和泵浦源。

　　目前,Brillouin 光纤激光器的研究方向主要包括 Brillouin 调 Q 光纤激光器、多波长 Brillouin 光纤激光器和窄线宽 Brillouin 光纤激光器。

　　Brillouin 调 Q 光纤激光器在激光测距、光通信及光传感领域具有广阔的应用前景。为兼顾灵敏度、测量精度和监测距离,脉冲光源需具备低重复频率、窄脉冲宽度和高峰值功率。而常用的减少脉冲宽度以提高峰值功率的方法,势必减少腔内能量的储存而降低了脉冲峰值功率。光纤中的 SBS 具有相位共轭、脉宽压缩、阈值低和后向散射等优点,可有效地提高激光的输出峰值功率,改善光束质量。采取脉冲泵浦方式可改善被动调 Q 光纤激光器的输出不稳定问题,获得脉宽为 2ns、峰值功率为 200kW、重复频率为千赫兹的稳定脉冲输出。

　　多波长 Brillouin 光纤激光器因结构简单而成为光通信系统中的重要光源。在室温下实现稳定的多波长光纤激光器最关键的技术是抑制掺杂光纤的均匀增益展宽效应。利用激光器中 SBS 的非线性增益可以有效抑制 EDF 的均匀加宽机制,通过多级 SBS 级联在室温下实现稳定、窄线宽、等间隔的多波长输出。利用 Sagnac 反射镜的滤波和 SMF 中 Rayleigh 的动态分布反馈效应,无窄线宽 Brillouin 泵浦亦可实现自激发多波长输出。有报道利用 Sagnac 环镜的直接透射输出,可产生约 200nm 波长,调谐范围约为 45nm 的多波长布里渊光纤激光器。

　　窄线宽 Brillouin 光纤激光器利用受激 Brillouin 散射作为增益机制,带宽限制于 20GHz 的 Brillouin 增益区内(可实现几赫兹的线宽输出),优点是线宽窄和噪声低。如果只有一个纵模振荡即为单频激光器,其输出光具有极高的时间相干性。线宽压窄的方法主要有 3 种:①用波长选择器件——可调滤波器、Bragg 光栅、光纤环形腔等限制增益谱内的纵模数;②饱和吸收体法;③非相干技术。

4. 光纤 Brillouin 激光器的发展方向

光纤 Brillouin 激光器有以下几个发展方向：

（1）基于光子晶体光纤（PCF）的多波长 Brillouin 光纤激光器。光子晶体光纤由于特殊的光纤结构和应力分布可产生多种声波模式，进而产生具有不同 Stokes 频移的多种模式 SBS，拓展 SBS 的频率产生范围。

（2）高频多波长超短脉冲激光器。SBS 效应结合脉冲锁模技术，具有宽频谱、稳定性好及宽带相干性的优点。利用掺杂光纤的增益带宽，理论上可直接产生飞秒光脉冲。

（3）单频 Brillouin 光纤激光器。在高功率光纤激光器谐振腔中，由于激光的高强度和相干性，使光纤中入射光的各类自发散射光与后续入射光发生干涉，形成与入射光相当光强的散射光，即产生受激散射效应。在光纤谐振腔中会同时产生受激 Brillouin 散射与受激 Rayleigh 散射。受激 Rayleigh 散射为谐振腔提供了附加反馈，不仅迅速降低了受激 Brillouin 散射的阈值，还使输出激光的线宽大幅度压窄。

（4）特种光纤高稳定 Brillouin 光纤激光器。该光纤激光器除了采用掺铒光纤放大器（EDFA）作为增益介质外，不同材料成分的光纤的 Brillouin 频移、线宽和增益系数有较大差异。其中，硫系光纤、亚碲酸盐玻璃光纤和铋光纤具有非常高的非线性系数，只需几米就可实现稳定的 Brillouin 激光输出。

此外，硅基 Brillouin 激光器、混沌光纤激光器和随机光纤 Brillouin 激光器也逐渐成为研究热点。

（5）硅基 Brillouin 激光器。Brillouin 效应在传统的 SiO_2 波导中非常微弱，扼制了光纤 Brillouin 激光器的发展。最近，光子-声子混合波导的研究发现 Brillouin 交互是硅基波导中最强、最容易调控的一项非线性效应。2018 年的一篇报道显示硅基 Brillouin 激光器已经实现利用光学自谐振产生声子量级线宽的情况（见图 6.10.5），这将助力硅基光子学器件的发展。

（6）随机光纤 Brillouin 激光器。

随机光纤激光器是近几年研究的一个热点。随机光纤 Brillouin 激光器的反馈机制是一维随机反馈，来源于石英光纤中的折射率非均匀性产生的分布式 Rayleigh 散射，而非传统的反射镜。这种新的激光具有独一无二的光谱和噪声特性，在光纤通信中的分布式放大等的基础研究和应用领域极具潜力。主要研究包括利用光纤中既有的分布式 Rayleigh 散射或者制造人为无序随机反馈的随机光纤光栅产生不同的增益机制，如 Raman 散射、稀土掺杂光纤放大和 Brillouin 散射。最重要的方法之一是利用超长光纤中的受激 Brillouin 散射放大（SBS）和分布式 Rayleigh 反馈为窄线宽激光辐射提供更显著的光相干性。随机光纤激光器（BRFL）对于高精度测量、微波发生和真正的随机数发生器非常重要。早期文献报道的 Brillouin 随机激光器多采用线型腔和半开放环形腔结构；而后则集中于激光特性的提升，例如用双向泵浦提升线性开放腔的激发效率，同时用随机光纤光栅抑制 BRFL 的噪声。

2017 年多伦多大学报道了利用 2km 保偏光纤（其中 500m 作为 Rayleigh 散射反馈的增益介质）的分布式光纤，实现 25% 输出效率的 Brillouin，结构如图 6.10.6 所示。其采用半开放环形腔和双向泵浦线形开环结构，由于 PMF 光纤中的偏振与 Brillouin 增益有效匹配，可获得亚千赫兹的线宽、低的相位波动和频率抖动。

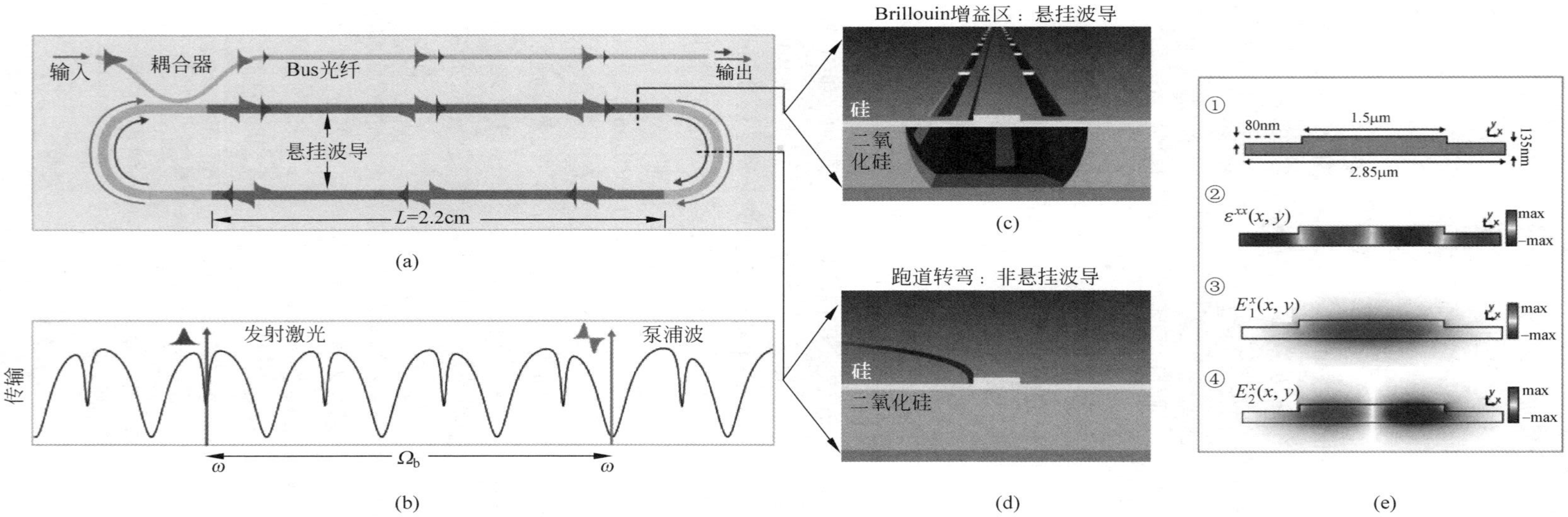

图 6.10.5　激光器谐振腔及其基本工作状态

(a) 为一个带有 2 个有源 Brillouin 区(暗灰)的多模跑道谐振腔。L 为长度。(b) 为谐振腔的理想透射谱，分别对应于对称和反对称和展宽谐振。当泵浦波(对称)和 Stokes 波(反对称)同时满足谐振条件时产生 Brillouin 激光。模间 Brillouin 散射将泵浦波的能量转移到 Stokes 波(对称，红色)。(c)，(d)分别是悬臂 Brillouin 有源区和跑道转弯部分的截面图。(e)中①为 Brillouin 有源波导的几何尺寸。②应力分布图 $\epsilon^{xx}(x,y)$ 6-GHz 三姆声模式产生的模间散射。③和④分别和反对称 TE 光学模式 x-轴电场分布(E_x)。红-蓝色分别表示电场和应力分布的正负。③和④为对称和反对称和反对称的正负。

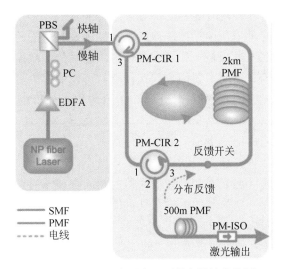

图 6.10.6　随机光纤布里渊激光器结构简图

思考题与习题

6.1　试分析说明光纤耦合器的基本原理及其可能的应用。制作光纤耦合器的关键技术及难点何在？有何可能的解决途径？

6.2　试列举光纤环形腔的主要应用。试分析说明光纤滤波器的原理及其可能的应用。

6.3　试分析比较各种光开关的相同点和不同点及其可能的应用。

6.4　用一消光比为 20dB 的光开关,控制一输出功率为 1mW 的激光器。此输出光经过一损耗为 0.5dB/km 的 20km 长的传输光纤。试分别计算光开关通和断时,经光纤传输后的光功率。

6.5　如光开关的插入损耗为 3dB,试计算 6.4 题中经光纤传输后的光功率。

6.6　如光开关的插入损耗为 3dB,且消光比为 10dB。试计算题 6.4 题中经光纤传输后的光功率。

6.7　试分析比较各种光纤滤波器的相同点和不同点及其可能的应用。制作光纤滤波器的关键技术及难点何在？试分析比较现有各种解决途径的优缺点。

6.8　试分析光纤 M-Z 干涉仪具有滤波和光交换功能的原理。

6.9　试分析说明光纤调制器的原理及其可能的应用。

6.10　试分析说明光纤旋转连接器的基本原理及其可能的应用。制作光纤旋转连接器的关键技术及难点何在？有何可能的解决途径？

6.11　试分析说明光纤衰减器的基本原理及其可能的应用。制作光纤衰减器的关键技术及难点何在？有何可能的解决途径？

6.12　试分析说明光纤缓存器的基本原理,及其可能的应用。制作光纤缓存器的关键技术及难点何在？有何可能的解决途径？

6.13　详细说明偏振无关的光隔离器的工作原理。

6.14　试分析比较各种光纤偏振器的基本原理及其可能的应用。制作一个光纤偏振器的主要难点何在？试分析比较现有各种解决方法的优缺点。

6.15 试分析比较各种光纤偏振控制器的基本原理及其可能的应用。制作一个光纤偏振控制器的主要难点何在？试分析比较现有各种解决方法的优缺点。

6.16 制作全光纤隔离器的主要困难何在？有何可能的解决途径？

6.17 试说明光纤光栅的基本原理，分类和主要应用。分析由光纤光栅构成的一些器件的优缺点及其应用前景。

6.18 试说明光纤光栅能产生窄线宽的原理。

6.19 试分析比较几种光纤光栅制作方法的优缺点。

6.20 试分析比较光纤激光器和光纤放大器的相同点和不同点，及其可能的应用。

6.21 试分析说明光纤放大器的原理及其可能的应用。

6.22 一台掺铒光纤放大器的小信号增益是 30dB，当工作在这种高增益模式下时，光纤损耗为 0.25dB/km，则信号在两放大器之间能传输多远？不考虑其他损耗因素。

6.23 一台掺铒光纤放大器当输入功率较高时，增益为 12dB。若光纤损耗为 0.25dB/km，则信号在两放大器之间能传输多远？不考虑其他损耗因素。

6.24 用光纤环形腔构成光纤激光器和光纤放大器时，对光纤环形腔有何要求，为什么？

6.25 试分析比较双包层光纤激光器几种耦合方式的相同点和不同点。

6.26 试分析比较一般光纤激光器和双包层光纤激光器的相同点和不同点，及其可能的应用。

6.27 试分析双包层光纤激光器解决耦合难的原理。

6.28 试分析比较掺铒光纤放大器和喇曼光纤放大器的相同点和不同点，及其可能的应用。

6.29 试分析比较掺铒光纤放大器和布里渊光纤放大器的相同点和不同点，及其可能的应用。

第三部分

光纤的应用

第7章

光纤传输数据和图像

7.1 概述

光纤的应用领域主要是：传输能量(传光)、传输图像(传像)、传输信号(光通信)和提取信号(光传感)。在光学领域光纤最早用于传光和传像；后来发展到传输信号(光纤通信)；再进一步发展到高速大容量、数字信号(包括语音，文字和图像)的传输和传感(信号的提取)。在不同应用领域，对光纤有不同要求。为此，在选用光纤时，要清楚了解光纤的具体用途和使用环境对光纤的要求。例如，传光光纤主要是传输光能，所以传输效率是首先要考虑的问题；有时对光纤排列的方式有特殊要求，而对传输距离一般要求不高，仅为米或数十米量级。对于传像束则主要考虑图像的空间分辨本领。至于光通信(信号的传输)对光纤的要求则是低损和极低色散，以满足高速、大容量、长距离(数百公里以上)信号传输的要求。

物联网、云计算和数据服务的快速增长推动了对光传输带宽的需求，多波段波分复用技术成为研究热点。该技术使用新光谱波段以进一步增加光纤传输带宽，提供额外传输容量。NICT 在美国圣迭戈举行的 2024 光纤通信大会上报道了世界上首个基于现有商用标准的光纤，实现低损耗窗口中的所有主要传输频带(O～U 波段)密集波分复用(DWDM)的传输系统。该系统包括 6 种掺杂光纤放大器，1505 个宽带 DWDM 信号高速信道，带宽为37.6THZ；在传输 50km 后，数据速率为 402Tb/s，单纤最高数据传输速率提高 25% 以上，总传输带宽增加了 35%。

本章主要介绍光纤用于传光、传图像和传信号的情况。至于光通信的其他问题，例如，光源、光探测器、光信号处理等已超出本书范围，本章不涉及。关于光纤传感的问题在第 8 章讨论。

7.2 光纤通信

光纤通信是光纤技术的重要应用领域。光纤通信系统主要包括三大部分：光发(信号的发送)、光传(信号的传输)和光收(信号的接收)。图 7.2.1 是光纤通信系统构成的简图。其中光发部分包括：主机(用于电信号输入)，前端机和电/光转换单元；光收部分则包括光/电转换单元，前端机和主机(用于电信号输出)；传输部分则包括传输光纤和多种光器件(光分/合路器，光波分复用/解复用器，光连接器，光放大器等)。本章只从光纤用于传输的角度,简要介绍光纤传输需考虑的几个特性。

为满足光信号传输的要求,对光纤性能的主要要求有三方面。

1. 光能损失低

即要求光纤和光器件构成的传输光路中,对光信号的吸收、散射和反射要尽可能小。目前通信用光纤在最低损耗波长的衰减系数为 0.25dB/km。光纤损耗的最终限制是纤芯材料的瑞利散射损耗。此损耗不可能降到零。

2. 色散小

即要求一定范围内不同波长的光具有相同的传播速度(亦即纤芯材料的折射率随波长变化很小),其结果是光纤中传输的光脉冲的不同频率分量有相同的群速度。一般情况下色散主要来源于传输光纤。为此目前已研制出多种满足各种色散要求的光纤。

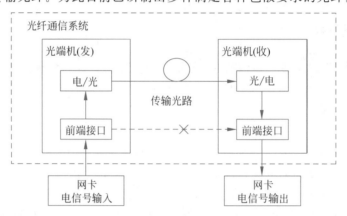

图 7.2.1 光通信系统的基本组成

3. 对光强的响应是线性

即要求整个传输光路的非线性效应可忽略。虽然石英光纤的非线性效应很小,一般很难观测到石英光纤中的非线性应效应。但由于光纤很细,当光源功率达到一定大小(长距离传输一般用大功率光源)再考虑到光纤的较长的传输距离,其累积的非线性效应也会达到可观的程度。

综上所述,分析光纤的传输特性时主要应考虑:光纤损耗引起的能量损失;光纤色散引起的脉冲展宽;光纤的非线性引起的频谱展宽。在设计和选用光纤时,要由此估算出光纤无中继的长度,并由此选用合适的光纤和光纤器件。下面对此作简要介绍。

7.3 光纤传输距离的估算

在光纤传输系统中,应考虑单根光纤可传输信号的最大距离—无中继距离。此距离在理论上主要由 3 个因素决定:光纤的损耗、色散和偏振模色散。下面分别介绍如何估算由这三个因素所确定的光纤最大传输距离。

7.3.1 光纤的损耗

一段光纤的损耗用通过这段光纤的光功率损失来度量,单位为 dB,通常定义为

$$\alpha = 10\lg \frac{P_{\text{in}}}{P_{\text{out}}}(\text{dB}) \tag{7.3.1}$$

式中，P_{in} 为入纤的光功率，P_{out} 为经过光纤传输后从光纤出射的光功率。此定义下的损耗和光纤长度等因素有关。为更准确地描述光纤的损耗特性，通常用下述概念："在稳态条件下，单位长度的光纤损耗"（稳态是指只传输导模的状态），即

$$\alpha = \frac{10}{L} \lg \frac{P_{in}}{P_{out}} (dB/km) \qquad (7.3.2)$$

为计算方便，在计算光功率损耗时，常使用"绝对光平"的概念，其定义为：以 1mW 的光功率为 0dBm。任意光功率 P 与 1mW 功率比值的对数就称为这个功率的绝对光平，单位是 dBm。例如，10dBm 代表 10mW、20dBm 代表 $100mW = 0.1W$，$-30dBm$ 代表 $10^{-3}mW = 1\mu W$ 等。这时用 dBm 表示的光纤损耗可写成

$$\alpha = [P_{in}(dBm) - P_{out}(dBm)] (dB) \qquad (7.3.3)$$

单位长度的损耗即衰减为

$$A = [P_{in}(dBm) - P_{out}(dBm)]/L (dB/km) \qquad (7.3.4)$$

在光纤通信系统设计中，对光纤衰减的计算通常应用最坏值设计法，即所有参数均取最坏值，这样可以保证系统在寿命终了（20～25 年）时仍能符合传输性能指标。一般认为，实际的光缆和设备性能会高于最坏值，因此，设备的传输系统可能有较多的衰减余量，采用式(7.3.5)或式(7.3.6)计算时，可不再加入设备富余度 M_e。

最坏值计算法的计算式及参数值（见表 7.3.1）如下：

$$L_{max} = \frac{P_s - P_R - M_e - 2\alpha_c - P_P - M_C}{\alpha_f + \alpha_j} \qquad (7.3.5)$$

或

$$L_{max} = \frac{P_s - P_R - M_e - 2\alpha_c - P_P}{\alpha_f + \alpha_j + M_c} \qquad (7.3.6)$$

表 7.3.1　最坏值计算法计算用参数表

参数	说　明	参数	说　明	参数	说　明
P_s/dBm	发送机在 S 点最小平均发送功率	α_c	光纤连接器损耗；取 0.5dB/个	M_e/dBm	设备富余度；一般取 3dB
P_R/dBm	接收机在 R 点最差灵敏度（BED=10^{-10} 时）	α_j	光纤接头损耗通常取 0.03dB/km	M_c	线路富余度，每个中继段取 3dB，100km 以上每个中继段取 5dB
P_P/dB	最大光通道代价	α_f	光纤衰减/(dB·km^{-1}) G.652 光纤分两级 1 级：≤0.36@1310nm，≤0.22 @1550nm 2 级：≤0.40@1310nm，≤0.25 @1550nm		

ITU-T G.957 规定接收机设计的最差灵敏度应留出 2～4dB 的余量。因此，WDM 及 SDH 工程采用式(7.3.5)或式(7.3.6)计算时，可不再加入设备富余度 M_e。

【例 7.3.1】　2.5Gb/s SDH 系统采用的长距离光接口模块 L-16.2，一般其最小平均发送功率 $P_s \geqslant -2dBm$，最差灵敏度 $P_R \leqslant -29dBm$，则在 1550nm 窗口衰减限制的最大传输距离为

$$L_{\max} = \frac{P_s - P_R - M_e - 2\alpha_c - P_P}{\alpha_f + \alpha_j + M_c}$$

$$= [-2 - (-29) - 1 - 2]/(0.22 + 0.03 + 0.04)$$

$$\approx 82.7 \text{km}$$

【例 7.3.2】 10Gb/s SDH 系统采用的光接口模块一般为 S-64.2b,其最小平均发送功率 $P_s \geqslant -1\text{dBm}$,最差灵敏度 $P_R \leqslant -14\text{dBm}$。

在 1550 窗口衰减限制的最大传输距离为

$$L_{\max} = \frac{P_s - P_R - M_e - 2\alpha_c - P_P}{\alpha_f + \alpha_j + M_c}$$

$$= [-1 - (-14) - 1 - 2]/(0.22 + 0.03 + 0.04)$$

$$\approx 34.4 \text{km}$$

如果实际工程中继段超出计算距离,则需要采用发送功率更大的光发送器件或者采用掺铒光纤放大器(EDFA)。如果采用饱和输出功率为 +18dBm 的 EDFA 来对光纤衰减进行补偿,则例 7.3.1 在 1550 窗口衰减限制的最大传输距离为

$$L_{\max} = \frac{P_s - P_R - M_e - 2\alpha_c - P_P}{\alpha_f + \alpha_j + M_c}$$

$$= [+18 - (-29) - 1 - 2]/(0.22 + 0.03 + 0.04)$$

$$\approx 151.7 \text{km}$$

7.3.2 光纤的色散

单模光纤的色散决定了光纤所能传输的速率、距离和容量,是决定光纤性能的重要参数之一。G.653、G.655 单模光纤都是为优化光纤工作波长处的材料色散和波导色散而专门研发的新型光纤(参看 2.4.5 节)。

光纤传输系统设计中,色散限制系统光中继距离 L 的估算公式如下。

$$L = 10^6 \frac{\varepsilon}{BD\delta\lambda} \tag{7.3.7}$$

式中,L 是色散受限光纤系统光中继距离(km);ε 是由光源类型决定的参数。当光源为多纵模激光器时取 0.115,发光二极管或单纵模激光器时取 0.306;B 为传输的比特率(Gb/s);D 为光纤的色散系数(ps/nm.km);$\delta\lambda$ 为光源的均方根谱宽(nm)。

由式(7.3.7)可知,系统的传输距离和所用光纤的色散系数 D 成反比。色散系数 $D(\lambda)$ 是单位长度光纤的波长色散,单位为 ps/(nm·km)。在工作波长为 λ 时,若光纤单位长度的时延为 $\tau(\lambda)$,则波长色散系数 $D(\lambda)$ 的表达式为

$$D(\lambda) = \frac{\mathrm{d}\tau(\lambda)}{\mathrm{d}\lambda} \cdot \frac{1}{L} (\text{ps}/(\text{nm} \cdot \text{km})) \tag{7.3.8}$$

下面给出各类光纤波长色散系数的计算公式。

1. A1 类多模光纤和 B1 类单模光纤

单位长度光纤群时延曲线 $\tau(\lambda)$ 的拟合函数为

$$\tau(\lambda) = a + b\lambda^2 + c\lambda^{-2} \tag{7.3.9}$$

其相应的等效公式为

$$\tau(\lambda) = \tau_0 + \frac{S_0}{8}\left(\lambda + \frac{\lambda_0^2}{\lambda}\right)^2 \tag{7.3.10}$$

将 $\tau(\lambda)$ 对波长微分即可得波长色散系数

$$D(\lambda) = 2(b\lambda - c\lambda^{-3}) \tag{7.3.11}$$

或

$$D(\lambda) = \frac{S_0}{4}\left(\lambda - \frac{\lambda_0^4}{\lambda^3}\right) \tag{7.3.12}$$

式中，λ_0 为零色散波长，S_0 为零色散波长处的色散斜率。由式(7.3.11)可得：零色散波长的表达式为

$$\lambda_0 = \left(\frac{c}{b}\right)^{\frac{1}{4}} \tag{7.3.13}$$

零色散波长处的色散斜率为

$$S_0 = S(\lambda_0)8b \tag{7.3.14}$$

2. B3 类光纤

单位长度 B3 类光纤群时延值 $\tau(\lambda)$ 可用以下公式拟合。

$$\tau(\lambda) = a + b\lambda^2 + c\lambda^{-2} + d\lambda^4 + e\lambda^{-4} \tag{7.3.15}$$

实际上，在 1200～1600nm 波长范围，系数 e 很小，可采用以下较简化的拟合公式。

$$\tau(\lambda) = a + b\lambda^2 + c\lambda^{-2} + d\lambda^4 \tag{7.3.16}$$

相应的波长色散系数计算公式为

$$D(\lambda) = 2b\lambda - 2c\lambda^{-3} + 4d\lambda^3 - 4e\lambda^{-5} \tag{7.3.17}$$

或简化公式

$$D(\lambda) = 2b\lambda - 2c\lambda^{-3} + 4d\lambda^3 \tag{7.3.18}$$

7.3.3 色散对光纤传输的影响

在光纤通信系统中，传输的是一串编码的脉冲序列。色散限制了通信系统的通信速率。原因是色散引起了脉冲展宽，使一串编码的脉冲序列中的两个相邻脉冲有一部分互相重叠，如图 7.3.1 所示。从而使得相邻两个脉冲不能被接收装置正确识别，产生误码。为了限制码间干扰，必须把色散引起的脉冲展宽限制在一定范围内。假定信号的传输速率为 B，那么每个比特信号所占的时间长度为 $1/B$，当脉冲因色散引起的脉冲展宽大于每个比特信号所占的时间长度的 $1/4$ 时，接收机的判决电路就不能正常的判定收到的数据是"0"还是"1"。因此，因色散引起的脉冲展宽必须限制在每个比特信号所占的时间长度的 $1/4$，即 $\Delta t < 1/4B$。据此判据可判定一个色散系统的最高速率。实际色散对通信的影响，还与光信号的带宽有关，而光信号的带宽又与光源的带宽和信号的带宽有关，可以看成二者的叠加。

(a) 输入码流　　　　　　　　　　(b) 两个脉冲出现交叠

图 7.3.1　脉冲展宽引起码间干扰

1. 宽谱光源

当系统使用宽谱光源时,光信号总的带宽由光源决定。根据总色散的计算公式

$$\sigma = D(\Delta\lambda_{\text{source}} + \Delta\lambda_{\text{signal}})L \approx D(\Delta\lambda_{\text{source}})L \tag{7.3.19}$$

再考虑到信号的初始脉宽 T_0 相对于由光源带宽引起的脉冲展宽要窄,可近似为 0,则

$$T_1 \approx \sigma \approx D\Delta\lambda L < \frac{1}{4B} \tag{7.3.20}$$

这表明,脉冲展宽与光纤长度、光源谱宽度都成正比。于是

$$BL < \frac{1}{4D\Delta\lambda} \tag{7.3.21}$$

这说明,光纤传输的速率与通信光纤长度的乘积,受到色散和光源谱宽度的限制,传输光纤长度越长,速率只能越低。

2. 窄带光源

当系统使用窄带光源时,信号的谱宽大于光源的谱宽,所以此时主要是信号的频谱起作用,不同的信号有不同的频谱。对于高斯脉冲,输出的脉冲宽度为

$$T_1^2 = T_0^2 + T_0^2(L/L_D)^2 \tag{7.3.22}$$

式中,$T_D = T_0^2/|\beta_0''|$,称为色散长度。于是

$$T_1^2 = T_0^2 + T_0^2\left(\frac{L}{L_D}\right)^2 = T_0^2 + \frac{|\beta_0''|^2 L^2}{T_0^2} \tag{7.3.23}$$

显见,有一个最佳的初始脉冲宽度,使得输出脉冲的宽度最小,它在 $T_0 = (|\beta_0''|L)^{1/2}$ 时出现,此时有 $T_1 = (2|\beta_0''|L)^{1/2}$。这样,$T_1 = (2|\beta_0''|L)^{1/2} < \frac{1}{4B}$,从而得到 $B \leqslant \frac{1}{4\sqrt{2|\beta_0''|L}}$。根据 D 与 β_0'' 的关系,可以得出,这时的最高速率为

$$B \leqslant \frac{\sqrt{\pi c}}{4\lambda\sqrt{2|D|L}} \tag{7.3.24}$$

为了有效地解决色散带来的问题,可以使用色散补偿技术。假设整根光纤由两段构成,一段为正色散,另一段为负色散,对应的传输常数分别为 β_1、β_1'、β_1'' 及 β_2、β_2'、β_2''(忽略高阶色散),其中 β_1'、β_1'' 是正色散光纤中 $\beta(\omega)$ 在 ω_0 处的一阶和二阶导数,β_2' 和 β_2'' 是负色散光纤中 $\beta(\omega)$ 在 ω_0 处的一阶和二阶导数。可见只要合理选取色散补偿光纤的参数,从理论上完全可使上升或下降时间→0,实际可降到 1ps 以下。

7.4　光纤传光束

光纤最早在光学行业中用于传光及传像。用于传光时,可以是单根光纤,也可以是由多根光纤构成的光纤束,在激光加工、激光医疗等领域用于传输光能量。这时光纤的选用主要考虑其数值孔径,透过波长的范围要和被传输的光能相匹配,在传输大功率激光(用于激光加工)时,还要考虑激光的功率密度。传输的激光功率密度太大时可能会烧坏光纤。所以用于传光的光纤,多为大芯径、大数值孔径的光纤。光纤直径为 $100\sim1000\mu m$;数值孔径为 $0.3\sim0.5$,甚至有高达 $0.7\sim0.8$ 者。这些场合使用光纤的优点是其柔软性和可挠性。例

如,激光手术刀。用常规的平面反射镜和棱镜构成光束转向系统,不仅造价昂贵,结构复杂,而且使用不便。如改用光纤,则有造价低,体积小,使用方便,可挠性好等诸多优点。关键是要有和激光波长相匹配的光纤或光纤束。光纤束还可根据使用的不同需要,排列成不同形状:矩形、方形、圆形以及各种特殊形状,还有做成两端形状不同的异形光纤束,例如一端为圆形,另一端为矩形等。

7.5 光纤传像束

7.5.1 概述

光纤成像是光纤问世后一种新的成像方式。光纤用于成像的方式有三种:单根光纤成像、光纤束成像、光纤排列成固定像。这三种光纤成像方式,所用光纤不同。

1. 单根光纤成像

单根光纤成像是用单根的变折射率多模光纤成像。当光纤的折射率满足一定条件时(参看 4.2 节),此光纤类似一个成像透镜。用它可构成照相物镜;显微物镜等。

2. 光纤束成像

光纤束成像是用单根细的裸光纤有序排列而成。此裸光纤和一般通信光纤的差别是:通信光纤是纤芯细($5\sim60\mu m$),而包层厚($125\mu m$);成像光纤的特点是包层薄,一般只有$1\sim2\mu m$厚;目的是增加光纤束成像的空间分辨率(因为包层不通光。通光面积减小,光纤束成像的空间分辨率必然降低)。成像光纤的纤芯一般为$10\mu m$,目的也是增加光纤束成像的空间分辨率。目前,短距离($1\sim3m$)的成像光纤,其材料为多组分光学玻璃。目的是由此可得高数值孔径,以获得较好的成像效果。本节主要介绍这种光纤束成像。

3. 光纤排列成固定像

光纤排列成固定像是按所需图形规则地排列光纤,被照明的光纤即可显示所需图形,如图 7.5.1 所示。另外,也可将光源(例如,LED 发光管)和光纤排列成面板,按所需图形接通光源,则可在光纤面板处显示所需图形。这时所用光纤多为塑料光纤。原因是:塑料光纤纤芯粗(纤芯可达 1mm);数值孔径大(可高达 0.5 以上),因而集光能力强。

图 7.5.1 光纤排列成固定像示意图

7.5.2 光纤传像束的结构

光纤束成像的基本光路结构如图 7.5.2 所示。光纤束左端的成像物镜把被观测物体的像成在光纤束的端面,此像(实际是光强的空间分布)经光纤束传到其另一端(图中右端)。光纤束另一端的像可通过目镜用眼直接观测;也可通过照相机或摄像机进行拍摄。由此可见,光纤束只起传像的作用(实际是把光强的空间分布由光纤束的一端传送到另一端,成像的过程是由物镜完成)。光纤束成像的优点是:可观测物体内部或狭窄空间处的情况。例如,光纤胃窥镜可用于观测胃内的情况,而工业窥镜则可用于观测机器内部的情况。为满足不同实际的需要,有的光纤成像束制成异形。例如:一端为圆形,另一端为矩形;一端大,一端小;或者两端大小和形状都不相同。

用于传像时,光纤束的排列应是有序的,应使光纤束的入射端和出射端的光纤排列成一一对应的关系。如图 7.5.2 所示,图 7.5.2(a)是示意图,图 7.5.2(b)是实物照片。由图 7.5.2(a)可见,当入射端是"上"字,则和上对应的光纤为暗,其余光纤有光照亮(白底黑字的情况)。因此,在光纤传像束的出射端也是这种情况,除和"上"对应的光纤外,其余光纤都亮,在出射端就能看见亮背景上的一个黑色的"上"字。由于这种传像束中光纤的排列是有序的(或称是相关的),因此又称它为相关光纤束(coherent bundle)。而上述仅用于传光的光纤束。其排列是不相关的(无序的),故称为非相关光纤束(incoherent bundle)。

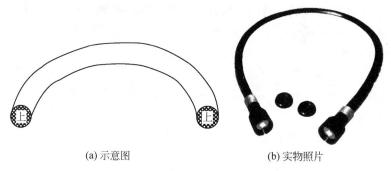

(a) 示意图   (b) 实物照片

图 7.5.2   光纤传像束

传像束主要用于构成医用内窥镜(如胃镜)和工业内窥镜。图 7.5.3 是一种工业用内窥镜的光纤系统结构图。该内窥镜是采用外光源照明,光源发出的光通过聚光物镜聚在光纤束的入射端,再通过光纤束传到光纤束的出射端照亮被观测的物体。此物体被照亮后,由物镜成像在光纤束的端面,再通过光纤束传到出射端。出射端的像可用目镜放大后用人眼观察,也可再通过照相物镜用照相胶片或 CCD 记录,图 7.5.4 是工业内窥镜的实物照片。

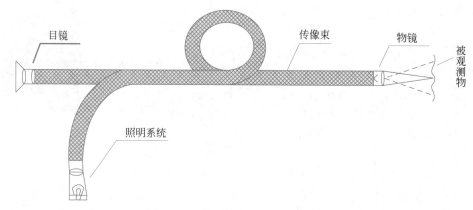

图 7.5.3   光纤内窥镜光学系统简图

7.5.3   光纤传像束的性能

由光纤束构成的医用窥镜或工业窥镜的主要技术指标见表 7.5.1。图 7.5.5 是光纤传

图 7.5.4 工业内窥镜实物外形图

像束的一种排列图(局部)。

表 7.5.1 窥镜用光纤束主要参数表

参 数	说 明	参 数	说 明
空间分辨率/(lines·mm^{-1})	38～48	观察深度/mm	成像物镜到被观察物的距离：10～1000mm
总像素	光纤的数目：10～100万	视场角	105°(由成像物镜和光纤的孔径角决定)
光纤束长度/m	传输光纤束总长	光纤束外径/mm	6～11
最大长度/m	1～6(光纤吸收确定)	弯曲方向(最大值)	上/下 120°；左/右 90°
单根光纤	直径 d：12～15μm；包层厚度：1～2μm；分辨率：38～48lines/mm；NA：0.60；弯曲半径$r \geq$30cm		

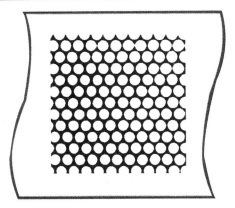

图 7.5.5 光纤传像束排列图(局部)

7.5.4 应用

光纤窥镜在医疗和工业技术领域有广泛应用。例如,光纤内窥镜可用于高温、有毒、有核辐射等环境,以及人眼或其他方法无法直接观察到的场所或部位进行观察和检查。它可方便而且迅速地用于检查各种机器、设备、组装人体难于到达的构件的内部。利用光纤内窥镜可不需拆卸或破坏仪器设备就能进行有效的质量检查(即进行无损检测)。工业内窥镜可和一般照相机、数码照相机、数码摄像机、微型计算机等配合使用,用于在线监测,所以工业窥镜应用广泛。在航空、汽车、船舶、电力、煤矿、石油化工、核工业,以及电子、轻工等各行业均可一显身手。图 7.5.6 用工业内窥镜拍摄的照片,图中照片是传像束出射端面上的像。图 7.5.6(a)是花,图 7.5.6(b)是文字。

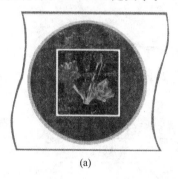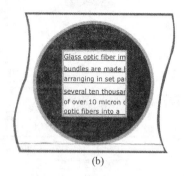

(a)   (b)

图 7.5.6 用工业内窥镜拍摄的照片

思考题与习题

7.1 为满足对光信号传输的要求,传输光纤应具有哪些特性?

7.2 为满足对光信号长距离传输的要求,应如何估算光纤传输距离?

7.3 如果对于成像光纤束,可能的最佳分辨率是每根光纤的纤芯恰好等于一个分辨率的一个线对。则能分辨每英寸 300 线对的最大光纤纤芯是多少?为什么最佳分辨率的判据是每根光纤的纤芯恰好等于一个分辨率的一个线对?实际上能否实现?

7.4 如欲分辨每毫米 8 线对的图像。用于构成成像光纤束的光纤,其最大直径是多少?

7.5 试说明成像光纤束光能收集率的含义。如果成像光纤束的光能收集率是 80%,这意味什么?

7.6 成像光纤束光能收集率和光纤的损耗是否有关?如果成像光纤束所用光纤的损耗是 10dB/km,光纤长 3m。试求此光纤的透过率(用百分比表示)。

7.7 如果成像光纤束的最佳光能收集率是 90%。现有成像光纤束,其单根光纤的芯径是 $10\mu m$,并假设其光纤之间的间距可忽略不计。则每根光纤的外径是多少?每根光纤的厚度是多少?

7.8 如果用 $100/140\mu m$(芯/包比)的阶跃折射率光纤装配成成像光纤束,仍假设其光纤之间的间距可忽略不计。求此成像光纤束的光能收集率。

7.9 用成像光纤束成像时,影响成像质量的主要因素是什么?

7.10 成像光纤束和传光光纤束的主要差别何在?

第 8 章

光纤传感器

8.1　概述

8.1.1　光纤传感器的定义及分类

光导纤维最早在光学行业中用于传光及传像。在 20 世纪 70 年代初生产出低损光纤后,光纤在通信技术中用于长距离传递信息。但是光导纤维不仅可以作为光波的传播介质,而且光波在光纤中传播时表征光波的特征参量(振幅、相位、偏振态、波长等)因外界因素(如温度、压力、磁场、电场、位移、转动、振动、浓度、物质成分⋯⋯)的作用而间接或直接地发生变化,从而可将光纤用作传感元件来探测各种物理量和化学量等参量。这就是光纤传感器的基本原理,如图 8.1.1 所示。应注意:光纤传感器的基本原理虽然和光电传感器相近,但有重要差别,其主要差别是:对光纤传感器要考虑光纤的各种特性(包括力学、光学、热学、声学等特性)对传感器的影响。此外,分布式光纤传感器、光纤光栅传感器、光子晶体光纤传感器等几种新型的光纤传感器的特性及其可能应用。

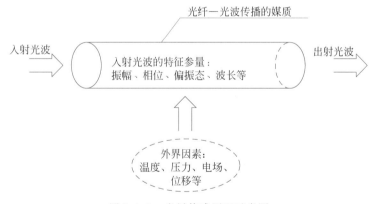

图 8.1.1　光纤传感原理示意图

光纤传感器可分为传感型与传光型两大类。利用外界物理因素改变光纤中光的强度(振幅)、相位、偏振态或波长(频率),从而对外界因素进行计量和数据传输的,称为传感型(或功能型)光纤传感器。它具有传感合一的特点,信息的获取和传输都在光纤之中。传光型光纤传感器是指利用其他的光敏感元件测得的参量,由光纤进行数据传输。它的特点是充分利用现有的光传感器,便于推广应用。这两类光纤传感器都可再分成光强调制、相位调制、偏振态调制以及波长调制等几种形式。

8.1.2　光纤传感器的特点

与传统的传感器相比,光纤传感器的主要特点是性能优、对象广、可兼容、易成网、成本低。

1) 性能优

(1) 抗电磁干扰、电绝缘、耐腐蚀、本质安全。由于光纤传感器是利用光波传输信息,而光纤又是电绝缘、耐腐蚀的传输介质,因而不怕强电磁干扰,也不影响外界的电磁场,并且安全可靠。这使它在各种大型机电、石油化工、冶金高压、强电磁干扰、易燃、易爆、强腐蚀环境中能方便而有效地传感。

(2) 灵敏度高。利用长光纤和光波干涉技术使不少光纤传感器的灵敏度优于一般的传感器。其中有的已由理论证明,有的已经实验验证,如测量转角,水声、加速度、辐射、温度、磁场等物理量的光纤传感器。

(3) 重量轻,体积小,外形可变。光纤除具有重量轻、体积小的特点外,还有可挠的优点,因此利用光纤可制成外形各异、尺寸不同的各种光纤传感器。这有利于航空、航天以及狭窄空间的应用。

(4) 分布式。分布式光纤传感器是目前传感器领域唯一具有可在大空间范围(几十米到上百公里)进行分布式测量的传感器。

2) 对象广

目前已有性能不同的测量温度、压力、位移、速度、加速度、液面、流量、振动、水声、电流、电场、磁场、电压、杂质含量、液体浓度、核辐射等各种物理量、化学量的光纤传感器在现场使用。

3) 可兼容

传感器对被测介质影响小,这对于医药生物领域的应用极为有利。

4) 易成网

易于多参量复用,便于多传感器组网。有利于与现有光通信技术组成遥测网和光纤传感网络。

5) 成本低

有些种类的光纤传感器的成本大大低于现有同类传感器。

微课视频

8.2　振幅调制型光纤传感器

利用外界因素引起的光纤中光强的变化来探测有关参量的光纤传感器,称为振幅调制传感型光纤传感器。改变光纤中光强的办法目前有以下几种:改变光纤的微弯状态;改变光纤的耦合条件;改变光纤对光波的吸收特性;改变光纤中的折射率分布等。

8.2.1　光纤微弯传感器

光纤微弯传感器是利用光纤中的微弯损耗来探测外界参量的变化。它是利用多模光纤在受到微弯时,一部分芯模能量会转化为包层模能量这一原理,通过测量包层模能量或芯模能量的变化来测量位移或振动等参量。图 8.2.1 是其原理图,光源发出的光经扩束、聚焦输入多模光纤。其中的非导引模由杂模滤除器去掉,然后在变形器作用下光纤发生变形,产生弯曲。光纤微弯的程度不同时,转化为包层模式的能量也随之改变。变形器由测微头调整至某一恒定变形量;待测的光纤微弯的程度由压电陶瓷变换给出。实验表明,该装置灵敏度强烈依赖于多模光纤中的导引模式分布,高阶模越多,越易转化为包层模,灵敏度也就愈高。相当于最小可测位移为 0.01nm,动态范围可望超过 110dB。这种传感器很容易推广到对压力、水声等量的测量。

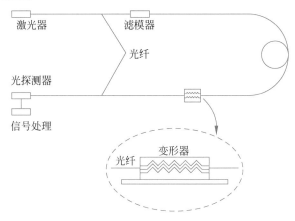

图 8.2.1　光纤微弯传感器原理图

理论分析和实际结果表明:当变形器的波数等于光纤中导模与辐射模的传播常数差,即当下述条件成立时,光纤中光损耗最大。

$$\beta - \beta' = \pm \frac{2\pi}{\Lambda} \tag{8.2.1}$$

式中,Λ 是传播变形器的机械波长,β 和 β' 分别为导模和辐射模的传播常数,理论计算给出

$$\delta\beta = \beta_{m+1} - \beta_m = \left(\frac{\alpha}{\alpha+2}\right)^{\frac{1}{2}} \frac{2\sqrt{\Delta}}{a} \left(\frac{m}{M}\right)^{\frac{\alpha-2}{\alpha+2}} \tag{8.2.2}$$

式中,m 是模序号;M 是总模数;α 是表征光纤芯折射率分布的常数;Δ 是纤芯和包层的折射率差;a 是纤芯的半径。

对于 $\alpha = 2$ 的梯度折射率光纤,由上式可得

$$\delta\beta = \frac{(2\Delta)^{\frac{1}{2}}}{a} \tag{8.2.3}$$

这说明梯度折射率光纤 β 与 m 无关,是一常数。因此变形器的最佳波长为

$$\Lambda_0 = \frac{2\pi a}{(2\Delta)^{\frac{1}{2}}} \tag{8.2.4}$$

对于 $\alpha = \infty$ 的阶跃折射率光纤有

$$\delta\beta = \frac{2\Delta^{\frac{1}{2}}}{a} \frac{m}{M} \tag{8.2.5}$$

上式表明:高阶模比低阶模之间传播常数相差大,因此其相应的波长 Λ_0 要小。

变形器的齿可以做成正弦形,也可以做成三角形。理论分析表明:当变形器齿的波长

Λ 为任意值时,光纤的形变衰减系数 $F(\Lambda)$ 的表达式为

$$F(\Lambda) = a_1^2(\Lambda_0) \frac{L}{4} \left[\sum_{l=1} \left(\frac{\Lambda}{l\Lambda_0} \right)^4 \frac{\sin \left[\left(\frac{1}{\Lambda_0} - \frac{l}{\Lambda} \right) \pi L \right]}{\left(\frac{1}{\Lambda_0} - \frac{l}{\Lambda} \right) \pi L} \right]^2 \quad \left(l = 1, 3, \cdots, l \leqslant \frac{\Lambda}{\Lambda_0} \right)$$

(8.2.6)

式中

$$a_1(\Lambda_0) = \frac{4 p \Lambda_0^4}{EIL(2\pi)^4}$$

E 是光纤材料的杨氏模量;p 是加在变形器上的外力;I 是转动惯量;L 是变形器的总长度,$L = N\Lambda_0$;N 是变形器的齿数。

式(8.2.6)表明:除 $\Lambda = \Lambda_0$ 外,$\Lambda = 3\Lambda_0$,$\Lambda = 5\Lambda_0 \cdots$ 时,微弯传感器也有较大的灵敏度。实验结果证明了这一点,例如,用一纤芯 $a = 25\mu m$,$\Delta = 0.0096$ 的光通信用石英光纤,由式(8.2.4)可求出 $\Lambda_0 = 1.13mm$。实验结果是 $\Lambda = 1.2mm$ 和 $\Lambda = 3.8mm$ 时均有最大衰减,与式(8.2.6)的计算结果符合。

光纤微弯传感器由于技术上比较简单,光纤和元器件易于获得,因此在有些情况下能比较快地投入实际应用中。例如,我国已研制成基于这种原理的光纤报警器。其基本结构是:光纤呈弯曲状,织于地毯中,当人站立在地毯上时,光纤弯曲状态加剧。这时通过光纤的光强随之变化,因而产生报警信号。研制这类传感器的关键在于确定变形器的最佳结构(齿形和齿波长)。由于目前实际的光纤的一致性较差,因此这种最佳结构一般是通过实验确定。

8.2.2 光纤受抑全内反射传感器

利用光波在高折射率介质内的受抑全反射现象也可构成光纤传感器。如图 8.2.2 所示,两光纤端面磨成临界角(对空气为全反射),当两光纤端面十分靠近时,大部分光能可从一根光纤耦合进另一根光纤。当一根光纤保持固定,另一光纤随外界因素而移动,导致两光纤端面之间间距的改变,其耦合效率会随之变化。测出光强的这一变化就可求出光纤端面位移量的大小。这类传感器的优点是灵敏度高,最大缺点是需要精密机械调整和固定装置,因而抗干扰能力弱。这对现场使用不利。

图 8.2.3 是另一种全内反射光纤传感器的原理图。其光纤端面的角度磨成恰等于临界角,于是从纤芯输入的光将从端面全反射后再按原路返回输出。当外界因素改变光纤端面外介质的折射率 n_2 时,其全反射条件被破坏,因而输出光强将下降。由此光强的变化即可探测出外界物理量的变化。

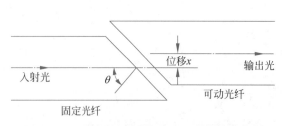

图 8.2.2　透射式光纤受抑全内反射传感器简图

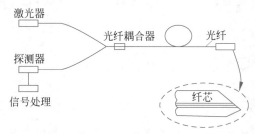

图 8.2.3　反射式光纤受抑全内反射传感器简图

这种结构的光纤传感器的优点是不需要任何机械调整装置,因而增加了传感头的稳定性。利用与此类似的结构,现已研制成光纤浓度传感器、光纤气/液二相流传感器、光纤折射率传感器、光纤成分传感器、光纤温度传感器等多种用途的光纤传感器。

8.2.3 光纤辐射传感器

X射线、γ射线等的辐射,会使光纤材料的吸收损耗增加,从而使光纤的输出功率下降。利用这一特性可构成光纤辐射传感器。图8.2.4是其原理图。

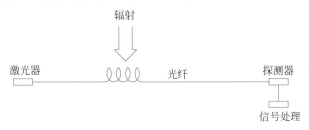

图 8.2.4 光纤辐射传感器原理图

光纤辐射传感器的特点是:灵敏度高,线性范围大,有"记忆"特性(辐射引起的光纤材料吸收损耗增加是一不可逆过程)。改变光纤成分,可对不同的辐射敏感。图8.2.5是铅玻璃光纤用铅玻璃制成的辐射传感器的特性曲线。由曲线可知:在10mrad到10^6rad的响应均为线性。其灵敏度比一般的玻璃辐射计要高10^4,其原因是它可使用较长的光纤,从而使光辐射效应因累积而大幅提高。这种光纤传感器还具有结构灵活、牢固可靠的优点。它既可做成小巧仪器,用于狭小空间的辐射探测,也可用于核电站、放射性物质存放处等大空间范围的监测。

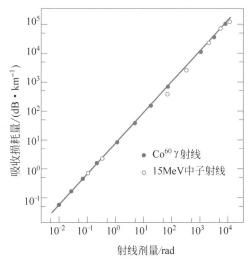

图 8.2.5 衰减随辐射量的变化关系

8.2.4 振幅调制型光纤传感器的补偿技术

振幅调制型光纤传感器是根据测出的光强变化来获取被传感参量变化的信息,因此光源、光纤、光纤器件(耦合器、连接器等)、光探测器等引起的光强变化,是这类传感器误差的主要来源。为了减少测量误差,提高长期稳定性,提出了许多种补偿技术。其基本原理是:通过参考光路引进参考信号,以补偿非传感因素引起的光强变化。下面简要介绍几种典型的补偿技术。

1. 双波长补偿法

双波长补偿法的基本思想是:在传感系统中采用不同波长的两个光源,这两个波长不同的光信号在传感头中受到不同的调制,对调制后的两路光信号进行一定的信号处理,就可获得误差减小的测量值。图 8.2.6 是一种典型的双波长补偿系统。由光源 S_1 和 S_2 分别发出波长为 λ_1 和 λ_2 的单色光。这两种单色光通过耦合器 C_1 输入光纤 L_1。这两种单色光中有一种波长的光不被传感头 SH 调制而作为参考信号通过传感头。然后这两个不同波长的光信号通过光纤 L_2 和光纤耦合器 C_2 后分别由光探测器 D_1 和 D_2 接收,得到两个输出信号 I_1 和 I_2。可以证明,此两输出信号的比值

$$R = \frac{I_2}{I_1} \tag{8.2.7}$$

已经消除了光纤 L_1 和 L_2 传输损耗的变化对测量结果的影响,但两个光源和光探测器的漂移对测量结果的影响则无法消除。

图 8.2.7 是为了进一步消除光源的功率起伏和光探测器灵敏度的变化所带来的误差而提出的一种改进方案。其改进点是:在光源 S 与传感头 SH 之间增加一个 2×2 型光纤耦合器 C,以便直接监测光源功率的起伏,再用分时办法以区别光源 S_1 和 S_2 的信号。由图可见,这时可得到 4 个光信号:由光源 S_1 和 S_2 经光纤耦合器 C 直接到达光探测器 D_R 所产生的输出信号 I_R^1 和 I_R^2;以及经传感头 SH 到达光探测器 D_M 所产生的输出信号 I_M^1 和 I_M^2。M_1,M_2 为传感信号经信号处理后可得

$$R = \frac{I_R^1 I_M^2}{I_R^2 I_M^1} = \frac{M_2}{M_1} \tag{8.2.8}$$

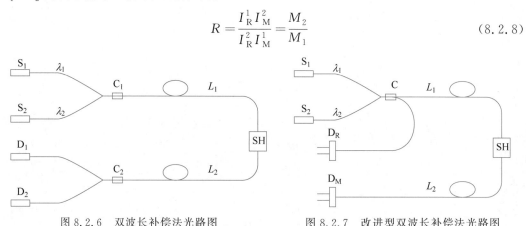

图 8.2.6　双波长补偿法光路图　　　　图 8.2.7　改进型双波长补偿法光路图

显见,这时输出信号由传感信号 M 唯一决定。光源功率的波动、光纤传输损耗的变化和光探测器灵敏度的漂移等因素引起的误差均可消除,但两光源输出光谱特性的变化、2X2 型光纤耦合器分光比的变化等因素引起的误差仍无法消除。

2. 旁路光纤监测法

旁路光纤监测法光路图如图 8.2.8 所示,参考光纤和信号传输光纤的长度相同,经过的空间位置也一致,以确保受到相同的环境影响,只是在传感头 SH 处,参考光纤从旁路通过,

不受被测量调制。这是此法的特点。此法可消除光源功率波动所引起的误差,但光纤损耗、光探测器灵敏度的变化等因素引起的误差则无法消除。

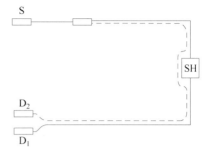

3. 光桥平衡补偿法

光桥平衡补偿法光路如图8.2.9所示。它由一光纤4端网构成,其中包括两个光源S和两个光探测器D。两光源轮流发光,两探测器均可探测到每个光源发出的光脉冲。设由探测器 D_1 测出的两光源的光强分别为 I_{11}、I_{12};由探测器 D_2 测出的分别为 I_{21}、I_{22}。C 为耦合比。得到相应的输出为

图 8.2.8　旁路光纤监测光路图

$$R = \frac{I_{11}I_{22}}{I_{12}I_{21}} = \frac{C_{22}}{C_{12}C_{21}}M \tag{8.2.9}$$

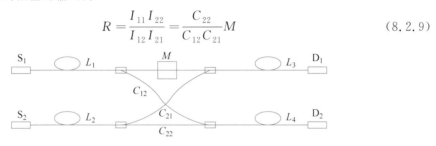

图 8.2.9　光桥平衡补偿法光路图

此法补偿的优点为:光源功率的波动、光纤传输损耗的变化以及光探测器灵敏度的漂移都可消除;但耦合比 C 一般情况下会随入射光波长、入射光功率、模式分布以及环境温度等因素而变,因此耦合比 C 引起的误差无法消除,则是其缺点。

光桥平衡补偿法已有不少改进型光路,包括透射式和反射式改进型光路。

8.3　相位调制型光纤传感器

8.3.1　引言

微课视频

利用外界因素引起的光纤中光波相位变化来探测各种参量的传感器,称为相位调制传感型光纤传感器。这类光纤传感器的主要特点如下。

1) 灵敏度高

光学中的干涉法是已知最灵敏的探测技术之一。在光纤干涉仪中,由于使用了数米甚至数百米以上的光纤,使它比普通的光学干涉仪更加灵敏,其超过同类传感器的例子不在少数。

2) 灵活多样

由于这种传感器的敏感部分是由光纤本身构成,因此其探头的几何形状可按使用要求而设计成不同形式。

3) 对象广泛

不论何种参量,只要对干涉仪中的光程产生影响,就可用于传感。目前利用各种类型的光纤干涉仪已研究成测量压力(包括水声)、温度、加速度、电流、磁场、液体成分和折射率等多种物理量的光纤传感器。而且,同一种干涉仪,常常可以对多种参量进行传感。

4) 对光纤有特殊要求

在光纤干涉仪中,为获得干涉效应,应使同一模式的光叠加,为此要用单模光纤。当然,采用多模光纤也可得到一定的干涉图样,但性能下降很多,信号检测也较困难。为获得最佳干涉效应,两相干光的振动方向必须一致。因此,在各种光纤干涉仪中最好采用"高双折射"单模光纤,以减小因偏振态变化引起的误差。研究表明,光纤的材料,尤其是护套和外包层的材料对光纤干涉仪的灵敏度影响极大。因此,为了使光纤干涉仪对被测物理量进行"增敏",对非被测物理量进行"去敏",需对单模光纤进行特殊处理,以满足测量不同物理量的要求。研究光纤干涉仪时,对所用光纤的性能应予以特别注意。

根据传统的光学干涉仪的原理,目前已研制成 Mach-Zehnder 光纤干涉仪、Sagnac 光纤干涉仪、Fabry-Perot 光纤干涉仪,光纤环形腔干涉仪,以及光纤白光(宽谱)干涉仪等,并且都已用于光纤传感,下面分别介绍其原理。

8.3.2　Mach-Zehnder 光纤干涉仪和 Michelson 光纤干涉仪

Mach-Zehnder 光纤干涉仪(简称 M-Z 光纤干涉仪)和 Michelson 光纤干涉仪都是双光束干涉仪。图 8.3.1 是 M-Z 光纤干涉仪的原理图。由激光器发出的相干光,分别送入两根长度基本相同的单模光纤(即 M-Z 光纤干涉仪的两臂),其一为探测臂,另一为参考臂。从两光纤输出的两激光束叠加后将产生干涉效应。实用的 M-Z 光纤干涉仪的分光和合光是由两个光纤定向耦合器构成,是为全光纤干涉仪,以提高其抗干扰的能力。

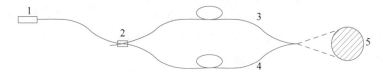

图 8.3.1　M-Z 光纤干涉仪原理图

1—激光器;2—光纤耦合器;3—传感光纤;4—参考光纤;5—干涉图

图 8.3.2 是 Michelson 光纤干涉仪的原理图。实际上用一个单模光纤定向耦合器,把其中两根光纤相应的端面镀以高反射率膜,就可构成一个 Michelson 光纤干涉仪。其中一根作为参考臂,另一根作为传感臂。

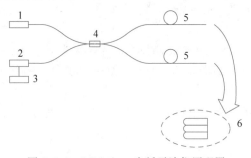

图 8.3.2　Michelson 光纤干涉仪原理图

1—激光器;2—光探测器;3—信号处理单元;4—光纤耦合器;5—光纤;6—有一定反射率的光纤端面

由双光束干涉的原理可知,这两种干涉仪所产生的干涉场的干涉光强为

$$I \propto (1 + \cos\delta) \tag{8.3.1}$$

当 $\delta = 2m\pi$ 时,为干涉场的极大值。式中 m 为干涉级次,且有

$$m = \Delta L / \lambda \qquad (8.3.2)$$

或

$$m = \nu \Delta t \qquad (8.3.3)$$

因此,当外界因素引起相对光程差 ΔL 或相对光程时延 Δt,传播的光频率 ν 或光波长 λ 发生变化时,都会使 m 发生变化,即引起干涉条纹的移动。由此而感测相应的参量。

外界因素(温度、压力等)可直接引起干涉仪中的传感臂光纤的长度 L(对应于光纤的弹性变形)和折射率 n(对应于光纤的弹光效应)发生变化,因为

$$\varphi = \beta L \qquad (8.3.4)$$

所以

$$\Delta\varphi = \beta\Delta L + L\Delta\beta = \beta L\frac{\Delta L}{L} + L\frac{\partial\beta}{\partial n}\Delta n + L\frac{\partial\beta}{\partial D}\Delta D \qquad (8.3.5)$$

式中,β 是光纤的传播常数;L 是光纤的长度;n 是光纤材料的折射率。光纤直径的变化 ΔD 对应于波导效应。一般 ΔD 引起的相移变化比前两项要小 2~3 个数量级,可以略去。式(8.3.5)是 M-Z 光纤干涉仪等因外界因素引起的相位变化的一般表达式。

8.3.3 Sagnac 光纤干涉仪

1. 基本原理

在由同一光纤绕成的光纤圈中沿相反方向前进的两光波,在外界因素作用下产生不同的相移。通过干涉效应进行检测,就是 Sagnac 光纤干涉仪的基本原理。其最典型的应用就是转动传感,即光纤陀螺。由于它没有活动部件,没有非线性效应和低转速时激光陀螺的闭锁区,因而可制成高性能低成本的转动传感器。图 8.3.3 是 Sagnac 光纤干涉仪的原理图。

用一长为 L 的光纤,绕成半径为 R 的光纤圈。从激光器 1 发出的激光束由分束镜分成两束,分别从光纤两个端面输入,再从另一端面输出。两输出光叠加后将产生干涉效应,此干涉光强由光电接收器 2 检测。

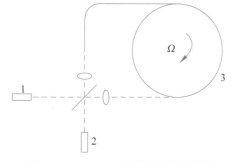

当环形光路相对于惯性空间有一转动 Ω 时,(设 Ω 垂直于环路平面),则对于顺、逆时针传播的光,将产生一非互易的光程差

$$\Delta L = \frac{4A}{c}\Omega \qquad (8.3.6)$$

图 8.3.3 Sagnac 光纤干涉仪原理图
1—光源;2—光探测器;3—光纤圈

式中,A 是环形光路的面积;c 为真空中的光速。当环形光路是由 N 圈单模光纤组成时,对应顺、逆时针光路之间的相位差为

$$\Delta\varphi = \frac{8\pi NA}{\lambda c}\Omega \qquad (8.3.7)$$

式中,λ 是真空中的波长。

2. 优点和难点

和一般的陀螺仪相比较,光纤陀螺仪的优点如下。

1) 灵敏度高

由于光纤陀螺仪可采用多圈光纤的办法,以增加环路所围面积(面积由 A 变成 AN。N 是光纤圈数),这样就大大增加了相移的检测灵敏度;但不增加仪器的尺寸。

2) 实用范围大

由于光纤陀螺仪是固定在被测的转动部件上。因而大大增加了其实用范围。

3) 体积小

应用光纤陀螺仪测量的基本难点是对其元件、部件和系统的要求极为苛刻。例如,为了检测出 $10^{-2}(°/h)$ 的转速,使用长 L 为 1km 的光纤,光波波长为 $1\mu m$,光纤绕成直径为 10cm 的线圈时,由 Sagnac 效应产生的相移 $\Delta\varphi$ 为 10^{-7}rad,而经 1km 长光纤后的相移为 $6\times10^{9}\text{rad}$,因此相对相移的大小为 $\Delta\varphi/\varphi\approx10^{-17}$。由此可见所需检测精度之高,由于 Sagnac 光纤干涉仪中最集中地体现了一般光纤干涉仪中应考虑的所有主要问题,因此下面考虑的问题对其他光纤干涉仪也有参考价值。

1) 互易性和偏振态

为精确测量,需使光路中沿相反方向行进的两束相干光,只有因转动引起的非互易相移,而所有其他因素引起的相移都应互易。这样所对应的相移才可相消,一般是采取同光路、同模式、同偏振的三同措施。

2) 偏置和相位调制

干涉仪所探测到的光功率为

$$P_{\mathrm{D}}=\left(\frac{1}{2}\right)P_{0}(1+\cos\Delta\varphi) \tag{8.3.8}$$

式中,P_0 为输入的光功率;$\Delta\varphi$ 为待测的非互易引起的相位差。可见对于慢转动(即小 $\Delta\varphi$),检测灵敏度很低。为此,必须对检测信号加一个相位差偏置 $\Delta\varphi_{\mathrm{b}}$,其偏置量介于 P_{D} 的最大值和最小值之间。

3) 光子噪声

在 Sagnac 光纤陀螺中,各种噪声甚多,大大影响了信噪比 S/N,因此这是一个必须重视的问题,其中光子噪声属基本限制。噪声的大小与入射到探测器上的光功率有关。

4) 寄生效应的影响

(1) 直接动态效应:作用于光纤上的温度及机械应力,会引起光纤中传播常数和光纤的尺寸发生变化,这将在接收器上引起相位噪声。互易定理只适用于时不变系统,若扰动源对系统中点对称,则总效果相消。因此应尽量避免单一扰动源靠一端,并应注意光纤圈的绕制技术。

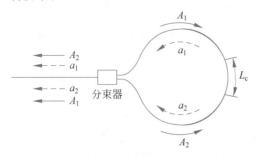

图 8.3.4   回路中主波和反射波示意图

(2) 反射及 Rayleigh 背向散射:由于光纤中产生的 Rayleigh 背向散射,以及各端面的反射会在光纤中产生次级波,它们与初级波会产生相干叠加,如图 8.3.4 所示,这将在接收器上产生噪声。

(3) Faraday 效应:在磁场中的光纤圈由于 Faraday 效应会在光纤陀螺中引起噪声:引入非互易圆双折射(光振动的旋转方向与光传播

方向有关），叠加在原有的互易双折射上。这影响的大小取决于磁场的大小及方向。例如，在地磁场中，其效应大小为 $10°/h$。较有效地消除办法是把光纤系统放在磁屏蔽盒中。

（4）光 Kerr 效应：光 Kerr 效应是由光场引起的材料折射率的变化。在单模光纤中这意味着导波的传播常数是光波功率的函数。在光纤陀螺的情况下，对于熔石英这种线性材料，当正、反两列光波的功率相差 10nW 时，就足以引起（对惯性导航）不可忽略的误差。

以上讨论了光纤陀螺中最基本的四种误差源和在一定范围内限制误差大小所应采取的措施。光纤陀螺的实际工作环境较恶劣，还会带来其他的角速度误差，因此必须采取其他相应的措施。比如，光纤陀螺的工作温度一般为 $-40\sim50℃$，而温度的改变对光纤圈、相位调制器、光纤耦合器都有较严重的影响。实际结果表明，温度改变 $1℃$，比例因子变化 5%，所以必须对光纤进行温度控制或温度补偿。此外应力还会带来附加相位误差，这对光纤陀螺的装配工艺（特别是光圈绕制技术）提出了较高的要求，最终，光纤陀螺的精度极限受量子噪声的限制。

8.3.4　光纤 Fabry-Perot 干涉仪

1. 引言

光纤法珀传感器（optical fiber Fabry-Perot sensor，光纤 F-P（法-珀）干涉仪）是用光纤构成的 F-P 干涉仪。目前，此干涉仪中的光纤 F-P 腔主要有本征型、非本征型、线型复合腔三种代表性的结构。本征型光纤 F-P 腔是指 F-P 腔本身由光纤构成，而非本征型是利用两光纤端面（两端面镀高反射膜层或不镀高反射膜）之间的空气隙构成一个腔长为 L 的微腔（图 8.3.5）。其中非本征型是性能最好、应用最为广泛的一种。当相干光束沿光纤入射到此微腔时，光纤在微腔的两端面反射后沿原路返回、并相遇而产生干涉，其干涉输出信号与此微腔的长度相关。当外界参量（力、变形、位移、温度、电压、电流、磁场等）以一定方式作用于此微腔。使其腔长 L 发生变化，导致其干涉输出信号也发生相应变化。根据此原理，就可以从干涉信号的变化导出微腔的长度，乃至外界参量的变化，实现各种参量的传感。例如，将光纤 F-P 腔直接固定在变形对象上，则对象的微小变形就直接传递给 F-P 腔，导致输出光的变化，从而形成光纤 F-P 应变/应力/压力/振动等传感器；将光纤 F-P 腔固定在热膨胀系数线性度好的热膨胀材料上，使腔长随热膨胀材料的伸缩而变化，则构成了光纤 F-P 温度传感器；若将光纤 F-P 腔固定在磁致伸缩材料上，则构成了光纤 F-P 磁场传感器；若将光纤 F-P 腔固定在电致伸缩材料上，则构成了光纤 F-P 电压传感器。

由图 8.3.5 可知，在光纤 F-P 传感器系统中，光纤 F-P 腔是作为传感单元，获取被测参量信息；为了实现不同的参量传感，光纤 F-P 腔则可有不同的结构形式，因而有不同的传感特性。此外，光纤 F-P 腔获取的信号必须经过处理，才可以得到预期的结果，而这个信号处理就是光纤 F-P 传感器的信号解调。光纤 F-P 传感器的解调方法主要有强度解调和相位解调两大类，而其中相位解调是难度较大，但又比较能突出其优点，且研究空间较广、实施方案较多的一类解调方法，也是目前实际应用最多的解调方法。

2. 基本原理

光纤 F-P 传感器是从图 8.3.6 所示的光学法珀干涉仪发展而成。光学 F-P 干涉仪是由两块端面镀以高反射膜、间距为 L、相互严格平行的光学平行平板组成的光学谐振腔（简称

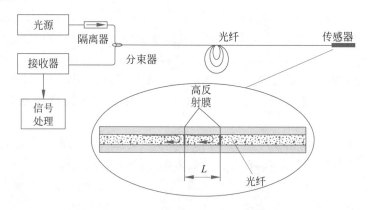

图 8.3.5　光纤 F-P 传感器原理图

F-P 腔)。若两个镜面的反射率皆为 R,入射光波与光强分别为 λ 和 I_0,根据多光束干涉的原理,光学 F-P 腔的反射输出 I_R 与透射输出 I_T 分别为

$$I_R = \frac{2R(1-\cos\Phi)}{1+R^2-2R\cos\Phi}I_0 \tag{8.3.9}$$

$$I_T = \frac{(1-R)^2}{1+R^2-2R\cos\Phi}I_0 \tag{8.3.10}$$

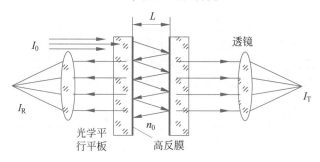

图 8.3.6　光学 F-P 干涉仪原理示意

式中,Φ 为光学位相,且

$$\Phi = \frac{4\pi}{\lambda}n_0 L \tag{8.3.11}$$

式中,n_0 是腔内材料的折射率,当腔内材料为空气时,$n_0 \approx 1$。当用两光纤端面代替光学法珀干涉仪的两反射镜时,图 8.3.6 的光学 F-P 干涉仪就演化成图 8.3.5 的光纤 F-P 传感器。对于图 8.3.6 的光学 F-P 干涉仪,其输出信号既可利用式(8.3.9)的反射光,又可利用式(8.3.10)的透射光;但对于图 8.3.5 的光纤 F-P 传感器,则只能利用式(8.3.9)的反射光。

　　当镜面反射率 R 降低时,可用双光束干涉代替多光束干涉,则式(8.3.9)可近似简化为

$$I_R = 2R(1-\cos\Phi)I_0 = D + C\cos\Phi \tag{8.3.12}$$

　　由于式(8.3.9)、式(8.3.12)皆是干涉输出,因此要求注入光纤 F-P 传感器的光束一定是相干光,这就不但要求图 8.3.5 中的光源是相干光源,而且还要求图中的光纤是单模光纤。

3. 分类及特点

根据光纤 F-P 腔的结构形式,光纤 F-P 传感器主要可以分为本征型(intrinsic Fabry-Perot interferometer,IFPI)、非本征型光纤 F-P 传感器(extrinsic Fabry-Perot interferometer,EFPI)、线型复合腔光纤 F-P 传感器(in-line Fabry-Perot,ILFE)三种。

1) 本征型光纤 F-P 传感器

本征型光纤 F-P 传感器是研究最早的一种光纤 F-P 传感器。它是将光纤截为 A、B、C 三段,并在长度 A、C 两段的(紧靠 B 段)端面镀上高反射膜,再与 B 段光纤焊接,如图 8.3.7 所示。此时 B 段的长度 L 就是 F-P 腔的腔长 L,显然这是本征型光纤 F-P 传感器。由于光纤 F-P 传感器的腔长 L 一般为数十微米量级,因此 B 段 L 的加工难度很大。

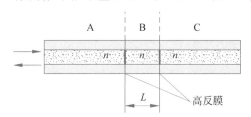

图 8.3.7　本征型光纤 F-P 传感器原理图

此外,由式(8.3.11)可知,作为谐振腔的 B 段光纤,其长度 L 以及折射率 n 都会受到外界作用参量的影响,导致输出成为一个 L、n 的双参数函数。因此在实际使用时如何区分这两个参数的影响,也成为一个难题。

2) 非本征型光纤 F-P 传感器

非本征型光纤 F-P 传感器,是目前应用最为广泛的一种光纤 F-P 传感器。它是由两个端面镀膜的单模光纤,端面严格平行、同轴,密封在一个长度为 D、内径为 d($d \geqslant 2a$,$2a$ 为光纤外径)的特种管道内而成(见图 8.3.8)。由于其结构特点,它具有以下优点:

(1) 腔长易控——光纤 F-P 腔的装配过程中,易于用特种微调机构调整和精确控制腔长 L;

(2) 灵敏度可调——由于光纤 F-P 腔的导管长度 D 大于且不等于腔长 L,且 D 是传感器的实际敏感长度,因此可通过改变 D 的长度,来控制传感器的灵敏度;

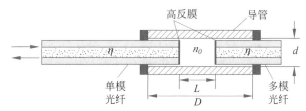

图 8.3.8　非本征型光纤 F-P 传感器原理图

(3) F-P 腔是 L 的单值函数——F-P 腔是由空气间隙组成的,其折射率 $n_0 \approx 1$,故可近似认为 F-P 腔是 L 的单参数函数;

(4) 温度特性优——当导管材料的热膨胀系数与光纤相同时,导管受热伸长量与光纤受热伸长量相同,则可基本抵消材料热胀冷缩引起的腔长 L 的变化,故非本征型光纤 F-P 传感器温度特性远优于本征型光纤法珀传感器,其受温度的影响可以忽略不计。

如果传感器在运输、安装等过程中受到较大拉力,则两光纤间距(即 F-P 腔腔长 L)将可能变得过长、两端面将可能不再平行,导致光束不能在两端面之间多次反射、更不可能返回原光纤,从而导致传感器失效。为此,可以采用图 8.3.9 的改进型结构,通过设置过渡的缓冲间隙,加以解决。

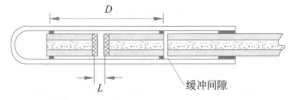

图 8.3.9 改进型 EFPI 传感器原理图

3) 线型复合腔光纤 F-P 传感器

线型复合腔光纤 F-P 传感器原理示意如图 8.3.10 所示,它是将图 8.3.7 中的 B 段光纤,用与光纤外径相同的导管代替而成,因此它是本征型与非本征型的复合结构,兼有两者的部分特点。但与本征型光纤 F-P 传感器的加工工艺难题一样,要将微管的长度 L 加工到微米数量级的精度,其难度同样很大。因此这种传感器实际研究得极少,也几乎没有工程化方面的报道。

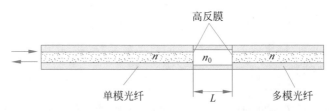

图 8.3.10 线型复合腔光纤 F-P 传感器原理图

4. 光纤 F-P 传感器的信号解调

由前所述,外界参量作用于光纤 F-P 腔时,是通过改变传感器的腔长 L,影响其输出光信号 I_R。因此光纤 F-P 传感器的腔长 L 是反映被测对象的关键参数,而光纤 F-P 传感器的信号解调,就是由其输出光信号 I_R 求解出腔长值 L。根据解调时所利用的光学参量,光纤 F-P 传感器的信号解调主要有强度解调与位相解调两大类。强度解调一般利用单色光源(λ 固定),直接利用式(8.3.9)中的 I_R 求解出 L;而相位解调则是应用宽带或波长可调谐光源,利用输出信号 I_R 随波长 λ 的变化,由式(8.3.9)以及式(8.3.11),通过 I_R、Φ_λ、L 的关系,求出 L。强度解调方法简单,但结果误差较大,是光纤 F-P 传感器研究早期常用的方法;相位解调则相对较为复杂,但是比较精确,因而是目前较为普遍的方法。欲了解关于光纤 F-P 传感器信号解调更多的内容,可参考有关文献。

5. 光纤 F-P 传感器的应用

由于光纤纤细、脆弱,因此,在实际工程中较少使用裸光纤 F-P 腔,而一般都是根据实际应用对象的特点,附加一定保护结构,从而构成针对特殊对象的光纤 F-P 传感器,如应力/应变传感器、压力传感器、温度传感器、振动传感器等。目前光纤 F-P 传感器最具有标志性的应用是大型构件的安全检测。

根据被测对象的特点,将光纤 F-P 应变传感器在结构上作一定的修改,就可以发展成其他各种不同类型的传感器。

8.3.5　光纤环形腔干涉仪

利用光纤定向耦合器将单模光纤连接成闭合回路,即构成图 8.3.11 所示光纤环形腔干涉仪。激光束从环形腔 1 端输入时,部分光能耦合到 4 端,部分直通入 3 端进入光纤环内。当光纤环不满足谐振条件时,由于定向耦合器的耦合率近于 1,大部分光从 4 端输出,环形腔的传输光强接近输入光强。当光纤环满足谐振条件时,腔内光场因谐振而加强,并经由 2 端直通到 4 端,该光场与由 1 端耦合到 4 端的光场叠加,形成相消干涉,使光纤环形腔的输出光强减小,如此多次循环,使光纤环内的光场形成多光束干涉,4 端的输出光强在谐振条件附近为一细锐的谐振负峰,与 F-P 干涉仪类似。

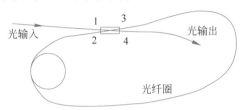

图 8.3.11　光纤环形腔干涉仪

光纤环形腔的输出特性与定向耦合器的耦合率,插入损耗以及光纤的传输损耗有关。下面给出其腔内光强和输出光强的表达式(见图 8.3.11)。腔内相对光强为

$$I_3 = \frac{|E_3|^2}{|E_1|^2}(1-\gamma)\frac{1-K}{(1-\sqrt{KT})^2 + 4\sqrt{KT}\sin^2\left(\beta L + \frac{\pi}{2}\right)} \tag{8.3.13}$$

环形腔输出相对光强为

$$I_4 = \frac{|E_4|^2}{|E_1|^2}(1-\gamma)\frac{(\sqrt{K}-\sqrt{T})^2 + 4\sqrt{KT}\sin^2\left[\frac{1}{2}\left(\beta L + \frac{\pi}{2}\right)\right]}{(1-\sqrt{KT})^2 + 4\sqrt{KT}\sin^2\left[\frac{1}{2}\left(\beta L + \frac{\pi}{2}\right)\right]} \tag{8.3.14}$$

式中

$$E_4 = \sqrt{1-\gamma}(\sqrt{K}E_1 + \sqrt{1-K}E_2)$$
$$E_3 = \sqrt{1-\gamma}(\sqrt{1-K}E_1 + \sqrt{K}E_2)$$
$$E_2 = \exp(-\alpha L)\exp(i\beta L)E_3$$

E_i 是定向耦合器第 i 端光振幅;K 和 γ 分别为耦合器的光强耦合率和插入损耗;α 为光纤的振幅衰减因子;β 为光波在光纤中的传播常数;L 为光纤环的长度;T 为环形腔回路的光强传输因子,其值由下式确定:$T = (1-\gamma)e^{-2\alpha L}$,$T$ 表示在光纤环中传输一周后的光强与初始光强之比。

从式(8.3.13)和式(8.3.14)可以看出,光纤环形腔的腔内光强为 αL 的周期函数,当满足相位条件

$$\beta L = 2q\pi - \frac{1}{2} \quad (q=1,2,3,\cdots)$$

时,环形腔的输出相对光强最小,腔内相对光强最大:

$$\begin{cases} I_{4\min} = (1-\gamma)\dfrac{(\sqrt{K}-\sqrt{T})^2}{(1-\sqrt{KT})^2} \\[3mm] I_{3\max} = (1-\gamma)\dfrac{1-K}{(1-\sqrt{KT})^2} \end{cases} \tag{8.3.15}$$

反之，当 $\sin^2\left(\dfrac{1}{2}\beta L + \dfrac{1}{4}\pi\right)=1$ 时，有

$$\begin{cases} I_{4\max} = (1-\gamma)\dfrac{(\sqrt{K}-\sqrt{T})^2+4\sqrt{KT}}{(1-\sqrt{KT})^2+4\sqrt{KT}} \\[3mm] I_{3\min} = (1-\gamma)\dfrac{1-K}{(1-\sqrt{KT})^2+4\sqrt{KT}} \end{cases} \tag{8.3.16}$$

图 8.3.12 是 $K=T=0.95$ 时光纤环形腔的腔内相对光强 I_3 和输出相对光强 I_4 随 βL 相位变化的特性曲线。由于多光束干涉的结果，其干涉峰很锐，但其输出峰是亮背景下的暗峰。

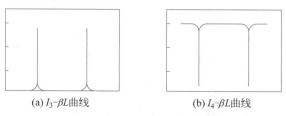

(a) I_3-βL曲线   (b) I_4-βL曲线

图 8.3.12　光纤环形腔内相对光强和输出相对光强随相位变化的关系

　　光纤环形腔的干涉细度定义为谐振腔自由谱区宽度与谐振峰半峰值处宽度之比。由环形腔输出特性可得半峰值处的宽度 $\Delta\nu$ 为

$$\Delta\nu = |\nu_{+1/2} - \nu_{-1/2}| = \frac{2c}{n\pi L}\arcsin\frac{1-\sqrt{KT}}{\sqrt{2(1+KT)}} \tag{8.3.17}$$

又因光纤环形腔的自由谱区宽度为

$$\text{FSR} = |\nu_{n+1} - \nu_n| = \frac{c}{nL}$$

由此可得干涉细度的表达式为

$$F = \frac{\text{FSR}}{\Delta\nu} = \frac{\pi}{2\arcsin\dfrac{1-\sqrt{KT}}{\sqrt{2(1-\sqrt{KT})}}} \tag{8.3.18}$$

当 $K\approx1$，$T\approx1$ 时，上式简化为

$$F = \frac{\pi\sqrt{1+KT}}{\sqrt{2}(1-\sqrt{KT})} \tag{8.3.19}$$

8.3.6　白光干涉型光纤传感器

　　相位调制型光纤传感器的突出优点是灵敏度高。缺点之一是只能进行相对测量，即只能用作变化量的测量，而不能用于状态量的测量。近几年发展起来的用白光做光源的干涉

仪,则可用作绝对测量,因而愈来愈受到重视。目前已有用它对位移、压力、振动、应力、应变、温度等多种参量进行绝对测量,并有不少研究结果发表。

1. 原理及特性

图 8.3.13 是一种光纤的白光干涉型光纤传感器的原理图。它由两个光纤干涉仪组成,其中一个干涉仪用作传感头(图中的 F-P 光纤干涉仪),放在被测量点,同时又作为第二个干涉仪的传感臂;第二个干涉仪(图中的 Michelson 干涉仪)的另一支臂作为参考臂,放在远离现场的控制室,提供相位补偿。每个干涉仪的光程差都大于光源的相干长度。假设图中 A′位置是 O 到 A 点的等光程点,B′是 O 到 B 的等光程点。这时当反射镜 C 从左向右通过 A′位置时,在 Michelson 干涉仪的接收端将出现白光零级干涉条纹;同理,当反射镜 C 通过 B′位置时,会再次出现白光零级干涉条纹。两次零级干涉条纹所对应的位置 A′、B′之间的位移就是 F-P 腔的光程。因此用适当方法测出 A′、B′的间距,就可确定 F-P 腔光程的绝对值。

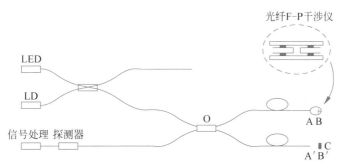

图 8.3.13 白光干涉型光纤传感器光路图

在图 8.3.13 中,令 $OA = L_1$,$OB = L_2$,$OC = L$。在光路调整时,设 $L_2 - L_1 > 2L_C$,L_C 是光源的相干长度。下面考虑 A 面干涉的情况。此时,A 面和反射镜 C 构成 Michelson 干涉仪。由双光束干涉理论可知,对于波长为 λ 的单色光,探测器接收到的光强为

$$I_0 = I_1 + I_2 + 2\sqrt{I_1 I_2}\cos\left[\frac{2\pi}{\lambda}(L - L_1)\right]$$
$$= I_\lambda a\left\{1 + \gamma\cos\left[\frac{2\pi}{\lambda}(L - L_1)\right]\right\} \tag{8.3.20}$$

式中

$$a = a_1^2 R_A + a_2^2 R_C$$

$$\gamma = \frac{2a_1 a_2 \sqrt{R_A R_C}}{a_1^2 R_A + a_2^2 R_C}$$

I_λ 是单色光源的输出光强;R_A、R_C 分别为 A 面和 C 面的反射率;a_1、a_2 分别为 Michelson 干涉仪两个臂的透过率;γ 是双光束干涉条纹的对比度。对于宽光谱的 LED,其频谱分布为高斯分布,即

$$I_\lambda \mathrm{d}\lambda = I_m A \exp[-B^2(\nu - \nu_0)^2]\mathrm{d}\nu \tag{8.3.21}$$

式中

$$A = \frac{2}{\Delta\nu_D}\left(\frac{\ln 2}{\pi}\right)^{\frac{1}{2}}$$

$$B^2 = \frac{4\ln 2}{\Delta \nu_D^2}$$

这时,干涉仪探测到的光强为

$$I_0 = \int I_{out} d\nu = \int I_m A \exp[-B^2(\nu - \nu_0)^2] d\nu$$

把上述条件代入,并经过积分运算后可得

$$I_0 = I_m a \left[1 + \gamma \exp\left(-\frac{\pi^2}{4\ln 2}\frac{\Delta L^2}{L_C^2}\right)\cos\left(\frac{2\pi}{\lambda_0}\Delta L\right) \right] \tag{8.3.22}$$

实际探测时,一般只取输出信号的交流成分,即

$$I_{OAC} = I_m a \gamma \exp\left(-\frac{\pi^2}{4\ln 2}\frac{\Delta L^2}{L_C^2}\right)\cos\left(\frac{2\pi}{\lambda_0}\Delta L\right)$$

$$= I_m 2a_1 a_2 \sqrt{R_A R_C} \exp\left(-\frac{\pi^2}{4\ln 2}\frac{\Delta L^2}{L_C^2}\right)\cos\left(\frac{2\pi}{\lambda_0}\Delta L\right) \tag{8.3.23}$$

由上式可得以下结论:

(1) 当 $\Delta L = L - L_1 = 0$ 时,即两反射面为等光程时,出现零级干涉条纹,与外界干扰因素无关。

(2) 干涉信号幅度与光源的输出功率、光纤等的传输损耗、各镜面的反射率等因素有关。

(3) 外界扰动会影响干涉条纹的幅度,但不会改变干涉零级的位置。

白光干涉仪的性能,在很大程度上取决于扫描反射镜的扫描精度和速度,以及零级中央条纹的辨识精度。这是白光干涉仪研究的热点,也是难点。电子扫描技术相对于机械扫描方法更紧凑、精密与快捷,且不使用任何移动装置。

2. 白光干涉型光纤传感器优点和困难

白光干涉型光纤传感器优点如下:

(1) 绝对测量——可测量绝对光程。

(2) 强抗干扰——系统抗干扰能力强,系统分辨率与光源波长稳定性、光源功率波动、光纤的扰动等因素无关;测量精度仅由干涉条纹中心位置的确定精度和参考反射镜的确定精度决定。

(3) 光纤通用——白光干涉传感系统所用的传感光纤一般都是标准的单模光纤。在很多应用场合,无须再对光纤作特别处理。光纤传感器的尺寸小与材料和结构兼容等特点,使其适合于嵌入纤维复合材料或混凝土材料内部或贴附在结构表面,而不对材料或结构的机械性能造成可观的影响。

(4) 长度任选——白光干涉传感器的一个特点是传感器的长度的可任意选择性。传感光纤的长度可根据具体的应用选择,从几十微米到几十米,尺度短的应变传感器适于检测材料的局域应变状态,并且应该放置在结构预期的高应变临界点处。而对于大型结构,如悬拉桥,需要空间的稳定性,对于变形的测量非常重要,且要求传感器的长度应具有米量级或更大。结构失效的临界点与局域状态相比更为重要。

(5) 便于复用——对于光纤白光干涉仪而言,其传感信息可以远距离测量并很容易地实现多路复用或准分布式测量。多段传感光纤(多个传感器)连在一条或多条光纤总线上,

只需要一个扫描问询干涉仪就可对全部传感器进行解调,所需信号处理电路比较简单。传感器部分结构简单、完全无源。光源、问询干涉仪及处理电路等可以通过传输光纤放在离传感区域很远的地方,而且测量性能不受传输光纤长度等变化的影响。

白光干涉型传感器困难如下:

主要应解决低相干度光源的获得和零级干涉条纹的检测两大问题。理论分析表明,要精确测定零级干涉条纹位置,一方面要尽量降低光源的相干长度,另一方面则要选用合适的测试仪器和测试方法,以提高确定零级干涉条纹中心位置的精度。

随着光纤白光干涉传感技术的不断发展,该技术日趋完善,同时也发展了越来越多的应用。在分布式传感器的概念的基础上,准分布式光纤白光干涉测量应用系统得到了进一步的发展。这种基于白光干涉技术的绝对应变传感器在智能结构和材料中起到越来越重要的作用。

8.3.7 多模干涉型光纤传感器

在多模干涉型光纤传感器中,模式间的干涉现象主要发生在不同介的两种模式之间,而在对干涉型结构的研究中发现,很多干涉型的传感器所发生的干涉现象在同一介质的多种模式之间,特别是在多模光纤中的多阶模式之间。这些基于同一传输介质中激发的多种模式间的干涉现象的光纤传感器称为多模干涉型光纤传感器。鉴于多模干涉传感器结构简单、集成度高、灵敏度较好,近年来已经广泛应用于温度传感、折射率传感、应力传感,以及液面传感等领域。

基于无芯光纤多模干涉的研究是目前研究的热点之一,常用原理图如图 8.3.14 所示,其主要工作原理是基于单模光纤与无芯光纤模场半径不同产生模场失配效应,从而激发了无芯光纤中传输的多阶模式。多种模式在传输过程中,由于传输系数的不同,所产生的相位差是不同的,不同模式间会产生模式干涉现象,形成周期性自映像效应。无芯光纤与外界环境待测量直接接触,当外界待测量发生变化时,会对无芯光纤中传输的不同模式间的相位差产生不同的影响,从而导致多模干涉谱发生改变,最后通过解调和分析达到测量外界环境参量目的。根据基于无芯光纤多模干涉传感相关透射或反射结构研究,利用无芯光纤作为反射计传感头,制备了可实现对外界环境液面进行测量的光纤传感器、温度传感器和可调谐带通滤波器。此外,利用无芯光纤外面涂覆特种折射率匹配物的方法,结合多模干涉效应实现了对外界温度和折射率的高灵敏度测量,其温度灵敏度达到 50nm/℃,折射率灵敏度为 113 500nm/RIU。

单模光纤　　无芯光纤　　单模光纤

图 8.3.14　基于单模光纤-无芯光纤-单模光纤结构的多模干涉型光纤传感器原理示意图

基于单模光纤-多模光纤-单模光纤结构光纤传感器也是多模干涉型中的重要一种,其原理示意图如图 8.3.15 所示,基本工作原理也是基于单模光纤和多模光纤间的模场失配效应,从而多模光纤芯层中的多种模式受到激发,并产生模式间干涉效应。基于此结构的多模干涉传感器也是目前研究的热点之一,已经广泛应用于生活中的各个领域。例如,利用 SMS 多模干涉结构制作的微弯传感器可应用于分布式和准分布式微弯曲传感中。基于该结构的微弯曲测量传感器相关特性研究表明,如果多模光纤中高阶模间发生耦合,传感器的灵敏度将与微弯作用所处的光纤位置有关。有工作报道对基于渐变型多模光纤的 SMS 结构光纤传感器的应力和温度传感特性进行的理论研究,详细分析了多模光纤的折射率分布、掺杂成分、浓度及纤芯半径对相关传感特性的影响。结果表明,多模光纤纤芯掺杂浓度和成分对二者传感特性影响较大。

利用广角光束传输法和边界条件完全匹配法,可以从理论上详细研究基于 SMS 结构多模干涉光纤传感器应用于折射率传感时其模式间的干涉场效应特性和传感特性。对此结构温度传感特性进行了实验研究,多模光纤反射计传感头的温度灵敏度达 15pm/℃。通过化学腐蚀方法去掉多模光纤包层,然后对其相关折射率传感特性的理论和实验研究表明,无包层的多模光纤纤芯直径大小对折射率传感特性影响较大,而长度大小则基本没有影响;利用 80μm 的多模光纤纤芯在折射率范围(1.342～1.437)内获得的折射率灵敏度为 1815nm/RIU。

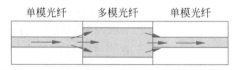

图 8.3.15　基于单模光纤-多模光纤-单模光纤结构的多模干涉型光纤传感器原理示意图

基于多模干涉型传感器的结构还包括对光纤进行拉制处理后所形成的微纳光纤。对多模光纤进行拉制处理形成微纳光纤,并基于此光纤可实现对外界折射率的测量。对光子晶体光纤进行拉制处理,使光子晶体光纤有孔的部分发生坍塌,形成全固态微纳结构的硅纤,其中的 HE_{11} 和 HE_{1m} 模式受到激发,并发生多模干涉效应。实验上还可详细研究微纳结构光纤长度和半径对传输谱特性的影响,并应用于应力传感。

此外,还有一种基于单模(SMF)-多模(MMF)-细芯(TF)-单模(SMF)结构的多模干涉型光纤传感器,见图 8.3.16。在多模光纤-细光纤结合部分,由于多模光纤的模场半径远远大于细光纤的模场半径,模场半径的严重失配,使得多模光纤的导模光能部分进入细光纤包层中,细光纤的包层模式受到激发。一方面,在细光纤-单模光纤结合部分,细光纤的包层模式与芯层模式由于芯包层折射率的不同,形成相位差而发生干涉现象。另一方面,由于细光纤包层比较细,能够增强包层中传播模式的光功率,这些使得干涉效果加强。

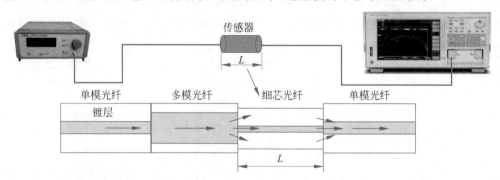

图 8.3.16　基于单模-多模-细芯-单模结构的多模干涉型光纤传感器原理示意图

该结构的传感原理为:光纤包层的折射率容易受外界环境(温度、折射率)的改变而改变,而芯层几乎没有影响,从而使得包层模和芯层模传输的相位差也发生改变,那么对应的干涉传输谱会发生漂移。当光纤的包层比较细时,包层的有效折射率更容易受外界环境改变,其包层模式中的倏逝波与外界环境相互作用,使得透射谱发生改变。

使用该结构可以实现液位和折射率测量应用。实验中采用主要相关参数如下:细光纤长度 $L=9.00\text{mm}$;在空气中,取干涉谱中峰谷波长位于 1538.7228nm 作为标定,研究其传感现象;实验在室温中进行。在水中(折射率 $n=1.3345$)液面测量系统结构图及光谱变化如图 8.3.17 所示。

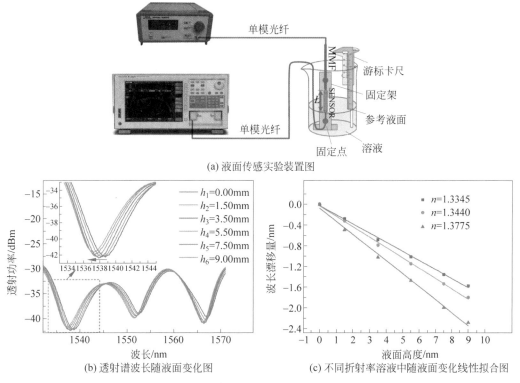

(a) 液面传感实验装置图

(b) 透射谱波长随液面变化图

(c) 不同折射率溶液中随液面变化线性拟合图

图 8.3.17 液面测量系统结构图及光谱变化

当液面升高时,峰值向短波长方向漂移。对不同的液体测量其液面的变化情况进行对比,拟合后如图 8.3.17(c)所示。不同液体中,升高相同的液面,峰值都向短波长方向漂移,漂移的值不同。液体的折射率越大,漂移量越大。不同溶液中的液面灵敏度与折射率的函数关系图如图 8.3.18 所示。

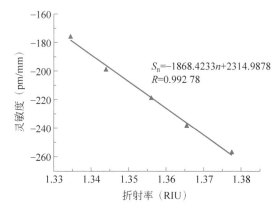

$$S_n = -1868.4233n + 2314.9878$$
$$R = 0.992\,78$$

图 8.3.18 不同溶液中的液面灵敏度与折射率的函数关系图

8.3.8 外界压力对光纤干涉仪的影响

当外界因素为压力时,应对式(8.3.5)进行改写,须给出 $\Delta L/L$ 和 Δn 随压力变化的关系。当光纤干涉仪为横向受压时,由式(8.3.5)的结果可求出相移的相对变化。由弹性力学的原理可知,对于各向同性材料,材料折射率的变化与其应变 ε_i 的关系为

$$
\begin{bmatrix} \Delta B_1 \\ \Delta B_2 \\ \Delta B_3 \\ \Delta B_4 \\ \Delta B_5 \\ \Delta B_6 \end{bmatrix} = \begin{bmatrix} B_1 - B_0 \\ B_2 - B_0 \\ B_3 - B_0 \\ B_4 \\ B_5 \\ B_6 \end{bmatrix} = \begin{bmatrix} P_{11} & P_{12} & P_{12} & 0 & 0 & 0 \\ P_{12} & P_{11} & P_{12} & 0 & 0 & 0 \\ P_{12} & P_{12} & P_{11} & 0 & 0 & 0 \\ 0 & 0 & 0 & P_{44} & 0 & 0 \\ 0 & 0 & 0 & 0 & P_{44} & 0 \\ 0 & 0 & 0 & 0 & 0 & P_{44} \end{bmatrix} \times \begin{bmatrix} \varepsilon_1 \\ \varepsilon_2 \\ \varepsilon_3 \\ 0 \\ 0 \\ 0 \end{bmatrix}
$$

式中

$$
P_{44} = \frac{1}{2}(P_{11} - P_{12})
$$

$$
B_1 = \frac{1}{n_1^2}
$$

$$
\Delta B_1 = -\frac{2}{n_1^3} \Delta n_1
$$

一般情况下,可取近似 $n_1 \approx n$,所以由上式得

$$
\Delta n_1 = -\frac{1}{2}(n)^3 \Delta B_1 = -\frac{1}{2}(n)^3 (P_{11}\varepsilon_1 + P_{12}\varepsilon_2 + P_{13}\varepsilon_3)
$$

同理有

$$
\Delta n_2 = -\frac{1}{2}(n)^3 (P_{12}\varepsilon_1 + P_{11}\varepsilon_2 + P_{12}\varepsilon_3)
$$

$$
\Delta n_3 = -\frac{1}{2}(n)^3 (P_{12}\varepsilon_1 + P_{12}\varepsilon_2 + P_{11}\varepsilon_3)
$$

且有

$$
B_4 = B_5 = B_6 = 0
$$

再考虑到 $\beta \approx nk_0$,$\mathrm{d}\beta/\mathrm{d}n \approx k_0$,并略去 ΔD 引起的相移变化,则式(8.3.5)可改写为

$$
\Delta\varphi = \beta L\varepsilon_3 + Lk_0 \Delta n_i \quad (i = 1, 2, 3)
$$

或用相对变化表示为

$$
\frac{\Delta\varphi}{PL} = \frac{\beta}{P}\varepsilon_3 + \frac{k_0}{P}\Delta n_i \quad (i = 1, 2, 3) \tag{8.3.24}
$$

式中,P 是作用于光纤上的压力;ε_1、ε_2 是光纤的横向应变;$\varepsilon_3 = \Delta L/L$ 是光纤的纵向应变;P_{11}、P_{12} 是光纤材料的弹光系数;n 是光纤材料的折射率。知道光纤受压后的应变情况,即可由上式求出光纤干涉仪探测臂相对的相移变化。作为举例下面给出最简单情况(只由纤芯和包层构成的光纤)下的计算结果。

由弹性力学可知,应力 σ 和应变 ε 之间的关系为

$$
\begin{bmatrix} \varepsilon_1 \\ \varepsilon_2 \\ \varepsilon_3 \\ \varepsilon_4 \\ \varepsilon_5 \\ \varepsilon_6 \end{bmatrix}
=
\begin{bmatrix}
1/E & -\mu/E & -\mu/E & 0 & 0 & 0 \\
-\mu/E & 1/E & -\mu/E & 0 & 0 & 0 \\
-\mu/E & -\mu/E & 1/E & 0 & 0 & 0 \\
0 & 0 & 0 & 1/G & 0 & 0 \\
0 & 0 & 0 & 0 & 1/G & 0 \\
0 & 0 & 0 & 0 & 0 & 1/G
\end{bmatrix}
\times
\begin{bmatrix} \sigma_1 \\ \sigma_2 \\ \sigma_3 \\ \sigma_4 \\ \sigma_5 \\ \sigma_6 \end{bmatrix}
$$

当光纤仅为横向受压时,其应力为

$$
\begin{bmatrix} \sigma_1 \\ \sigma_2 \\ \sigma_3 \\ \sigma_4 \\ \sigma_5 \\ \sigma_6 \end{bmatrix}
=
\begin{bmatrix} -P \\ -P \\ 0 \\ 0 \\ 0 \\ 0 \end{bmatrix}
\qquad 相应的应变为 \qquad
\begin{bmatrix} \varepsilon_1 \\ \varepsilon_2 \\ \varepsilon_3 \\ \varepsilon_4 \\ \varepsilon_5 \\ \varepsilon_6 \end{bmatrix}
=
\begin{bmatrix} -P(1-\mu)/E \\ -P(1-\mu)/E \\ 2\mu P/E \\ 0 \\ 0 \\ 0 \end{bmatrix}
$$

由此可求出相移的相对变化:

$$
\frac{\Delta \varphi}{PL} = nk_0 \frac{2\mu}{E} + \frac{k_0}{2E} n^3 \big[(1-\mu)P_{11} + (1-3\mu)P_{12} \big] \tag{8.3.25}
$$

同理可求出纵向受压和均匀受压时相移的相对变化。计算结果列于表 8.3.1 中,表中同时给出了数字计算的例子。由计算结果可见,光纤长度的变化比折射率的变化对 $\Delta \varphi$ 的贡献大,而且两项计算结果符号相反(横向受压时除外)。为计算光纤干涉仪的压力灵敏度,应按照光纤实际的多层结构:纤芯、包层、衬底(石英,减小外层涂覆带来的损耗)、一次涂覆(一般为软性涂层,减小光纤的微弯损耗)、二次涂覆(较硬,保持光纤强度)来进行分析。这时光纤中应力 σ 和应变 ε 的关系为

$$
\begin{bmatrix} \sigma_r^{(i)} \\ \sigma_\theta^{(i)} \\ \sigma_z^{(i)} \end{bmatrix}
=
\begin{bmatrix}
\lambda^{(i)}+2\mu & \lambda^{(i)} & \lambda^{(i)} \\
\lambda^{(i)} & \lambda^{(i)}+2\mu & \lambda^{(i)} \\
\lambda^{(i)} & \lambda^{(i)} & \lambda^{(i)}+2\mu
\end{bmatrix}
\times
\begin{bmatrix} \varepsilon_r^{(i)} \\ \varepsilon_\theta^{(i)} \\ \varepsilon_z^{(i)} \end{bmatrix}
$$

式中,$\sigma_r^{(i)}$、$\sigma_\theta^{(i)}$、$\sigma_z^{(i)}$ 和 $\varepsilon_r^{(i)}$、$\varepsilon_\theta^{(i)}$、$\varepsilon_z^{(i)}$ 是极坐标下光纤中第 i 层(纤芯 $i=0$,包层 $i=1$,…)应力和应变的分量。$\lambda^{(i)}$ 和 μ 是 Lame 系数,它与杨氏模量 $E^{(i)}$ 和泊松比 $\nu^{(i)}$ 的关系为

$$
\lambda^{(i)} = \frac{\nu^{(i)} E^{(i)}}{(1+\nu^{(i)})(1-2\nu^{(i)})} = \frac{E^{(i)}}{2(1-\nu^{(i)})}
$$

对于圆柱体由 Lame 解可得应变为

$$
\begin{cases}
\varepsilon_r^{(i)} = U_0^{(i)} + \dfrac{U_1^{(i)}}{r^2} \\[2mm]
\varepsilon_\theta^{(i)} = U_0^{(i)} - \dfrac{U_1^{(i)}}{r^2} \\[2mm]
\varepsilon_z^{(i)} = W_0^{(i)}
\end{cases} \tag{8.3.26}
$$

表 8.3.1 外界压力对相移变化的影响

	横向受压 P	纵向受压 P	均匀受压 P
应力 σ	$\begin{bmatrix} -P \\ -P \\ 0 \\ 0 \\ 0 \\ 0 \end{bmatrix}$	$\begin{bmatrix} 0 \\ 0 \\ -P \\ 0 \\ 0 \\ 0 \end{bmatrix}$	$\begin{bmatrix} -P \\ -P \\ -P \\ 0 \\ 0 \\ 0 \end{bmatrix}$
应变 ε	$\begin{bmatrix} -P(1-\mu)/E \\ -P(1-\mu)/E \\ 2\mu P/E \\ 0 \\ 0 \\ 0 \end{bmatrix}$	$\begin{bmatrix} \mu P/E \\ \mu P/E \\ -P/E \\ 0 \\ 0 \\ 0 \end{bmatrix}$	$\begin{bmatrix} -P(1-2\mu)/E \\ -P(1-2\mu)/E \\ -P(1-2\mu)/E \\ 0 \\ 0 \\ 0 \end{bmatrix}$
$\dfrac{\Delta\varphi}{PL}$	$\dfrac{2k_0 n\mu}{E}+\dfrac{k_0 n^3}{2E}\times$ $[(1-\mu)P_{11}+(1-3\mu)P_{12}]$	$\dfrac{-k_0 n}{E}+\dfrac{k_0 n^3}{2E}\times$ $[-\mu P_{11}+(1-\mu)P_{12}]$	$\dfrac{-k_0 n(1-2\mu)}{E}+\dfrac{k_0 n^2}{2E}\times$ $(1-2\mu)(P_{11}+P_{12})$
*	$0.70+0.51=1.21$	$-2.07+0.45=1.62$	$-1.37+0.86=-0.41$

注：* 第一项为 $\Delta L/L$ 的值，第二项为 Δn 的值。计算时各单位取值为：$\lambda=0.6328\times10^{-6}\,\mathrm{m}$，对于石英有：$n=1.456$，$P_{11}=0.121$，$P_{12}=0.270$，$E=7\times10^{10}\,\mathrm{Pa}$，$\mu=0.1$。

式中，$U_0^{(i)}$、$U_1^{(i)}$ 和 $W_0^{(i)}$ 是由边界条件确定的常数。由于光纤中心处应力不会变成无穷大，因此纤芯中应有 $U_1^{(0)}=0$。

对于一根有 m 层结构的光纤，确定 $U_0^{(i)}$、$U_1^{(i)}$ 和 $W_0^{(i)}$ 3 种常数值的边界条件为

$$\sigma_r^{(i)}\mid_{r=r_i}=\sigma_r^{(i+1)}\mid_{r=r_i} \tag{8.3.27}$$

$$U_r^{(i)}\mid_{r=r_i}=U_r^{(i+1)}\mid_{r=r_i} \tag{8.3.28}$$

$$\sigma_r^{(m)}\mid_{r=r_m}=-P \tag{8.3.29}$$

$$\sum_{i=0}^{m}\sigma_z^{(i)}A_i=-PA_m \tag{8.3.30}$$

$$\varepsilon_z^{(0)}=\varepsilon_z^{(i)}=\cdots=\varepsilon_z^{(m)} \tag{8.3.31}$$

$$U_r^{(i)}=\int\varepsilon_r^{(i)}\,\mathrm{d}r \tag{8.3.32}$$

式中，$U_r^{(i)}$ 是第 i 层的径向位移；r_i 和 A_i 分别为第 i 层的半径和截面积。

式(8.3.27)和式(8.3.28)表明沿每层的分界面径向应力和位移是连续的；式(8.3.29)和式(8.3.30)则认为外加压力是静压力；式(8.3.31)表明不同层的轴向应变相等(略去端部效应)。对于光纤这种忽略引起的误差小于 1%。利用上列边界条件式(8.3.27)、式(8.3.32)和式(8.3.26)就可求出 ε_r 和 ε_g 的值，再从式(8.3.25)就可得出灵敏度 $\Delta\varphi/(\varphi\Delta P)$ 的值。

研究表明，二次涂覆的材料对单模光纤压力灵敏度的影响最大。计算结果表明，一次涂覆的软包层，对干涉仪压力灵敏度作用不大；二次涂覆的外包层材料对压力灵敏度的影响

很大。当外包层厚度增加时，光纤压力灵敏度趋于极限值。此值与包层材料的杨氏模量无关。当包层较厚时，静压力在光纤中引起各向同性的应力，其大小只与外包层的压缩率（与体块模量成反比）有关。所以在厚外包层的情况下，光纤的压力灵敏度主要由包层的体块模量决定，而与其他的弹性模量无关。有硬护套的光纤的灵敏度随频率的变化较小，有尼龙护套的最小，而用紫外线处理过的软合成橡胶的护套，其光纤的灵敏度随频率的变化最严重。灵敏度最大的是用聚四氟乙烯 TFE 的涂层，灵敏度最小的是用软紫外线固化的涂层。

另一点值得注意的是：用 Mach-Zehnder 光纤干涉仪探测空气中的声波，比探测水中的声波灵敏度要大得多。其原因是：当光纤表面受到声波压力 ΔP 时，除因压力变化直接引起的光程差外，还有使光纤温度升高（绝热过程）而产生的光程差，即

$$\frac{\Delta \varphi}{\varphi} = \frac{1}{\varphi} \frac{\delta \varphi}{\delta T}\bigg|_{\text{P}} \Delta T + \frac{1}{\varphi} \frac{\delta \varphi}{\delta P}\bigg|_{\text{T}} \Delta P \tag{8.3.33}$$

式中，$\Delta T = \dfrac{\delta T}{\delta P}\bigg|_{\text{表面}} \Delta P$。$\delta T/\delta P\big|_{\text{表面}}$ 除取决于光纤材料及形状外，尚与光纤周围介质的特性有关。例如，水和空气对应的 $\delta T/\delta P\big|_{\text{表面}}$ 分别为 $6 \times 10^{-6} \text{L/Pa}$ 和 $9 \times 10^{-2} \text{K/Pa}$。说明进行水声传感时温度变化项完全可以忽略，而把裸光纤放在空气中时，温度变化项反而是压力变化项的 2×10^3 倍，实测的灵敏度比水声高一个数量级。

8.3.9　温度对光纤干涉仪的影响

微课视频

用 Mach-Zehnder 干涉仪等光纤干涉仪进行温度传感的原理与压力传感完全相似。只不过这时引起干涉仪相位变化的原因是温度。对于一根长度为 L、折射率为 n 的裸光纤，其相位随温度的变化关系为

$$\frac{\Delta \varphi}{\varphi \Delta T} = \frac{1}{n}\left(\frac{\delta n}{\delta T}\right) + \frac{1}{\Delta T}\left\{ \varepsilon_z - \frac{n^2}{2}\left[(P_{11} + P_{12})\varepsilon_r + p_{11}\varepsilon_z' \right] \right\} \tag{8.3.34}$$

式中，P_{11} 是纤芯的光弹系数；ε_z 是轴向应变；ε_r 是径向变变。如上所述，光纤一般是多层结构，故 ε_z 和 ε_r 的值与外层材料之特性有关。

设因温度的变化 ΔT 而引起的应变的变化为

$$\begin{cases} \varepsilon_r^{(i)} \rightarrow \varepsilon_r^{(i)} - a^{(i)}\Delta T \\ \varepsilon_\theta^{(i)} \rightarrow \varepsilon_\theta^{(i)} - a^{(i)}\Delta T \\ \varepsilon_z^{(i)} \rightarrow \varepsilon_z^{(i)} - a^{(i)}\Delta T \end{cases} \tag{8.3.35}$$

$a^{(i)}$ 是第 i 层材料的线热膨胀系数。式(8.3.35)代入前述应力应变的关系式可得

$$\begin{bmatrix} \sigma_r^{(i)} \\ \sigma_\theta^{(i)} \\ \sigma_z^{(i)} \end{bmatrix} = \begin{bmatrix} \lambda^{(i)} + 2\mu^{(i)} & \lambda^{(i)} & \lambda^{(i)} \\ \lambda^{(i)} & \lambda^{(i)} + 2\mu^{(i)} & \lambda^{(i)} \\ \lambda^{(i)} & \lambda^{(i)} & \lambda^{(i)} + 2\mu^{(i)} \end{bmatrix} \begin{bmatrix} \varepsilon_r^{(i)} \\ \varepsilon_\theta^{(i)} \\ \varepsilon_z^{(i)} \end{bmatrix}$$

$$- (3\lambda^{(i)} + 2\mu^{(i)}) \begin{bmatrix} a^{(i)}\Delta T \\ a^{(i)}\Delta T \\ a^{(i)}\Delta T \end{bmatrix} \tag{8.3.36}$$

式(8.3.36)与式(8.3.26)第一式联合可求出 ε_z 和 ε_r 的值，再由式(8.3.34)即可求出 $\Delta \varphi/(\varphi \Delta T)$ 的值。

例如,对于一种典型的四层结构的单模光纤,其边界条件为

$$\sigma_r^{(3)}\big|_{r=d}=0 \tag{8.3.37}$$

$$\sigma_z^{(3)}A_3+\sigma_z^{(2)}A_2+\sigma_z^{(1)}A_1+\sigma_z^0A_0=0 \tag{8.3.38}$$

$$\sigma_r^{(3)}\big|_{r=c}=\sigma_r^{(2)}\big|_{r=c},\sigma_r^{(2)}\big|_{r=b}=\sigma_r^{(1)}\big|_{r=b},\sigma_r^{(1)}\big|_{r=a}=\sigma_r^{(0)}\big|_{r=a} \tag{8.3.39}$$

$$U_r^{(3)}\big|_{r=c}=U_r^{(2)}\big|_{r=c},U_r^{(2)}\big|_{r=b}=U_r^{(1)}\big|_{r=b},U_r^{(1)}\big|_{r=a}=U_r^{(0)}\big|_{r=a} \tag{8.3.40}$$

$$\varepsilon_z^{(3)}=\varepsilon_z^{(2)}=\varepsilon_z^{(1)}=\varepsilon_z^{(0)} \tag{8.3.41}$$

式(8.3.37)和式(8.3.38)表明无外力加在光纤上;式(8.3.39)和式(8.3.40)则表明通过边界时径向应力和位移是连续的;式(8.3.41)表明不同层的轴向应力相等。利用单模光纤的典型参数值即可求出相应的单模光纤 $\Delta\varphi/(\varphi\Delta T)$ 的值,计算结果为

$$\frac{\Delta\varphi}{\varphi\Delta T}=0.71\times10^{-5}/\text{℃} \quad \text{或} \quad \frac{\Delta\varphi}{L\Delta T}=103\text{rad}/(\text{℃}\cdot\text{m})$$

此值与实际测量结果相符。

8.3.10　光纤干涉仪的传感应用

如上所述,作用于光纤上的压力、温度等因素,可以直接引起光纤中光波相位的变化,从而构成相位调制型的光纤声传感器、光纤压力传感器、光纤温度传感器以及光纤转动传感器(光纤陀螺)等。另外有些其他物理量通过某些敏感材料的作用,也可引起光纤中应力、温度发生变化,从而引起光纤中光波相位的变化。例如:利用粘接或涂覆在光纤上的磁致伸缩材料,可以构成光纤磁场传感器;利用涂敷在光纤上的金属薄膜,可以构成光纤电流传感器,详见 8.4.1 节;利用固定在光纤上的电致伸缩材料,则可构成光纤电压传感器;利用固定在光纤上的质量块则可构成光纤加速度计。在光纤上镀以特殊的涂层,则可构成作为特定的化学反应或生物作用的光纤化学传感器或光纤生物传感器。例如,在单模光纤上镀以 $10\mu\text{m}$ 厚的钯,就可构成光纤氢气传感器。

微课视频

8.4　偏振态调制型光纤传感器

利用外界因素引起的光纤中光波偏振态的变化来探测有关参量的光纤传感器,称为偏振态调制型光纤传感器。具体方法是利用光纤中光波的 x 分量和 y 分量对被测量的响应不同,所产生的两分量之间的相位差,来检测被测量。改变光纤中偏振态的办法主要是利用外场引起的双折射效应:力场效应、电光效应、磁光效应、非线形效应等。

8.4.1　光纤电流传感器

1. Faraday 效应偏振型电流传感器

偏振态调制型光纤传感器最典型的例子是高压传输线用的光纤电流传感器。光纤测电流的基本原理是利用光纤材料的 Faraday 效应(熔石英的磁光效应),即处于磁场中的光纤中传播的偏振光会发生偏振面的旋转,其旋转角度 Ω 与磁场强度 H、磁场中光纤的长度 L 成正比:

$$\Omega = VHL \tag{8.4.1}$$

式中,V 是菲耳德(Verket)常数,它由光纤材料决定。由于载流导线在周围空间产生的磁场满足安培环路定律,对于长直导线有:$H = I/(2\pi R)$,因此只要测量 Ω、L、R 等值,就可由

$$\Omega = \frac{VLI}{2\pi R} = VNI \tag{8.4.2}$$

求出长直导线中的电流 I。式中 N 是绕在导线上的光纤的总圈数。设 $I = 0$ 时,出射光的振动方向沿 y 轴,检偏器的方位为 φ;$I \neq 0$ 时,法拉第旋转角为 Ω,如图 8.4.1 所示,则探测器输出信号强度正比于

$$J = E_0^2 \cos^2(\varphi - \Omega) \tag{8.4.3}$$

为获得对 Ω 变化的最大灵敏度,令

$$\frac{\partial}{\partial \varphi}\left(\frac{\partial J}{\partial \Omega}\bigg|_{\Omega = \theta}\right) = 0$$

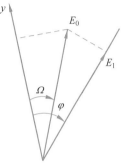

图 8.4.1　电矢量的取向

解得 $\varphi = \pm 45°$。它表明检偏器的方向应与 $I = 0$ 时线偏振光的振动方向成 $45°$ 夹角,所以式(8.4.3)可写成

$$J_{1,2} = \frac{1}{2}\left[E_0^2(1 \pm \sin(2\Omega))\right] \tag{8.4.4}$$

再进行小角度近似,$\sin(2\Omega) \approx 2\Omega$,因此上式中 Ω 与待测电流 I 成正比。所以式(8.4.4)由两部分组成,第一项为直流项 $E_0^2/2$,第二项为交流项 $(1/2)E_0^2\sin(2\Omega)$,利用除法器把交流成分同直流成分相除:

$$\frac{\dfrac{1}{2}E_0^2 2\Omega}{\dfrac{1}{2}E_0^2} = 2\Omega \tag{8.4.5}$$

即可得 Ω 的值。此结果与激光功率 E_0^2 无关,可消除激光功率起伏和耦合效率的起伏。此法只用一个光电接收器,故称为单路法。

另一种是双路检测方法。与单路的差别是其检偏器为渥拉斯顿棱镜(Wollaston prism),用它把从光纤输出的偏振光分成振动方向相互垂直的、传播方向成一定夹角的两路光。再实现以下运算:

$$\frac{J_1 - J_2}{J_1 + J_2} = \sin(2\Omega) \approx 2\Omega \tag{8.4.6}$$

式中,J_1、J_2 分别为两偏振光的强度。这种方法的优点是:光能利用率高,抗干扰能力强,交、直流两用(交、直流磁场或电流均可测量)。

具体的原理实验装置如图 8.4.2 所示。从激光器 1 发出的激光束经起偏器 2、物镜 3 耦合进单模光纤。6 是高压载流导线,通过其中的电流为 I,5 是绕在导线上的传感光纤,在这一段光纤上产生磁光效应,使通过光纤的偏振光产生一角度为 Ω 的偏振面的旋转。出射光经偏振棱镜把光束分成振动方向相互垂直的两束偏振光。再分别送进信号处理单元 9 进行运算。最后由计算机输出的将是函数 P:

$$P = \frac{J_1 - J_2}{J_1 + J_2} \tag{8.4.7}$$

式中,J_1、J_2 分别为两偏振光的强度。

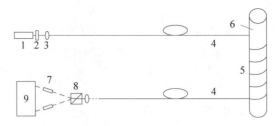

图 8.4.2   光纤电流传感器原理图

1—激光器；2—起偏器；3—物镜；4—传输光纤；5—传感光纤；6—电流导线；7—光探测器；

8—偏振棱镜；9—信号处理单元

2. Sagnac 干涉型电流传感器

偏振调制型电流传感器中旋转角度值表征了通过调制区前后偏振态的改变。由于探测器不能直接探测光的偏振态,常规方法需要将光偏振态的变化转换为光强信号的变化直接测量。而另一种有效方法则是将偏振态的变化转换为光波的相位移用干涉法测量,可以借鉴成熟的光纤陀螺设计方案 Sagnac 结构。

图 8.4.3 是 Sagnac 干涉型光纤电流传感器的原理图。光路结构借鉴了成熟的光纤陀螺技术——互易性光路设计,可以极大程度地减小温度等外界环境的干扰。光源发出的光经光纤起偏器起偏成为线偏光,通过 3dB 耦合器 2 分为两路,分别经由 1/4 波片转换成圆偏振光后,沿相反的方向进入传感光纤环;法拉第效应使两束圆偏振光的偏振面发生旋转,然后光束再次经过另一 1/4 波片重新转换为线偏振光,返回起偏器发生干涉。由于进行干涉的两束光的偏振面旋转角度大小相等、方向相反,因此产生两倍于法拉第相移的相位差,即 $\Delta\phi = 2 \cdot V \cdot N_\mathrm{L} \cdot I$,其中,$V$ 是光纤的 Verdet 常数,N_L 是光纤环的匝数,I 为被测电流。因此,系统灵敏度是采用相同匝数的偏振调制光纤传感器方案的两倍。同样,只需检测输出光的相位差就能得出待测电流,因此功率波动对系统的影响比偏振旋转方案要小,系统稳定性优于偏振旋转方案。Sagnac 结构的主要缺点是:当外界影响与法拉第效应一样都是非互易对称,检测时分辨不出 Sagnac 效应会引入测量误差,降低系统稳定性。

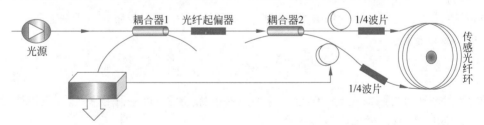

图 8.4.3   Sagnac 干涉型光纤电流传感器原理图

应用的主要问题与解决方案如下。

1) 单模光纤的双折射效应

全光纤电流传感器难于实用化的根本原因之一——缺乏理想地消除光纤线性双折射的方法。当单色光在光纤中传输时,由于振动方向互相垂直的两个线偏光具有不同传播速度(或折射率)引起双折射现象。双折射的内因是光纤本身固有的几何不对称性和掺杂的不均匀性;而外界因素,如安装、使用过程中的绕环弯曲和温度变化也将引入双折射效应,从而使 2 个正交偏振模式在传输过程中具有不同的相速,产生的相移导致基模的偏振态沿光纤长度方向不断改变,产生线偏光—椭圆偏振光—圆偏振光—椭圆偏振光—线偏振光的周期性变化,在传输系统中产生偏振色散和噪声,这种影响称为线性双折射。线性双折射的影响是全光纤电流传感器实用化的最大障碍,由于线性双折射的存在,产生两个方面的影响:

(1) 对 Faraday 旋光效应有蜕化作用。线性双折射使线偏光的 2 个正交振动分量之间产生相位差,则输出光变成椭圆偏振光,降低系统测量灵敏度。在最差的情况下,当 2 个正交分量间的相位差为 $\pi/2$ 时,输出光变成圆偏振光,测量灵敏度将下降为零。

(2) 线性双折射效应的存在使系统"过敏"。由于线性双折射效应与光纤的形变、内部应力、弯曲、扭转、振动,以及光源波长、环境温度等许多因素相关,所以系统的输出将会受到这些因素的调制,使系统的测量灵敏度随环境因素变化而变化。

因此,提高全光纤电流传感器灵敏度的关键在于改善传感光纤的线性双折射问题,人们针对线性双折射的问题做了大量长期的研究并延续至今。

2) 线性双折射的解决方案

在解决传感光纤的线性双折射问题的同时,还存在一些互相制约的因素,需要权衡利弊来考虑设计方案。例如,通常采用增加传感单元光纤环的匝数以提高系统灵敏度,但增加匝数势必会增大线性双折射,反而降低了系统灵敏度;另外,随着传感光纤长度的增加,信号通过探头时间增加,降低了系统带宽,使系统频率特性变差。近年来,研究报道了很多解决线性双折射问题的方案:

(1) 在光纤中引入圆双折射:理论研究表明,在单模光纤中引入大量固有圆双折射可抵消光纤内在的线性双折射。法拉第效应实质为磁致圆双折射现象,可叠加在已引入的固有圆双折射上以保持测量灵敏度。多采用单模光纤或旋椭圆双折射光纤,通过这种方式可明显减小光纤内在双折射,但由于圆双折射受温度影响大,因而提高灵敏度需要采用温度补偿技术。特殊绕制光纤圈的方法也有同样的效果。

(2) 采用退火光纤:已有实验表明,采用光纤匝退火的方法可有效消除弯曲产生的线性双折射。但是在高温退火处理中光纤的保护套层将被破坏,致使光纤极易受损。因此需要必要的包装,但又要尽可能小地引入附加线性双折射,有报道将已退火的光纤匝埋入高黏性的聚四氟乙烯塑料润滑护套中,在 $10\sim120℃$ 获得了 $0.0017\%/℃$ 的温度敏感系数。

(3) 用输入不同偏振态法分离双折射:在这种检测方案中,采用交替向传感器中输入两个具有不同偏振态的偏振光。这是全光纤电流传感器主要问题的解决方法之一。

(4) 全面分析输出偏振态法:当环境温度仅在一个很小范围内变化,如从 $5\sim10℃$ 时,可以用全面分析偏振态的方法,把输出线偏光中由电流引起的偏振态改变与由温度变化产生的偏振态改变分离开。即同时测量输出光的偏振角与椭圆度,然后通过查表的方法来估价瞬态电流和温度值。

(5) 干涉仪检测法:因法拉第效应也可以用圆双折射来描述,即:由电流引起的偏振角改变可以描述为由电流引起的圆双折射的改变,即由于磁场的作用使介质的左右旋圆偏振光的折射率发生相应改变,采用干涉检测法可测量出相位变化,进而间接测出电流值。在众多被采用的干涉仪方案中,基于 Sagnac 原理的干涉仪因法拉第效应的非互易性,使系统具有不受任何互易效应波动影响的特性。

以上方法均能在一定程度减小光纤固有双折射的影响。要进一步提高准确度,可以通过实时测量传感头处的温度,并从外部进行补偿。除了温度的影响,振动也会对测量准确度产生影响,对整个光路的调整、校准及防振等带来很大的困难。现在,人们致力于寻找法拉第效应、线性和圆形双折射效应之间的区别,来消除系统中的双折射效应。

3. 反射型光纤电流传感器

与 Sagnac 干涉型电流传感器相比,反射式光纤电流传感器用反射镜代替了一个 $\lambda/4$ 波片和一个耦合器,该传感器具有优良的互易性,并且有较强的抗外界干扰的能力。但是,反射型光纤电流互感器实质上是一种偏振干涉仪,要求光在传播过程中保持特定的偏振态,而非理想的光学器件会造成偏振光之间的串扰,影响测量准确度。

如图 8.4.4 所示。光源通常采用 1310nm 超辐射发光二极管(SLD),发出波长稳定的光波。SLD 发出的光波经分光比为 1:1 的耦合器传入起偏器后,变为线偏光。线偏光经过 45°熔接点后,正交分解为两束相互垂直的线偏光,分别注入保偏光纤的快轴和慢轴中。经过相位调制器的调制和延迟光纤后,这两束相互垂直的线偏振光注入 $\lambda/4$ 波片中,形成两束反向旋转的圆偏振光,即左旋光和右旋光,并进入传感光纤。在被测电流所产生磁场的作用下,左旋光和右旋光产生 Faraday 效应,分别在相反的方向产生相移,即左旋光和右旋光的相位差为 $\theta = 2VNI$。V 是光纤的 Verdet 常数,N 是光纤环的匝数,I 是被测电流。左旋光和右旋光传播至反射镜后沿相反的路径反射,第 2 次经过传感光纤时再次发生 Faraday 效应,相位差变为 $\theta = 4VNI$。从传感光纤输出后,两束圆偏振光第 2 次通过 $\lambda/4$ 波片转换为正交线偏振光,但这两束正交线偏振光发生模式互换,即原来沿保偏光纤快轴传输的线偏振光此时沿慢轴传输,原来沿保偏光纤慢轴传输的线偏振光此时沿快轴传输。正交线偏振光依次经过延迟光纤、相位调制器、起偏器、耦合器,并在起偏器处发生干涉,最后传入光电探测器。

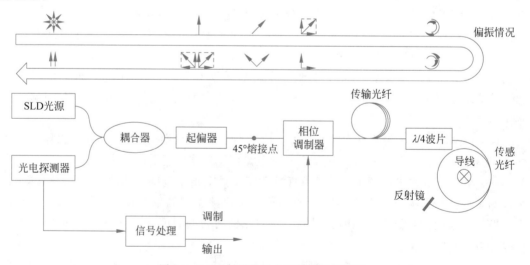

图 8.4.4　反射型光纤电流传感器原理图

反射型光纤电流传感器各主要光路器件建立理想化的琼斯矩阵如下。

(1)超辐射发光二极管(SLD)是一种利用强激发状态下定向辐射现象制作的光源,与普通发光二极管相比,具有输出功率高、发散角小、耦合效率高的特点,光波长分布范围介于半导体激光器和普通发光二极管之间,能同时满足功率大、相干长度短的要求,适合用在

FOCT 中作为光源使用。SLD 发出的光可由琼斯矩阵描述为,E_x 和 E_y 分别是两个正交偏振方向上的电场强度:

$$\overrightarrow{E_{\text{in}}} = \begin{pmatrix} E_x \\ E_y \end{pmatrix}$$

（2）SLD 光源发出的光通过光纤耦合器后进入起偏器。起偏器的作用是将自然光转换成单一振动方向的线偏振光,输出的线偏振光沿保偏光纤的 X 轴方向传输（也可以是 Y 轴）。起偏器的作用可由琼斯矩阵描述为:

$$M_{\text{pin}} = M_{\text{pout}} = \begin{pmatrix} 1 & 0 \\ 0 & 0 \end{pmatrix}$$

（3）起偏器的保偏光纤尾纤与相位调制器的保偏光纤尾纤以 45°对轴熔接,使起偏器输出的沿 X 轴向传输的线偏振光以 45°进入调制器尾纤,进入调制器尾纤的线偏振光重新分解到 X、Y 轴,且 X、Y 轴上分量幅值相同,45°对轴熔接的作用可由琼斯矩阵描述为:

$$M_{45°\text{in}} = \frac{1}{\sqrt{2}} \begin{pmatrix} 1 & 1 \\ -1 & 1 \end{pmatrix}$$

$$M_{45°\text{out}} = \frac{1}{\sqrt{2}} \begin{pmatrix} 1 & -1 \\ 1 & 1 \end{pmatrix}$$

（4）在光纤电流传感器中,相位调制器主要分为两类。

第一类是铌酸锂直波导相位调制器,如图 8.4.5 所示,其主要组成元件是电光晶体。在电光晶体上施加电压时会产生电光效应,使电光晶体的折射率发生改变,进而影响线偏振光在电光晶体中传播的速度,使沿 X 轴和沿 Y 轴传播的线偏振光之间产生一个受控的光程差（相位差）。铌酸锂波导相位调制器具有电光系数大、半波电压小、响应速度快、易于集成、技术成熟等优点。

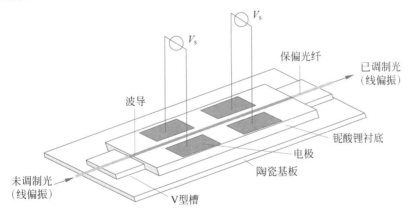

图 8.4.5 铌酸锂直波导相位调制器示意图

第二类是锆钛酸铅压电陶瓷（PZT）相位调制器,如图 8.4.6 所示。这种相位调制器是在光纤表面沉积一层具有压电性的薄膜制成的,它利用电场作用下压电薄膜的体积变化引起光纤内部应变,从而改变光纤的折射率,实现相位调制。全光纤相位调制器具有体积小、驱动电压低、价格低等诸多优点。

这两类相位调制器的作用均可由琼斯矩阵描述为:

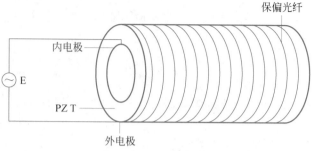

图 8.4.6　PZT 相位调制器示意图

$$M_{Min} = \begin{pmatrix} 1 & 0 \\ 0 & e^{i(\varphi(t-\tau))} \end{pmatrix}$$

$$M_{Mout} = \begin{pmatrix} 1 & 0 \\ 0 & e^{i(\varphi(t))} \end{pmatrix}$$

(5) 线偏振光进入传感环,进入 $\lambda/4$ 波片。$\lambda/4$ 波片是一段特定长度的保偏光纤,它利用保偏光纤本身 X、Y 轴折射率不同,产生 $\lambda/4$ 的光程差。原来 X、Y 方向幅值相等、相位相同的两束光波,在光纤截面上的投影是一条直线,而经过 $\lambda/4$ 波片后,二者相差 $90°$,在光纤截面上的投影成一个圆。原来分别沿 X 轴和 Y 轴传播的线偏振光,可以看作变成左旋和右旋的圆偏振光。$\lambda/4$ 波片的作用可由琼斯矩阵描述为:

$$M_{\lambda/4in} = M_{\lambda/4out} = \frac{\sqrt{2}}{2}\begin{pmatrix} 1 & i \\ i & 1 \end{pmatrix}$$

(6) 传感光纤是一种通过特殊工艺拉制的保圆光纤,X、Y 轴折射率相同,X、Y 轴上光传播的速度也相同。X、Y 轴上传播的偏振光受到电流产生的磁场影响,会同时偏转一个角度。为了分析方便,把线偏振光转换成圆偏振光进行分析。当由磁场引起的偏转角度与圆偏振光旋转的方向相同时,相当于加快了圆偏振光的旋转速度;当由磁场引起的偏转角度与圆偏振光旋转的方向相反时,相当于减慢了圆偏振光的旋转速度。传感光纤的作用可由琼斯矩阵描述为:

$$M_{Fin} = M_{Fout} = \begin{pmatrix} \cos\varphi_F & -\sin\varphi_F \\ \sin\varphi_F & \cos\varphi_F \end{pmatrix}$$

$$\varphi_F = VNI$$

(7) 当传感光纤中的偏振光到达反射镜后,偏振光沿原路返回。由于反射镜的作用,沿光传播的方向看,左旋光变成右旋光,但是由于返回过程中,光传播的方向相对于磁场的方向也发生反转,所以法拉第效应使偏振光偏转的角度加倍,而不是抵消。反射镜的作用可由琼斯矩阵描述为:

$$M_{\text{mirror}} = \begin{pmatrix} 1 & 0 \\ 0 & 1 \end{pmatrix}$$

(8) 当偏振光再次到达起偏器位置时,原来传播速度慢的偏振光正好追上传播速度快的偏振光,并在起偏器处发生干涉。这时输出光强的表达式为:

$$\overrightarrow{E}_{out} = M_{pout} \cdot M_{45°out} \cdot M_{Mout} \cdot M_{\lambda/4out} \cdot M_{Fout} \cdot M_{\text{mirror}} \cdot M_{Fin} \cdot M_{\lambda/4in} \cdot M_{Min} \cdot$$

$$M_{45°in} \cdot M_{pin} \cdot \overrightarrow{E}_{in}$$

$$I_{\text{out}} = |\overrightarrow{E_{\text{out}}^{*}} \cdot \overrightarrow{E_{\text{in}}}| = \frac{E_x^2}{2} \cdot [1 + \cos(4\varphi_F + \varphi(t-\tau) - \varphi(t))]$$

式中：φ_F——由法拉第磁光效应引起的偏转角度（相移），$\varphi_F = NVI$；

τ——偏振光经过相位调制器的时间差；

$\varphi(t-\tau)$——偏振光第一次经过调制器时由调制产生的相移；

$\varphi(t)$——偏振光第二次经过调制器时由调制产生的相移。

通过光电探测器将输出的光强 I_{out} 转换成电信号，即可解算出 φ_F，进而求出导线上的电流。

8.4.2　双折射对光纤传感的影响

微课视频

双折射对旋光现象有很大影响，严重时甚至完全淹没旋光现象。然而，光纤中或多或少存在双折射，这主要由光纤剩余应力的不均匀分布、光纤截面不圆、外部压力、弯曲等原因引起。特别是弯曲现象在光纤电流传感器的传感头部分不可避免，即使采用极低双折射的光纤依然会引进弯曲双折射，因此需要讨论双折射对旋光影响。同时考虑旋光效应和线双折射效应，光纤系统的传输矩阵[19]为

$$\begin{bmatrix} E_x \\ E_y \end{bmatrix} = \begin{bmatrix} A & -B \\ B & A^* \end{bmatrix} \begin{bmatrix} E_x \\ E_y \end{bmatrix} \tag{8.4.8}$$

式中

$$A = \cos(\varphi/2) + i\cos\chi \sin(\varphi/2)$$
$$B = \sin\chi \sin(\varphi/2)$$
$$\varphi = [\delta^2 + (2\Omega)^2]^{\frac{1}{2}} = (k_+ - k_-)$$
$$\delta = \omega\sqrt{\mu_0}(\sqrt{\varepsilon_{22}} - \sqrt{\varepsilon_{11}})$$
$$\sin\chi = 2\Omega/\varphi$$
$$\cos\chi = \delta/\varphi \tag{8.4.9}$$

式中，δ 值反映了双折射的影响；Ω 值反映了旋光的作用；l 是光纤的长度。

设入射光沿 y 轴方向振动，Wollaston 棱镜的特征方向与 x 轴成 45°，则两个光电接收器探测到的光振幅为

$$\begin{bmatrix} E_1 \\ E_2 \end{bmatrix} = \frac{1}{\sqrt{2}} \begin{bmatrix} 1 & 1 \\ -1 & 1 \end{bmatrix} \begin{bmatrix} A & -B \\ B & A^* \end{bmatrix} \begin{bmatrix} 0 \\ E_0 \end{bmatrix} = \frac{1}{\sqrt{2}} \begin{bmatrix} (A^* - B)E_0 \\ (A^* + B)E_0 \end{bmatrix}$$

所以

$$P = \frac{E_1^2 - E_2^2}{E_1^2 + E_2^2} = 2\Omega \frac{\sin\varphi}{\varphi} \tag{8.4.10}$$

不考虑正负号的影响，与式(8.4.6)比较，式(8.4.10)多了 $\sin\varphi/\varphi$ 这一项，正是双折射介质对旋光现象的作用。显见，当 $\delta \ll \Omega$ 时，有 $\varphi = 2\Omega$，$P = \sin(2\Omega)$。反之，当 $\delta \gg \Omega$ 时，则有 $P = 2\Omega \sin\delta/\delta$，其作用是降低了检测的灵敏度。例如：若 $\delta = 14°$，则灵敏度下降 1%；$\delta = 45°$，下降 10%。由此可见，要使测量准确，应尽量降低所用光纤的 δ 值，这是推广应用这一技术的主要障碍之一。

8.4.3 光纤偏振干涉仪

Mach-Zehnder 光纤干涉仪的一个重要缺点是利用双臂干涉,外界因素对参考臂的扰动常常会引起很大的干扰,甚至破坏仪器的正常工作。为克服这一缺点,可利用单根高双折射单模光纤中两正交偏振模在外界因素影响下相移的不同进行传感。图 8.4.7 是利用这种办法构成的光纤温度传感器的原理图,这是一种光纤偏振干涉仪。

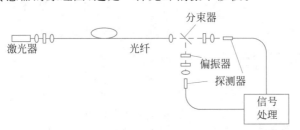

图 8.4.7 单光纤偏振干涉仪

激光束经起偏振器和 $\lambda/4$ 波片后变为圆偏振光,对传感用高折射单模光纤的两个正交偏振态均匀激励。由于其相移不同,输出光的合成偏振态可在左旋圆偏振光、45°线偏振光、右旋偏振光、135°线偏振光之间变化。若输出端只检测 45°线偏振分量,则强度为

$$I = \frac{1}{2}I_0(1+\cos\varphi)$$

式中,φ 是受外界因素影响而发生的相位变化。为了减小光源本身的不稳定性,可用 Wollaston 棱镜同时检测两正交分量的输出 I_1 和 I_2,经数据处理可得

$$P = \frac{I_1 - I_2}{I_1 + I_2} = \cos\varphi$$

实验表明:应用高双折射光纤(拍长 $\Lambda = 3.2\text{mm}$)作温度传感时,其灵敏度约为 2.5rad/(℃·m)。它虽然比 M-Z 双臂干涉仪的灵敏度(100rad/(℃·m))低很多,大约 1/50,但其装置要简单得多,且压力灵敏度为 M-Z 干涉仪的 1/7300,因此有较强的压力去敏作用。

8.5 波长调制型光纤传感器

8.5.1 引言

光纤光栅传感器是一种典型的波长调制型光纤传感器。基于光纤光栅传感器的传感过程是通过外界变量对 Bragg 中心波长的调制来获取传感信息,这是一种波长调制型光纤传感器。它具有以下明显的优点:

(1) 抗干扰能力强。一方面是因为普通的传输光纤不会影响传输光波的频率特性(忽略光纤中的非线性效应);另一方面光纤光栅传感系统从本质上排除了各种光强起伏引起的干扰。例如:光源强度的起伏、光纤微弯效应引起的随机起伏和耦合损耗等都不可能影响传感信号的波长特性。因而基于光纤光栅的传感系统具有很高的可靠性和稳定性。

(2) 传感探头结构简单,尺寸小(其外径和光纤本身等同),适于许多应用场合,尤其是智能材料和结构。

（3）测量结果具有良好的重复性。

（4）便于构成各种形式的光纤传感网络。

（5）可用于外界参量的绝对测量（在对光纤光栅进行定标后）。

（6）光栅的写入工艺已较成熟，便于形成规模生产。光纤光栅由于具有上述诸多优点，因而具有广泛的应用。但是它也存在不足之处，例如，对波长漂移的检测需要用较复杂的技术和较昂贵的仪器或光纤器件，需大功率的宽带光源或可调谐光源，其检测的分辨率和功态范围也受到一定限制等。关于光纤光栅传感器的更多分析可参考有关文献。

8.5.2 光纤 Bragg 光栅应变传感模型

微课视频

由光纤光栅的 Bragg 方程可知，光纤光栅的 Bragg 波长取决于光栅周期 Λ 和反向耦合模的有效折射率 n_{eff}，任何使这两个参量发生改变的物理过程都将引起光栅 Bragg 波长的漂移。由此，一种新型、基于波长漂移检测的光纤传感机理被提出并得到广泛应用。在所有引起光栅 Bragg 波长漂移的外界因素中，最直接的为应力、应变和温度参量。因为无论是对光栅进行拉伸还是挤压，都势必导致光栅周期 Λ 的变化，并且光纤本身所具有的弹光效应使得有效折射率 n_{eff} 也随外界应力状态的变化而改变，因此采用光纤 Bragg 光栅制成光纤应力应变传感器，就成了光纤光栅在光纤传感领域中最直接的应用。

应力引起光栅 Bragg 波长漂移可由下式给予描述：

$$\Delta\lambda_B = 2n_{\text{eff}}\Delta\Lambda + 2\Delta n_{\text{eff}}\Lambda \tag{8.5.1}$$

式中，$\Delta\Lambda$ 表示光纤本身在应力作用下的弹性变形；Δn_{eff} 表示光纤的弹光效应。外界不同的应力状态将导致 $\Delta\Lambda$ 和 Δn_{eff} 的不同变化。一般情况下，由于光纤光栅属于各向同性柱体结构，所以施加于其上的应力可在柱坐标系下分解为 σ_r、σ_θ 和 σ_z 三个方向。我们称单纯有 σ_z 作用的情况为轴向应力作用，σ_r 和 σ_θ 称为横向应力作用，三者同时存在为体应力作用。下面根据不同情况分别讨论光纤光栅对不同应力作用的传感模型。

在进行具体讨论之前，为使问题既简单又能最接近实际情况，提出以下几点假设，作为讨论下面所有问题的共同出发点：

（1）光纤光栅作为传感元，其自身结构仅包含纤芯和包层两层，忽略所有外包层的影响。此假设有实际意义。首先从光纤光栅的制作工艺可知，要进行紫外曝光，必须去除光纤外包层，以消除它对紫外光的吸收作用，所以直接获得的光纤光栅本身就处于裸纤状态；其次，对裸纤结构的分析能更直接地反映公式本身的传感特性，而不至于被其他因素所干扰。

（2）由石英材料制成的光纤光栅在所研究的应力范围内为一理想弹性体，遵循 Hooke 定理，且内部不存在切应变。该假设与实际情况也非常接近，只要不接近光纤本身的断裂极限，都可认为该假设是成立的。

（3）紫外光引起的光敏折射率变化在光纤横截面上均匀分布，且这种光致折变不影响光纤自身各向同性的特性，即光纤光栅区仍满足弹性常数多重简并的特点。

（4）所有应力问题均为静应力，不考虑应力随时间变化的情况。

基于以上几点假设，采用 8.3.7 节相似的光纤应力应变模型分析。考虑到光纤为柱型结构，通常采用柱坐标下应力应变的表示方式来表示纵向、横向及剪切应变。由此可建立以下应力应变传感模型。

1. 均匀轴向应力作用下光纤光栅传感模型

均匀轴向应力是指对光纤光栅进行纵向拉伸或压缩,此时各向应力可表示为 $\sigma_{zz} = -P$(P 为外加压强),$\sigma_{rr} = \sigma_{\theta\theta} = 0$,且不存在切向应力,则各方向应变为

$$
\begin{bmatrix} \varepsilon_{rr} \\ \varepsilon_{\theta\theta} \\ \varepsilon_{zz} \end{bmatrix} = \begin{bmatrix} \nu \dfrac{P}{E} \\ \nu \dfrac{P}{E} \\ -\dfrac{P}{E} \end{bmatrix}
\tag{8.5.2}
$$

式中,E 及 ν 分别为石英光纤的弹性模量及 Poisson 比。现已求得在均匀轴向应力作用下各方向的应变值,下面以此为基础进一步求解光纤光栅的应力灵敏度系数。

将式(8.5.1)展开得

$$
\Delta\lambda_{B_z} = 2\Lambda \left(\frac{\partial n_{\text{eff}}}{\partial L}\Delta L + \frac{\partial n_{\text{eff}}}{\partial a}\Delta a \right) + 2\frac{\partial \Lambda}{\partial L}\Delta L n_{\text{eff}}
\tag{8.5.3}
$$

式中,ΔL 代表光纤的纵向伸缩量;Δa 表示由于纵向拉伸引起的光纤直径变化;$\partial n_{\text{eff}}/\partial L$ 表示弹光效应;$\partial n_{\text{eff}}/\partial a$ 表示波导效应。

下面首先推算由弹光效应引起的 Bragg 中心波长偏移。已知相对介电抗渗张量 β_{ij} 与介电常数 ε_{ij} 有如下关系:

$$
\beta_{ij} = \frac{1}{\varepsilon_{ij}} = \frac{1}{n_{ij}^2}
\tag{8.5.4}
$$

式中,n_{ij} 为某一方向上的光纤的折射率。对于熔融石英光纤,由于其各向同性,可认为各方向折射率相同,在此仅研究光纤光栅反射模的有效折射率 n_{eff},故可将上式改为

$$
\Delta(\beta_{ij}) = \Delta\left(\frac{1}{n_{\text{eff}}^2} \right) = -\frac{2\Delta n_{\text{eff}}}{n_{\text{eff}}^3}
\tag{8.5.5}
$$

由于 $\Delta n_{\text{eff}} = \partial n_{\text{eff}}/\partial L$,式(8.5.3)中略去波导效应,其余项可变形为

$$
\Delta\lambda_{B_z} = 2\Lambda \left[-\frac{n_{\text{eff}}^3}{2}\Delta\left(\frac{1}{n_{\text{eff}}^2} \right) \right] + 2n_{\text{eff}}\varepsilon_{zz}L\frac{\partial \Lambda}{\partial L}
\tag{8.5.6}
$$

式中,$\varepsilon_{zz} = \Delta L/L$ 为纵向伸缩应变。由于式(8.5.7)的存在,我们可以得到更为简单的 $\Delta\lambda_{B_z}$ 的表达式。实际上,在有外界应力存在的情况下相对介电抗渗张量 β_{ij} 应为应力 σ 的函数,对 β_{ij} 用 Taylor 级数展开并略去高阶项,利用式(8.5.4),同时引入材料的弹光系数 p_{ij},最后得到

$$
\Delta\left(\frac{1}{n_{\text{eff}}^2} \right) = (P_{11} + P_{12})\varepsilon_{rr} + P_{12}\varepsilon_{zz}
\tag{8.5.7}
$$

式中利用了光纤的轴对称性 $\varepsilon_{rr} = \varepsilon_{\theta\theta}$,将此式代入式(8.5.6)得到弹光效应导致的相对波长漂移为

$$
\frac{\Delta\lambda_{B_z}}{\lambda_B} = \frac{n_{\text{eff}}^2}{2}\left[(P_{11} + P_{12})\varepsilon_{rr} + P_{12}\varepsilon_{zz} \right] + \varepsilon_{zz}
\tag{8.5.8}
$$

式中利用了均匀光纤在均匀拉伸下满足的条件:$\dfrac{\partial \Lambda}{\Lambda}\dfrac{L}{\partial L} = 1$。将式(8.5.5)代入式(8.5.8)得到

$$\frac{\Delta\lambda_{B_Z}}{\lambda_B} = \left\{ -\frac{n_{\mathrm{eff}}^2}{2}\big[(P_{11}+P_{12})\nu - P_{12}\big] - 1 \right\} |\, \varepsilon_{zz} \,| = k |\, \varepsilon_{zz} \,| \qquad (8.5.9)$$

此式即为光纤光栅由弹光效应引起的波长漂移纵向应变灵敏度系数。利用纯熔融石英的参数，$P_{11}=0.121$，$P_{12}=0.270$，$\nu=0.17$，$n_{\mathrm{eff}}=1.456$。可得光纤光栅相对波长漂移应变灵敏度系数 $k=0.784$。如果取波长为 $1.55\mu\mathrm{m}$，光纤光栅弹光效应单位纵向应变引起的波长漂移为 $1.22\mathrm{pm}/\mu\varepsilon$。

下面讨论由于光纤芯径变化引起的波导效应而产生的 Bragg 波长漂移现象。对于单模光纤，其传播常数 β_s 与光纤芯径密切相关，从而使得有效折射率 n_{eff} 也随纤芯的改变而改变。引入光纤归一化频率 $V=k_0 a \sqrt{2(n_1^2-n_2^2)}$ 以及横向传播常数 $U=a\sqrt{k_0^2 n_1^2 - \beta_s^2}$，可将有效折射率 n_{eff} 表示为

$$n_{\mathrm{eff}}^2 = n_1^2 - \left(\frac{U}{V}\right)^2 (n_1^2 - n_2^2) \qquad (8.5.10)$$

式中，U、V 满足如下光纤本征方程

$$\frac{U J_{m-1}(U)}{J_m(U)} = -\frac{W K_{m-1}(W)}{K_m(W)}$$

$$U^2 + W^2 = k_0^2 n_1^2 a^2 2\Delta = V^2$$

认为弱导单模光纤基模模场为 Gauss 分布，采用 Gauss 场近似对本征方程进行化简，对于单模光纤的基模 HE_{11} 模可得 U、V 满足如下关系：

$$U = -\frac{(1+\sqrt{2})V}{1+(4+V^4)^{\frac{1}{4}}}$$

将此式代入式(8.5.10)，即可得 n_{eff} 与归一化频率 V 之间的直接关系。由于 V 仅由光纤参数决定，可以通过对光纤芯半径 a 直接求导得到：

$$k_{\mathrm{wg}} = \frac{(\Delta n_{\mathrm{eff}})_{\mathrm{wg}}}{\Delta a} = \frac{\partial n_{\mathrm{eff}}}{\partial a}$$

$$= -\frac{(1+\sqrt{2})^2 V^3 (4+V^4)^{-\frac{3}{4}} (n_1^2 - n_2^2)}{[1+(4+V^4)^{1/4}]^3 \left\{ n_1^2 - \left[\dfrac{1+\sqrt{2}}{1+(4+V^4)^{1/4}}\right]^2 (n_1^2-n_2^2) \right\}^{\frac{1}{2}}} \qquad (8.5.11)$$

所以，由波导效应引起的光纤光栅波长相对漂移可表示为

$$\left(\frac{\Delta\lambda_{B_z}}{\lambda_B}\right)_{\mathrm{wg}} = \frac{\Delta a}{n_{\mathrm{eff}}}\frac{\partial n_{\mathrm{eff}}}{\partial a} = \frac{k_{\mathrm{wg}}}{n_{\mathrm{eff}}} a \varepsilon_{rr} = -\frac{k_{\mathrm{wg}}}{n_{\mathrm{eff}}} a \nu |\, \varepsilon_{zz} \,| \qquad (8.5.12)$$

利用单模光纤的条件，可得出波导效应光纤光栅纵向应变灵敏度系数与光纤芯径及数值孔径关系，如图 8.5.1 所示，光纤参数如图中说明。

可以看出，波导效应对光纤光栅纵向应变灵敏度影响较小，但其作用与弹光效应相反，属于妨碍光纤光栅用于光纤传感领域的一个因素。从图 8.5.1 中还可看出，随着光纤芯径及数值孔径的增加（保持在单模状态），波导效应逐渐增大，欲得到高灵敏度的光纤光栅传感器，最好采用低数值孔径、小芯径光纤。由于低掺锗量将有利于提高传感器灵敏度，因此在应用光纤光栅进行高精度研究时，需控制制作光纤光栅的掺杂光纤掺锗含量。

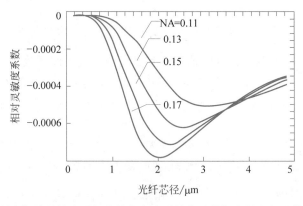

图 8.5.1　光纤光栅波导效应引起的纵向应变灵敏度系数与光纤芯径及数值孔径的关系

基于以上分析,光纤光栅的纵向应变灵敏度系数仅取决于材料本身和反向耦合模的有效折射率。对于单模光纤,由于仅有基模存在,当光纤材料选定后(具有固定的掺杂量)其灵敏度系数将为一定值,这就从根本上保证了光纤光栅作为轴向应变传感器时具有良好的线性输出特性,同时,对于少模光纤,根据前述耦合波理论,可能同时存在多个模式满足相位匹配条件,它们具有不同的传播数 β_s 和有效折射率 n_{eff},所以同一光栅可能同时出现两个或多个具有不同应变灵敏度的布喇格波长。这在传感补偿技术及参量传感方面有着十分广阔的应用前景,是其他传感技术所无法匹敌的。

2. 均匀横向应力下光纤光栅的传感模型

均匀横向应力是指对光纤沿各个径向施加压力为 P,对应的光纤内部应力状态为:$\sigma_{rr} = \sigma_{\theta\theta} = -P$,$\sigma_{zz} = 0$,不存在剪切应变,仍根据上文中广义 Hooke 定理可求得光纤应变张量为

$$\begin{bmatrix} \varepsilon_{rr} \\ \varepsilon_{\theta\theta} \\ \varepsilon_{zz} \end{bmatrix} = \begin{bmatrix} -(1-v)\dfrac{P}{E} \\ -(1-v)\dfrac{P}{E} \\ 2v\dfrac{P}{E} \end{bmatrix} \tag{8.5.13}$$

利用上节推导过程可知,此种受力状态下弹光效应引起的光纤光栅相对波长漂移可表示为

$$\frac{\Delta\lambda_{B_Z}}{\lambda_B} = \frac{n_{eff}^2}{2}\left[-(P_{11}+P_{12})(1-v)\frac{P}{E} + P_{12}2v\frac{P}{E} \right] + 2v\frac{P}{E}$$

$$= \left\{ -\frac{n_{eff}^2}{2}\left[-(P_{11}+P_{12})\frac{1-v}{2v} + P_{12} \right] + 1 \right\}\varepsilon_{zz} \tag{8.5.14}$$

利用 8.5.1 节给出的光纤参数,可以得出此种应力状态下弹光效应引起的光纤光栅相对波长漂移纵向应变灵敏度系数为 1.726,仍取波长为 $1.55\mu m$,可得单位纵向应变引起的波长漂移为 2.675pm。虽然从表面上看,此种情况较纵向均匀拉伸更为敏感,但由于同样压力 P 下横向应力引起的纵向应变较纵向应力小,所以两者之间只能用应力灵敏度系数来进行比较,可得纵向拉伸下的应力灵敏度为 $0.786/E$,而横向应力下应力灵敏度仅为 $0.587/E$,其中,E 为光纤弹性模量。可以看出,从弹光效应的角度看,光纤光栅对纵向应力较横向应

力更为敏感。

现利用 8.5.2 节结果讨论此种情况下波导效应引起的光栅波长漂移。由于同样应力下径向应变较前一种情况增加 $(1-v)/v \approx 5$ 倍,所以波导效应的作用显著增加。根据图 8.5.1 可知波导效应将减少光纤光栅的应变灵敏度。所以综合弹光及波导两种效应可知,光纤光栅对于均匀横向应力的灵敏度较纵向伸缩要小。在复杂应力情况下,由纵向应力引起的波长漂移将会占主要地位。

3. 任意正应力作用下光纤光栅传感模型

任意正应力状态下的光纤应力张量可表示为 $\begin{bmatrix} \sigma_{rr} \\ \sigma_{\theta\theta} \\ \varepsilon_{zz} \end{bmatrix} = \begin{bmatrix} -P \\ -P \\ -S \end{bmatrix}$,得应变张量为

$$
\begin{bmatrix} \sigma_{rr} \\ \sigma_{\theta\theta} \\ \varepsilon_{zz} \end{bmatrix} = \begin{bmatrix} -\dfrac{1}{E}\left[P(1-v) - Sv \right] \\ -\dfrac{1}{E}\left[P(1-v) - Sv \right] \\ -\dfrac{1}{E}\left[S - 2Pv \right] \end{bmatrix} = \begin{bmatrix} -\dfrac{P}{E}(1-v) \\ -\dfrac{P}{E}(1-v) \\ \dfrac{2}{E}Pv \end{bmatrix} + \begin{bmatrix} \dfrac{S}{E}v \\ \dfrac{S}{E}v \\ -\dfrac{S}{E} \end{bmatrix} \tag{8.5.15}
$$

根据 8.5.1 和 8.5.2 两节结果可得,此时的光栅应变灵敏度可表示为

$$
\left(\frac{\Delta\lambda_B}{\lambda_B} \right)_{\text{all}} = \left(\frac{\Delta\lambda_B}{\lambda_B} \right)_{P_r = -P} + \left(\frac{\Delta\lambda_B}{\lambda_B} \right)_{P_a = -S} \tag{8.5.16}
$$

可见,对于任意应力情况,可将其分解为轴向和径向应力,其灵敏度则由两种标准方向上灵敏度的和来表示。

8.5.3　光纤 Bragg 光栅温度传感模型分析

1. 光纤光栅温度传感模型分析的前提假设

与外加应力相似,外界温度的改变同样也会引起光纤光栅 Bragg 波长的漂移。从物理本质看,引起波长漂移的原因主要有三个:光纤热膨胀效应、光纤热光效应以及光纤内部热应力引起的弹光效应。为了能得到光纤光栅温度传感器更详细的数学模型,在此有必要对所研究的光纤光栅作以下假设。

(1) 仅研究光纤自身各种热效应,忽略外包层以及被测物体由于热效应而引发的其他物理过程。很显然,热效应与材料本身密切相关,不同的外包层(如弹性塑料包层、金属包层等)、不同的被测物体经历同样的温度变化将对光栅产生极为不同的影响,所以在此分离出光纤光栅自身进行研究,而将涉及涂覆材料及被测物体的问题留到以后讨论。

(2) 仅考虑光纤的线性热膨胀区,并忽略温度对热膨胀系数的影响。由于石英材料的软化点在 700℃ 左右,所以在常温范围完全可以忽略温度对热膨胀系数的影响,认为热膨胀系数在测量范围内始终保持常数。

(3) 认为热光效应在所采用的波长范围 $(1.3 \sim 1.5\mu m)$ 和所研究的温度范围内保持一致,也即光纤折射率温度系数保持为常数。这一点已经有文献给予实验证实。

(4) 仅研究温度均匀分布情况,忽略光纤光栅不同位置之间的温差效应。因为一般光纤光栅的尺寸仅 10mm 左右,所以认为它处于一均匀温场并不会引起较显著的误差,这样

就可以忽略由于光栅不同位置之间的温差而产生的热应力影响。

基于以上几点假设,可得出单纯光纤光栅的温度传感数学模型。

2. 光纤光栅温度传感模型分析

仍从光栅 Bragg 方程 $\lambda_B = 2n_{\text{eff}}\Lambda$ 出发,当外界温度改变时,可得到 Bragg 方程的变分形式为

$$\Delta\lambda_{\text{Br}} = 2\Delta n_{\text{eff}}\Lambda + 2n_{\text{eff}}\Delta\Lambda$$

$$= 2\left[\frac{\partial n_{\text{eff}}}{\partial T}\Delta T + (\Delta n_{\text{eff}})_{\text{ep}} + \frac{\partial n_{\text{eff}}}{\partial a}\Delta a\right]\Lambda + 2n_{\text{eff}}\frac{\partial \Lambda}{\partial T}\Delta T \tag{8.5.17}$$

式中,$\partial n_{\text{eff}}/\partial T$ 代表光纤光栅折射率温度系数,用 ξ 表示;$(\Delta n_{\text{eff}})_{\text{ep}}$ 代表热膨胀引起的弹光效应;$\partial n_{\text{eff}}/\partial a$ 代表由于膨胀导致光纤芯径变化而产生的波导效应;$\partial \Lambda/\partial T$ 代表光纤的线性热膨胀系数,用 a 代表。这样可将上式改写为如下形式:

$$\frac{\Delta\lambda_{B_r}}{\lambda_B \Delta T} = \frac{1}{n_{\text{eff}}}\left[\xi + \frac{(\Delta n_{\text{eff}})_{\text{ep}}}{\Delta T} + \frac{\partial n_{\text{eff}}}{\partial a}\frac{\Delta a}{\Delta T}\right] + a \tag{8.5.18}$$

利用应力传感模型分析中得到的弹光效应及波导效应引起的波长漂移灵敏度系数表达式,并考虑到温度引起的应变状态为

$$\begin{bmatrix} \varepsilon_{rr} \\ \varepsilon_{\theta\theta} \\ \varepsilon_{zz} \end{bmatrix} = \begin{bmatrix} a\Delta T \\ a\Delta T \\ a\Delta T \end{bmatrix}$$

可得光纤光栅温度灵敏度系数的完整表达式为

$$\frac{\Delta\lambda_{B_r}}{\lambda_B \Delta T} = \frac{1}{n_{\text{eff}}}\left[\xi - \frac{n_{\text{eff}}^3}{2}(P_{11} + 2P_{12})a + k_{\text{wg}}a\right] + a$$

式中,k_{wg} 如式(8.5.11)定义,表示波导效应引起的 Bragg 波长漂移系数。可以明显看出,当材料确定后,光纤光栅对温度的灵敏度系数基本上为一与材料系数相关的常数,这就从理论上保证了采用光纤光栅作用温度传感器可以得到很好的输出线性。

对于熔融石英光纤,其折射率温度系数 $\xi = 0.68n_{\text{eff}} \times 10^{-5}/℃$,线性热膨胀系数 $a = 5.5 \times 10^{-7}/℃$,其他参数如前文所述。由此可得没有波导效应的光纤光栅相对温度灵敏度系数为 $0.6965 \times 10^{-5}/℃$,仍对于 $1.55\mu m$ 波长可得单位温度变化下引起的波长漂移为 10.8pm。对于波导效应,可以明显地看出它对温度灵敏度系数的影响极其微弱,因为线性热膨胀系数 a 较折射率温度系数数要小两个数量级,再加之波导效应本身对波长漂移的影响又较弹光效应小许多,故在分析光纤光栅温度灵敏度系数时可以完全忽略波导效应产生的影响。

综上所述,对于纯熔融石英光纤,当不考虑外界因素的影响时,其温度灵敏度系数基本上取决于材料的折射率温度系数,而弹光效应以及波导效应将不对光纤光栅的波长漂移造成显著影响。

8.5.4 光纤 Bragg 光栅在光纤传感领域的典型应用

1. 按测量种类分类

1) 单参量测量

光纤光栅的单参数测量主要是指对温度、应变、浓度、折射率、磁场、电场、电流、电压、速

度、加速度等单个参量分别进行测量。图 8.5.2 表示采用光纤光栅测量压力及应变的典型传感器结构。图中采用一宽带发光二极管作为系统光源,利用光谱分析仪进行 Bragg 波长漂移检测,这是光纤光栅作为传感应用的最典型结构。

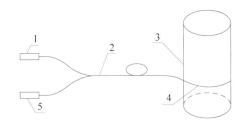

图 8.5.2　光纤光栅压力/应变传感器结构简图

1—光源;2—光纤;3—被测物;4—光纤光栅;5—光探测器

2) 双参量测量

光纤光栅除对应力、应变敏感以外,对温度变化也有相当的敏感性,这意味着在使用中不可避免地会遇到双参量的相互干扰。为了解决这一问题,人们提出了许多采用多波长光纤光栅进行温度、应变双参量同时检测的实验方案。在工程结构中,由于各种因素相互影响、交叉敏感,因此这种多参数测量技术尤其重要。目前多参数传感技术中,研究最多的是温度-应变的同时测量技术,也有人进行了温度-弯曲、温度-折射率、温度-位移等双参数测量以及温度-应变-振动,温度-应变-振动-负载的多参数测量。

3) 分布式多点测量

将光纤光栅用于光纤传感的另一优点是便于构成准分布式传感网络,可以在大范围内对多点同时进行测量。图 8.5.3 示出了两个典型的基于光纤光栅的准分布传感网络,可以看出其重点在于如何实现多光栅反射信号的检测。图 8.5.3(a)中采用参考光栅匹配方法,图 8.5.3(b)中采用可调 F-P 腔,虽然方法各异,但均解决了分布测量的核心问题,为实用化研究奠定了基础。

2. 按应用领域分类

1) 在土木工程中的应用

土木工程中的结构健康监测是光纤光栅传感器应用中最活跃的领域。对于桥梁、隧道、矿井、大坝、建筑物等来说,通过测量上述结构的应变分布,可以预知结构内的局部载荷状态,方便进行维护和状况监测。光纤光栅传感器既可以贴在现存结构的表面,也可以在浇筑时埋入结构中对结构进行实时测量,监视结构缺陷的形成和生长。而且,多个光纤光栅传感器可以串接成一个网络对结构进行分布式检测,传感信号可以传输很长距离送到中心监控室进行遥测。

2) 在航空航天及船舶中的应用

增强碳纤维复合材料抗疲劳、抗腐蚀性能较好,质量轻,可以减轻船体或航天器的重量,已经越来越多地被用于制造航空航海工具。在复合材料结构的制造过程中埋放光纤光栅传感器,可实现飞行器或船舰运行过程中机载传感系统的实时健康监测和损伤探测。

一个飞行器为了监测压力、温度、振动、起落驾驶状态,超声波场和加速度情况,所需要的传感器超过 100 个。美国国家航空和宇宙航行局对光纤光栅传感器的应用非常重视,它们在航天飞机 X-33 上安装了测量应变和温度的光纤光栅传感网络,对航天飞机进行实时健

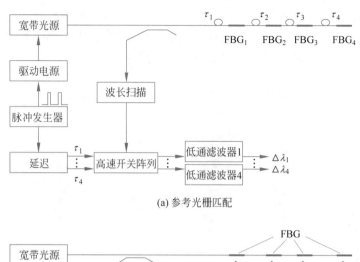

(a) 参考光栅匹配

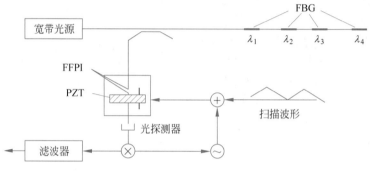

(b) 可调F-P腔

图 8.5.3　分布式光纤传感网

康监测。

为全面衡量船体的状况,需要了解其不同部位的变形力矩、剪切压力、甲板所受的冲击力,普通船体大约需要 100 个以上的传感器,因此复用能力极强的光纤光栅传感器最适合于船体检测。

3) 石油化工中的应用

石油化工业属于易燃易爆的领域,电类传感器用于诸如油气罐、油气井、油气管等地方的测量具有不安全的因素。光纤光栅传感器因其本质安全性非常适合在石油化工领域里应用。国内外均在研制基于光纤光栅的监测温度、压力和流量等热工参量的传感技术,并将其应用于石油和天然气工业的钻井监测,以及海洋石油平台的结构监测。

光纤光栅周围化学物质浓度的变化通过渐逝场影响光栅的共振波长。利用该原理,可通过对 FBG 进行特殊处理或直接用 LPG(long period grating)制成各种化学物质的光纤光栅传感器。光纤光栅传感器可直接测量许多化学成分的浓度,包括蔗糖、乙醇、十六烷、$CaCl_2$、NaCl 等。另外,利用特定的聚合物封装光纤光栅,当聚合物遇到碳氢化合物时膨胀而使光纤产生应变,通过监视光栅共振波长的漂移就可知道光纤光栅处的石油泄漏情况。

4) 电力工业的应用

电力工业中的设备大都处在强电磁场中,如高压开关的在线监测,高压变压器绕组、发电机定子等地方的温度和位移等参数的实时测量,一般电类传感器无法使用,而光纤光栅传感器在高电压和大电流中,具有高绝缘性和强抗电磁干扰的能力,因此适合在电力行业应用。用常规电流转换器、压电元件和光纤光栅组成的综合系统对大电流进行间接测量,电流转换器将电流转变成电压,电压变化使压电元件形变,形变大小由光纤光栅传感器测量。封装于磁致伸缩材料的光纤光栅可测量磁场和电流,可用于检测电机和绝缘体之间的杂散磁场通量。

5)医学中的应用

光纤光栅传感器能够通过最小限度的侵害方式对人体组织功能进行内部测量,足以避免对正常医疗过程的干扰。光纤光栅阵列温度传感器可用来测量超声波、温度和压力场,研究病变组织的超声和热性质,或遥测核磁共振机中的实际温度。用定向稀释导流管方法,采用光纤光栅传感器可对心脏的功效进行测量。用光纤光栅可以测量超声场、监视病人呼吸情况等。

6)核工业中的应用

核工业是个高辐射的地方,核泄漏对人类是一个极大的威胁,因此对于核电站的安全检测非常重要。由于光纤光栅传感器具有耐辐射的能力,可以对核电站的反应堆建筑或外壳结构进行变形监测,蒸汽管道的应变传感,以及地下核废料堆中的应变和温度等。

8.5.5 长周期光纤光栅在传感领域的应用

光纤 Bragg 光栅的传感应用仍有一定的局限性,如灵敏度不够高单位应力或温度的改变所引起的波长漂移较小,此外由于光纤 Bragg 光栅是反射型光栅,以致光纤 Bragg 光栅传感系统通常需要隔离器来抑制反射光对测量系统的干扰。长周期光纤光栅问世后,由于它是一种透射型光纤光栅,无后向反射,在传感测量系统中不需隔离器,测量精度较高。此外,与光纤 Bragg 光栅不同,长周期光纤光栅的周期相对较长,满足相位匹配条件的是同向传输的纤芯基模和包层模。这一特点导致了长周期光纤光栅的谐振波长和幅值对外界环境的变化非常敏感,具有比光纤 Bragg 光栅更好的温度、应变、弯曲、扭曲、横向负载、浓度和折射率灵敏度。因此,长周期光纤光栅和光纤 Bragg 光栅传感器器件各有其相应的优点和广泛应用领域。

利用长周期光纤光栅制成的化学传感器可以实现对液体折射率和浓度的实时测量。利用长周期光纤光栅有多个损耗峰的特性,可以用一个长周期光纤光栅实现对多参数的测量。

与光纤 Bragg 光栅传感器一样,长周期光纤光栅传感器也有温度、应变或折射率、弯曲等物理量之间的交叉敏感问题,从而使测量精度大大降低。因此,解决长周期光纤光栅测量过程中的交叉敏感问题十分重要。至今人们已提出了多种解决传感应用中交叉敏感问题的方案,它们各有特点。但总体而言,均需要两种或两种以上传感器的组合才能较好地解决该问题。

8.5.6 光纤光栅折射率传感技术

在 FBG 中,模式的耦合发生在正、反向传输的芯层导模中。由于芯层导模的绝大部分能量限制在光纤的芯层中,在光纤外的渐逝波场很小,所以共振波长几乎不受外界折射率的影响。为了能将 FBG 应用于折射率测量或者提高灵敏度,就必须设法加大光纤外的渐逝波场,使渐逝波与外部介质的相互作用加强。办法之一是通过腐蚀一部分或全部光纤包层,可以提高外界折射率的灵敏度。用侧面抛磨 FBG 的方法可使 FBG 对外界折射率敏感,在抛磨后的 FBG 上覆盖一层高折射率的涂覆层则可大大提高低折射率范围的灵敏度。

1. FBG 折射率传感原理

在 FBG 中,Bragg 反射波长 λ_B 由下式给出:

$$\lambda_B = 2n_{eff}\Lambda \tag{8.5.19}$$

式中,Λ 为光栅周期,n_{eff} 为芯层导模的有效折射率。在普通的光纤中,因为芯层导模的能量集中在纤芯中,所以有效折射率 n_{eff} 实际上与包层外的外界折射率无关。然而,当光栅所在区域的光纤包层直径减小到一定程度而使芯层导模的渐逝波能够直接与外界环境相互作用时,芯层导模的有效折射率就会直接受外界环境折射率的影响,从而引起 Bragg 波长的移动。通过监测 Bragg 波长的移动,就可以知道外界折射率的变化情况,这就是 FBG 折射率传感的原理。从式(8.5.19)可以看出,FBG 对外界折射率传感的灵敏度依赖于导模有效折射率的变化大小。

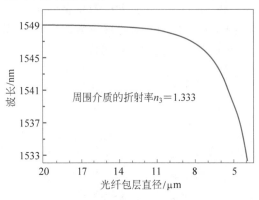

图 8.5.4　Bragg 波长与光纤直径的关系

图 8.5.4 给出了 Bragg 波长的移动与光纤直径变化的关系,计算时假设外界的腐蚀液折射率为 1.333。由于包层直径大于 $20\mu m$ 时,Bragg 波长几乎没有什么变化,所以未在图上画出。从图中可以清楚地看到当光纤被腐蚀时,随着包层直径减小,Bragg 波长将向短波长方向移动,利用此特性可以用来估计或监控腐蚀过程中光纤直径的大小。

图 8.5.5 给出不同包层直径下的导模有效折射率 n_{eff} 与外界折射率(范围为 $1.333\sim 1.444$)的非线性关系,图中全腐蚀指的是光纤包层完全被腐蚀掉的情况。图中很明显可以看出,光纤包层直径越小的 FBG 对外界折射率的灵敏度越高,这是因为对于越小包层直径的光纤,有越多的导模渐逝波场穿透到外围介质中并与之相互作用。从图中还可以看到,对于某固定的光纤包层直径的 FBG 来说,其灵敏度随外界折射率增加而增大,当外界折射率在 1.333 附近时,导模能很好地约束在纤芯区域,所以受外界折射率变化的影响较小,但是随着外界折射率的增加,尤其是当外界折射率接近包层折射率时,灵敏度大大提高,这是因为导模约束在纤芯区域的部分越来越少,而有更多的导模渐逝波场分布到外围介质中并与之相互作用。

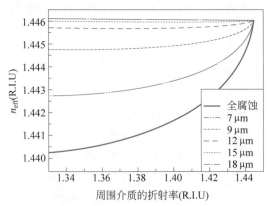

图 8.5.5　不同光纤包层直径下芯层导模有效折射率与外界折射率的关系

2. 光纤光栅折射率传感的应用

在光纤光栅折射率传感器中,需要通过波导模式的倏逝波场与外部介质的相互作用,导致波导模式的有效折射率变化,从而使光栅的共振波长发生变化。为此,人们提出了不同光纤光栅的折射率传感器,并提出了许多种提高测量灵敏度的方法,如腐蚀或侧面抛磨的FBG、LPG、闪耀光栅、多模光纤 LPG、FBG 构成的 FFPI、以及 LPG 构成的 M-Z 干涉仪等,下面对这些方法分别进行简单介绍。

1) FBG 方案

在利用 FBG 进行折射率传感时,要使芯层导模的渐逝波场能延伸到外部介质中,必须通过腐蚀或侧面抛磨处理等方法使芯层导模通过其渐逝波能够直接感受到外部介质。在这些 FBG 折射率测量的方案中,除了单模光纤斜光栅外,其余都需腐蚀或抛磨等处理,大大降低了光纤的机械强度。

2) LPG 方案

LPG 的耦合机制与 FBG 不同,耦合发生在芯层导模与同向传输的包层模之间,因包层模的渐逝场分布延伸到了包层外的介质中,如图 8.5.6 所示,所以就决定了 LPG 本质上对外界折射率非常敏感,尤其是当外界折射率接近包层折射率时更加敏感,所以直接用 LPG 可以实现折射率的测量、用于化学浓度的指示等。LPG 对外界折射率的灵敏度与光栅周期以及包层模阶数密切相关,所以 LPG 用于折射率传感时,从光栅设计的角度出发,可以通过设计光栅周期及合适的包层模阶数来获得最优的灵敏度。另一方面,为进一步提高折射率传感的灵敏度,人们提出了高折射率材料涂覆、拉锥、腐蚀等方法,以及用两个 LPG 构成的 M-Z 干涉仪进行折射率测量等方法。

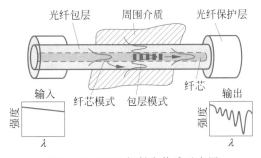

图 8.5.6　LPG 折射率传感示意图

8.5.7　LPG Mach-Zehnder 干涉仪折射率传感器

长周期光纤光栅是由于紫外激光照射而在光纤芯层引起一定周期(几百微米)的折射率调制而形成的。由耦合模理论知,LPG 中纤芯导模和同向传输的包层模式发生耦合,结果在其透射谱的共振波长处形成了损耗峰,共振波长 $\lambda_{R,j}$ 满足相位匹配条件:

$$\lambda_{R,j} = (n_{\text{eff}}^{\text{co}} - n_{\text{eff},j}^{\text{cl}})\Lambda \qquad (8.5.20)$$

式中,Λ 为 LPG 的周期,$n_{\text{eff}}^{\text{co}}$ 和 $n_{\text{eff},j}^{\text{cl}}$ 分别是纤芯导模和第 j 阶包层模的有效折射率。根据光纤的色散关系可知,光纤芯层模式的有效折射率由光纤的材料(芯层和包层的折射率)以及芯层直径决定,而包层模式的有效折射率 $n_{\text{eff},j}^{\text{cl}}$ 还与外界折射率有关。

当两个具有 3dB 左右透射率的 LPG 级联时,形成 LPG Mach-Zehnder 干涉仪,其原理示意图如图 8.5.7 所示,由第一个光栅耦合到包层模式的光波在第二个光栅处又耦合回到芯层模式传播,并与直接通过光纤纤芯的光波发生干涉,其输出结果是在原来 LPG 的阻带内形成干涉条纹。LPG 马赫-泽德干涉仪的透射输出可以由耦合模理论和传输矩阵得到。详细情况可参考有关文献。

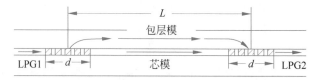

图 8.5.7　LPG 马赫-泽德干涉仪示意图

8.5.8　光纤荧光温度传感器

1. 光纤荧光温度传感原理

光纤荧光温度传感的原理是利用荧光材料的温度特性(荧光寿命和荧光光强比)测温。利用荧光寿命测温和荧光强度比测温的共同优点是:温度测量结果对激发光源的光强起伏不敏感,且测温系统比较经济耐用。荧光是材料受外界电磁波(紫外、可见或红外光)激发时发出的光辐射。荧光材料的激发光谱是由材料的吸收谱决定,是材料的固有特性。通常状态下,吸收光谱比荧光光谱的光子能量大,相应的波长比荧光波长短,如图 8.5.8 所示的氟化锗镁,其荧光光谱相对于吸收光谱往长波段移动。该材料已广泛地用于高压汞灯的颜色矫正,并被用作荧光温度计中的传感材料。若将光纤的优点与一些传感材料的荧光温度特性相结合,则能构成光纤荧光温度传感器。

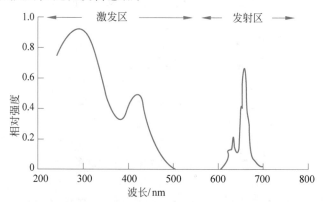

图 8.5.8　氟化锗镁的吸收光谱与荧光光谱

通常,在激发光停止激发后,荧光辐射是按指数方式衰减,其衰减时间常数定义为荧光寿命或荧光衰减时间。荧光寿命与材料激发态的时间常数有关。与激光染料相比,用于荧光温度传感器中的大部分材料都有较长的荧光寿命,因此不需要昂贵的高速接收器。而传感材料的选择主要是由温度传感器测量的范围、灵敏度及稳定性决定。

2. 荧光寿命测温

荧光寿命测温技术的研制历史已有三十余年。常用的测温系统如图 8.5.9 所示:光纤将脉冲调制光源(例如图 8.5.9 中 670nm 的激光二极管)的激发光传输到荧光材料(Cr：LiSAF),而由荧光材料激发的与温度相关的荧光衰减则由探测器接收,并通过专用的信号分析单元给出荧光寿命参数。而荧光寿命和温度之间有确定的关系,所以测出荧光寿命后,即可确定被测点的温度。由于材料的荧光寿命和温度之间的关系由材料本身的特性唯一地确定,所以这种测温方法抗干扰能力强。图 8.5.9 所示的 Cr：LiSAF 荧光测温系统是其中的典型代表。

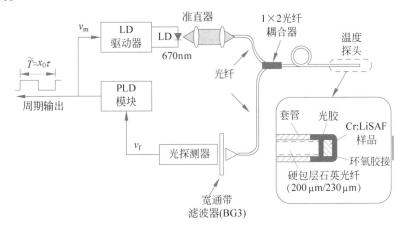

图 8.5.9　Cr：LiSAF 荧光测温系统

ν_m—调制信号；ν_f—荧光信号；BG3—材料类型

3. 荧光强度比测温

荧光强度比测温主要是测量两个不同高态能级(图 8.5.10 中的能级 2 和 1)跃迁到同一低态能级(图 8.5.10 中的能级 0)之间的荧光强度比。此强度比是和温度有关的参量,且与激励光源的强度起伏无关。常用的测温系统如图 8.5.11 所示,图 8.5.11 中 Nd 掺杂光纤是荧光传感材料,而光谱分析仪(OSA)主要用来分析分别对应于两个不同高能态辐射的荧光谱。

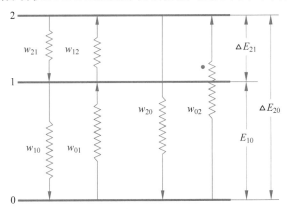

图 8.5.10　典型荧光材料的能级示意图

4. 荧光传感材料

有许多荧光材料可直接用于荧光传感,如荧光灯管中的磷光粉和许多掺有稀土元素的固态激光材料。磷光粉大量用于在电视显像管中,其主要成分是半导体材料,如 ZnS、CdS 或 CdZnS 等,这些材料辐射的波长与半导体吸收的光谱相关。除此以外,大量的固体或液体有机材料也辐射分子荧光,这些材料通常用于染料激光器,并大量用作油漆、包装以及清洁剂中的光亮剂。这些材料大部分是自激发材料,材料中的色心也显示荧光,但因在常温下

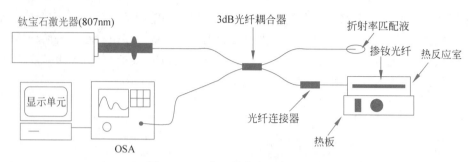

图 8.5.11　典型的荧光强度比测温

不稳定,很少被用作激光材料。由于近几年来通信市场的需求,许多掺有稀土元素的光纤分别问世,并广泛用于通信元器件与通信系统中。相应地,这些材料也扩大了传感器材料的选择范围。荧光传感材料的选择由测量的范围、灵敏度和稳定性决定。大部分的灯管磷光粉、固态激光材料以及新近出现的稀土掺杂光纤都适合于温度测量。

通过研究发现,大部分的稀土掺杂光纤在用作传感器之前,需要首先进行高温处理,否则测量结果将会出现漂移。这一现象在高温状态下更加明显。但对不同的光纤材料,因能承受的最高工作温度不同,其相应热处理的最高温度也应在其最高工作温度附近,否则光纤因受损其荧光特性将会急剧衰退。

5. 荧光测温系统在工业领域的应用

（1）在高温炉中的应用。

光纤荧光温度传感器系统可用于测量高温炉内(最高到 1400℃)温度。结果表明光纤传感器与热电偶温度计测试的结果完全吻合,证明两者同样都可在高温状态下使用。

（2）在食品工业中的应用。

用荧光光纤测量鸡块内部温度时,用户希望在食品加工过程中,食品的内部温度能准确地测出以保证食品能烤熟,但表面又不被烤焦且呈现诱人的颜色。测试结果表明,荧光光纤温度传感器能测量鸡块内部温度。

（3）在微波环境中的应用。

在半导体工业中,小型元器件在精确黏合过程中的温度监控相当重要:温度过高,元器件易损;温度过低,则黏合不牢。例如,信用卡中的智能芯片,是通过对胶黏剂加热将半导体集成芯片固定在信用卡中。其中的温度控制很关键,既要保证芯片牢固地黏合到信用卡片上,又要丝毫不损坏集成芯片。一种有效且准确的加热方法是用微波自由电子激光器加热,该法利用了激光束的高度方向性。为了优化黏合过程,需要准确地测量胶黏剂在加温过程中的温度。这时传统的热电偶温度计在微波环境下无法准确测量温度,而对电磁干扰无影响的光纤温度计则明显地占有优势。根据实验室标定,系统的不确定度在±1℃。作为比较,在该系统中光纤温度传感器和热电偶同时用来测量胶黏剂表面的同一点的温度。在无微波状态下,热电偶与光纤温度计读数完全吻合。一旦微波自由电子激光器开始工作,两者的读数则截然不同,热电偶由于自身也被加热,其读数远大于光纤温度计的读数,已不再能准确地代表实际的胶黏剂温度;与之相反,光纤温度计不受微波干扰,仍能准确测出胶黏剂温度。当微波自由电子激光器关闭后,热电偶逐渐冷却,其读数最终又能与光纤温度计读数吻合。由此可见,因光纤不受电磁干扰,在特定的应用场合,光纤传感器可能是唯一的选择。

8.6 分布式光纤传感器

8.6.1 概述

1. 定义和特点

分布式光纤传感器是利用光波在光纤中传输的特性,可沿光纤长度方向,连续地传感被测量(温度,压力,应力,应变等)。此时,光纤既是传感介质,又是被测量的传输介质。传感光纤的长度,可从一公里达上百公里。分布式光纤传感器除具有一般光纤传感器的优点外,它还具有以下无可比拟的优点。

(1)空间范围大——分布式光纤传感器可在大空间范围连续进行传感。这是优于其他传感器的突出优点。

(2)结构简单,使用方便——传感和传光为同一根光纤。有时,仅为一般的通信光纤。所以,传感部分结构简单,使用时,也只要将此传感光纤铺设到被测量处即可。

(3)性价比优——由于分布式光纤传感器可在大空间范围连续,实时进行测量,因此,可在沿光纤长度范围内获得大量信息。所以,和点式传感器比,其单位长度内信息获取的成本大大降低。

2. 难点

构成分布光纤传感器在原理上主要需解决两个问题:一是传感元件的选择,例如光纤,要求是能给出被测量沿空间位置的连续变化值;二是解调方法的确定,要求是能准确给出被测量所对应空间的位置。对于前者,可利用光纤中传输损耗,模耦合、传播的相位差,以及非线性效应等给出连续分布的测量结果;对于后者,则可利用光时域反射技术(OTDR),扫描干涉技术,干涉技术等给出被测量所对应的空间位置。

3. 分类

分布式光纤传感器系统可按不同方式分类。按传感原理分有:散射型;干涉型(相位型);偏振型;微弯型;荧光型等分布式光纤传感器系统。按用途分有:分布式光纤温度传感器系统;分布式光纤压力传感器系统;分布式光纤应力/应变传感器系统等。

4. 系统图

图 8.6.1 是分布式光纤传感器的系统原理图。它主要由三部分组成:

(1)光源部分:由激光器及其驱动构成,图中 1 是光源驱动单元;2 是激光器。

(2)传感部分:由传感光纤 F 构成。

(3)信号处理和显示部分:图中 3 是光电转换单元;4是信号处理单元;5 是显示单元。

此系统在技术上要获得满足使用要求的结果,应解决三大难题:一是大功率,窄脉宽的激光输出;二是低噪声,高灵敏的光探测;三是高速率的信号处理。

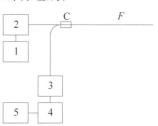

图 8.6.1 分布式光纤传感器的系统原理图

5. 特征参量

分布式光纤传感器的特征参量主要是三个分辨率:空间分辨率,时间分辨率,被测量

(温度、压力、应力、应变等)分辨率。这三个分辨率的含意如下。

(1) 空间分辨率——分布式光纤传感器对沿传感光纤的长度分布的被测量(温度、压力、应力、应变等)进行测量时所能分辨的最小空间距离,即所得测量结果是被测量(温度、压力、应力、应变等)在空间分辨率的光纤长度内的平均值。它是所得测量结果的最小空间长度。影响空间分辨率的因素是:泵浦脉冲的持续时间(此持续时间和光源的谱线宽度,光纤的色散;探测器的响应时间等因素有关)。

(2) 时间分辨率——此分辨率是指分布式光纤传感器对被测量(温度、压力、应力、应变等)达到被测量的分辨率所需的时间,它说明分布式光纤传感器实现测量实时性。影响时间分辨率的因素是:采样次数,计算平均的次数。

(3) 被测量(温度、压力、应力、应变等)分辨率——此分辨率是指分布式光纤传感器对被测量能正确测量的程度。一般用信噪比为 1 时,作为判据。例如:温度分辨率是指信噪比为 1 时对应的温度变化量。影响被测量分辨率的因素是:光源的功率;光探测器的灵敏度;光探测器的噪声;系统的耦合损耗等。

上述三种分辨率,空间分辨率,时间分辨率,被测量(温度、压力、应力、应变等)分辨率之间有相互制约的关系,实际工作中应注意。

分布式光纤传感器的另一个特征参量是可测量的空间范围。此测量范围和上述三种分辨率的要求密切相关,有相互制约的关系。使用时,应综合考虑。

微课视频

8.6.2 散射型分布式光纤传感器

微课视频

利用光纤中 Raman(拉曼)散射,Brillouin(布里渊)散射或 Rayleigh(瑞利)散射的光强随温度等参量的变化关系以及光时域反射 (OTDR)技术就可构成分布式光纤温度传感器和测量应力/应变等不同参量的分布式光纤传感器,这种传感系统研究得比较多,并已有产品问世。

1. Raman 散射分布式光纤传感器

Raman 散射分布式光纤传感器(ROTDR)是利用 Raman 散射和散射介质温度等参量之间的关系进行传感,利用光时域反射技术定位,以构成 Raman 散射分布式光纤传感器,习惯上简称 ROTDR(raman optical time domain reflectometer)。Raman 分布式温度传感器已较广泛地用于大空间范围的温度测量,主要是火警监控和报警。

2. 布里渊散射分布式光纤传感器

Brillouin 散射分布式光纤传感器(BOTDR)是利用 Brillouin 散射和散射介质温度等参量之间的关系进行传感,利用光时域反射技术定位,以构成 Brillouin 散射分布式光纤传感器。习惯上简称 BOTDR(brillouin optical time domain reflectometer)。Brillouin 散射分布式光纤传感器主要是用于大坝等大型构建的应力分布的测量。

3. Rayleigh 散射分布式光纤传感器

Rayleigh 散射分布式纤传感器(OBR)是基于 Rayleigh 散射原理进行传感,用光干涉技术进行空间定位。例如,当光纤受力时,其 Rayleigh 散射光强也随之变化。利用此效应可构成分布式光纤压力传感器,或分布式光纤应力/应变传感器。具体原理如图 8.6.2 所示,由激光器发出的宽谱激光,经光纤耦合器 C1 分成两束,一束为参考光,通过光纤 F1 直接进入光探测器;另一束通过光纤耦合器 C2 进入传感光纤 F2。由传感光纤 F2 中的背向

Rayleigh 散射光再通过光纤耦合器 C2 和 C3 进入光探测器,是为传感光。参考光和传感光在耦合器 3 处叠加,产生干涉效应。此干涉光经 Fourier 变换等一系列计算后,可确定被测量的大小和位置。

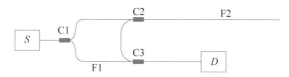

图 8.6.2　分布式瑞利散射光纤传感器原理图

8.6.3　偏振型和相位型分布式光纤传感器

偏振型分布式光纤传感器的原理是:利用高双折射光纤在外界因素下引起的偏振模耦合,来感知被测量的变化;再利用扫描 Michelson 干涉仪,测出被测量的位置。例如:利用高双折射光纤受力时,两正交偏振模的耦合,引起输出光偏振态发生变化,再利用扫描 Michelson 干涉仪,测出受力点的位置,即可构成一个分布式光纤压力传感器。

相位型分布式光纤传感器是利用干涉仪的原理进行分布式传感。分布式 Rayleigh 散射光纤传感器是一例。分布式 Sagnac 光纤应力传感器是另一例。此传感器为一 Sagnac 光纤干涉仪,干涉仪由高双折射光纤构成,此光纤受外力时,光纤中两偏振模发生耦合,使输出光变化;再利用连续波调频技术(Frequency Modulation Continuous Wave,FMCW)确定外力点的位置,即可构成分布式应力传感器。其空间分辨率目前为1m。

分布式光纤传感器目前主要用于测量大空间范围的温度分布,和压力,或应力/应变分布。例如:测量传输电缆的温度分布,可作火灾报警用;测量大型构件的应力/应变分布,以检测其上的裂纹等,可作大型构件的安全报警;测量山体的应力/应变分布及其变化,则可预测山体滑坡等自然灾害;此外,可通过测量水坝温度分布,以检测水坝的泄漏情况;而通过测量输油管的温度分布,则可检测输油管的泄漏情况,等等。分布式光纤传感器由于可在大空间范围进行测量,而且系统结构简单,安装和使用都很方便,所以具有广泛的应用前景。

8.7　光子晶体光纤及其在传感器中的应用

光子晶体光纤(photonic crystal fiber,PCF)是一种新型光纤,在它的包层区域有许多平行于光纤轴向的微孔。根据导光机理,可将 PCF 分为两类,即折射率导光(index-guiding)和光子带隙(photonic band gap,PBG)导光两类,详见 4.4.1 节。

利用光子晶体的以下特性可以构成不同用途的光纤传感器。

(1)利用光子晶体的多孔性,构成吸收型气体传感器;

(2)利用光子晶体的多孔性和孔中的高功率密度引发的非线性效应,可构成多种物质成分的传感器;

(3)利用光子晶体的各向异性,可以构成和偏振有关的传感器。目前,此应用领域处于初始阶段,下面仅举数例说明。

8.7.1 光子晶体光纤用于气体检测

使用折射率导光型光子晶体光纤或者光子带隙光纤,根据光谱吸收原理可进行气体检测。芯区小、空气填充率高的折射率导光型光子晶体光纤中,包层孔中消逝的光功率较大,因此可用渐逝波检测孔内填充的气体。图 8.7.1 是用折射率导光型光子晶体光纤进行气体检测的实验方案和结果,其中光子晶体光纤长度为 75cm,芯区直径约 $1.7\mu m$,孔间距为 $1.5\mu m$。

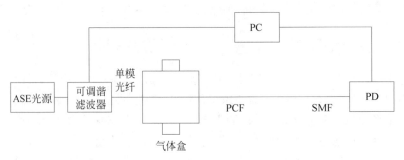

图 8.7.1 光子晶体光纤气体检测实验方案

当光子晶体光纤的气孔中充满乙炔气体时,可调谐光滤波器(TOF)从 1520nm 调谐到 1541nm,测量得到的吸收光谱如图 8.7.2 所示,图 8.7.3 则显示了乙炔缓慢扩散进入空气孔过程中,在 1531nm 波长的一个吸收峰处测得的输出光功率的变化情况。从实验结果可估算出空气孔中光功率大约有 6%,气体扩散到空气孔中的时间限制了传感器的响应时间。为了提高传感器的响应速度,可在光子晶体光纤侧面沿轴向周期性开口,使气体更快地扩散到消逝场区域。这类传感器的检测灵敏度可达到 ppm(10^{-6})级。

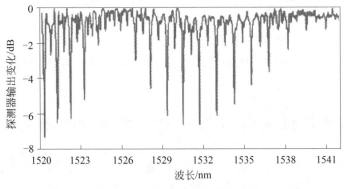

图 8.7.2 测量得到的吸收光谱

8.7.2 基于孔内光和物质相互作用的其他传感器

光子晶体光纤的气孔内可填充其他诸如液体等材料,用光谱法或者折射法监测分析这些材料的光学性质(如折射率、吸收、荧光辐射)的变化。因为孔的光强度较高(对于空心光子带隙光纤,光场和样品材料的重叠率可接近 100%),再加上可以应用较长的光纤来增加光和样品的作用长度,因此能够检测样品材料光学性质的微小变化。基于上述原理,光子晶体光纤可用于化学、生物化学和环境等领域的传感。

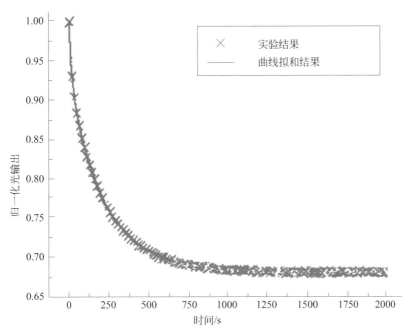

图 8.7.3　乙炔气体缓慢扩散进入光子晶体光纤的空气孔过程中，
1531nm 波长处测得的输出光功率变化

在折射率导光的光子晶体光纤包层气孔内填充高折射率流体或液晶材料，可使这种混合材料的光纤成为光子带隙光纤，改变温度或外电场可调节其光子带隙。其中的各种现象虽然现在还没有用于传感研究，但完全可用于温度和电场传感。

8.7.3　特种光子晶体光纤与传感器

1. 高双折射光子晶体光纤

在折射率导光的光子晶体光纤中，沿两个正交方向的空气孔尺寸不同，或者孔形状是椭圆而不是圆形，以获得高双折射。这些高双折射光子晶体光纤的双折射可比 PANDA 型高双折射光纤高一个量级。Guan 等报道了一种高双折射光子晶体光纤，在 480～1620nm 保偏，而且偏振串扰优于 -25dB，在 1300～1620nm 串扰大约只有 -45dB，即使光纤弯曲半径只有 10mm 时偏振串扰也不会恶化。目前已有高双折射光子晶体光纤的产品报道。其工作波长为 $1.55\mu m$；100 多米光纤的偏振耦合优于 30dB，而且双折射的温度系数显著低于普通高双折射光纤。这些性质可用于开发新型的传感器，其一就是用于光纤陀螺，因为偏振串扰和双折射的温度敏感特性将大大影响陀螺的性能。

2. 双模光子晶体光纤传感器

通过适当调整空气孔的尺寸和分布，可以将光子晶体光纤设计成只支持基模和二阶混合模。这两个模式分别对应传统阶跃折射率光纤中的 LP_{01} 和 LP_{11} 模式。这种高双折射双模光子晶体光纤实际上支持四个稳定模态，即 LP_{01} 模的两个偏振态和 LP_{11}(even)模的两个偏振态。这些模式对应于椭圆芯光纤的 LP_{01} 和 LP_{11}(even)模式，其中每个模式又有两个正交的偏振状态。理论计算表明这一光纤在波长 $0.6～2\mu m$ 的范围内只支持上述的两个模式，基本上覆盖了石英材料光纤的整个低损耗窗口。这种双模高双折射光子晶体光纤中，这四个模态在同一光纤中沿不同的路径传输,如果能使同一偏振方向的不同模式或同一模式的不同偏振态进行干涉,则可在同一光纤中实现两个或多个干涉仪,即多个模式干涉仪或偏振干涉仪。由于模式或偏振态之间的相位差受环境温度、应变及其他因素的影响,因此这种双模光子晶体光纤可以用来测量温度、应变,或同时测量多个物理量。

已有用高双折射双模光子晶体光纤进行应变测量的报道。其工作原理是基于光纤中 LP_{01} 模和 LP_{11}(even)之间的干涉。所用的光纤截面如图 8.7.4 所示,这种光子晶体光纤由 6 圈空气孔组成,其基本参数如下:$\Lambda = 4.2\mu m$,$dl\Lambda \approx 0.5$,$d_{big}l\Lambda = 0.97$。图 8.7.5 所示的是实验装置图。从半导体激光器输出的激光被首先准直,然后通过一个起偏器,再通过透镜聚焦后耦合到光子晶体光纤。一个近红外 CCD 摄像头位于光纤的出射端面用于检测输出的远场光强分布。所用光子晶体光纤长度约为 1m,其中一端通过环氧树脂将其固定,另一端则固定于微动台上用于在光纤上施加轴向应变。被施加应变的光纤长度约为 0.5m。

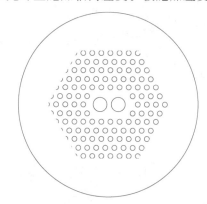

图 8.7.4　双模高双折射光子晶体光纤横截面图

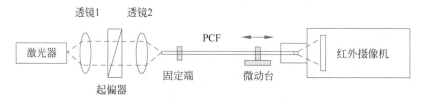

图 8.7.5　双模光子晶体光纤干涉仪应变测量实验装置图

实验发现从 650～1300nm 的范围内,这种光纤只支持基模 LP_{01} 和二阶模 LP_{11}(even),在 1550nm 处只支持基模传输。图 8.7.6 所示的是当光子晶体光纤被拉长时,其中一个模斑光强的变化情况。从上到下的三条曲线依次对应起偏器和 x 轴的夹角为 0°、90° 和 45° 的情况。对于起偏器置于 0° 和 90° 的情况,相应的入射光分别为 x 和 y 偏振,对应于 LP_{01} 和 LP_{11}(even)模式的 x 或 y 偏振干涉结果,变化情况为正弦曲线。如果定义 $\delta L_{2\pi}$ 分别为导模间相位差变化 2π 时光纤被拉伸的长度,那么对 x 和 y 偏振而言,$\delta L_{2\pi}$ 分别为 124.4μm 和 144.9μm。对于起偏器置于 45° 的情况,其结果是上述两种情形的叠加,结果是一个类似于幅度调制的光强输出。

图 8.7.7 给出了不同工作波长情况下 $\delta L_{2\pi}$ 的测量结果,在无应变作用下 LP_{01} 和 LP_{11}(even)模之间拍长随波长的变化也示于图中。与传统椭圆芯光纤相反,光子晶体光纤的模间拍长以及产生 2π 模间相位差变化所需的光纤拉伸量都随着波长的增大而减小,显示出这

种光纤在长波长具有更高的应变灵敏度。

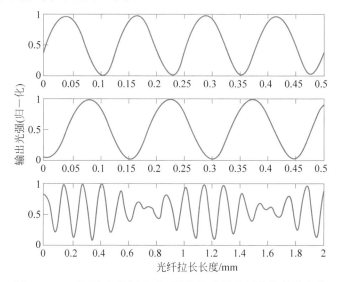

图 8.7.6　不同输入偏振态时干涉仪输出随光纤拉伸量的变化

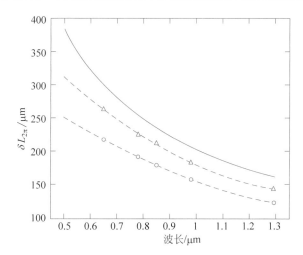

图 8.7.7　不同波长下 $\delta L_{2\pi}$ 的测量结果（○：x 偏振光；△：y 偏振光）

8.7.4　光子晶体光纤 SPR 传感器

表面等离子体共振（surface plasmon resonance，SPR）是发生在金属和电介质界面的一种物理光学现象，利用光在界面处发生全内反射产生的倏逝波引起金属表面的自由电子相干振荡，从而产生对介质折射率的变化极其敏感的表面等离子体激元（surface plasmon polaritions，SPPs）。为了有效地激发表面等离子体共振，等离子体和波导模式之间的相位匹配条件必须满足在数学上等效于它们模的传播常数（有效折射率）。光子晶体光纤体积小巧，设计灵活多样，具有独特的多孔结构和导模机制，能够解决传统光纤 SPR 传感器存在的相位匹配问题。

一种方法是在纤芯内引入空气孔，可以降低纤芯基模的有效折射率，从而更容易匹配等离子体模式的有效折射率。然而，引入的中央空气孔在某种程度上限制了基模与等离子体模式的相位匹配条件范围,导致折射率测量上限较低(低于1.42)。因此,一种基于多芯多孔光纤的 SPR 折射率传感器被提出用于超宽动态范围(1.33～1.53)的折射率测量。该结构包含三层按正三角形规则排列的空气孔构成低折射率包层,在第二层相应位置处的六个固体纤芯相对于镀有金属层的中央样品通道具有旋转对称性,如图 8.7.8(a)所示。存在于六个独立纤芯中的基模电场相互叠加,与在金属层激发的 SPP 模发生共振且只有一个共振主峰,使得该传感器具有超大的折射率测量范围。图 8.7.8(b)显示了在待测样品折射率为 1.47 时,基模与一阶 SPP 模式满足相位匹配条件,即在共振波长处两个模式的有效折射率实部相等,虚部分别出现最大和最小值。此时部分能量从基模转移至一阶 SPP 模式中且在该共振点处能量耦合最强烈。

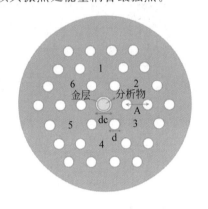

(a) 基于多芯多孔光纤的SPR折射率
传感器横截面示意图

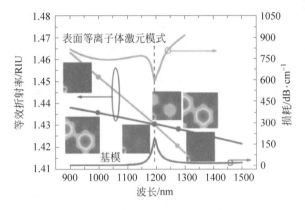

(b) 折射率n_a=1.47时基模与一阶SPP模式相位匹配过程图解

图 8.7.8　光子晶体光纤 SPR 传感器

　　此外,基于 D 形光子晶体光纤的 SPR 传感器也被提出用于有效地解决探测低折射率分析物时的相位匹配问题。D 形光子晶体光纤的包层顶部被抛光为光滑平面,金属层和样品放置在靠近纤芯的平面上,可促使纤芯基模与 SPP 模式相位匹配。

8.7.5　光子晶体光纤 SERS

　　表面增强拉曼散射(surface-enhanced raman scattering,SERS)是一种在金属纳米结构表面的样品分子产生的拉曼散射信号被极大增强的现象,增强效果可达 10^{14} 倍,这种增强主要是由于在入射光的激发下金属表面等离子体共振引起局部电磁场的增强。SERS 能够提供样品分子丰富的组分和结构信息,其灵敏度通常与荧光相当,在特殊设计的金属(一般为金、银)纳米结构上甚至可以达到单分子水平的超高灵敏度,被广泛应用于微量分子检测、生物分子分析和材料表征等领域。基于光纤结构的光纤 SERS 传感器具有结构紧凑、便携、光路稳定易于操作和可远端遥感探测等优点,但常见的光纤 SERS 传感器都是通过光纤外表面的倏逝波来激发拉曼散射光,这种方式激发效率不高,而光子晶体光纤可以让样品分子进入空气孔洞中从而提高激发光与样品分子的相互作用。此外,相比于在微流控芯片中内嵌集成光纤 SERS 传感器,光子晶体光纤可以更加方便灵活地允许样品溶液在其内部流通从而实现微流控的应用。

　　光子晶体光纤 SERS 传感器主要有两种检测方式,一是将金属纳米颗粒与样品分子混合注入孔洞中,如图 8.7.9(a)所示;二是将 SERS 基底原位集成在光子晶体光纤的孔洞内壁上,如图 8.7.9(b)所示。由于总拉曼散射光信号强度随样品分子数目增多而增强,因此基于光子晶体光纤的 SERS 传感器可以通过加长光纤长度来提高检测效果。但是对于实芯光子晶体光纤而言,随着光纤长度的增加,光纤材料即二氧化硅本身产生的拉曼散射光也会随之增强,这会干扰样品分子的拉曼散射信号,从而对传感器性能造成影响。而空芯光子晶体光纤中光场集中在中心孔洞内传输,因此它自身产生的拉曼散射光会很微弱,同时也会增强激发光与样品分子相互作用的程度。

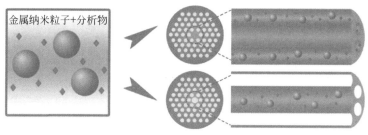

(a) 金属纳米颗粒与样品分子混合注入光子晶体光纤

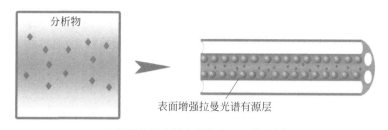

(b) 光子晶体光纤内部集成SERS基底层

图 8.7.9 光子晶体光纤 SERS 传感器的两种检测方式

8.7.6 掺杂的微结构聚合物光纤传感器

用微结构聚合物光纤可构成光纤传感器。其中一种新型掺杂方法如下,利用微结构聚合物光纤(MPOF)的巨大表面积,在其聚合后掺杂。他们采用两步拉丝法制作聚合物光纤,在第一次拉丝后,对得到的中间预制棒进行掺杂。中间预制棒中的空气孔直径大约 $250\mu m$,杂质溶液容易流过。先将杂质(rhodamine 6G:一种红色荧光染料)溶解在溶剂(甲醇)里,然后将中间预制棒浸泡在染料/甲醇溶液里,让杂质和溶剂扩散进入聚合物,然后加热除去溶剂,第二次拉丝好可制成光纤。用这个工艺能够制作均匀掺杂光纤,掺杂浓度为 $1\mu mol/L \sim 1mmol/L$,可以控制。应用这个掺杂工艺,也可以将其他有机或无机杂质掺入聚合物中。聚合物光纤孔与孔之间的聚合物薄壁可以做得很薄,薄到可以认为是厚膜。厚膜掺杂则开辟了光子晶体光纤的全新应用,如生物传感,因为光学检测可实现非接触式测量。

光子晶体光纤还可用于其他方面的传感,如用多芯光子晶体光纤进行曲率传感,大数值孔径光子晶体光纤用于增强双光子生物传感,用高非线性光子晶体光纤制作宽带超连续光谱光源从而实现高分辨率(optical coherence tomography,OCT)诊断等。

8.8　传光型光纤传感器

传光型光纤传感器与传感型光纤传感器的主要差别是：后者的传感部分与传输部分均为光纤(多数情况下且为同一光纤)，具有传感合一的优点；而前者，光纤只是传光元件，不是敏感元件，是一种广义的光纤传感器。它虽然失去了"传""感"合一的优点，还增加了"传"和"感"之间的接口，但由于它可充分利用已有敏感元件和光纤传输技术(因而最容易实用化)，以及光纤本身具有电绝缘，不怕电磁干扰等优点，还是受到很大重视。目前，它可能是各类光纤传感器中技术经济效益较高者。

与前相似，这类传感器也分为下面几种形式：光强调制型、相位调制型、偏振态调制型和波长调制型等。现分别举例说明其原理。

8.8.1　振幅调制传光型光纤传感器

传光型光纤传感器中调制光强的办法有调制透射光强、反射光强以及全内反射光强等。

1. 调制透射光强

图 8.8.1 是光栅式光纤传感器(grating sensor)的原理图。它用双光栅调制透射光强，用光纤传光。其两光纤位置固定，用透镜把光纤输入光变成平行光，通过两光栅后再聚在输出光纤端面。两光栅一个固定，另一个在外界因素作用下移动。光栅的移动方向与其刻线垂直(如图 8.8.1 所示，光栅作上下移动)，因此光栅作相对移动时，通过双光栅的光强亦随之发生变化，从而可探测外界物理量的变化。这种传感器最早被用来探测声场的变化。

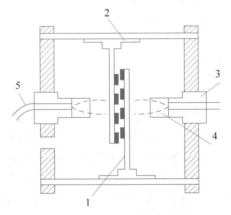

图 8.8.1　光栅式光纤传感器原理图
1—光栅；2—压力敏感膜片；3—光纤固定套管；4—自聚焦光纤；5—输入光纤

2. 调制反射光强

最早用光纤进行线性运动位移检测的是调制反射光强的光纤传感器，其原理如图 8.8.2 所示。光从光源耦合到光纤束，射向被测物体；再从被测物体反射回到另一束光纤，由探测器接收。接收到的光强将随物体距光纤探头端面的距离而变化。实际应用中可采用不同的光纤束结构：光纤粗细不同，排列方式不同，如图 8.8.3 所示。这种传感器一般均用大数值孔径的粗光纤，以提高光强的耦合效率。

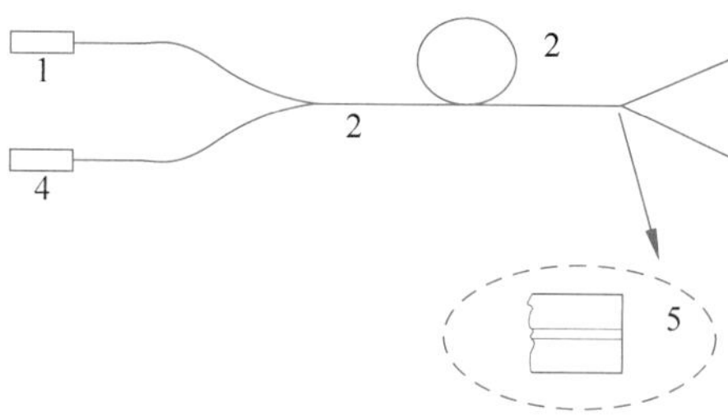

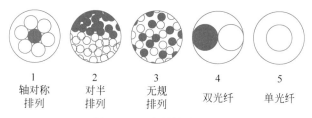

图 8.8.2 调制反射光强的光纤传感器

1—光源；2—传输光纤；3—反射面；4—光探测器；5—光纤端面

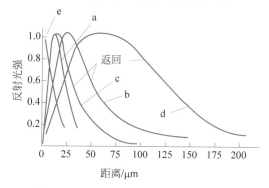

1	2	3	4	5
轴对称排列	对半排列	无规排列	双光纤	单光纤

图 8.8.3 光纤排列方式

这种结构的位移传感器能在小测量范围内（$100\mu m$）进行高精度位移检测。它具有非接触式测量、探头小、频率响应高、测量线性好等其他光纤传感器所不可比的优点；不足之处是线性范围较小。图 8.8.4 是反射光强随距离 d（光纤端面至被测物反射面之间的距离）的变化关系，由图可见，其线性范围与光纤束中光纤的排列方式有关。这种探测装置的技术关键在于反射光强的测量。反射光强与很多因素有关：光纤芯径、光纤排列方式、光纤端面到反射面之间的距离、光源、光接收器性能及其与光纤的耦合等。

图 8.8.4 反射光强随距离 d 的变化关系

3. 调制全内反射光强

这种光纤传感器是基于全内反射被破坏而导致光纤中传输光强泄漏的原理，它具有较高的灵敏度，但测量范围较小。图 8.8.5 是利用这种原理构成的压力和位移传感器。当膜片受机械载荷弯曲后，改变了膜片与棱镜间光吸收层的气隙，从而引起棱镜上界面全反射的局部破坏，使经光纤传送到棱镜的光部分地泄漏出上界面，因而经光纤再输出的光强也随之发生变化。图中光吸收层使用玻璃材料，其气隙约为 $0.3\mu m$，可利用光学零件上镀膜的办法来制成，光吸收层还有选用可塑性好的有机硅橡胶，这时因膜片移动而改变的不再是气隙大小，而是光吸收层与棱镜界面的光学接触面积的大小。这样可降低装置的加工要求，这类装置的响应频率也较高。

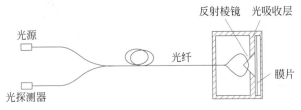

图 8.8.5　光纤压力传感器

8.8.2　相位调制传光型光纤传感器

与前相似,相位检测都是利用干涉的办法来完成。一般来说,各类干涉仪均可用光纤传光而构成相位调制传光型光纤传感器。

1. Michelson 光纤干涉仪

用一单模光纤的 X 型耦合器就可构成一台 Michelson 光纤干涉仪。如图 8.8.6 所示,由光源发出的激光束经物镜耦合到 X 型耦合器的一端,经耦合器分成两部分,一部分从固定反射镜直接反射回耦合器;另一部分出射到移动反射镜,经反射再返回耦合器,与从固定反射镜直接反射的光叠加产生干涉,干涉光强从光纤 2 的端口输出到探测器。由干涉条纹的变化即可探测出移动反射镜的位移大小。早期实验表明,它可探测的位移约 $10\mu m$,最小可测位移约 $0.4\mu m$,相应的可探测速度为 $2cm/s$ 左右。

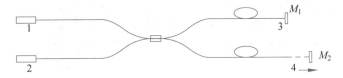

图 8.8.6　光纤 Michelson 干涉仪原理图

1—光源;2—光探测器;3—传输参考信号的光纤;4—传输传感信号的光纤

2. Fabry-Perot 光纤干涉仪

利用任何一对高反射面构成的 Fabry-Perot 干涉仪,用光纤传输即可构成一台 F-P 光纤干涉仪。这种光纤干涉仪的特点是灵敏度高(多光束干涉形成锐干涉条纹),抗干扰能力强(只用单根光纤传输光信息);传感头体积小,结构简单。

图 8.8.7 是一种 F-P 光纤干涉仪。传感头光纤的输出端面与振动的膜片都镀有反射膜,膜的反射系数均为 0.5,从而在光纤端面与膜片之间形成多光束干涉,由此来敏感膜片的机械振动。这种装置可做成很小的传感探头,用于远距离或在狭窄空间等难以检测到的地方,去测量声波或机械振动。实验表明检测幅度可达 0.01λ(λ 是光波波长)。

图 8.8.8 是另一种 Fabry-Perot 光纤干涉仪。光从单模光纤射出后,经半透半反的分束镜,一部分被反射,另一部分透射后再由被测物体的表面反射回来形成干涉。干涉图的变化取决于分束镜与物体表面之间的距离变化,由此可测量物体的位移和振动。输入光用的是单模光纤,而接收光则用的是多模光纤,这样可大大增加光功率的相位稳定。目前较多的是用于测量应力/应变,和温度的 Fabry-Perot 光纤干涉仪,参看 8.3.4 节。

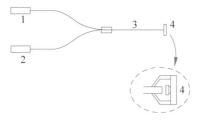

图 8.8.7 光纤振动传感器

1—光源；2—光探测器；3—传输光纤；4—感感头

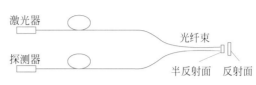

图 8.8.8 光纤位移、振动传感器

3. Rayleigh 光纤干涉仪

图 8.8.9 是一种用光纤进行远距离传感的干涉仪。所用的光纤是高双折射光纤，以使两正交偏振态的光在其中传播。激光器发出的线偏振光以与光纤正交偏振轴成 45°角射入光纤，用自聚焦透镜耦合进光纤。这样，两正交偏振态的光将沿着光纤输入用于量测的干涉仪。干涉仪可以是任何类型的。由干涉仪返回的光信号再经光纤，通过 Wollaston 棱镜分成两束后分别检测。图 8.8.9 的装置是用 Rayleigh 干涉仪测量气体或液体折射率 n 的变化，它可感测到 10^{-7} 量级的折射率变化。

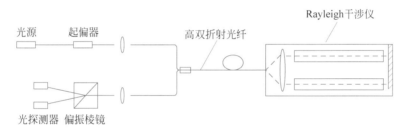

图 8.8.9 光纤 Rayleigh 干涉仪原理图

8.8.3 偏振态调制传光型光纤传感器

利用光纤作为光信号的传输元件，再加上一个受外界因素调制从而改变光波的偏振特性的敏感元件，就可构成许多十分小巧、简单、可靠的光纤传感器。这种光纤传感器的主要特点是抗电磁干扰，耐腐蚀，可进行远距离探测。目前已研制成利用弹光材料的光纤振动（声）传感器、光纤加速度计等，利用电光材料的光纤电压计、光纤电场计等，利用磁光材料的光纤磁场计、光纤电流计等。

图 8.8.10 是利用电光晶体构成的光纤电压计的原理图。从光源发出的激光束由光纤传输，经透镜准直后，通过起偏器、$\lambda/4$ 波片、电光晶体、检偏器，再由光纤传输进入光检测器。当晶体上加有电压 V 时，通过晶体的两正交模式之间将产生附加的相位差 $\Delta\varphi$，在纵向运用的情况下，$\Delta\varphi$ 与 V 之间关系为

$$\Delta\varphi = 2\pi n_0^2 r_{63} V \frac{1}{\lambda}$$

式中，λ 是光波波长；n_0 是电光晶体的折射率；r 是其电光系数。测出 $\Delta\varphi$ 之后，即可由上式求出 V 值。

若把图 8.8.10 中的电光晶体换成光弹材料，就构成光纤压力（水声）传感器，或光纤加速度传感器。例如，利用 Pyrex 玻璃在压力作用下变为各向异性的特点，制成的压力（水声）

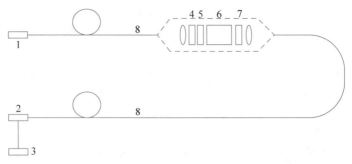

图 8.8.10　光纤电压计原理图

1—光源；2—光探测器；3—信号处理单元；4—起偏器；5—波片；6—电光晶体；7—检偏器；8—传输光纤

传感器,最小可测压差 95Pa(理论计算值为 1.4Pa),在 0~500kPa 内有很好的线性,测量范围可扩展至 2MPa,动态范围为 86dB。如果把与光弹材料相连的弹性膜片换成重物,这种压力传感器就变成测量加速度 g 的传感器。其实测达到的灵敏度为 10^{-9}g(Pyrex 玻璃)和 2.5×10^{-5}g(Thiokol Soiithane113)。它与前述干涉型光纤传感器相比,虽然灵敏度较低,但结构较简单,调整容易,稳定性也有很大改善。

若把图 8.8.10 中的电光晶体换成磁光材料,就构成光纤磁场(电流)传感器。这方面典型的例子有：利用 SF—6 光学玻璃中的磁光效应制成的磁光电流传感器,其振幅及相位误差分别为 $\pm 0.5\%$ 和 $\pm 25'$(磁场强度在 20~500Oe(1Oe=79.5775A/m)),温度灵敏度不大于 $\pm 0.5\%$(−25~80℃)。利用 BSO($Bi_{12}Si_{20}$)晶体的高 Verdet 常数也制成了较好的磁场(电流)传感器。其非线性误差在 700Oe 时为 −0.23%,温度灵敏度不大于 $\pm 1\%$(−15~85℃),响应频带为 10~20 000Hz 内不大于 ± 1dB。

8.9　光纤传感网络

多传感器光网络系统,主要由多个光纤和/或光电传感器和光纤网构成。光传感网和光通信网的主要差别如下。

(1) 光传感网络是数字信号和模拟信号并重,且以模拟信号居多；而光通信网则主要是传输数字信号。

(2) 光传感网是近距离传输(几米几百米至数公里和上百公里)为主,因此传输损耗有时可不考虑；而光通信网则主要是长距离和多通道。

(3) 光传感网是基于多类型和多参量传感器,情况复杂；而光通信网则构成相对较单纯。关于大容量,多参量,长距离光传感网的构成,抗干扰和可靠性问题,仍是光纤传感技术中有待研究的重要问题。下面仅以基于光通信网构成的光传感网络为例,介绍光传感网的基本成网技术,但不涉及不同类型光纤传感器(如干涉型光纤传感器、光纤光栅传感器、分布式光纤传感器等)如何构成同一个光纤传感网的问题。现按照不同传感网的结构分别加以介绍。

8.9.1　可用于构成光传感网的传感器

光传感网主要用于智能结构、智能材料以及大范围多点、多参量的监测系统。因此,用于组网的光传感器应满足微型化、高可靠、可连网等要求。此外还应考虑其测量的灵敏度和动态范围、光纤和材料及匹配等因素。为此应从光纤传感器的种类及光纤结构两方面加以考虑。目前用于传感网的光纤传感器主要包括：点式传感器（point sensor）、积分式传感器（integrating sensor）、分布式传感器（distributed sensor）和传感器的复用系统（multiplexed sensor system）。

由多个点式传感器和/或多个积分式传感和/或多个分布式传感器构成的一个复杂的传感系统，称为复用传感系统或传感器的复用。对于光纤传感器，其最大的优点是：可以利用现有的光纤局域网技术，把多个传感器连成一个复杂的传感网络，对于构件进行大范围的多点、多参量测量，以满足测量的不同实际需要。另外，由于传感器的复用，诸多传感探头可以共用一个或几个光源，共用一个或几个光探测器和二次仪表，这样一方面简化了传感系统、提高了可靠性，另一面又大大降低了成本，这正是实际应用所希望的。

8.9.2　成网技术

随着物联网的兴起，对大规模传感网络的建设提出了更高的要求。光传感的一个突出优点就是易于实现复用（即组成光传感网）。光传感器的复用不仅可以大大降低整个系统的成本，而且由于大量减少了互连光纤的数量，因而更适用于智能结构。为更好地利用光复用技术，国内外对光波分复用技术（OWDM）、光时分复用技术（OTDM）、光码分复用技术（OCDMA）、光频分复用技术（OFDM）、光空分复用技术（OSDM）、光副载波复用技术（OSCM）等技术开展了较为深入的研究。其中光波分复用技术、频分复用技术、码分复用技术、时分复用技术以及它们的混合应用技术，被认为是最具潜力的光复用技术。迄今为止，实用化程度最高的当属光波分复用技术，其技术及产品已被广泛地应用在光通信系统中。

本节主要对常用的光时分复用技术、光波分复用技术、光频分复用技术进行比较详细的介绍。光空分复用技术由于在传感网络中的特殊应用也进行扼要的介绍。

1. 光纤时分复用网络

时域复用（time domain multiplexing，TDM）是指依时间顺序依次访问一系列传感器，其原理较简单。图 8.9.1 是三个传感器复用的原理图。

由脉冲信号发生器发出的脉冲信号经 RF 驱动器放大驱动光源（一般为半导体激光器），发出光脉冲，在光纤中传输、分路，再经过光纤延迟线 τ_1、τ_2 发生一定的时间延迟，分别到达三个光纤传感器。由传感器发出的分别载有被测信息的三个在时间顺序上分开的光脉冲，由传输光纤送到光电探测器 D，转变成电信号。当设计上保证脉冲宽度 t_w 小于延迟周期 τ 时，在时域同步下接收到的分别从不同传感器返回的光信号就是完全互相隔离开而没有"串扰"（cross talk）的。这种"透射"式的布局方法称为"阶梯"型的。10 个传感单元时域复用的报道显示传感信号之间"串光"小于 55dB。

为使这种"阶梯"型时域复用的每个传感器收到相等的光功率，要求每个光纤分路器的分光比按以下公式设计

$$k_m = \frac{1}{N-m+1}$$

式中，N 为传感器总数，m 是传感器的分路器，k_m 为第 m 个传感器分路器的分光比。

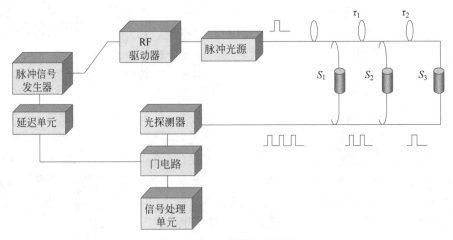

图 8.9.1　时域复用原理图

τ_1、τ_2—时间延迟线；S_1、S_2、S_3—传感器

另一种常用的时域复用布局——反射式"树形"结构,如图 8.9.2 所示。这种布局适用于要求反射接收的传感网络。由于使用常规的 50％分光比耦合器,这种布局不需要特殊设计的元器件。图中的声光调制器(A/O)同时起到光开关和光隔离器的双重作用。

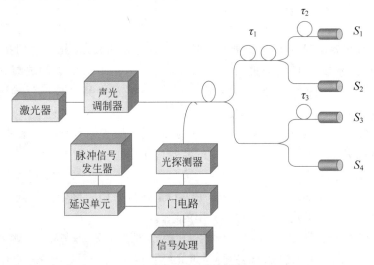

图 8.9.2　反射式"树形"布局时域复用原理图

τ—时间延迟线；S—传感器

用光学时域反射计(OTDR)原理工作的时域复用,是一种背向散射的串联传感器布局。其传感头是反射式强度调制传感器,例如微弯光纤传感器。由 OTDR 发出的短脉冲访问串联的微弯传感器网络。光脉冲在整根光纤中受到 Rayleigh 散射。其中部分散射光在光纤中沿相反方向传向 OTDR,转换成电信号。由于 Rayleigh 散射效率很低,而能沿反向传回 OTDR 的又是散射光中的极小一部分,所以 OTDR 接收到的信号其信噪比很差。为此必须经过复杂的平均效应,以抑制噪声、提取信号。

在图 8.9.3(a)中的每个微弯传感器都会产生各自的损耗,它表现在图 8.9.3(b)的 OTDR 输出中是一个损耗台阶(用虚线表示)。这时,如果第三个微弯传感受被测量的影响,损耗增大,在图 8.9.3(b)图中用实线表示,和虚线相比,第三个台阶加深,加深的程度代表第三个微弯传感器测出的被测量的大小。

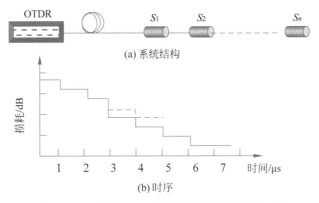

图 8.9.3 串联 OTDR 式光纤传感器复用原理图

串联 OTDR 复用可用单根光纤,复用传感器的数量则受传感器损耗的限制。如果每个传感器的损耗很低,则复用传感器的数量可以很多。

2. 光纤频分复用网络

频域复用有两大类:一类是对光源输出光的幅度进行调制,称为调制频域复用 (modulated frequency domain multiplexing,MFDM)。另一类是对光波波长进行分割,称为波分复用(wavelength division multiplexing,WDM)。

1) 调制频域复用

图 8.9.4 是 MFDM 的举例。三个 LD 用三个不同的频率 ω_1、ω_2、ω_3 分别调幅。每个 LD 发出的光分别输入三个光传感器,再用三个光探测器接收。为简单起见,图中只绘出了其中的两只光探测器 D_1 和 D_2。传感器和光探测器的连接方式是:光探测器 D_1 接收传感器 S_1、S_4 和 S_7 的信号,如图中实线所示。光探测器 D_2 接收传感器 S_2、S_5 和 S_8 的信号,如图中虚线所示。对每个光探测器收到的三个测量信号分别以三个调制频率 ω_1、ω_2、ω_3 作为参考频率进行相敏检波(phase sensitive detection),从不同的频率上把三个信号分离开来。MFDM 的缺点是仍然需要用较多的光源和光探测器,而且光纤连接线的数量也较多,特别是复用传感器较多时,更是如此。

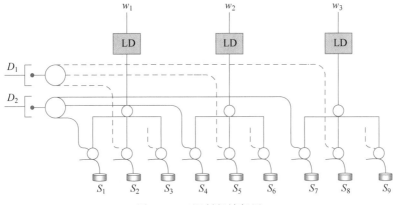

图 8.9.4 调制频域复用

2)波分复用

按分割波段的方式不同,波分复用有两种布局:

(1)用宽谱光源照明,用窄带接收,即在接收部分区分对应不同传感器的不同波段;

(2)用宽带接收,而用窄带可调谐光源照明,即从光源开始就按不同波长访问对应的传感器。

图 8.9.5 所示为第一种布局。常用的典型宽谱光源有 LD、SLD 和白炽灯等;S_1,S_2,S_3,……为光传感器,从传感器到达光接收器的测量信号,由窄谱可调谐接收器按预先设定的时序,选择对应传感器的波长接收,获得所需测量信号。窄谱可调谐接收器可用基于衍射光栅等分光元件构成的单色仪和相应的光探测器组成。

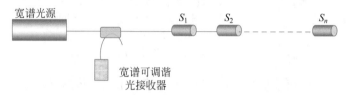

图 8.9.5　宽谱光源-窄带可调谐接收器的波分复用

第二种布局的关键是窄谱可调谐光源,光源根据预设时序发出窄谱光,只有对应于这个波长敏感的传感器所响应,并携带其测量信息被收器接收。目前可使用的窄谱可调谐光源有:

(1)宽谱光源加单色仪分光;

(2)可调谐 LD;

(3)光纤激光器加光纤光栅调谐。

其中可调谐 LD 已有商品化产品。

3. 光纤空分复用网络

空分复用 SDM 的概念是一个比较古老的概念,可以追溯到电话网的初期,它是指利用不同空间位置传输不同信号的复用方式,如利用多芯缆传输多路信号就是 SDM 方式。以最简单的通信-点到点通信为例,打电话是通过一对线将话音信号传到对方,n 对线供给 n 对人使用,这称为空分复用方式。在距离比较远的情况下,一对线路成本很高,希望同一对线路能够同时传输很多人的电话,这就是复用。

然而,光空分复用 OSDM 是指对光缆芯线的复用,如对 16 芯×32 组×10 带的光缆产品,计每缆 5120 芯。若每芯传输速率为 1Tb/s(10^{12} b/s),考虑到冗余自愈保护,则每缆至少传送的速率为 1000Tb/s。这从根本上扭转了信息网络中带宽(速率)受限的局面,还意味着单位带宽的成本下降,为各种宽带(高速率)业务提供了经济的传输和交换技术。如将这种光缆用于造价 10 亿美元的海缆传输系统,每一美元可以得到 1Mb/s 的传输速率,按带宽计算的成本是相当便宜的。利用光空分交换或交叉连接,可以用非网状物理光缆网络组成全网状物理光纤网络结构,提供了组网灵活性。

光纤传感网络空分复用主要是多种不同类型传感信号对传输网络和解调系统的有效利用。空分光交换技术的基本原理是将光交换元件组成门阵列开关,并适当控制门阵列开关,即可在任一路输入光纤和任一输出光纤之间构成通路。因其交换元件的不同可分为机械型、光电转换型、复合波导型、全反射型和激光二极管门开关等。

8.10　光纤传感技术的发展趋势及课题

光纤传感技术发展的主要方向包括推广应用和基础研究。

1. 推广应用

为使光纤传感技术有持久的发展动力，应积极推广其应用。主要工作有两方面：一是面向可能的用户，积极开展光纤传感器的应用宣传，以取得对光纤传感器应用的共识，推广光纤传感器的应用的最大障碍之一是光纤传感器的研究者和应用人员缺乏对光纤传感器的应用的共同语言；二是要不断提高光纤传感器的竞争力，即提高其性价比，其中包括提高光纤传感器的抗干扰能力和长期稳定性，简化器件的结构，降低成本。和其他类型传感器相比，尽量做到它不能，我能；它能，我优。以期发挥光纤传感器的优点。光纤传感器应用的优势领域有：电力、石油化工、生物医疗、环境保护、恶劣环境下的传感等。

2. 基础研究

目前光纤传感技术基础研究的主要领域有：光纤传感用特种光纤和器件；微小型光纤传感器。积极开展光纤传感用特种光纤和器件是光纤传感领域的重要研究方向。随着光纤通信技术的发展，通信用光纤和光纤器件已取得长足进步，其中不少均可用于光纤传感。但随着光纤传感技术的不断发展，对光纤传感器要求的高性能和多品种，就需要一批为满足光纤传感需要的特种光纤和器件，其中包括具有增敏和去敏性能的特种光纤，以及特种光纤器件。例如，抗辐射光纤；辐射敏感光纤；磁敏光纤；多芯光纤，以及用于光纤干涉仪的窄线宽光纤激光器，光纤偏振器等。微小型光纤传感器是当前传感器领域的一个重要方向——传感器的集成化和小型化。

3. 机器学习赋能

机器学习作为一种新兴的数据分析和处理技术，为光纤传感技术提供了很多全新的解调方案。神经网络是机器学习的一个分支，具有学习如何在训练后提取相关特征的能力。它们可以被认为是具有独特能力的智能计算算法，可以从一系列不精确或复杂的数据集中提取有效的信息。目前，神经网络在光纤传感中的应用包括但不限于以下方向：传感事件分类、特征信息提取、系统参数设计等。随着机器学习的快速发展，越来越多的神经网络不断出现，相关改进算法也不断提出。因此，如何根据传感应用中的需求选择合适的神经网络和优化算法结构也是研究者应该考虑的重要问题。

以下是神经网络在光纤传感中应用的典型案例。

1）针对短时弱信号解调的新方案

由于噪声频谱与电流频率峰值的叠加而受到噪声的限制，原本用于超高压下电流检测的光纤电流传感器（fiber optic current sensor，FOCS）面临测量短时弱电流信号的挑战。随着采样窗函数长度变窄，窗函数对应的频率谱函数变宽，噪声旁瓣的影响增大，解调精度降低。这种现象，即频谱泄漏效应，限制了短时间信号测量电流值的精度。为抑制频谱泄漏的影响，采用基于反向传播神经网络（back propagation neural network，BPNN）的解调方法用低分辨率 FOCS 测量短时微弱电流被提出，该方案实现了采集短时信号并解调电流幅值。

BPNN 是一种采用误差反向传播算法训练的多层前馈神经网络。每一层的输出直接发送到下一层。BPNN 结构由一个输入层、两个隐藏层和一个输出层组成，如图 8.10.1 所示。该方案对小于一个周期的短时间窗内的微弱电流信号进行处理,与快速傅里叶变换(FFT)方案在解调精度和鲁棒性上进行比较后发现,该方案工作稳定,能有效地抑制噪声,为 FOCS 快速动态测量提供了一种有效的抑制噪声和提高精度手段。

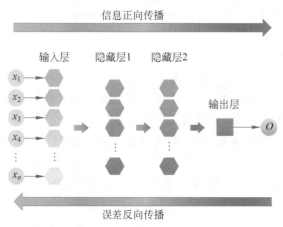

图 8.10.1 BPNN 原理示意图

2) 弱电流测量的噪声抑制的新方法

弱电测量在电网系统中起着至关重要的作用,但由于环境噪声和内部噪声的影响,用光纤电流传感器(FOCS)实现弱电测量仍然具有挑战性。针对这一问题,基于反向传播神经网络(BPNN)的噪声抑制方法被提出了,对原本应用于特高压(ultra-high voltage,UHV)系统的 FOCS 进行校正,以提高其用于检测弱电流时的输出精度。BPNN 以处理非线性和复杂问题而闻名,在回归和预测中得到了广泛的认可和应用。该工作深入分析了噪声引起的输出误差、FOCS 输出信号的特点,以及选择 BPNN 的原因。如图 8.10.2 所示,研究了不同参数下 BPNN 的性能,利用 BPNN 满足了应用中高效率、高精度的要求。

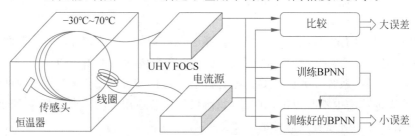

图 8.10.2 神经网络辅助弱电流测量噪声抑制原理图

为了简化 BPNN 训练过程,将数据绝对值代入输入层。此外,为了提高 BPNN 的识别能力和鲁棒性,在不同温度下采集 15 750 组 FOCS 输出数据,用于网络训练。最后实现了经过训练的 BPNN,在温度为 $-30℃\sim70℃$ 时,特高压 FOCS 能成功地检测到低至 0.1A 的弱电电流值,比例误差限制在($-0.2\%\sim0.2\%$)之间,比传统高斯滤波器和傅里叶滤波器具有更好的去噪效果。

思考题与习题

8.1 试分析光纤传感器之主要优缺点。

8.2 试分析光纤传感器实用化之主要困难及可能的解决途径。

8.3 试列举影响光纤中传输光强的一些主要因素,并分析它用于光纤传感的可能性。

8.4 欲利用光纤的受抑全反射原理构成液体光纤折射率测试仪,已知纤芯的折射率为1.470,试设计光纤传感头的几何形状,估算折射率的测量范围,分析可能的误差因素。

8.5 参看图 8.3.1,写出由光探测器 D_1 和 D_2 接收到的两个输出信号 I_1 和 I_2 的表达式,然后推导式(8.3.1)。

8.6 参看图 8.3.2,写出由光探测器 D_R 所产生的输出信号 I_R^1 和 I_R^2;以及经传感头 SH 到达光探测器 D_M 所产生的输出信号 I_M^1 和 I_M^2 的表达式,然后推导式(8.3.2)。

8.7 参看图 8.3.4,由探测器 D_1 测出的两光源的光强分别为 I_{11}、I_{12};由探测器 D_2 测出的分别为 I_{21}、I_{22}。分别写出这 4 个光强的表达式,然后推导式(8.3.3)。

8.8 已知熔石英光纤纤芯的参数为:$n = 1.456$,$P_{11} = 0.121$,$P_{12} = 0.270$,$E = 7.1010Pa$,$\nu = 0.1$。试分别计算工作波长为 $0.85\mu m$ 和 $1.30\mu m$ 时,光纤横向受压的压力灵敏度 $\Delta\phi/PL$ 的值(注:按简化光纤模型计算)。

8.9 参数同习题 8.8,求光纤纵向受压的压力灵敏度 $\Delta\phi/PL$ 之值。

8.10 由波长为 $0.633\mu m$、$0.85\mu m$ 和 $1.30\mu m$ 时,光纤横向受压的压力灵敏度 $\Delta\phi/PL$ 之值,分析波长变化对压力灵敏度的影响。

8.11 试计算 Sagnac 光纤干涉仪的相对灵敏度 $\Delta\phi/\phi$。已知光纤长 500m,工作波长 $1.30\mu m$,光纤绕成直径为 10cm 的光纤圈,欲检测出 $10^{-2}°/h$ 的转速。

8.12 试计算地磁场对习题 8.11 的 Sagnac 光纤干涉仪带来的角度漂移。已知所用高双折射光纤的双折射值 $\Delta\beta = 500red/m$,地磁引起的 Faraday 旋光为 $0.0001red/m$,光纤长 500m,光纤圈直径 10cm。

8.13 试分析 Sagnac 光纤干涉仪的误差因素。

8.14 若一单模光纤的固有双折射为 $100°/m$,现用 10m 长的光纤构成光纤电流传感器的传感头,其检测灵敏度与理想值相比,下降多少? 若固有双折射为 $2.6°/m$,其检测灵敏度的值又为多少?

8.15 用损耗为 12dB/km 的超低双折射石英光纤 10m 构成一个全光纤电流传感头,若被测电流为 1000A,按理想情况计算偏振光的转角是多少? 若改用 4.10.2 节介绍的磁敏光纤,欲产生同样的转角,需用光纤多长? 比较两种情况下的光能损失。如果此光纤电流传感器还需 20m 的输入、输出光纤,则两种情况下光能损失又相差多少?

8.16 现欲设计一全光纤的电流传感器,被测电流为 1000A,用 10m 长光纤绕成∞字形光纤圈 10 圈,半径为 6cm,光纤的固有线双折射为 $2.6°/m$,其检测灵敏度与理想值相比,下降多少?

8.17 欲测 200～600℃的温度,光纤温度传感器有哪几种可能的结构方式? 并估算其测量误差。

8.18 欲测 500～2000℃的温度,光纤温度传感器有哪几种可能的结构方式? 并估算其测量误差。

8.19 试列举用光纤测电流的几种可能的方法,并分析比较其优缺点。

8.20 试列举用光纤测电压(电场)的几种可能的方法,并分析比较其优缺点。

8.21 光纤气体传感器是很有实用价值的一种光纤传感器,例如用光纤传感器测甲烷气体。试分析用气体吸收的原理构成的光纤气体传感器实用化的主要困难是什么?

8.22 试列举用光纤测微位移的几种方法,并比较其优缺点。

8.23 光纤光栅用于传感时,主要应考虑哪些问题,为什么?

8.24 光纤光栅同时对应力和温度两个参量敏感,欲用光纤光栅只测一个参量时,如何对另一个参量去敏?

8.25 试设计一个用光纤光栅同时进行双参量测量的光纤传感系统。

8.26 试分析用光纤光栅做传感元件时的优缺点及其局限性。

8.27 试分析分布式光纤传感器的主要特性,难点和可能应用领域。

8.28 试分析比较基于下列 3 种光纤——融石英光纤,聚合物光纤,光子晶体光纤构成的光纤传感器的主要特点和差别。

参 考 文 献

[1]   Born M,Wolf E. 光学原理[M]. 杨葭荪,等译. 北京:电子工业出版社,2005.

[2]   廖延彪. 光学原理与应用[M]. 北京:电子工业出版社,2006.

[3]   季家镕. 高等光学教程:光学的基本电磁理论[M]. 北京:科学出版社,2007.

[4]   吴重庆. 光波导理论[M]. 北京:清华大学出版社,2000.

[5]   Jeff Hecht. 光纤光学[M]. 贾东方,等译. 北京:人民邮电出版社,2004.

[6]   刘德森,等. 纤维光学[M]. 北京:科学出版社,1987.

[7]   Jeunhomme L B. 单模光纤光学[M]. 周洋溢,译. 桂林:广西师范大学出版社,1988.

[8]   叶培大. 光纤理论[M]. 北京:人民邮电出版社,1981.

[9]   大越孝敬. 通信光纤[M]. 刘时衡,等译. 北京:人民邮电出版社,1989.

[10]   Marcuse D. 介质光波导理论[M]. 刘弘度,译. 北京:人民邮电出版社,1982.

[11]   范崇澄,彭吉虎. 导波光学[M]. 北京:北京理工大学出版社,1993.

[12]   Jeff Hech. 光纤光学[M]. 贾东方,等译. 北京:人民邮电出版社,2004.

[13]   廖延彪. 偏振光学[M]. 北京:科学出版社,2003.

[14]   范崇澄,彭吉虎. 导波光学[M]. 北京:北京理工大学出版社,1993.

[15]   季家镕,冯莹. 高等光学教程:非线性光学与导波光学[M]. 北京:科学出版社,2008.

[16]   Agrawal G P. 非线性光纤光学原理及应用[M]. 贾东方,等译. 北京:电子工业出版社,2002.

[17]   吴重庆. 光通信导论[M]. 北京:清华大学出版社,2008.

[18]   郭玉彬,霍佳雨. 光纤激光器及其应用[M]. 北京:科学出版社,2008.

[19]   聂秋华. 光纤激光器和放大器技术[M]. 北京:电子工业出版社,1997.

[20]   陈国霖. 单模光纤应力双折射及干涉型光纤传感器件的研究[D]. 北京:清华大学,1989.

[21]   钱小刚. 光纤电流传感器稳定性问题之研究[D]. 北京:清华大学,1989.

[22]   Michael Bass. 光纤通信:通信用光纤、器件和系统[M]. 胡先志,等译. 北京:人民邮电出版社,2004.

[23]   Kashima N. Passive Optical Components for Optical Fiber Transmission[M]. Boston:Artech House,1995.

[24]   李景镇. 光学手册[M]. 西安:陕西科技出版社,2011.

[25]   刘德森,等. 变折射率介质的物理基础[M]. 北京:国防工业出版社,1991.

[26]   乔亚天. 梯度折射率光学[M]. 北京:科学出版社,1991.

[27]   江源,邹宁宇. 聚合物光纤[M]. 北京:化学工业出版社,2002.

[28]   Daum W,et al. POF-Polymer Optical Fibers for Data Communication[M]. New York:Springer,2002.

[29]   Nalwa H S. Polymer Optical Fibers[M]. Boston:American Scientific Publishers,2004.

[30]   Sanghera J S,Agrawal I D. Infrared Fiber Optics[M]. Boca Raton:CRC Press,1998.

[31]   Klocek P. Handbook of Infrared Optical Materials[M]. New York:Marcel Dekker,1991.

[32]   Aggarwal I D and Lu G. Fluoride Glass Fiber Optics[M]. New York:Academic Press,1991.

[33]   Felfj A. Amorphous Inorganic Materials and Glasses[M]. New York:VCH,1993.

[34]   Weber M J. Handbook of Laser Science and Technology[M]. Boca Raton:CRC Press,1986.

[35]   Katsuyama T and Matsumura H. Infrared Optical Fibers[M]. Philadelphia:Adam Hilger,1989.

[36]   Musikant S. Optical Materials Vol. I[M]. New York:Marcel Dckker,1990.

[37]   Palik E. Handbook of Optical Contents of Solids[M]. Sam Diego:Academic Press,1985.

［38］ Yuan L B et. al. Coupling Characteristics Between Single-core Fiber and Multicore Fiber［J］. Optics Letters,2006,31(22): 3237-3239.

［39］ Yuan L B,Yang J,Liu Z H,et al. In Fiber Integrated Michelson Interferometer［J］. Optics Letters, 2006,31(18): 2692-2694.

［40］ Yuan L B,et. al. Three-core Fiber-based Shape-sensing Application［J］. Optics Letters,2008: 33(6), 578-580.

［41］ GuF X,Zhang L,Yin X. F,et al. Polymer Single-nanowire Optical Sensors［J］. Nano Letters,2008,8: 2757-2761.

［42］ Li Y H, Tong L M. Mach-Zehnder Interferometers Assembled with Optical Microfibers or Nanofibers［J］. Optics Letters,2008,33: 303-305.

［43］ 白崇恩,刘有信. 光纤测试［M］. 北京：人民邮电出版社,1988.

［44］ Marcuse D. 光纤测量原理［M］. 杜柏林,等译. 北京：人民邮电出版社,1986.

［45］ Cancellieri G and Ravaioli U. Measurements of Optical Fibers and Devices：Theory and Experiments ［M］. Boston：Artech House Inc,1984.

［46］ 董天临. 光纤通信与光纤信息网［M］. 北京：清华大学出版社,2005.

［47］ 胡先志. 光纤与光缆技术［M］. 北京：电子工业出版社,2007.

［48］ 胡先志. 光纤光缆工程测量［M］. 北京：人民邮电出版社,2001.

［49］ Galtarossa A,Menyuk C R. Polarization Mode Dispersion［M］. New York：Springer,2005.

［50］ Kashima N. Passive Optical Components for Optical Fiber Transmission［M］. London：Artech House,1995.

［51］ 聂秋华. 光纤激光器和放大器技术［M］. 北京：电子工业出版社,1997.

［52］ 周炳琨. 激光原理［M］. 北京：国防工业出版社,1984.

［53］ 郭玉彬,霍佳雨. 光纤激光器及其应用［M］. 北京：科学出版社,2008.

［54］ 靳伟,廖延彪,等. 导波光学传感器：原理与技术［M］. 北京：科学出版社,1998.

［55］ 靳伟,阮双琛,等. 光纤传感新进展［M］. 北京：科学出版社,2005.

［56］ 黎敏,廖延彪. 光纤传感器及其应用技术［M］. 北京：科学出版社,2018.

［57］ 饶云江,王义平,等. 光纤光栅原理及应用［M］. 北京：科学出版社,2006.

［58］ 王蔚. 干涉型光纤陀螺仪技术［M］. 北京：中国宇航出版社,2010.

［59］ 张桂才. 光纤陀螺原理与技术［M］. 北京：国防工业出版社,2008.

［60］ Culshaw B,et al. Optical Fibre Sensors［M］. Norwood ：Artech House,1989.

［61］ Culshaw B. Smart Structures and Materials［M］. Norwood：Artech House,1996.

［62］ Udd E. Fiber Optic Smart Structures［M］. New York：John Wiley & Sons,1995.

［63］ 廖延彪,等. 光纤传感技术与应用［M］. 北京：清华大学出版社,2009.

［64］ 江毅. 高级光纤传感技术［M］. 北京：科学出版社,2009.

［65］ 江毅. 光纤 Fabry-Perot 干涉仪原理及应用［M］. 北京：国防工业出版社,2009.

［66］ 王蔚. 光纤陀螺惯性系统［M］. 北京：中国宇航出版社,2010.

［67］ 原荣. 光纤通信网络［M］. 北京：电子工业出版社,1999.

［68］ 董天临. 光纤通信与光纤信息网［M］. 北京：清华大学出版社,2005.

［69］ 张以谟. 光互联网络技术［M］. 北京：电子工业出版社,2006.

［70］ 岳超瑜. 高细度光纤环行腔及其应用研究［D］. 北京：清华大学,1988.

［71］ 陈国霖. 光纤电流传感器的研究［D］. 北京：清华大学,1985.

［72］ 胡永明. 保偏光纤偏振器研究［D］. 北京：清华大学,1988.

［73］ 陈国霖. 单模光纤应力双折射及干涉型光纤传感器件的研究［D］. 北京：清华大学,1989.

［74］ 王向阳. 光纤布拉格光栅制作及其传感特性研究［D］. 北京：清华大学,1997.

［75］ 钱小刚. 光纤电流传感器稳定性问题之研究［D］. 北京：清华大学,1989.

［76］ 于秀娟.基于水凝胶的长周期光纤光栅湿敏薄膜传感器的特性研究［D］.北京：清华大学,2010.

［77］ Nye J F. Physical Properties of Crystals［M］. Oxford：Clarendon Press,1985.

［78］ 郭玉彬,霍佳雨.光纤激光器及其应用［M］.北京：科学出版社,2008.

［79］ 廖延彪.现代光信息传感原理［M］.北京：清华大学出版社,2009.

［80］ Yan M. Lightwave Propagation in Microstructured Optical Fibers［D］. Singapore：Nanyang Technological University,2005.

［81］ Johnson S G, et. al. Low-loss Asymptotically Single-mode Propagation in Large-core OmniGuide Fibers［J］. OpticsExpress,2001,9：748-779.

［82］ Campbell S, et. al. Differential Multipole Method for Microstructured Optical Fiber［J］. Journal Optical Society of America B,2004,21：1919-1928.

［83］ Uranus H P, et. al. Galerkin Finite Element Scheme with Bayliss-Gunzuburger-Turkel-like Boundary Conditions for Vectorial Optical Mode Solver［J］. Journal of Nonlinear Optical & Materials,2004,13：175-194.

［84］ Yang Z,Xia L,Li C,et al. A Surface Plasmon Resonance Sensor Based on Concave-shaped Photonic Crystal Fiber for Low Refractive Index Detection［J］. Optics Communications,2019,430：195-203.

［85］ Leung K M,Liu Y F. Photon Band Structures：The Plane-wave Method［J］. Physical Reviews B,1990,41：10188-10190.

［86］ Yan M,Shum P. Leakage Loss of Air-guiding Honeycomb Photonic Bandgap Fiber［C］. Proceedings of Optical Fiber Communication Conference,Anaheim,2005.

［87］ Taflove A and Hagness S C. Computational Electrodynamics：The Finite Difference Time-Domain Method［M］. 2nd ed. London：Artech House Publishers,2000.

［88］ Cucinotta A,et al. Perfectly Matched Anisotropic Layers for Optical Waveguide Analysis through the Finite-element Beam Propagation Method［J］. Microwave Optical Technology Letters,1999,23：67-69.